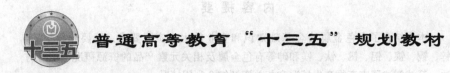

普通高等教育"十三五"规划教材

有色冶金环保与资源综合利用

李林波　王　斌　杜金晶　编著

U0341692

北　京

冶金工业出版社

2023

内 容 提 要

本书结合了有色金属冶金基础知识和企业的生产实际要求，简要介绍了铅、锌、铜、镍、铝、钒、钛、镁和砷等有色金属及相关元素产品的资源概况、冶炼方法，系统阐述了废弃物产生情况和相关资源综合利用情况。

本书可供大专院校冶金、材料等相关专业师生使用，也可供从事冶金资源综合利用的生产、科研、管理人员参考。

图书在版编目(CIP)数据

有色冶金环保与资源综合利用/李林波，王斌，杜金晶编著 . —北京：冶金工业出版社，2017. 10 （2023. 12 重印）

普通高等教育"十三五"规划教材

ISBN 978-7-5024-7636-6

Ⅰ. ①有… Ⅱ. ①李… ②王… ③杜… Ⅲ. ①有色金属冶金—环境保护—高等学校—教材 ②有色金属冶金—冶金工业废物—废物综合利用—高等学校—教材 Ⅳ. ①X756

中国版本图书馆 CIP 数据核字（2017）第 246540 号

有色冶金环保与资源综合利用

出版发行　冶金工业出版社	电　话　(010)64027926
地　址　北京市东城区嵩祝院北巷 39 号	邮　编　100009
网　址　www.mip1953.com	电子信箱　service@ mip1953.com

责任编辑　曾　媛　美术编辑　吕欣童　版式设计　孙跃红

责任校对　石　静　责任印制　禹　蕊

北京建宏印刷有限公司印刷

2017 年 10 月第 1 版，2023 年 12 月第 5 次印刷

787mm×1092mm 1/16；17.5 印张；423 千字；270 页

定价 45.00 元

投稿电话　(010)64027932　投稿信箱　tougao@cnmip.com.cn

营销中心电话　(010)64044283

冶金工业出版社天猫旗舰店　yjgycbs.tmall.com

（本书如有印装质量问题，本社营销中心负责退换）

前　言

　　资源与环保是当今社会的核心问题之一，"绿色、环保"是目前全社会、全世界最关心的话题。有色金属冶金工业是国民经济支柱产业，随着规模的扩大，人们往往注重产量而忽视了环保，大量的含金属废液、废渣无法有效地彻底回收处理，致使环境污染事件频繁发生。大量的金属污染物直接排放，不仅会对人体健康和生态环境造成严重威胁，而且还会造成有价金属的流失，因此，有色冶金行业在生产的同时注重环保和资源综合回收利用问题十分重要。为推进资源节约、废弃物综合利用和环境保护，加快相关新技术的推广应用，促进我国社会经济的可持续发展，编者编写了《有色冶金环保与资源综合利用》一书。

　　本书是编者在多年从事教学、科研及生产实践的基础上整理编写而成，结合了有色金属冶金基础知识和企业的生产实际要求，参阅了大量资料，较为系统地阐述了铅、锌、铜、镍、铝、钒、钛、镁和砷等有色金属及相关元素产品的资源概况、冶炼方法、废弃物产生情况和相关资源综合利用情况。

　　本书适用于高等院校有色冶金、材料、环境工程等专业教学使用，也可供从事冶金资源综合利用的生产、科研、管理人员阅读和参考。

　　全书共分10章，其中第2~3章和第10章由李林波编写，第1章和7~9章由王斌编写，第4~6章由杜金晶编写。全书由李林波、王斌负责统稿，李林波主审。张朝晖教授和马红周副教授对本书提出了修改意见，在此表示感谢。

　　在本书的编写过程中，编者参考了国内外有关文献资料，在此谨向所有文献资料作者表示感谢。

　　由于编者水平有限，关于书中错误与不足之处，敬请读者批评指正。

编著者

2017 年 6 月

目　录

1 概　论

1.1　我国环境及环保背景

环境是人类社会赖以生存的基础。随着资源的开发，我国经济得到了迅速的发展，但是同时，自然环境也遭到了极大的破坏，水体污染、土地沙漠化、空气污染、水体流失、旱涝灾害等现象日趋严重。环境问题凸显，不仅影响了经济发展和人类生活，也极大地影响了我国的可持续发展，所以我们必须重视环境问题，充分认识到环境在经济和社会发展过程中的重要地位。环境的重要性是不可估量的，一旦环境受到污染将会对与它赖以生存的事物造成影响，如水、大气、固体废弃物污染等。污染物的过度排放，将会导致生态平衡破坏、人类的正常生活受到影响等严重问题。只有在保护环境的大前提下发展经济，才能实现经济的可持续发展。

环境保护是我国的一项基本国策。因为在过去的经济发展模式中所造就的环境问题已经成为当前经济发展的绊脚石。我国人口基数大、底子薄，资源消耗和污染排放量大，污染控制和生态保护的任务非常艰巨。如果不重视环境保护，以牺牲环境为代价，会造成人类生存条件逐渐恶化，资源耗尽，经济发展停滞。

改革开放以来，我国经济迅速发展，但是经济发展是以牺牲环境、过度开采自然资源为代价，是不可持续的。人类从自然地理环境中发掘出各种能源如煤、石油、天然气等，利用耕地资源生产粮食蔬菜等，利用森林牧场生产木材和畜产品等，使人类形成了许多生产经营等活动。当人类掠取资源的速度超过环境支付的水平时，便产生了人不抵出，就难以维持继续发展了，即发展就不可持续了。人类消费和吸收了自然资源或其产物，必然会有不能被消耗掉的部分流入环境，成为污染环境的废物。当这些废弃物排放总量超过环境的消化吸收能力的时候，就会导致环境质量的整体下降。

过去粗放型经济发展模式是制约我国可持续发展环境问题的重要因素。在经济发展初期，没有原始资本的积累，依靠耗用大量的自然资源来获取经济的增长。我国虽然自然资源总量丰富，但是人均量低，资源终有耗尽的一天。随着经济增速加快，能源、水、土地、矿产等资源的消耗仍将不断增加，资源紧缺的问题将日益凸显。

目前主要的环境问题包括大气污染问题、水环境污染问题、垃圾处理问题、土地荒漠化和沙灾问题、水土流失问题、旱灾和水灾问题、生物多样性破坏问题、持久性有机物污染问题等。其中有色冶金行业主要涉及废气、废水和固体废弃物几个方面。

1.2　我国环保政策状况

"十八大"以来，党中央、国务院高度重视环保问题，注重环保产业的发展，将环保产业作为战略性新兴产业之一。大力发展环保产业是完成节能减排、改善环境质量的重要技术支撑和物质基础；是落实科学发展观，转变经济增长方式，建设资源节约型、环境友好型社会的重要手段；也是应对经济新常态、保持经济又好又快发展的新经济增长点。新修订的《环境保护法》等一系列法律法规的实施，为节能环保产业的发展带来了极大机遇和挑战。

十八届五中全会通过的《中共中央关于制定国民经济和社会发展第十三个五年规划的建议》明确提出加大环境治理力度的要求，把改善生态环境作为全面建成小康社会决胜阶段的重点任务。绿色发展将是当前经济发展的方向和潮流，节能环保行业将成为"转变经济发展方式和产业结构调整"的关键突破口。

中共中央、国务院发布的《关于加快推进生态文明建设的意见》和《生态文明体制改革总体方案》，明确提出到2020年，构建起由自然资源资产产权制度等八项制度构成的生态文明制度体系，推进生态文明领域国家治理体系和治理能力现代化，努力走向社会主义生态文明新时代。绿色低碳循环发展的理念正逐步深入人心。

被称为史上最严的新修订的《环境保护法》明确提出"鼓励环境保护产业发展"，这是环保产业首次被写入国家的法律文本。新修订的《环境保护法》及一系列配套行政规章的实施，有效地改变了环保领域"守法成本高，违法成本低"的局面，促使环保产业的潜在市场向现实市场转变，从长远看，还将极大地改善环保产业的市场秩序。

《大气污染防治行动计划》《水污染防治行动计划》《土壤污染防治行动计划》明确提出了环境质量的改善目标和污染治理任务，为环保产业扩大产业规模、优化产业结构、提高技术水平和市场化程度提供了大好机遇。

为保障法律的具体实施，环境保护部等有关政府部门发布了多项规章制度，如《环境保护主管部门实施按日连续处罚办法》等规章，这些都为环保产业的发展提供了法律支持和潜在市场。

国务院发布的《关于推进价格机制改革的若干意见》明确规定：要建立有利于节能减排的价格体系，逐步使能源价格充分反映环境治理成本，包括继续实施并适时调整脱硫、脱硝、除尘等环保电价政策；研究完善对"两高一剩"行业的差别电价、超定额累进水价等措施。积极推进环保费改税，《环境保护税法》已经向全社会征求意见。排污权有偿使用和交易稳步铺开，环境污染强制责任保险试点全面开展等。

环保部、发改委、财政部等有关部门印发的《关于积极发挥环境保护作用促进供给侧结构性改革的指导意见》《关于推进环境监测服务社会化的指导意见》等，指出要落实环境治理任务，鼓励在环境保护等领域采用政府和社会资本合作模式，吸引社会资本参与。

随着中国版"工业4.0"规划——《中国制造2025》战略的实施，我国将利用先进节能环保技术与装备，组织实施传统制造业能效提升、清洁生产、节水治污、循环利用等专项技术改造，促进环保产业技术创新，提升环保装备质量。

1.3　环保技术概况

近年来，随着我国经济和社会的不断发展，环保技术水平也不断提高，通过自主研发与引进消化相结合，我国环保技术与国际先进水平的差距不断缩小，主导技术与产品可基本满足市场的需要，企业也掌握了一批具有自主知识产权的关键技术。

1.3.1 水污染防治

湿法冶金过程中，需要应用到多种水溶液，这些水溶液在矿产处理后会含有比较多的有害物质，例如铅、砷、汞、镉等化合物和有毒物质，这些污染物对于水体会造成严重的破坏，例如使水生物死亡、人类误饮之后会中毒等。随着我国水污染问题的日益突出，特别是人们环境保护意识的提高，对于水资源的保护也越来越重视。为了防止破坏环境，人们研究了多种方式来处理湿法冶金中的废水，减少污染物的排放。其中，催化湿法氧化方法是一种有效的污水处理方法，它将废水中的有机物质在高温高压环境中进行催化燃烧来处理污染物，能够达到降低污染物的效果；湿式空气氧化方法是利用空气作为氧化剂，将废水中的溶解性物质通过氧化反应而转化为新的无毒物质，从而达到污染物分离的效果。

此外，一些工业废水处理的新技术也得到推广应用，有的技术已达到国际先进水平，如 FMBR 膜生物技术、厌氧生物滤池和厌氧膨胀床等。潜水污水泵、新型曝气设备、污泥处理处置等专用设备的质量也有所提高。我国在功能树脂研制以及耐盐型高效大孔树脂吸附技术在有机污染物资源化回收和生化尾水深度净化方面取得了可喜成果。超滤膜的研发进展迅速并得到普遍应用，陶瓷纳滤膜得到开发应用。

1.3.2 大气污染防治

电除尘器、袋式除尘器和电袋复合除尘器是目前我国主要的工业除尘设备。电除尘器被广泛应用于燃煤电站、建材水泥、钢铁冶金、有色冶金、化工、轻工、造纸、电子、机械及其他工业炉窑等各个工业部门。2015 年电除尘器生产企业超过 200 家，排名前 50 家企业的产值占全国电除尘总产值的 85%。

电除尘新技术的不断涌现，进一步提高了电除尘器的除尘效率，扩大了电除尘器的适用范围，低温电除尘、低低温电除尘、湿式电除尘、移动电极式电除尘、机电多复式双区电除尘、SO_3 烟气调质、粉尘凝聚、三相电源、高频电源、高频脉冲电源及控制等电除尘新技术得到广泛推广应用。

近几年，袋式除尘器已成为我国大气污染控制、特别是 PM2.5 排放控制的主流除尘设备。近几年，随着我国电力、钢铁、水泥、垃圾焚烧等工业突飞猛进，我国袋式除尘技术、装备水平和产业都得到跨越式发展，袋式除尘器设计水平显著提升，性能已达到或接近国外同类产品。袋式除尘单机最大设计处理风量提高到每小时 250 万立方米，出口浓度可达到 $10mg/m^3$ 以下，运行阻力降低到 800~1200Pa，漏风率都能控制在低于 2%，单位处理风量、钢耗量下降约 15%。

目前，袋式除尘器已形成多个系列产品，其应用已覆盖到各工业领域。2015 年新建投运火电厂烟气脱硫机组容量约 0.53 亿千瓦；截至 2015 年年底，全国已投运火电厂烟气脱硫机组容量约 8.2 亿千瓦，占全国火电机组容量的 82.8%，占全国煤电机组容量的92.8%。2015 年当年投运的火电厂烟气脱硝机组容量约 1.6 亿千瓦；截至 2015 年年底，已投运火电厂烟气脱硝机组容量约 8.5 亿千瓦，占全国火电机组容量的 85.9%，占全国煤电机组容量的 95.0%。

在脱硫脱硝领域，主要是火电厂超低排放技术方面的进展，形成了以湿式电除尘为主要特征的烟气协同治理技术路线和以湿法脱硫协同除尘为主要特征的烟气协同治理技术路线。在已投运的钢铁行业烧结机脱硫技术方面，以最为成熟稳定、基建投资较少的石灰石-石膏法脱硫工艺市场占有率最高，循环流化床、氨-硫铵法市场占有率次之，其他工艺如氧化镁法等也逐步占据了一定的市场规模。

电力行业脱硫脱硝除尘工程数量与火电厂机组容量同步，而非电行业燃煤的污染较为突出。国家发改委能源研究所数据显示，目前中国尚在使用的工业燃煤小锅炉超过 47 万台，一年散烧约 18 亿吨煤。而散烧 1t 煤排放的污染物是电厂等大型锅炉处理后的 10 倍左右。也就是说，散烧 18 亿吨煤的排放量相当于 180 亿吨以上电厂用煤燃烧产生的污染。治理散烧煤污染刻不容缓。

近年来，由于我国挥发性有机化合物（VOCs）治理市场需求巨大，治理技术得到了快速的发展。主流的治理技术，如吸附技术、焚烧技术、催化技术和生物治理技术正在不断地拓展和完善，一些新的治理技术，如低温等离子体技术、光解技术、光催化技术等也在不断地完善。VOCs 治理的难点在于其成分极其复杂，因此采用单一的治理技术往往难以达到治理效果，在经济上也不合理，通常情况下需要采用多种治理技术的组合治理工艺。因此近年来各种组合治理工艺发展迅速，如吸附浓缩+催化燃烧技术等。

机动车尾气污染防治领域，柴油车主要排放控制技术包括排气后处理技术、电控高压喷射（共轨、泵喷嘴、单体泵等）技术、发动机综合管理系统、发动机本身结构优化设计技术、可变增压中冷技术、废气再循环（EGR）技术等。汽油车主要排放控制技术包括电控发动机管理系统以及配备三元催化转化器技术等。摩托车主要排放控制技术包括对传统燃油摩托车所采用的发动机进行优化设计、化油器的优化改进、电控化油器、二次进气装置、燃油蒸发排放控制装置、点火系统的优化、电控燃油喷射系统和排气催化转化技术等。

1.3.3　固体废物处理处置

固体废弃物处理的目标是无害化、减量化、资源化。目前在政策驱动下，大宗工业固体废物基本实现了"以储为主"向"以用为主"的转变，综合利用技术日益多样化。危险废物处理处置方面，我国已经掌握了化学法、固化法、高温蒸煮、焚烧及安全填埋等有效的处理处置手段。含重金属、二噁英的焚烧飞灰水泥窑煅烧资源化技术具备推广前景。其他废油资源化技术也取得了进展。

随着我国大力压缩过剩产能，推进企业创新和转型，固体废物产生量急剧增加的趋势得到改善，固体废物的综合利用量和处置量得到提高，固体废物贮存量和倾倒丢弃量逐年减少。2014 年，全国一般工业固体废物（主要包含尾矿、粉煤灰、煤矸石、冶炼废渣、炉渣和脱硫石膏等）产生量 32.6 亿吨，比 2013 年减少 0.6%，综合利用量为 20.4 亿吨，比 2013 年减少 0.8%，综合利用率为 62.1%，贮存量为 4.5 亿吨，比 2013 年增加 5.6%；处置量为 8.0 亿吨，比 2013 年减少 3.0%；倾倒丢弃量为 59.4 万吨，比 2013 年减少 54.1%。2014 年，全国工业危险废物产生量为 3633.5 万吨，比 2013 年增加 15.1%；综合利用量为 2061.8 万吨，比 2013 年增加 21.3%；处置量为 929.0 万吨，比 2013 年增加 32.5%；贮存量为 690.6 万吨，比 2013 年减少 14.8%；倾倒丢弃量为 0。全国工业危险废物综合处理利用率为 82.3%，比 2013 年提高 8.2%。

2014 年，我国废钢铁、废有色金属、废塑料、废轮胎、废纸、废弃电器电子产品、报废汽车、报废船舶、废玻璃、废电池等 10 类再生资源回收总量为 2.45 亿吨，回收总值 6446.9 亿元，表明再生资源回收产业发展前景广阔。

1.3.4 噪声控制

在噪声控制技术方面，企业自主研发、技术创新和新产品研发不断深入，其中部分技术成果已达到国际先进甚至国际领先水平。产品种类、规格和性能也在不断改进和提高，工程设计和工艺水平也有了一定的进步，已形成一批系列化和标准化的通用噪声控制设备，基本适应我国噪声与振动控制产业体系的需要。

目前我国噪声与振动控制行业的技术热点仍旧集中在交通噪声、输电噪声、冶金、建材、化工噪声等。

1.4 我国金属矿产资源综合利用概况

资源环境不仅仅是人们赖以生存的物质基础，同时也是国家进行社会建设和经济发展的重要保障。伴随着工业化的发展以及日益革新的科学技术，人们对自然资源的索取正呈几何倍数增长，经济发展和社会进步对自然资源的消耗已经远远超过了资源的承载能力，而由此带来的污染也对环境造成了巨大的压力。据中国科学院可持续发展战略研究组统计，2012 年中国以占世界 19.2% 的人口消费了世界 50.2% 的煤炭，55.4% 的铁矿石，10.3% 的原木，消耗的一次能源达到世界的 21.9%。此外还消耗了世界 23.4% 的水电，55% 的水泥，超过 25.3% 的纸和纸板，44.4% 的有色金属。

资源综合利用是伴随着循环经济的理念逐步被提出的，我国《中华人民共和国循环经济促进法》（2008）中对其做出了解释，所谓资源的综合利用，就是将过去可能废弃的物品"直接作为产品或者经修复、翻新、再制造后继续作为产品使用"，或者用这些物品的整体或部分直接生产其他产品。

矿产资源综合利用作为我国资源集约高效利用的一个主要方向，已经成为当前社会共识。资源综合利用是发展循环经济的重要载体和有效支撑，是战略性新兴产业的组成部分，有利于构建资源节约型、环境友好型的生产方式和消费模式。通过开展矿产资源综合利用，可以提高资源利用效率，促进区域经济发展，减轻环境污染。我国矿产资源综合利用状况主要体现在以下几方面：

（1）主要矿山的开采品位逐年降低。贫矿多是我国矿产资源一大特点，我国铁矿、铜矿等矿种低品位矿数量众多。近年来，经济社会持续快速发展带来了对矿产资源需求的大幅增加，长期大规模的资源开发使得我国主要矿山的开采品位逐年降低，开采深度逐渐加大。2006~2014 年，我国地采铁矿采出品位下降约 5.35%，降幅为 13.97%，露采铁矿采出品位下降约 4.48%，降幅为 14.67%。2006~2013 年，我国地采铜矿采出品位下降约 0.2%，降幅为 16.5%；地采铅矿采出品位下降 0.6%，降幅 18.6%；地采钨矿采出品位下降约 0.1%，降幅 23.7%，见表 1-1。资源开采难度加大的同时，我国也在不断研发低品位矿产的利用技术，目前，我国一些低品位资源利用技术已经达到国际先进水平，具有重大的科技成果影响，例如独立研发了超低品位铁矿开发利用技术，低品位铜矿利用技术和低品位磷矿开发利用技术等。

表1-1　我国重要矿产矿山开采情况　　　　　　　　　（%）

矿　类		采 出 品 位		
		2006 年	2013 年	2014 年
铁矿	地采	38.29	—	32.94
	露采	30.53	—	26.05
铜矿	地采	0.91	0.76	—
	露采	0.51	0.45	—
铝土矿	露采	56.87	56.09	
铅矿	地采	3.44	2.80	
	露采	—	—	
锌矿	地采	5.67	5.23	
	露采	11.52	4.40	
锡矿	地采	0.70	0.47	
锑矿	地采	1.05	1.02	
钨矿	地采	0.38	0.29	

（2）难选冶矿产不断增加，选矿回收水平总体向好。随着我国原矿入选品位逐渐降低，矿产的可选性明显下降，难选冶矿产不断增加，但由于节约与综合利用工作的推进及技术的进步等原因，我国矿产的选矿回收率基本保持稳定或略有提高。2006～2013 年，铅矿的入选品位下降 0.6%，选矿回收率却提高 0.5%；锑矿的入选品位下降 0.1%，选矿回收率提高 3.4%；锌矿的入选品位下降 0.75%，选矿回收率提高 2.2%；锡矿的入选品位下降 0.19%，选矿回收率提高 0.48%，见表1-2。

表1-2　我国重要矿种采选回收情况　　　　　　　　　（%）

矿　类		采出品位		选矿回收率	
		2006 年	2013 年	2006 年	2013 年
有色金属	铜矿	0.63	0.53	87.55	84.99
	铝土矿	—	—	87.88	78.90
	铅矿	3.24	2.65	84.7	85.18
	锌矿	5.67	4.92	87.56	89.76
	锡矿	0.65	0.46	66.22	66.70
	锑矿	0.90	0.80	81.34	84.76
	钨矿	0.37	0.27	80.60	74.97

（3）共伴生矿产利用水平向好。目前我国已形成包括攀枝花钒钛磁铁矿、金川铜-镍多金属共生矿、包头白云鄂博稀土-铌-铁多金属共生矿、湖南柿竹园钨锡多金属共生矿、广西大厂锡多金属矿、辽宁硼镁铁矿等在内的六大共伴生矿产资源综合利用基地。2011年，我国约 1/3 的共伴生矿产资源实现综合开发，废钢铁、废铜、废铝、废铅利用量分别

占当年产量的 13%、50%、23% 和 42%。其中，共伴生金属矿产约 70% 得到综合利用，综合利用的金属量占到全国金属总产量的 15%。全国 35% 的黄金、90% 的银、100% 的铂族元素、75% 的硫铁矿和 50% 以上的钒、碲、镓、铟、锗等稀有金属来自于综合利用。

（4）尾矿和矿山废石利用逐年增长。我国尾矿和矿山废石堆存量大，据《中国资源综合利用报告（2014）》数据显示，2013 年我国尾矿累计堆存量为 146 亿吨，废石堆存量达 438 亿吨，尾矿排放量合计达 16.49 亿吨，同比增长 1.5%。尾矿产生量最大的两个行业是黑色金属矿采选业和有色矿采选业，如图 1-1 所示。

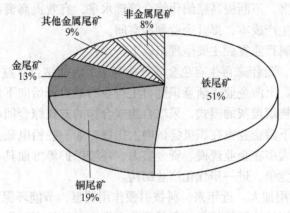

图 1-1　我国尾矿构成占比情况

近年来我国尾矿利用水平持续向好，尾矿利用的增幅高于排放增幅，但受技术和生产成本等因素影响，利用量仍不及新增尾矿。2013 年我国尾矿排放达 16.49 亿吨，同比增长 1.7%；利用量为 3.12 亿吨，同比增长 8.0%，综合利用率为 18.9%。

从废石综合利用情况来看，我国矿山废石利用量不断增长，但仍不及新增排放量增速。我国废石以每年近 10 亿吨的速度增加。截至 2012 年底，废石累计堆存量约 290 亿吨，其中煤矸石约 28%、铁矿废石约 45%、铜矿废石约 11%。煤矸石利用率约 62%，粉煤灰利用率 68%，铁矿废石利用率不及年度新增的 20%，铜矿废石利用率尚不足 4%。

1.5　我国再生有色金属行业概况

随着经济持续增长，居民消费水平不断提高，新型城镇化建设进度加快，中国有色金属的消费量和社会积蓄量不断增加，回收量持续快速增长，国内废料将成为再生有色金属产业重要的原料来源。2014 年，中国主要废有色金属回收量超过 700 万吨，占再生金属原料供应量 60% 以上。

大中型再生金属企业进一步在资源综合利用技术和自动化方面增大投资力度，国产装备的技术水平逐步提升，企业科技自主创新能力不断增强，并取得显著成效，部分企业的技术和装备已经接近或达到国际先进水平。经过数十年的发展，中国再生有色金属产业无论产品、还是原料进口均已位居世界首位，而随着"一带一路"战略的落实，有望获得更大空间和话语权。

随着西部地区城镇化建设的加快、交通物流体系的完善和能源劳动力优势的显现，中国再生金属产业布局日趋均衡优化，产业从东南沿海地区向西部和内陆边疆省份扩散速度不断加快，中西部地区有望成为再生金属未来发展的亮点。目前49家国家"城市矿产"示范基地中有16家位于中西部地区，而这些园区的入选将大大推动当地对报废机电设备、电线电缆、汽车、家电、电子产品、铅酸电池等城市矿产资源的循环利用、规范利用和高值利用，为再生金属产业发展提供重要的原料补充。

目前，受当前全球及中国宏观经济减速、下游需求减弱影响，中国再生有色金属产量虽有所增长，但行业发展依然面临多重压力。随着再生有色金属企业的利润率不断降低，倒逼企业注重内部挖潜，不断提高精细化综合管理水平，有效提高资源回收率和综合利用率，降低能耗水平和生产成本，提升企业利润空间。

近年来，再生金属行业发展主要呈现出以下特点：

（1）上下游融合。近年来再生有色金属行业与上下游的结合日益紧密，上下游融合趋势日益明显：一方面，上游企业逐渐意识到再生行业的潜力开始向下延伸，如一些钢铁企业已经改变了简单外售烟道灰的模式，采取自建或合作的方式综合回收利用，提取锌等有价金属；另一方面，下游企业也在积极尝试向上拓展，如一些铅电瓶企业建设再生铅项目等。这些上下游企业大多在企业规模、资金实力、环境保护等方面具有较明显的优势，它们的加入会加剧市场竞争，进一步优化产业结构。

（2）科技创新作用加大。近年来，科技引领作用明显，节能环保和资源综合利用水平不断提高。例如，采用熔池熔炼技术处理低品位含铜废料的技术已实现规模生产，并取得明显的环保效益；双室熔炼炉、重介质分选、蓄热燃烧等再生铝先进技术在多家企业得到普及应用，节能及综合利用成效显著；再生铅富氧底吹新工艺已在行业应用，将使再生铅的环境保护和清洁生产水平进一步提高；在资源综合利用方面，以高炉瓦斯灰、电炉炼钢烟尘为主的二次锌资源回收利用新技术逐步推广，高效清洁回收锌及多金属取得了显著成效。

不仅如此，企业对新型节能环保技术也更为重视，进一步加大了节能降耗改造和清洁生产力度。如再生铜企业日益重视从阳极泥中综合回收稀贵金属，很多企业逐渐改变以废杂铜为单一原料的生产模式，更多利用铜渣、铜灰等低品位原料综合回收多种金属、提高经济效益；再生铝企业对铝灰渣综合利用高度重视，进一步提升了金属回收率。

（3）政策优化。2014年以来，再生有色金属产业政策环境进一步优化，国家有关部委发布了一系列与再生有色金属产业有关的政策法规和环境标准，在引导产业规范发展、提高产业规模化水平、促进产业转型升级、重视节能环保等方面发挥了主要作用。

近年来，中国再生有色金属的几大主要品种产量稳步增长，据中国有色金属工业协会再生金属分会数据显示，2014年中国再生有色金属产业主要品种（铜、铝、铅、锌）总产量约为1153万吨，同比增长7.5%，其中再生铜产量约295万吨，同比增长7.3%；再生铝产量约565万吨（实物量），同比增长8.7%；再生铅产量约160万吨，同比增长6.7%；再生锌产量133万吨，同比增长3.9%。2014年中国共进口含铜废料387.5万吨（实物量），同比下降11.4%，金额为110.8亿美元，同比下降19.7%，连续两年大幅下降；进口含铝废料230.6万吨（实物量），同比下降7.9%，金额为34.6亿美元，同比下降11.6%，自2011年以来已连跌四年；进口锌废料3.2万吨，同比下降15.8%。

未来几大主要金属的发展趋势基本类似，但具体而言仍有所差别：

（1）再生铜：中国再生铜产业规模及产品产量位居世界第一。目前中国再生铜工业主要运行特点是产品产量增长平稳，下游需求整体略显疲弱，冶炼行业和加工行业投资回落，投资趋于理性且更多侧重于资源综合利用以及深加工方面。

目前国内废铜的利用途径仍以再生精炼铜为主，其产量增长较快；而废铜直接利用也发展迅速，尤其是黄杂铜为主的铜合金废料的直接利用，利用量增长较快，在客观上源于产业技术的更新与进步、企业对资源综合利用的重视。

对再生铜冶炼企业而言，目前再生铜产能处于过剩状态，原材料竞争激烈，利润微薄甚至亏损，实力企业开始采用新的熔炼装备或针对原有反射炉进行改造，采用富氧燃烧、余热利用、冶炼渣和收尘灰资源综合利用等技术改造以挖潜增效。

此外，小型再生铜企业受困于经济环境、订单减少、资金紧张等影响，出现停产甚至倒闭情况，其订单转向大型加工企业，大型企业在固有的优势中不断扩大市场，行业洗牌加剧。

（2）再生铝：当前有色金属价格持续低迷的态势并未有明显改观，由于国内外经济增长减速，建筑、交通、电力、机械制造等下游行业对铝的需求减弱，中国再生铝企业产品分为再生铸造铝合金和再生变形铝合金，其中再生铸造铝合金占大部分，主要用于生产汽车、摩托车配件等各类铝合金产品。

目前，全球累积生产超过 10 亿吨铝，其中有 3/4 的铝产品仍处于应用阶段，在这部分铝中，建筑业大约占 35%，电力电缆和机械占 30%，运输业占 30%，大约为 8.5 亿吨。从目前回收的废铝分析，运输行业的报废产品以及包装用铝是当前再生铝的重要来源。其中运输业占总回收量的 42%，包装业占 28%，工程和电缆占 11%。由于建筑业铝产品的寿命较长，从该行业回收的铝仅占总量的 8%。

由于国内铝工业发展相对较晚，绝大多数铝产品仍在使用周期之内，因此长期以来中国仍需从国外大量进口废铝保证国内再生铝工业的快速发展，是全球最大的废铝净进口国。但从 2011 年开始，国内废铝进口量已经连续几年下跌，原因之一就是国内产生的废铝在增加。从目前的情况来看，国内再生铝产业以国内原料为主的格局已初步确立，今后 5~20 年将达到中国铝报废的高峰期。

从行业的总体情况来看，国内再生铝企业生产经营状况不容乐观。从 2011 年以来铝价一直呈下跌走势，废铝和再生铝价格也持续下滑，同步下跌的还有企业利润，大型再生铝厂的利润难言增长，中小企业经营尤其比较困难。

尽管如此，中国再生铝产业克服了重重困难，科技创新取得一定成效，节能减排、环境保护不断增强，结构调整效果显著，产业集中度持续提高，部分大型企业运营良好，产量同比增加。

（3）再生铅：再生铅的原料是含铅废料，国际及中国均将其定义为危险废物。中国是《控制危险废料越境转移及其处置巴塞尔公约》缔约国，不允许进出口含铅废料，再生铅产业的原料来自国内产生的含铅废料，但在进口的七类废料中有时会混入铅电缆护套和铅基轴承合金等。

目前，在政策和市场的影响下，再生铅企业扩能升级的步伐加快，不少企业进行了技术改造升级，但再生铅产业经营情况总体比较艰难，规模企业利润微薄，有的甚至生产越多亏损越多，目前大型企业开工情况虽有明显改善，但是受环保压力、原料不足以及疲弱行情影响，产能难以大幅释放，行业盈利水平有所减弱。

中国含铅废料主要是铅酸蓄电池，还有少量的铅电缆护套、铅合金等废杂铅，此外还包括铅酸蓄电池厂产生的废铅渣、铅灰以及有色金属冶炼厂产生的含铅烟尘等。基于技术的改进和管理的完善，再生铅生产环节的污染是可控的，目前较难控制的是废铅酸蓄电池回收领域。

数十年来，中国再生有色金属产业从无到有、从小到大，在原料进口、产品产量、行业规模等方面已经位居世界首位，但随着世界经济的持续低迷与中国经济进入"新常态"发展的变化，中国再生有色金属产业近年来也已进入了一个相对艰难的转型期。

参 考 文 献

[1] 刘清，招国栋，赵由才. 有色冶金废渣中有价金属回收的技术及现状 [J]. 有色冶金设计与研究，2007，28（3~4）：22~26.

[2] 吴鹏，胡建军. 有色金属行业绿色矿山采矿技术现状 [J]. 中国矿业，2016，25（S2）：154~157.

[3] 张化冰. 再生有色金属行业进入艰难转型期 [J]. 功能材料信息，2016，13（1）：17~22.

[4] 刘天科，靳利飞. 中国矿产资源节约与综合利用问题探析 [J]. 中国人口·资源与环境，2016，26（S5）：424~429.

[5] 李瑞军，唐宇，王海军. 我国矿产资源综合利用现状分析及对策建议 [J]. 中国国土资源经济，2013，28（3~4）：40~42.

[6] 梁智腾. 促进资源综合利用的税收政策研究 [D]. 太原：山西财经大学，2016.

[7] 冯平. 论环境保护与可持续发展 [J]. 广东化工，2013，40（16）：273~274.

[8] 腾建礼，王玉红，刘来红，等. 我国环境保护产业发展状况分析 [J]. 行业综述，2016（9）：5~10.

[9] 许树克，汤勇，何艳明. 节能减排保护环境是企业应履行的社会责任更是企业生存和发展的必然要求 [J]. 2009，38（2）：93~96.

[10] 焦耀光. 工业发展与环境保护同步 [D]. 成都：西南交通大学，2009.

2 铅冶金环保及其相关资源综合利用

2.1 铅矿资源概述

铅在地壳中的含量为 0.0016%，储量比较丰富。自然界中，铅资源多以伴生矿形式存在，以铅为主的矿床和单一铅矿床的资源储量只占总储量的32.2%。主要含铅矿石有方铅矿（PbS），白铅矿（$PbCO_3$）和硫酸铅矿（$PbSO_4$）。此外，少量铅还存在于各种铀矿和钍矿中。美国地质调查局 2015 年发布数据显示，目前全球已探明铅资源量共计 20 多亿吨，资源储量为 8700 万吨。世界上铅资源主要分布在欧洲东部俄罗斯的西伯利亚地区；亚洲中国中西部地区；澳洲的昆士兰州芒特艾萨，新南威尔士布罗肯希尔和埃卢拉，伍德朗，塔斯马尼亚州罗斯伯里，北澳麦克阿瑟河；北美洲南部美国密苏里东南区，密西西比河谷区，三州成矿区，雷德道格地区；北美墨西哥萨卡特卡斯州和圣路易斯波托西州和南美洲西部秘鲁东、西安第斯山脉之间的塞罗德帕斯科特以及莫罗科查等。铅在世界上的资源分布见表2-1。

表 2-1 世界部分国家铅储量和储量基础

国家或地区	储量/kt	占世界储量/%
澳大利亚	35000	40.2
中国	14000	16.2
美国	5000	5.7
俄罗斯	9200	10.63
秘鲁	7000	8
墨西哥	5600	6.4
印度	2600	3
波兰	1700	2
玻利维亚	1600	1.84
瑞典	1100	1.2
爱尔兰	600	0.69
南非	300	0.35
加拿大	247	0.28
其他	3053	3.51
世界总计	87000	100

硫化矿为原生铅矿石，单金属硫化矿在自然界中很少发现，通常伴有其他硫化矿物，

如脆硫铅锑矿（$3PbS \cdot Sb_2S_3$），其共生矿物为闪锌矿（ZnS），伴生矿物为辉银矿（Ag_2S），此外还常伴生有黄铁矿（FeS_2）、黄铜矿（$CuFeS_2$）、硫砷铁矿（$FeAsS$）和其他硫化矿物。矿石中的脉石组成主要为石灰石、石英石及重晶石等。方铅矿广泛分布于世界各地，是生产铅的主要矿物，含银高者称银铅矿，含锌高者称铅锌矿。氧化矿主要有白铅矿（$PbCO_3$）和硫酸铅矿（$PbSO_4$），属次生矿。它是原生矿受风化作用或含有碳酸盐的地下水的作用而逐渐产生的，常出现在硫化铅矿床的上层，或与硫化矿共生而形成复合矿。铅在氧化矿床中的储量比在硫化矿床中少得多，故对炼铅工业来说，氧化矿意义较小，铅冶炼的主要原料来源于硫化矿。各种铅矿物见表 2-2。

表 2-2　各种铅矿物

矿物名称	化 学 式	含铅量/%	硬度	密度/$g \cdot cm^{-3}$	颜色
方铅矿	PbS	86.6	2.5	7.4~7.6	
脆硫铅锑矿	$3PbS \cdot Sb_2S_3$	58.8			
车轮矿	$2PbS \cdot Cu_2S \cdot Sb_2S_3$	42.4			
脆硫锑铅矿	$2PbS \cdot Sb_2S_3$	50.65			
白铅矿	$PbCO_3$	77.55	3~3.5	4.66~6.57	白、灰
铅矾	$PbSO_4$	68.3	3.0	6.2~6.35	白
角铅矿	$PbCl_2 \cdot PbCO_3$	76.0			
磷酸氯铅矿	$3Pb(PO_4)_2 \cdot PbCl_2$	76.37	3.5~4.0	6.9~7.0	褐、绿、黄
砷酸铅矿	$3Pb(AsO_4)_2 \cdot PbCl_2$	69.61	3.5~4.0	7.2	黄、绿
铬酸铅矿	$PbCrO_4$	64.1			
彩钼铅矿	$PbMoO_4$	58.38	3.0	6.7~7.0	黄、白、灰
褐铅矿	$3Pb(VO_4)_2 \cdot PbCl_2$	73.15			
铅重石（钨铅矿）	$PbWO_4$	45.5			

自然界中铅矿成单一矿床存在的很少，多数是多金属矿，最常见的是铅锌混合矿。表 2-3 列出了几种铅锌矿石的化学成分。

表 2-3　几种铅锌矿石的化学成分　　　　　　　　　　　　（%）

序号	Pb	Zn	Fe	Cu	SiO_2	S	CaO
1	4.47	8.84		0.009	9.20	26.28	14.83
2	5.50	13.00	9.4		18.00		
3	8.50	13.80	1.8	1.000	20.00	—	
4	9.00	13.00	8.5	0.500	19.00	16.00	
5	12.53	16.52		0.090	6.02	26.34	10.25

我国铅矿产资源分布广泛，储量比较丰富，居澳大利亚之后列世界第二位。我国铅资源的总体特征是：贫矿多、富矿少，小型矿多、大型矿少，结构构造和矿物组成复杂的矿多、简单的矿少，基础保证年限不高。目前，我国已有 28 个省、区、市发现并勘查了铅

资源，但从富集程度和现保有储量来看，主要分布在云南、内蒙古、广东、青海、甘肃、湖南、四川、江西、广西、河南等 10 个省区，这 10 省区的合计储量占全国铅储量的 91.44%，其他省区市储量分布较少。铅矿石类型多样，主要矿石类型有硫化铅矿、氧化铅矿以及混合铅锌矿等，以锌为主的铅锌矿床和铜锌矿床较多，而铅为主的铅锌矿床不多，单铅矿床更少。

我国铅锌矿石类型复杂，共伴生组分多达 50 余种，具有极大的综合利用价值，也给我国选冶生产增加了一定的难度。最主要的共伴生元素银，其储量占全国银矿总储量的 60%，目前从铅锌矿中回收共、伴生银的产量占全国银产量的 70%~80%。铅锌矿共生组分 Cu、S、Sn、Bi、Mo、CaF$_2$ 等，在选矿过程中可以分离出单独的精矿产品，而 Au、Ag、Cd、Se、Ga、Ge、Sb、In 等其他元素一般都在选矿时进入铅或锌精矿，在冶炼过程中回收。

2.2 铅的冶炼方法

铅的冶炼分火法和湿法。湿法炼铅是用适当的溶剂使铅精矿中的铅浸出与脉石等分离，然后从浸出液中提取铅。湿法炼铅目前还处于研究阶段，或只用于小规模生产和再生铅的回收。

目前铅的生产几乎全为火法。就其基本原理而言，火法炼铅方法可分为下列几类：

（1）氧化还原熔炼法。该法是现今采用最普遍的方法，首先是将硫化铅精矿（或块矿）中的硫化铅及其他硫化物氧化成氧化物，然后再使氧化物还原得金属铅。

（2）反应熔炼法。反应熔炼是在高温和氧化气氛下使硫化铅精矿中的一部分 PbS 氧化成 PbO 和 PbSO$_4$，生成的 PbO 和 PbSO$_4$ 再与 PbS 反应得到金属铅的方法。其基本反应如下：

$$2PbS + 3O_2 = 2PbO + 2SO_2$$
$$2PbO + PbS = 3Pb + SO_2$$
$$PbS + 2O_2 = PbSO_4$$
$$PbSO_4 + PbS = 2Pb + 2SO_2$$

硫化铅氧化时放热，所以只配入少量燃料作热源和还原剂，即可维持冶炼所需的温度。熔炼温度 800~850℃。适于处理高品位的矿（65% Pb 以上），杂质多时不利于 PbS 与 PbO 和 PbSO$_4$ 接触反应。

（3）沉淀熔炼法。该法是利用对硫亲和力大于铅的金属（如铁）将硫化铅中的铅置换出来的熔炼方法。其反应如下：

$$PbS + Fe = Pb + FeS$$

由于生成 PbS·3FeS 进入锍，置换反应进行不彻底，铅直收率不高，约 72%~79%。铁屑配入量高于反应所需的理论值而为精矿重的 30%~40%。为了提高铅的回收率，可加适量纯碱和炭粉，此时反应为：

$$2PbS + Na_2CO_3 + Fe + 2C = 2Pb + Na_2S + FeS + 3CO$$

上述方法炼得的粗铅，经过火法精炼或电解精炼得精铅。

2.2.1 鼓风炉熔炼

铅精矿烧结焙烧-鼓风炉熔炼法属传统炼铅工艺，我国现有的铅生产厂几乎都采用这一传统工艺流程。此法即硫化铅精矿经烧结焙烧后得到烧结块，然后在鼓风炉中进行还原熔炼产出粗铅。烧结焙烧-鼓风炉熔炼工艺原则流程如图2-1所示。

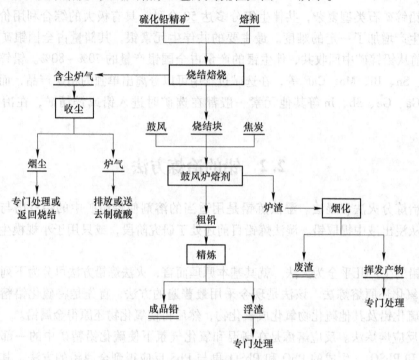

图 2-1　鼓风炉熔炼工艺流程

虽然该工艺存在能耗高、对环境污染严重、流程长、设备复杂以及锌的回收困难、硫利用率低等缺点，但在经济上所表现出来的竞争优势，使得其成为矿产粗铅的主要生产工艺。

2.2.2 直接炼铅新工艺

直接炼铅是利用硫化铅精矿在迅速氧化过程中放出大量的热，将炉料迅速熔化，并产出液态铅和熔渣，同时产出高 SO_2 浓度的烟气，使硫得以回收的冶金过程。直接炼铅必须严格控制温度和氧位，这在工业生产中是很难达到的。为此产生了直接炼铅的基本原则，即在高氧位下产出低硫粗铅，然后在低氧位下产出低铅炉渣。

直接炼铅新工艺在冶炼过程中取消了烧结作业，采用纯氧或富氧空气直接熔炼硫化铅精矿产出粗铅。近20余年，已投入工业规模生产或较完善地完成了工业试验的直接炼铅方法主要有氧气底吹炼铅法（QSL）、基夫赛特炼铅法（KIVCET）、澳斯麦特顶吹熔池熔炼法（Ausmelt）、氧气顶吹转炉炼铅法（SKS）以及瓦纽科夫熔炼炉直接炼铅法等。

2.2.2.1 氧气底吹炼铅法

氧气底吹炼铅（QSL）新工艺（图2-2）及工业化装置开发属于有色金属行业冶炼技

术的重大技术创新，达到国际先进技术水平。其特点是利用氧气底吹炉氧化，替代烧结工艺，彻底解决了原烧结过程中 SO_2 及铅尘严重污染环境的难题。底吹产出的高铅渣用创新后的鼓风炉还原，有效抑制了低沸点铅物的挥发，克服了其他炼铅新工艺普遍存在的烟尘率高、返尘量大的缺点，且具有金属回收率高、热能利用好等许多优点。该工艺是先进的熔池熔炼现代技术与创新后的鼓风炉还原工艺的完美结合，具有显著的经济和环保效益，已获得铅冶炼同行的认可，并已扩展到铜冶炼。

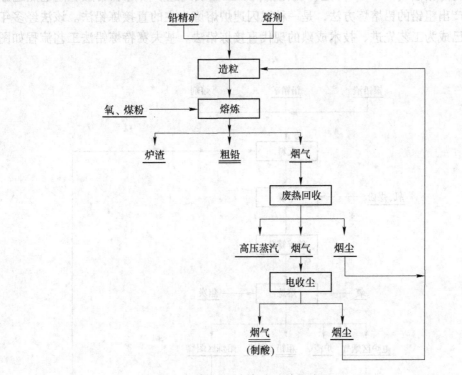

图 2-2 氧气底吹炼铅流程

氧气底吹炼铅工艺的优点有：

（1）氧气底吹熔炼工艺 Pb 作为 O_2 的载体，在铅液层中可除去一次铅中的杂质，有利于提高一次粗铅的品位；在熔渣中可加速 PbS 的氧化反应，有利于降低熔炼烟尘率。

（2）自动化水平高。氧气底吹熔炼过程采用 DCS 控制系统，实现了配料、制粒、供氧、熔炼、余热锅炉、锅炉循环水、电收尘、高温风机等全流程、全部设备的集中控制。

（3）氧气底吹炼铅法能充分利用原料中的反应热，实现了自热熔炼。可处理高品位硫化铅精矿，也可处理品位较低的精矿及其他含铅物料。对精矿含水无特殊要求，但由于制粒水分一般为 8%，因此，精矿与熔剂、烟尘等混合后的水分不超过 7.5% 为宜。

（4）由于熔炼过程在密闭的熔炼炉中进行，避免了烟气外逸，SO_2 烟气经二转二吸制酸后，尾气排放达到了环保要求。铅精矿或其他铅原料配合制粒后直接入炉，没有烧结返粉作业，生产过程中产出的铅烟尘均密封输送并返回配料，防止了铅烟尘的弥散；同时在虹吸放铅口设通风装置，防止铅蒸气的扩散。彻底解决了铅冶炼烟气、烟尘污染问题。

2.2.2.2 氧气侧吹熔池熔炼直接炼铅

氧气侧吹熔池熔炼直接炼铅技术源于前苏联开发的瓦纽科夫熔池熔炼炉（属侧吹炉），

该技术处理硫化铅矿的可能性已有论述和实验。

硫化铅精矿直接炼铅包括氧化熔炼和还原熔炼两个过程。氧化熔炼所产的富铅渣水淬堆存至一定数量后返回同一侧吹炉进行还原熔炼。其供料系统、烟气冷却系统、收尘系统也共用一套。大规模生产氧化和还原装置必须彼此分开，有各自的系统。

2.2.2.3　基夫赛特炼铅法

基夫赛特炼铅法（KIVCET）是将硫化铅精矿工业氧闪速炉熔炼和熔融炉渣电热还原相结合直接产出粗铅的铅熔炼方法，是一种以闪速炉熔炼为主的直接炼铅法。该法经多年生产运行，已成为工艺先进、技术成熟的现代直接炼铅法。基夫赛特炼铅法工艺流程如图2-3所示。

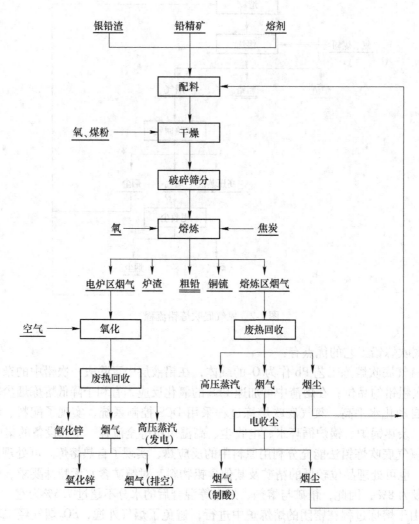

图2-3　基夫赛特法炼铅流程

基夫赛特炼铅法的核心设备为基夫赛特炉，该炉由四部分组成：带氧焰喷嘴的反应塔、具有焦炭过滤层的熔池、冷却烟气的竖烟道（即立式废热锅炉）及铅锌氧化物挥发的电热区。

2.2.2.4 澳斯麦特法

澳斯麦特法（Ausmelt）即顶吹浸没熔炼，属于熔池熔炼范畴。澳斯麦特顶吹浸没熔炼技术由顶吹浸没喷枪及圆柱形固定式炉体组成，通过可升降的顶吹浸没式喷枪熔炼，以粉煤为喷枪燃料。喷枪是该法的核心技术，它是喷送燃料和空气或富氧空气的装置，生产时浸没在熔体中，喷枪火焰或熔池气氛（氧化或还原）可调。

2.2.2.5 碱法熔炼

硫化铅精矿配入苏打和碎炭（煤或焦），在制粒或制团后，于 $1000 \sim 1100 ℃$ 下熔炼，直接产出粗铅，它也属于直接炼铅范畴，其反应为：

$$2PbS + 2Na_2CO_3 + C \longrightarrow 2Pb + 2Na_2S + 3CO_2$$
$$PbS + Na_2CO_3 + C \longrightarrow Pb + Na_2S + CO + CO_2$$
$$PbS + Na_2CO_3 + CO \longrightarrow Pb + Na_2S + 2CO_2$$

熔炼时，铅回收率 98.4%，并将金、银、铋等富集于粗铅中；粗铅含 Pb 98% ~ 98.5%，Cu 0.25% ~ 0.35%；烟尘率 3.8%。

渣铜锍富集了绝大部分的铜和硫、锌等，经苏打再生后，可成为提铜的原料。

渣铜锍再生苏打的方法是先经热水浸出，浸出温度为 $50 \sim 70 ℃$，时间 1h，固液 1:3，加入少量氧化剂（如 MnO_2），此时进行如下反应：

$$Na_2S + MnO_2 + H_2O \longrightarrow 2NaOH + MnO + S$$
$$Na_2O + H_2O \longrightarrow 2NaOH$$

使钠盐进入溶液后，进行热碳酸化处理，其目的是使 Na_2S 转化为 Na_2CO_3：

$$Na_2S + CO_2 + MnO_2 \longrightarrow Na_2CO_3 + MnO + S$$
$$2NaOH + CO_2 \longrightarrow Na_2CO_3 + H_2O$$

热碳酸化时通入的气体含 CO_2 7% ~ 8%，操作温度 80℃，时间 1 ~ 3.75h。最后送往冷碳酸化使 Na_2CO_3 转变为溶解度更小的 $NaHCO_3$ 结晶析出：

$$Na_2CO_3 + H_2O + CO_2 \longrightarrow 2NaHCO_3$$

冷碳酸化条件是：温度 20℃，时间 1 ~ 4h，碳酸化时通入的气体也含 CO_2 7% ~ 8%。获得的碳酸氢钠可直接返回或干燥成 Na_2CO_3 后返回使用。碳酸钠再生可回收全部碱耗量的 88% ~ 95%。

2.2.3 粗铅的精炼

鼓风炉炼得的粗铅中含有 1% ~ 4% 的杂质和贵金属，铅中的杂质对铅的性质非常有害的影响，如使其硬度增加、韧性降低、抗蚀性减弱等。精炼的目的是除去粗铅中的杂质，并使贵金属进一步富集。粗铅精炼的方法有两种，火法精炼和电解精炼。

2.2.3.1 粗铅的火法精炼

火法精炼中杂质脱除的顺序是铜、砷、锑、锡、银、锌、铋。脱除的基本原理是使这些杂质生成不溶于粗铅的化合物，形成浮渣漂浮在铅液表面，使之与铅分离，工艺流程如图 2-4 所示。

2.2.3.2　粗铅的电解精炼

铅电解前要经过火法精炼，先要除 Cu、As、Sn。经简单火法精炼的粗铅作阳极，以阴极铅铸成的薄片作阴极，在由硅氟酸和硅氟酸铅水溶液组成的电解液内进行电解。

杂质在电解精炼时的行为，决定于它们的标准电位及其电解液中的浓度。粗铅中的杂质按其标准电位可分为三类：（1）电位比铅负的杂质如锌、铁、镉、钴、镍等可溶于电解液中，但不能在阴极放电析出。这类杂质易在火法精炼时除去，所以不致污染电解液。（2）电位比铅正的杂质在电解时不溶解而进入阳极泥，其中要求阳极含铜低于 0.1%~0.06%，不然阳极泥致密变硬，妨碍铅溶解，使槽电压升高；当锑含量为 0.3%~1.0%，锑在阳极中以固溶体存在，电解时使阳极泥呈坚固而又疏松多孔的海绵状，附在阳极上不易脱落；粗铅中的金银留在阳极泥中。（3）电位与铅很接近的锡从理论上讲既能在阳极上溶解又能在阴极上析出，但实际上因锡能与一些金属构成化合物使它的电位变正，故仍有部分锡留在阳极泥中。

铅电解精炼的实质是将火法精炼无法除去的杂质及贵金属留在阳极泥中，实现铅和杂质的进一步分离。

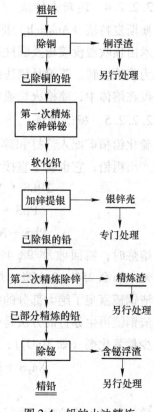

图 2-4　铅的火法精炼

2.3　铅冶炼过程产生的废弃物及伴生元素的走向

我国铅锌矿石类型复杂，共伴生组分多达 50 余种，其中主要有铜、银、金、锡、锑、镉、铋、镓、铟、锗、汞、硫、萤石及稀散元素等，具有极大的综合利用价值。

2.3.1　铅冶炼过程的废弃物

以铅精矿为原料，采用火法炼铅会产生大量的固废、废水和废气，其类别多，性质各异，必须进行合理的治理及综合利用。

2.3.1.1　废渣

（1）烟尘：在烧结焙烧中产生含烟尘的大量烟气，通过电收尘获得了大量的烟尘。烟尘含 Pb 2%~3%，其他有价金属如 Cd、Ti、Se 和 Te 等含量共为 4.24%，具有综合回收及利用的价值。

（2）炉渣：在火法炼铅过程中，除了获得粗铅以外，一般还同时得到另一种熔体，此熔体主要由炼铅原料中的脉石氧化物和冶金过程中生成的铁、锌氧化物组成，这种熔体就是炉渣。在鼓风炉还原熔炼铅时，产出了不少的炉渣。炉渣含 Pb 2%~2.5%，Zn 15%，其他有价金属如 Cu、In、Se、Te 和 Ge 等；还含有 $FeO+Al_2O_3$ 30.5%，$CaO+MgO$ 18.5%，

SiO_2 20%。炉渣必须进行处理利用。一般认为，炼铅鼓风炉炉渣中铅铜的机械损失和溶解损失之比接近于 1。铅熔炼炉渣含 SiO_2 一般较低，而含 CaO 较高。许多冶炼厂为处理高锌炉料，广泛采用高锌（10%～20% Zn）、高钙（15%～25% CaO）渣型。

（3）铅阳极泥：在火法精炼粗铅后进行电解精炼中产生不少铅阳极泥，其中含 Cu 5%～7%、Pb 8.5%、Sb 30%～35%、Bi 5%～6%、Ag 15%～18% 和 Au 0.1%～0.15%。全国的铅阳极泥约 2.8 万吨，可回收贵重金属。

（4）浮渣：在用火法精炼铅时产生浮渣，其中含有 Pb、Cu 等，应进行回收。

（5）烟化渣：在使用烟化炉法处理鼓风熔炼的炉渣时可产出烟化渣，其含有 FeO、SiO_2、CaO、ZnO 和 CuO 等，具有回收价值。

此外，在处理浮渣时可产生少量的熔渣，在电解精炼铅时出现了一些残阳极物，这些固废物也具有回收价值。

2.3.1.2　废气

（1）烧结烟气：在对炉料进行烧结焙烧时，会产生大量的含尘烟气，经过电收尘后的无尘烧结烟气，其一般含 SO_2 4%～5%。因烟气中含 SO_2，有毒且污染环境，必须对其严格处理，除去 SO_2 后，使尾气合格才可排放。

（2）熔炼烟气：在鼓风炉熔炼铅时产出烟气（炉气），其含尘量较少，尘中含 Pb 2%～3%，还有一些 Cd、Se 和 Te 等金属，应进行处理回收。

（3）烟化烟尘：在采用烟化炉法处理炉渣时产生烟化烟气（炉气），其含有尘和 ZnO 等，可对 ZnO 综合回收为 Zn 金属。

此外，在火法熔化精炼铅中排出含尘烟气，其含有 In 16% 和 Se 28%；水溶液电解精炼铅时产生少量酸气等，这两种废气需进行处理。

2.3.1.3　废水

（1）冶炼废水：在鼓风炉熔炼铅时排出的热炉渣，需用工业冷水进行水淬热炉渣成为水淬渣；电解精炼时产出的阴极铅需用水进行洗涤，阳极泥及残极板也要用水洗涤，上述洗水中含有重金属。

（2）熔炼炉冷却水：在烧结炉、鼓风炉、熔铅锅、烟化炉、反射炉和电解槽等的作业中，必须用工业冷水进行冷却，以确保各种熔炼炉能够正常运行及生产安全的要求，这些炉设备年用冷却水量都较大。

（3）洗设备及冲洗地面的废水：这方面的用水量不多，但其含有重金属，如 Pb、Zn 和 Cd 等，还含有一些细泥量。此废水应进行处理合格才可排放。

此外，在制酸中除产生了生产废水外，还有冲洗地面和洗设备等的废水，也应进行处理后排放。

2.3.2　铅冶炼过程中伴生元素的走向

我国的粗铅冶炼流程主要是鼓风炉熔炼。镉和铊富集在烧结与鼓风炉熔炼的烟尘中；锌富集在鼓风炉熔炼的炉渣中，然后在炉渣烟化过程中使锌呈氧化锌尘回收；部分铟也富集在这种产物中。我国的鼓风炉熔炼过程一般不产锍，铜、金、银、锡、锑、铋、硒、碲富集在粗铅产品中，然后在粗铅精炼过程中回收这些元素。我国的粗铅精炼多采用火法与电解精炼过程相结合的流程，富集在粗铅中的这些元素以不同的形式富集在相关过程的各种中间产物中。铜、锡、锑、硒、碲以及大部分锢在火法精炼时进入铜浮渣及氧化精炼渣中，在随后的铜浮渣熔炼过程中，铜、硒、碲进入锍，最后从粗铜精炼的阳极泥中回收硒、碲；锡、锑进入粗铅氧化精炼渣或在阴极铅重熔的氧化渣中，再从其中回收锡、锑；大部分锑仍将进入电解精炼的阳极泥中而被回收；锢在铜浮渣熔炼过程中富集在烟尘中，再进行回收。金、银、铋及大部分碲在电解精炼过程中进入阳极泥，从阳极泥中回收。铅精矿中各伴生元素在铅冶炼的走向如图 2-5 所示。

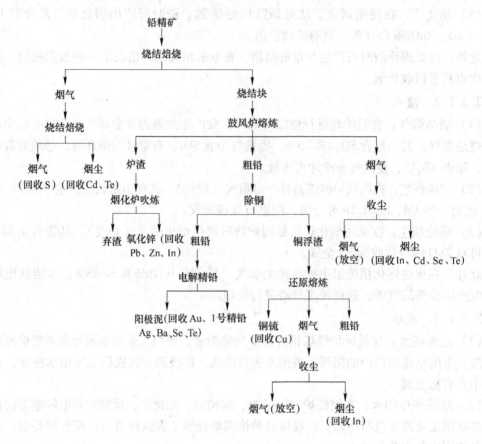

图 2-5　铅冶炼过程中有价元素的走向

据株洲冶炼厂两次对铅原料中有价元素的测定，它们在整个铅冶炼过程中的分布如下：

（1）硒：在精矿烧结时有 75% 进入烧结块；鼓风炉熔炼时，烧结块中的硒有 10% 进入粗铅。鼓风炉渣中的硒在烟化过程中有 30.5% 进入氧化锌烟尘中。再次测定结果表明，硒分散于各种物料中，水淬渣中含硒最多，占总量的 36.33%。

（2）碲：精矿中碲有 71.25% 进入粗铅，15% 进入烟尘。粗铅脱铜精炼时，有 93% 进入铅阳极板，电解时几乎全部转入阳极泥。再次测定结果表明，进入粗铅的碲只占 21.94%，进入水淬渣中达 35.63%。从精矿算起有 69.43% 的碲进入阳极泥。

（3）锢：铅精矿中锢有 49.1% 进入粗铅，48% 进入鼓风炉渣。在烧结时，99% 的锢进入烧结块，鼓风炉渣中的铟有 92.66% 进入烟化炉的氧化锌烟尘中，占精矿中铟量的 35.53%。在粗铅的脱铜精炼过程中，其中的铟有 83% 进入铜浮渣，浮渣反射炉熔炼时有 75% 的铟进入砷铳，其余进入烟尘。第二次测定结果表明，有 35.53% 的铟进入粗铅，41.58% 的铟进入水淬渣，4.14% 进入布袋烟尘中，放空损失 11.6%。

（4）锗：铅精矿中的锗在烧结时几乎 100% 进入烧结块，烧结块中的锗有 99% 进入鼓风炉渣，炉渣烟化时有 47% 进入氧化锌烟尘中。从精矿到烟化炉氧化锌烟尘，锗的回收率为 46.53%。再次测定表明，锗主要进入粗铅达到 56.43%，进入水淬渣的有 31.05%，其余进入烟尘。

（5）铊：精矿中有 75% 的铊进入烧结烟尘中，烟灰含铊达 0.144%。后来再次测定表明，铊在冶炼过程中比较分散，富集于烧结烟尘中达 55%。

（6）镉：铅精矿烧结时，镉有 93% 进入烧结块，烧结块中的镉有 79% 进入鼓风炉烟尘。第二次测定，镉富集于鼓风炉布袋尘中可达总量的 60%，其余为放空损失。

（7）金：金 100% 进入粗铅。第二次测定表明，金进入粗铅为 84.79%，进入水淬渣为 8.49%，其余进入烟尘。在脱铜精炼过程中有 93.6% 的金进入阳极板，6.4% 进入浮渣。电解时，金 100% 进入阳极泥。浮渣处理时，其中的金 44.4% 进入粗铅，其余进入铅砷铳。从精矿算起有 96.26% 的金进入阳极泥。

（8）银：精矿中的银有 89.89% 进入粗铅，银回收率有时可达 92.7%。脱铜精炼时有 93.1% 的银进入阳极板，6.9% 进入浮渣。处理浮渣时，有 66% 的银进入粗铅，32.6% 进入铅砷铳，从精矿算起有 97.33% 的银进入阳极泥。

（9）铜：铅精矿中的铜有 78.32% 进入粗铅中。在脱铜精炼过程中粗铅中的铜有 92.3% 富集于铅砷铳中。

（10）铋：铅精矿中的铋有 78.2% 进入粗铅中。在脱铜精炼与电解过程中，粗铅中的铋有 93.37% 富集于铅阳极泥内。

从以上分析表明，在铅精矿冶炼中，伴生元素大都富集在各种半产品中，伴生元素在这些半产品中的含量见表 2-4。

表 2-4　伴生元素在铅冶炼过程中各种半产品中的含量　　　　　　　　（%）

名　称	Cu	Zn	Bi	Sb	Cd	Ag	Se	Te	Ge	In	Tl	Ga
烧结烟灰	—	—	—	—	1.12	0.07	0.05	0.073	0.0007	—	0.031	—
鼓风炉烟灰	—	—	—	—	2.4	—	—	—	0.002	—	0.006	—
烟化炉氧化锌粉	—	58~65	—	—	—	—	—	—	0.007	0.04	—	0.0016
浮渣反射炉铳	30~45	—	0.02	—	—	0.068	0.98	0.028	0.001	0.004	<0.001	0.005
浮渣反射炉烟灰	—	—	—	—	—	—	—	—	0.0024	0.6	—	0.0016
铅电解阳极泥	—	—	16~19	24~28	—	8.4~12	—	0.5	—	—	—	—

2.4　伴生元素回收及含铅废弃物综合利用

铅冶炼的原料主要是硫化铅精矿，其次是铅锌氧化矿，我国铅精矿除含有铅、锌和硫等主要成分以外，还含有铜、镉、银、铋、锡、锑、铁、硒、碲及铟等多种元素。

在不同的铅粗炼和精炼的工艺过程中，伴生元素富集在不同的中间产物内，再从中间产物中回收相应的有价元素。

铅精矿中有价金属的含量不同，产出的中间产物中诸金属品位波动较大，但这些有价金属在冶炼过程中仍有明显的分布规律。在烧结过程中，95%以上的汞进入烟气，70%的铊、30%~40%的镉、硒、碲以及小部分砷、锑等金属进入烟尘，其余留在烧结块中。在鼓风炉熔炼过程中，几乎全部的金、银和大部分铜、砷、锑、铋、锡、硒、碲进入粗铅，80%以上的锑锗、50%以上的铟进入炉渣，80%~90%的镉进入烟尘。在火法精炼除铜锡时，粗铅中的铜、锡、铟大部分进入铜浮渣，金、银、锡等金属留在阳极铅中。在铅电解精炼过程，比铅更正电性的金属如金、银、铜、锑、锡、砷、硒、碲等不溶解而留在阳极泥中。

2.4.1 铅阳极泥的处理

由于各地铅矿的成分不同，以及是否处理废铅，致使各铅厂不同时期所产出的铅阳极泥的成分变化很大。铅电解时，约产出粗铅重量1.2%~1.75%的铅阳极泥。这些阳极泥部分黏附于阳极板表面，通过洗刷残极而收集；少部分因搅动或生产操作的影响从阳极板上脱落而沉于电解槽中。在铅电解精炼中，金、银几乎全部进入阳极泥，砷、锑、铜、铋等则部分或大部分进入阳极泥。在处理铅阳极泥之前，必须经过沉淀、过滤、洗涤，离心机或压滤机脱水，获得含水量约30%的铅阳极泥。

铅阳极泥的处理，国内外基本上都采用火法冶炼。由于阳极泥成分的特点，处理上略有不同。火法冶炼工艺经过长期的实践，它对原料的适应性强，处理能力大，且随着设备及操作条件的不断改进，已日臻完善和成熟，金银回收率达到比较高的水平。但火法流程复杂冗长，金、银直收率不够高，返渣多，生产周期长。对于单一品种的中小企业，还存在能耗高，环境污染比较严重，金银回收率低，有价金属综合利用程度差等缺点。

2.4.1.1 铅阳极泥的火法处理

铅阳极泥的传统处理工艺是火法还原熔炼-氧化精炼法。火法还原熔炼贵铅之前通常先脱除硒、碲（含铜高时也应包括脱铜），经火法还原熔炼得贵铅，贵铅再经氧化精炼，产出金银合金板送银电解。

铅电解精炼产出的阳极泥富集了原料中的金银及其他许多有价元素，成分非常复杂。铅阳极泥的处理工艺可采用传统的火法流程和湿法流程，目前多数企业是采用前者，从阳极泥中回收金银的火法生产工艺如图2-6所示。

铅阳极泥处理的火法工艺流程主要包括两个过程：阳极泥的还原熔炼产出贵铅与贵铅的氧化精炼得金银合金。

A 阳极泥的还原熔炼

阳极泥的还原熔炼一般是在反射炉或回转炉中进行，周期作业。阳极泥还原熔炼的目的是初步分离阳极泥中的大部分杂质，使金、银富集到被还原后的铅中，得到一种含金、银很高的产物——贵铅。贵铅中的Au+Ag含量一般为30%~40%，有的高达50%，其产量

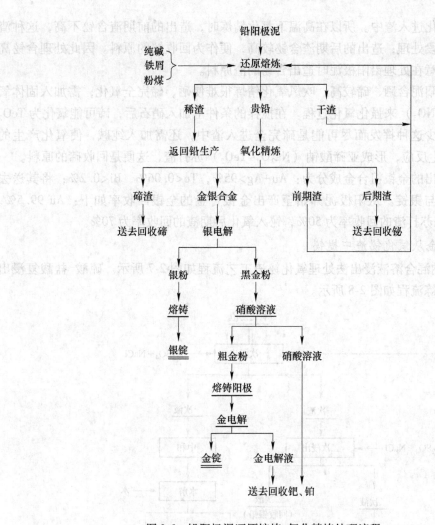

图 2-6　铅阳极泥还原熔炼-氧化精炼处理流程

为阳极泥量的 30%~35%。

在还原熔炼过程中，将阳极泥配以 2%~3% 还原煤或焦粉，3%~5% 纯碱，有的工厂还配入 2%~3% 铁屑以及石灰和萤石等熔剂。炉料在 700~800℃ 入炉后，升温至 1200~1300℃ 熔化，待熔化完约需 12h，然后经澄清放出稀渣，即可开始贵铅的氧化精炼。还原熔炼金银回收率为 98%~99%。

　　B　贵铅的氧化精炼

贵铅氧化精炼的目的是利用氧化法除去金银以外的所有杂质（包括铅在内），得到 Au+Ag 含量在 95% 以上合金，以便进一步电解分离金银。氧化精炼过程可在还原熔炼的炉中继续进行，也可从还原熔炼炉中将贵铅放出转入同类型的另一炉中进行。

贵铅在炉中呈熔融状态，控制 800~900℃ 的温度，通入压缩空气，使砷、锑氧化挥发进入烟气中，并产生砷、锑、铅的氧化浮渣。待砷、锑基本氧化挥发完后，使炉温升至 1000~1100℃ 再继续吹风使残余砷、锑和铅氧化造渣。贵铅中的铋是待砷、锑、铅大部分氧化后才开始氧化进入渣中。所以在高温下氧化精炼时，造出的前期渣含铋不高，这种渣返回还原熔炼阶段处理；造出的后期渣含铋较高，便作为回收铋的原料。因此处理含铋高的精矿时，应注意在处理铅阳极泥时造出含铋的渣原料。

若处理的铅阳泥含硒、碲较高，吹风氧化精炼很难使硒、碲完全氧化，需加入固体氧化剂如硝石（NaNO$_3$）来强化氧化过程。在搅拌的条件下加入硝石后，碲可能氧化为 TeO$_2$ 而挥发。为了减少这种挥发而尽可能是碲完全进入渣中，还需加入纯碱，使氧化产生的 TeO$_2$ 与 Na$_2$O 发生反应，形成亚碲酸钠（Na$_2$O·TeO$_2$）苏打渣，这便是回收碲的原料。

氧化精炼产出的金银粗合金成分为：Au+Ag>95%，Te<0.06%，Bi<0.2%；将其送去电解，产出金锭与银锭。从阳极泥开始至产出金银合金的金银回收率如下：Au 99.5%，Ag 98.8%；碲入苏打渣的回收率为 50%，铋入氧化后期渣的回收率为 70%。

　　C　湿法冶金从氧化铋渣中提铋

硫酸-氯化钠混合溶液浸出法处理氧化铋渣工艺流程如图 2-7 所示。硫酸-盐酸复浸出法提铋的湿法冶炼流程如图 2-8 所示。

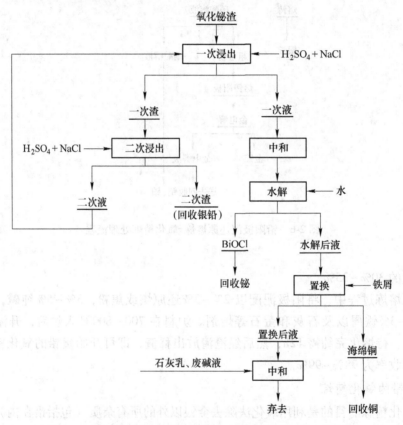

图 2-7　硫酸-氯化钠混合溶液浸出法处理氧化铋渣工艺流程

2.4.1.2　铅阳极泥的湿法处理

阳极泥的湿法处理是指在得到金或银的工艺过程是采用湿法，除去阳极泥中的主要杂质的过程均是在水溶液中进行的。

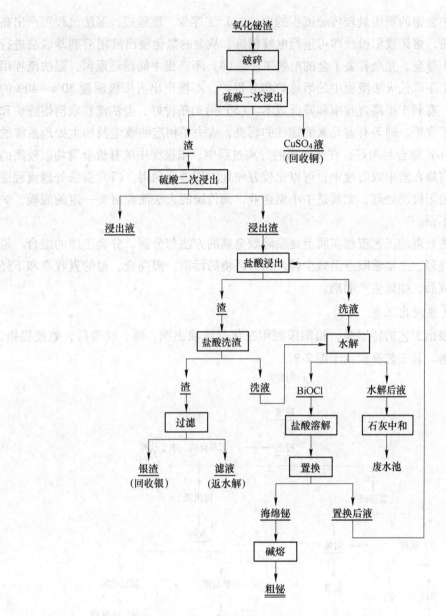

图 2-8　硫酸–盐酸复浸出法从氧化铋渣提铋流程

　　阳极泥中铜、铅、硒、碲、铋、砷、锑等贱金属以及化合物，约占阳极泥重量的 70%以上，阳极泥湿法处理须先脱除贱金属以保证得到高品位的贵金属物料和高的贵金属回收率，并综合回收有价金属。银的提取多是将银转化为 AgCl，再用氨或亚硫酸钠浸出，金则均在氯化物体系中氯化浸出，然后分别还原得粗银。

　　近 30 多年来，阳极泥的湿法处理工艺获得了很大的发展，在工业上的应用取得了突破性的进展。国内阳极泥的处理也由过去的以传统流程（火法）为主逐渐过渡到现在的以湿法流程为主。与传统流程相比，湿法流程具有以下特点：（1）金、银的直收率高，一般可达 97%~98%，高的可达 99% 以上，较传统流程高。（2）生产周期短，一般为 10~20

天，湿法流程中金银的积压量较传统流程的少。（3）工序少，流程短，湿法流程可产出高质量金粉或银粉，熔铸成阳极后即可进行电解精炼。从金的氯化浸出液用溶剂萃取法进行精炼，可产出1号金，完全省去了金的电解工序。（4）不产出中间循环返料，湿法流程用分金、分银两工序取代火法流程中的熔炼炉和分银炉，不再产出占阳极泥量30%～40%的中间循环返料，有利于提高直收率和降低成本。（5）劳动条件好，湿法流程取消熔炼炉和分银炉，避免了含铅、砷等有害元素的烟气的污染，省去了相应的收尘及烟尘处理系统的设施与作业。（6）综合利用好，在贱金属的分离过程中，阳极泥中的有价金属均以较高的富集比，分别富集在渣中或溶液中，可以比较方便地实现综合利用。（7）湿法处理流程适合于各种规模的阳极泥处理，尤其是中小型企业，而传统的火法流程需要一定的规模，炉子过小，操作不便。

阳极泥湿法处理的工艺流程实质上是脱除贱金属的方法与分银、分金工序的组合。铅阳极泥的湿法处理，主要着眼点是减少砷、铅对环境的污染，提高金、银的直收率和不经电解直接获得成品，缩短生产周期。

A　三氯化铁浸出工艺

三氯化铁浸出工艺的特点是，铅阳极泥用三氯化铁浸出铜、锑、铋等后，氨浸提银，浸出渣熔炼电解，其工艺流程示于图2-9。

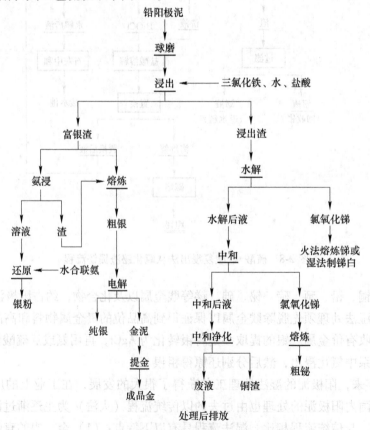

图 2-9　三氯化铁浸出铅阳极泥工艺流程

a 浸出过程

在浸出过程中，$FeCl_3$ 量增大，As、Sb、Bi、Cu 等浸出率均有所升高，而 Pb 在 50% 左右波动，以料铁比 1:(0.72~0.76)（0.74 相当于 140g/L Fe^{3+}）为宜；酸度（不包括 $FeCl_3$ 液的酸度）在 0.4~0.6mol/L 范围内，砷、锑、铋、铜等均有较高的浸出率，但低酸时过滤速度较慢，以 0.5mol/L 为宜；固液比 1:(5~7)，多用 1:(4.5~5)；各金属浸出率随温度升高而增加，并在 50~55℃ 到 60~65℃ 间增长较大，继续升温变化不明显，考虑到能量消耗和设备腐蚀问题，多选择 60~65℃。

浸出液用水稀释，$SbCl_3$ 水解，反应为：

$$SbCl_3 + H_2O = SbOCl\downarrow + 2HCl$$

银以 AgCl 沉淀析出，锑、银沉淀率大于 99%，其他金属如铜、铋仍留在溶液中。水解沉锑后，pH 值约为 0.5，用碳酸钠中和到 2~2.5，铋可全部沉淀回收。水解剩下的少量银也一起沉淀，而铜仍留在溶液中。如果没有过多的 Fe^{3+}，可得高质量的铋沉淀物。

中和沉淀铋后，溶液含铜约 2.3g/L，可用硫化钠沉淀或铁屑-石灰中和法处理。用 Na_2S 时，温度 30℃，搅拌 1h，Na_2S 为铜量的 120%，沉淀后液成分基本达到排放标准。后者系先用少量铁屑置换除铜，得海绵铜，再用石灰中和至 pH=8~9，废液成分达直接排放标准。铁屑置换-石灰中和法可得到较纯净的海绵铜，且费用较少。

b 金、银的回收

95% 以上银和全部金富集在氯化铁浸出残渣中，含银 50% 以上，可用成熟的熔炼电解法进行处理。如加苏打、炭粉（约 3%）熔炼，粗银直收率可达 95%~97%。银电解得到的银粉经铸锭为成品，而金进入阳极泥，硝酸煮去银后，用电解精炼或化学法处理得成品金。

残渣也可用湿法处理，即用氨溶液（液固比 5:1）浸出，AgCl 转变为 $Ag(NH_3)_2Cl$，温度 50~70℃。浸出液用水合联氨还原，银的回收率大于 99%。氨浸渣还原熔炼成粗银电解，再从阳极泥中回收金（图 2-4）。

B HCl-NaCl 浸出

HCl-NaCl 浸出工艺流程如图 2-10 所示。采用 HCl+NaCl 浸出分离铅阳极泥中的锑、铋，并予以分离回收；再在硫酸介质中用氯酸钠氯化溶解金、铂、钯；亚硫酸还原金，铁粉置换得铂、钯精矿；分金渣氨浸提银，水合肼还原。

在液固比 6:1、70~80℃、终酸 1.5mol/L、[Cl^-] = 5mol/L 时搅拌浸出（搅拌速度 160r/min）3h，浸出率为 Sb 99%，Pb 29%~53%，Bi 98%，Cu 90%，As 90%。

氯化分金时金浸出率大于 99.5%，$NaSO_3$ 还原得品位 95%~98% 的金粉，金直收率大于 98%。氨浸分银，银浸出率 99.5%，水合肼还原得银粉，银直收率 97%。此工艺还可综合回收其他有价金属，如铅、锑、铋、铜，直收率分别为 84%、70%、85%、92%。

C 盐酸-硫酸混酸浸出工艺

盐酸-硫酸混酸浸出工艺用盐酸、硫酸混酸浸出铅阳极泥中铜、锑、铋后，氯化钠溶液分铅，分铅渣熔炼电解提取银和金，其工艺流程见图 2-11。

盐酸+硫酸混酸浸出：当控制 80~90℃，HCl 3mol/L、H_2SO_4 0.5mol/L，固液比 1:8（g:mL），浸出 2h，浸出率为 Sb 99%、Bi 98%、Cu 90%、Pb 约 30%，渣率约 30%，金、

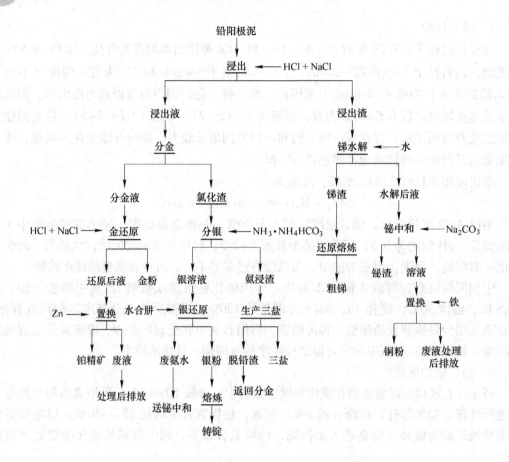

图 2-10　铅阳极泥 HCl-NaCl 浸出工艺流程

银回收率大于 99%。

盐浸脱铅：在 80℃、200g/L NaCl、pH 值为 2~4、固液比 1∶15（g∶mL）条件下浸出 2h，铅浸出率大于 97%，金银溶失率分别小于 0.1% 和 0.5%。浸铅液经再生后可实现闭路循环使用，并且不降低脱铅效率。

分铅渣熔炼电解提取银和金，按混酸浸出液中回收铜、锑、铋类似三氯化铁浸出工艺中的成熟方法进行。

该流程结构合理，处理规模灵活，容易实现工业化，金银直收率高，Au≥98%，Ag≥97%，产品纯度 Au 99.99%、Ag 99.95%。可综合回收铜、锑、铋、铅，从铅阳极泥到铜、锑、铋渣，金属直收率为 Sb 83%~90%，Bi≥90%，Cu≥85%。

D　控电位氯化浸出-熔炼法

铅阳极泥控电位氯化浸出-熔炼提取金银的流程如图 2-12 所示。铅阳极泥经控制电位氯化浸出锑、铋、铜，以保证最大限度地脱除这些贱金属杂质，排除它们对后续过程的干扰及提高阳极泥中金、银的含量。在此流程中，脱除贱金属后的阳极泥采用熔炼法得到金银合金，再经银电解精炼和金电解精炼得到成品。这是一种湿法和火法共存的流程，适于处理金、银含量较低的铅阳极泥。

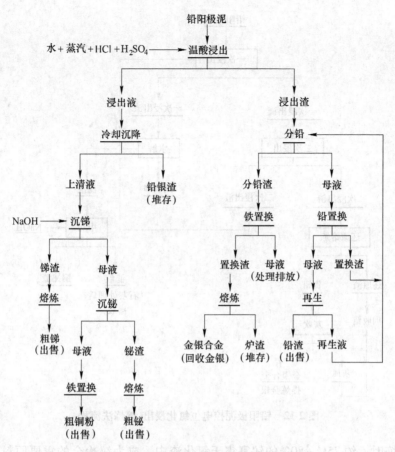

图 2-11　盐酸+硫酸浸出铅阳极泥工艺流程

2.4.1.3　选冶联合流程处理铅阳极泥

选冶联合流程是国外首先采用的新工艺。阳极泥经浮选处理后有以下优势:

(1) 阳极泥处理设备能力大幅度增加。原料中含有 35% 的铅,经过浮选处理基本上进入尾矿,选出的精矿为原阳极泥量的一半左右,使炉子生产能力大幅度提高。

(2) 回收铅。浮选尾矿可送铅冶炼厂回收铅,而且尾矿中含有的微量金、银、硒、碲等有价金属仍可在铅冶炼中进一步得以富集和回收。

(3) 工艺过程改善。阳极泥经浮选处理产出的精矿,由于含铅和其他杂质较少,熔炼过程中一般不必添加熔剂和还原剂,且粗银的品位较高,使工艺过程得到较大的改善。

(4) 烟灰和氧化铅量减少。采用浮选处理之后,大部分铅进入尾矿。在焙烧和熔炼过程中,烟尘的生成量大大减少,铅害问题基本得到解决。

选出的精矿直接在转炉中熔炼,先回收硒、碲,最后熔炼成银阳极送银电解。选冶联合流程最主要的缺点是尾矿含金、银较高。

2.4.1.4　混合熔炼法处理铅阳极泥的氧化铋渣

A　混合熔炼的配料

混合熔炼的原料主要是来自处理铅阳极泥产出的氧化铋渣和铋精矿。在炼铅厂,铅阳极泥富集了炼铅原料中的大部分铋,其 Bi 含量约 10%。阳极泥经还原熔炼产出贵铅,在

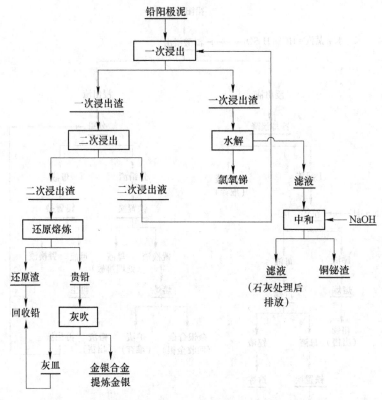

图 2-12 铅阳极泥控电位氯化浸出-熔炼法流程

贵铅氧化吹炼时，约 75%~80% 的铋富集于氧化渣中，成为铋冶金的重要原料。铋精矿中的铋主要为硫化矿（辉铋矿 Bi_2S_3），也可能有部分氧化矿（铋华 Bi_2O_3）。

在氧化渣和铋精矿混合熔炼炉料中，除上述含铋原料外，还要配入还原剂与熔剂：（1）煤粉：作为还原剂，同时使炉内保持弱还原性气氛，防止铋液氧化。一般用粉状烟煤，加入量为炉料量的 2%~3%。当煤粉过量时，杂质易被还原进入粗铋而降低粗铋品位，同时还会提高炉料的熔点和黏度，恶化熔炼过程。（2）铁屑：硫化铋的置换剂。铁屑量过多时会使粗铋中含铅量增加，同时加大铜锍产出量，且因置换反应生成的 FeS 大量进入铜锍而增大其密度，影响锍与铋的分离，降低铋的回收率。（3）纯碱：造渣熔剂，能与原料中的脉石成分（如 SiO_2、Al_2O_3 等）形成熔点较低、流动性好的稀渣。过量时会造成渣量增大，炉渣熔点过低，使熔炼物料难于过热，物理化学反应不完全，降低金属回收率。此外，过量的纯碱对耐火砖有腐蚀作用。（4）萤石：萤石（CaF_2）用以降低炉渣熔点和黏度，改善其流动性，过量的萤石会加快炉体的腐蚀。（5）黄铁矿：加黄铁矿（FeS_2）可使氧化亚铜生成硫化亚铜而进入铜锍，一般是在单独进行氧化铋渣的还原熔炼时才加入。

一般铋熔炼生产规模较小，多数工厂都采用小批量堆式配料法，即将铋物料、熔剂、还原剂分别称量，分层铺料，铺成料堆后再混合。要求称量准确、混合均匀，混合料层间含铋范围相差不大于 2%，以保持炉料成分的均衡. 维持适宜的熔炼制度。

B 铋熔炼的产物

熔炼产物主要有粗铋（或合金）、铜锍、炉渣和烟尘。但不同的原料和冶炼工艺条件，会使熔炼产物的产出率与化学成分有很大的差异。上述产物成分见表2-5。

表2-5 铋混合熔炼产物的化学成分 （%）

产物	Bi	Pb	Cu	Ag	As	Sb	Fe	Te	Ca+Mg	SiO₂	WO₃	Na
粗铋	80~90	10~15	0.3~1	0.5~1.5	0.5~2	1~3	<0.1	0.5~1.5				
铜锍	0.1~0.5	5~10	5~15	0.5~1	0.1~0.5	0.5~1	25~35					5~10
炉渣	0.05~0.2	0.1~1	0.3~1	<0.1	0.2~1	0.3~1	10~15		10~15	10~15	1~5	15~25
烟尘	5~10	5~10	0.5~1	0.1~0.3	0.5~5	0.5~3					0.5~5	

（1）粗铋：粗铋（或合金）中除金属铋外，还含有较多的铅以及砷、锑、银、铜等杂质。粗铋的品位与炉料的性质和操作水平有关，但主要决定于炉料含铅量，炉料含铅高则粗铋主成分低，炉料含铅低则粗铋主成分高。为了适应精炼需要，一般要求粗铋含铋量大于65%，有的可达90%以上。在多数情况下，铋和铅的总和大于90%。

（2）铜锍：铋熔炼产出的铜锍由硫化亚铜、硫化亚铁和硫化钠等组成，其中溶解有部分铋、铅、银等。铜锍的产出量取决于物料的组成和铁屑的加入量，在混合熔炼时铜锍产出率为38%~45%。铜锍的熔点为850~1050℃，其密度随着组成的不同而变化，一般在4.5~6g/cm³。

（3）炉渣：铋熔炼产出的炉渣由硅酸钙、硅酸钠、硅酸铁等化合物组成，这些造渣成分约占渣总量的60%~80%，此外还有部分铅、砷、锑等。

对炉渣性质的一般要求如下：1）为了使铜锍和炉渣较好地过热，炉渣的熔点应在1000~1150℃；2）炉渣的黏度在1500~1200℃时应为0.5Pa·s左右；3）炉渣的密度应控制在3~4g/cm³；4）炉渣的硅酸度以1~2为宜。

生产实践证明，适宜的炉渣成分为SiO₂15%~30%，Na₂O>12%，CaO 5%~15%，FeO 15%~20%。在此成分范围内造渣，可使生产操作顺利进行，渣含铋较低。

（4）烟气和烟尘：铋熔炼炉产出烟气的温度达1200~1250℃，除炉料粉尘外，还含有部分铋、铅、砷、锑和碲等挥发物，故工艺上应设烟气冷却和收尘装置。烟气含0.4%~0.5% SO₂，通过吸收处理才能排放。烟尘产出率与炉料性质、操作温度等有关，一般烟尘产出率为2.2%~6.7%。熔炼烟尘的化学成分主要为Bi 5%~10%，Pb 5%~10%，As 1%~25%，Sb 0.1%~1%，S 5%~10%。

C　铋的反射炉熔炼

铋反射炉的结构与铅浮渣反射炉相似。反射炉正常作业包括配料、进料、升温、熔化、沉淀、放渣、放锍、放粗铋等步骤。

首先应严格按配料比准备好炉料，铋精矿、氧化铋渣与熔剂（纯碱与萤石粉）、还原剂（煤粉）、置换剂（铁屑）应混合均匀，各种返炉渣料（如铋精炼渣、熔炼返渣等）和烟尘应配足量。搭配处理铋精炼渣时，应适当减少配入的纯碱量，因为精炼渣本身含有较多的氧化钠。

炉温的控制：进料时炉温为1000℃左右；熔化阶段逐渐升温至1250℃；保持高温熔炼1h以上，直至炉料化平；保温沉淀阶段温度控制在1200~1250℃，沉淀时间不少于6h，以使铜锍与炉渣中悬浮的铋珠能进入粗铋。

D　铋的回转炉熔炼

回转炉熔炼比反射炉机械化程度高，由于炉料随炉体不停地转动，改善了传热传质过程，有利于提高炉料之间的化学反应速度。回转炉的炉温较易于调节，产生炉结的现象大大减少，即使生成炉结也易于处理，因此在处理氧化铋渣时，大都采用回转炉熔炼法。

　　转炉熔炼包括备料、熔炼、出炉等步骤。熔炼的原材料包括铋精矿、氧化铋渣、铁屑、还原煤和熔剂。熔剂有纯碱、萤石等，燃料用重油。其中铋精矿和氧化铋渣是主要的含铋原料。

2.4.1.5　氯化-氧化法处理铅阳极泥回收铋

　　氯化-氧化法处理含铋很高的铅阳极泥回收铋的工艺是：氯化精炼分离铅后，得到 Ag-Bi 合金送转炉进行氧化吹炼分离银与铋，产出的氧化铋渣送电炉还原后铸成阳极，再进行电解精炼得精铋。这种氯化-氧化法处理铅阳极泥的生产工艺流程见图 2-13。

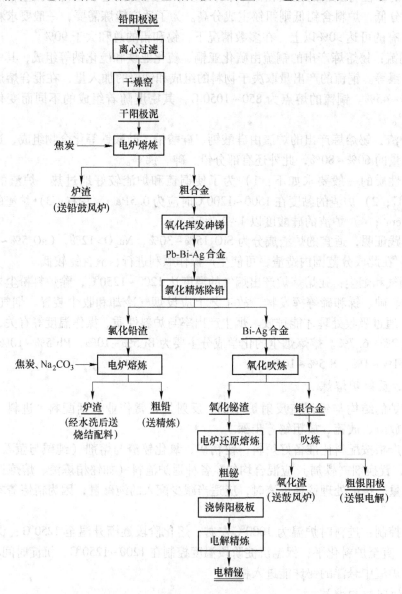

图 2-13　氯化-氧化法处理铅阳极泥生产工艺流程

加拿大特累尔铅锌冶炼厂铅电解精炼产出的铅阳极泥，也是采用优先氧化法处理，得到的氧化铋渣经还原，产出含25%～30% Bi 的合金；这种合金经加锌除银精炼铸成阳极，在硅氟酸电解液中进行电解，产出高铋阳极泥。高铋阳极泥熔化后经氯化除铅产出精铋，详细生产流程如图 2-14 所示。

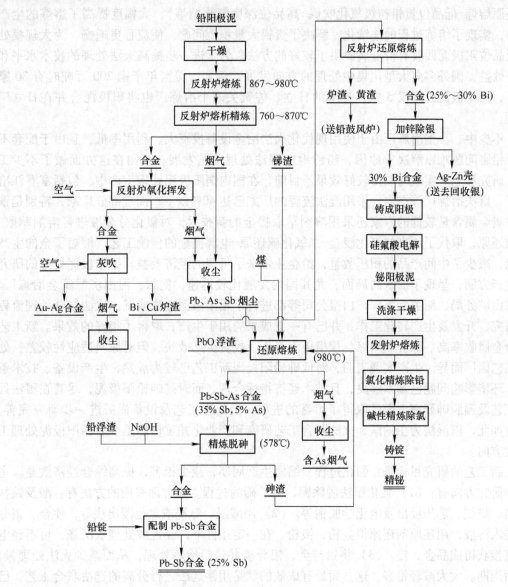

图 2-14　从铅阳极泥中提取铋的生产流程

2.4.1.6　铅阳极泥处理技术的发展

近年来，为了提高贵金属的回收率，改善环境，消除污染，国内外除对传统工艺及装备进行改造和完善外，还研究了许多新的处理方法，其中有些已经投产。目前，国内外大型工厂仍使用火法流程，但在设备及工艺条件方面已有了重大改进。例如，加拿大诺兰达公司采用可在纵向轴方向倾斜到水平位置的转炉，使阳极泥焙烧和熔炼在同一炉体中即可完成；日本三菱公司在短回转窑（S.R.F）中将去 Se 焙烧和后阶段还原熔炼分段连续进行，使阳极泥氧化焙烧和还原熔炼时间缩短为传统工艺的 60%，降低能耗约 50%。实践证明，该方法可使渣量减少、炉寿命延长，并高效率地获得高品位贵铅。国内沈阳冶炼厂针对阳极泥品位低、处理量大的特点，将原有的阳极泥两段熔炼改为三段熔炼工艺（即阳极泥还原熔炼-低品位贵铅初级氧化吹炼-高品位深度氧化精炼），大幅度提高了熔炼的生产能力，实现了熔炼过程的连续化，解决了贵铅大量积压问题，使流程更通畅，为大规模处理低品位阳极泥回收有价金属提供了较好的方法。为了进一步提高火法处理的技术水平和经济效益，国外多向大型化集中处理的方向发展。例如，美国年产铜 200 万吨时有 30 家铜厂，而阳极泥处理仅 5 家；日本的日立、佐贺关两个冶炼厂也将阳极泥合并在日立厂处理。

不少中、小型冶炼厂由于使用现代化火法冶金设备投资大、利用率低，且由于配套不全，铅害问题难以解决等原因，纷纷地向湿法处理工艺发展。我国在这方面做了不少工作，研究和生产实践均取得较好效果。目前，在国内铜阳极泥处理生产中，包括富春江冶炼厂、重庆冶炼厂等在内，采用湿法流程的厂家已达 40% 以上；而且部分厂家，特别是铜泥中贵金属含量较低的厂家还采用溶剂萃取提金的新技术，对氯化分金液进行溶剂萃取-草酸还原，取代了原来的氯化浸金-二氧化硫还原-电解提金的传统工艺，缩短了金的生产周期，减少了中间产品的积压数量，给企业带来了可观的经济效益。铅阳极泥处理的研究和生产方面，呈现了活跃的局面，尤其国内发展比较迅速，例如，河南济源黄金冶炼厂、水口山矿务局、韶关冶炼厂、白银公司等都进行了铅阳极泥湿法或湿、火法结合处理流程的研究、开发及生产转化工作，并已有一批成果应用于生产，取得了很好的效果。新工艺有价金属收率高、综合利用好、规模可大可小、投资少见效快；但对原料适应性较差，处理工艺因厂而异。生产实践表明，对低砷铅阳极泥新工艺已较为成熟，生产设备、技术条件、环境影响问题已基本解决，且技术经济指标合理。而对高砷铅阳极泥，尽管在湿法处理工艺及预脱砷研究方面已取得了可喜的进展，但处理工艺及设备尚需进一步研究完善。尽管如此，以湿法为主的湿、火法联合工艺研究和产业化并重仍然是今后铅阳极泥处理工艺的方向。

新工艺的研究目标是：强化过程，缩短生产周期，减少铅害，提高综合经济效益。主要的研究方向有：（1）强化湿法脱除铜、硒、碲的过程。这方面采用的方法有：酸及铁盐浸出、焙烧、热压浸出及电化学脱铜等。（2）用酸浸、氨浸或氯化浸出法等，使金、银分别转入溶液，用还原剂还原得金粉、银粉。在一定条件下，经过酸处理或洗涤，可不经电解直接获得成品金、银。（3）将铅与金、银分离并送铅冶炼处理，从而减少火法处理量，缩短周期。大大减轻铅害，这方面最有成效的就是用浮选法进行分离的选冶联合工艺，已被不少国家采用。（4）将萃取技术、螯合树脂吸附技术应用于氯化分金液（尤其是低含金量溶液）中提取金的过程，使金的生产周期缩短、成本降低。

2.4.2 炼铅炉渣的处理

2.4.2.1 炼铅炉渣的化学组成

在火法炼铅过程中产出的炉渣主要由炼铅原料中的脉石氧化物和冶金过程中生成的铁、锌氧化物组成，其组分主要来源于以下几个方面：（1）矿石或精矿中的脉石，如炉料中未被还原的氧化物 SiO_2、Al_2O_3、CaO、MgO、ZnO 等和炉料中被部分还原形成的氧化物 FeO 等。（2）因熔融金属和熔渣冲刷而侵蚀的炉衬材料，如炉缸或电热前床中的镁质或镁铬质耐火材料带来的 MgO、Cr_2O_3 等，这些氧化物的量相对较少。（3）为满足冶炼需要而加入的熔剂，矿物原料中的脉石成分主要是一些高熔点的金属氧化物，如 SiO_2、CaO、Al_2O_3、MgO 等，由于这些氧化物熔化温度很高，所以不适宜直接熔炼。冶炼过程中，需要加入一定的熔剂（如石英石、石灰石等）与矿物脉石成分形成混合物，从而降低炉渣熔化温度，满足冶炼要求。（4）伴随炭质燃料和还原剂（煤、焦炭）以灰分带入的脉石成分。

工业上对炉渣的要求是多方面的，选择十全十美的渣型比较困难。应根据原料成分、冶炼工艺等具体情况，从技术、经济等各方面进行比较，选择一种较适合本企业情况的相对理想渣型。

炼铅炉渣是一种非常复杂的高温熔体体系，它由 FeO、SiO_2、CaO、Al_2O_3、ZnO、MgO 等多种氧化物组成，它们相互结合而形成化合物、固溶体、共晶混合物，还含有少量硫化物、氟化物等。虽然各种炼铅方法（如传统的烧结-鼓风炉炼铅法、密闭鼓风炉炼铅锌和基夫赛特法、QSL 法等）和不同工厂炉渣成分都有所不同，但基本在下列范围波动：$3\% \sim 20\%$ Zn，$13\% \sim 30\%$ SiO_2，$17\% \sim 31\%$ Fe，$10\% \sim 25\%$ CaO，$0.5\% \sim 5\%$ Pb，$0.5\% \sim 1.5\%$ Cu，$3\% \sim 7\%$ Al_2O_3，$1\% \sim 5\%$ MgO 等。此外，炉渣还含有少量铟、锗、铊、硒、碲、金、银等稀贵金属和镉、锡等其他重金属。其中含量较多的有价金属是铅、锌。

在铅鼓风炉中，烧结块中的锌一部分在炉内焦化区被还原挥发进入烟尘，大部分锌留下进入铅炉渣，少量进入铅锍。当烧结块含硫高，在熔炼中产出锍时，进入锍的锌会有所增加。ZnS 在粗铅和炉渣中的溶解度都较小，当其数量多时，会自行析出，形成熔点高、密度介于炉渣与粗铅之间的且黏度大的，以 ZnS 为主体的单独产品，称为"横隔膜层"，它是造成鼓风炉炉结的重要原因。所以处理含锌高的原料时，应在烧结时完全脱硫，使锌在熔炼时以 ZnO 形态进入炉渣。

ZnO 是两性化合物，作为碱性物进入渣中便与 SiO_2 生成难熔的硅酸盐，如 $ZnO \cdot SiO_2$、$2ZnO \cdot SiO_2$ 的生成温度在 1550℃ 以上，ZnO 很难溶于这种熔体中。ZnO 作为酸性物进入硅酸铁的炉渣中，发现有 $FeO \cdot ZnO$ 存在，因此有的工厂处理含锌高的原料时，造高铁低硅低钙炉渣，因为 ZnO 在这种炉渣中的溶解度较大。Al_2O_3 也是两性氧化物，在炉渣中的作用与 ZnO 相似，因此，当原料中 Al_2O_3 高时，把 Al_2O_3 当作 ZnO 看待，造低硅低钙的炉渣为好。

鼓风炉渣含 Pb $1\% \sim 4\%$，约占熔炼过程铅总损失的 $60\% \sim 70\%$，因此减少此项损失是十分重要的。

损失于渣中的铅的形态可分三类：（1）以硅酸铅形态入渣的化学损失；（2）以 PbS 溶解于渣中的物理损失；（3）以金属铅混杂于渣中的机械损失。此三种何者为主，因各厂所用原料、渣成分、熔炼制度和技术条件以及分离条件各不相同。

化学损失的原因在于熔炼速度大，炉料与炉气接触时间短以及还原气氛弱、炉温低，硅酸铅未来得及还原就进入炉缸等。另外，硅酸铅中的铅含量还随炉渣中的 CaO/SiO_2 比值的增大而降低，这是因为 CaO 与 $xPbO \cdot ySiO_2$ 的置换作用加强的结果。

物理损失是不同成分的炉渣在不同的温度下对 PbS 均有一定的溶解度所造成的。当然黏稠的炉渣也会由于与铅锍分离不好，而使渣中 PbS 增高。一般来说，渣中 FeO 越高，

SiO_2越低，则对硫化物的溶解度越大。

金属铅机械混杂于渣中的损失主要是由于渣铅分离不完全而造成的。如渣成分不适宜，或渣含 Fe_3O_4、Al_2O_3 和 ZnS 等较高而造成渣黏度大；炉温低，熔体过热程度不够；炉内外分离澄清时间短等原因都可导致机械损失的增加。鼓风炉熔炼实践证明，渣含 Pb 与渣中 Fe^{3+}（呈 Fe_3O_4 形态）含量几乎呈直线关系。渣中 Fe_3O_4 高，主要是由于炉内还原能力不足，炉温低和炉料与炉气接触时间短等而造成的。提高焦率，除去 15~20mm 的碎焦（保证焦炭块度 50~100mm）；提高渣中 CaO 含量，增加炉料的软化温度；提高料柱和炉温都会使 Fe_3O_4 含量降低，改变炉渣性能，减少渣含铅。

综上所述，降低渣含铅的途径有：（1）提高烧结块的质量（强度、孔隙度、软化温度和还原性等）；（2）选择最优的焦风比，控制适宜的还原气氛，最佳还原气氛应以开始有金属铁出现为标志；（3）提高炉子焦点区温度，使熔体充分过热；（4）提高渣中 CaO 的含量；（5）除去碎焦和细料；（6）创造良好的炉内外分离条件等。

2.4.2.2　炼铅炉渣烟化的基本原理

各种火法炼铅炉渣都不能当作废渣弃之，这类炉渣一般都含有 10%~20% 的金属量，其中除含 Pb、Zn 金属成分外，还含有伴生的其他有价金属，如果不处理回收，不仅是一种资源浪费，还会污染环境。对炼铅炉渣的处理，工业上广泛采用烟化法。

炼铅炉渣烟化过程的实质是还原挥发过程，即把粉煤（或其他还原剂）和空气（或富氧空气）的混合物鼓入烟化炉的熔渣内，使熔渣中的铅、锌化合物还原成铅、锌蒸气，挥发进入炉子上部空间和烟道系统，被专门补入的空气（三次空气）或炉气再次氧化成 PbO 或 ZnO，并被捕集于收尘设备中。炉渣中的铅也有可能以 PbO 或 PbS 形式挥发，锡则被还原成 Sn 及 SnO 或硫化为 SnS 挥发，Sn 和 SnS 在炉子上部空间再次氧化成 SnO_2，此外，In、Cd 及部分 Ge 也挥发，并随 ZnO 一起被捕集入烟尘。炼铅炉渣烟化炉烟化过程示意如图 2-15 所示。

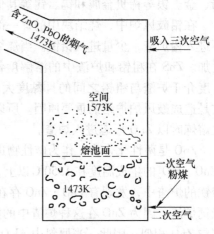

图 2-15　烟化炉烟化炉渣过程示意图

与其他炉渣处理方法不同，炉渣烟化属于熔池熔炼，即在一个单一的反应炉中完成气、液、固的多相反应和空间气-气反应。烟化过程反应包括碳的燃烧和碳的气化反应，以及金属氧化物的还原反应，有时还包括水淬渣和渣壳等冷料的熔化。

炉料中的焦炭在鼓风炉下部遇氧发生燃烧，产生的含 CO 高温还原气体向上运动时，通过料层将热传给炉料，并发生相互的化学反应。在 550~630℃温度下，铅渣中硫酸铅在还原气氛中变成 PbS，一部分分解成 PbO：

$$PbSO_4 + 4CO(C) \Longrightarrow PbS + 4CO_2(CO)$$
$$PbSO_4 \Longrightarrow PbO + SO_2 + 1/2O_2$$

$PbSO_4$ 反应产生的以及原料中带来的 PbS 在高温下与铁屑发生作用生成金属铅：

$$PbS + Fe \Longrightarrow Pb + FeS$$

在一定范围内，硫化铅的离解压大于硫化亚铁的离解压，但又相隔较近，所以此反应是可逆反应，铁屑可置换出 PbS 中的 72%～79%的铅，其他的 PbS 进入冰铜。铅渣中游离或化合的 PbO 很容易被 CO 还原出来。

部分 PbO、PbS、PbSO$_4$ 按下式反应：

$$PbS + PbSO_4 = 2Pb + 2SO_2$$

$$2PbO + PbS = 3Pb + SO_2$$

铋在铅渣中主要以 Bi$_2$O$_3$ 形态存在，其他形态还有 Bi$_2$S$_3$、金属铋等，由于铁的硫化物的自由焓远小于铋的硫化物的自由焓，而且一氧化碳的自由焓远小于铋的自由焓，所以在较强的还原气氛、熔炼高温以及铁屑存在的条件下，铋能较彻底地被还原或置换出来。

铅渣中铜大部分以 Cu$_2$S 状态存在，少部分以 Cu$_2$O · SiO$_2$、Cu$_2$O、Cu$_2$O · Fe$_2$O$_3$ 等形式存在。Cu$_2$S 在还原熔炼过程中不起化学变化从而进入冰铜，而氧化物状态存在的铜与其他金属硫化物相互反应生成 Cu$_2$S：

$$(Cu_2O)_{化合} + FeS = Cu_2S + (FeO)_{化合}$$

在原料中金和银是以 Au、Ag、Ag$_2$S 和 Ag$_2$SO$_4$ 的状态存在，铅、铋是金、银良好的捕集剂，冰铜也能溶解部分贵金属，因此熔炼时大部分金、银进入粗铅，一部分进入冰铜：

$$Ag_2SO_4 + 4CO = Ag_2S + 4CO_2$$

$$Ag_2S + Fe = 2Ag + FeS$$

铅渣和熔剂中的造渣成分在炉内不断下降和不断升温过程中，相互接触开始形成造渣温度最低的硅酸盐及其共晶，随着温度的不断升高，这些已形成的化合物及其共晶被熔化而流下，并沿途将炉料中难熔解组分溶解。在接近 1250℃ 温度下，通过焦点区被过热和混合后进入炉缸，达到最终的炉渣。

在焦点区充分过热的熔炼产物（铅铋合金、冰铜、炉渣）除了以液态存在之外，还夹杂有少量的固体和气体，当其进入本床时，除了发生相互热交换外还发生某些化学反应，如氧化钙和氧化铁对硅酸铅的置换和置换出来的氧化铅为一氧化碳和碳的还原反应。熔体在本床按密度分层，最下层为铅铋合金，其上为铅冰铜，最上层为炉渣。

2.4.2.3 炼铅炉渣的烟化处理

炼铅炉渣中含有 0.5%～5%的铅，4%～20%的锌，既对环境构成污染，也是对宝贵的金属资源的浪费，因此对炼铅炉渣进行处理是必要的。其中的锌、镉可以以氧化物烟尘的形式回收后送湿法炼锌厂回收，铅进入浸出渣返回炼铅。另外高温熔渣含有大量的显热，也可以以蒸汽的形式回收部分。炼铅炉渣可用回转窑、电炉和烟化炉等火法冶金设备进行处理。

A 回转窑烟化法

回转窑烟化法即 Waeltz 法，该法早在 1926 年就在波兰被首次采用。回转窑法实质就是在回转窑中处理铅熔炼炉渣、低品位铅锌氧化矿、含锌高的钢铁厂烟尘和湿法炼锌的中性浸出渣，均可采用焦炭作还原剂，将其中的铅、锌、铟、锗等有价金属予以还原挥发进入烟气，然后再被氧化成氧化物，并与烟气一同进入收尘系统被捕集下来，获得的产品为品位较高的氧化锌，作为提取锌等有价金属的原料。

回转窑处理铅水淬渣，渣含锌以大于 8%为宜，低于 8%时则锌的回收率小于 80%，且产出的氧化锌质量差。水淬渣粒度小于 3mm 者，通常占 65%～81%。焦粉要求粒级分布在一定区间，以适应窑中各带的需要，一般要求粒度 9~15mm 者少于 10%，3~9mm 者大于 50%，3mm 以下者少于 40%，水淬渣与焦粉比例一般为 100：(35~45)。

窑内焦粉燃烧所需空气，除靠排风机造成的炉内负压吸入供给外，还常在窑头导入压缩空气和高压风，喷吹炉料强化反应，以延长反应带，使锌铅充分挥发。炉料中焦粉燃烧发热不够时，需补充煤气或重油供热。窑内气氛为氧化性气氛，常控制烟气中含 CO_2 15%~20%，$O_2>5\%$。回转窑内可分为预热带、反应带和冷却带。

回转窑产物有氧化锌、窑渣和烟气。氧化锌分烟道氧化锌（一般含 38.2% Zn、0~13.5% Pb）和滤袋氧化锌（一般含 70% Zn，0~8% Pb），其产出率取决于铅水淬渣含锌量，一般为渣量的 10%~16%。烟道氧化锌与滤袋氧化锌的比率约为 1：3。窑渣产出率为炉料量的 65%~70%，其典型成分为：1.45% Zn、0.3%~0.5% Pb、22.8% Fe、26.6% SiO_2、12.6% CaO、3.3% MgO、7.8% Al_2O_3、15%~20% C。回转窑的最大缺点是窑壁黏结造成窑龄短，耐火材料消耗大。因处理冷的固体原料，燃料消耗也大，成本高。随着烟化炉在炉渣烟化中的广泛应用，使用回转窑处理炼铅炉渣的工厂不多。但由于设备简单、建设费用低和动力消耗少等优点，此方法仍可用于中、小型厂。图 2-16 所示为回转窑法挥发铅水淬渣工艺流程。

B　电热烟化法

电热烟化法实质上是在电炉内往熔渣中加入焦炭使 ZnO 还原成金属并挥发出来，随后锌蒸气冷凝成金属锌，而使部分铜进入铜锍中回收。此法 1942 年最先在美国 Herculaneum 炼铅厂采用。

日本神冈铅冶炼厂曾用电热蒸馏法回收鼓风炉渣（3% Pb、16.2% Zn）中的锌和铅，其生产流程见图 2-17。

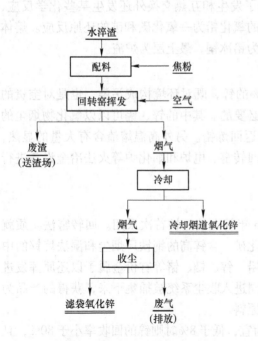

图 2-16　铅水淬渣回转窑挥发流程

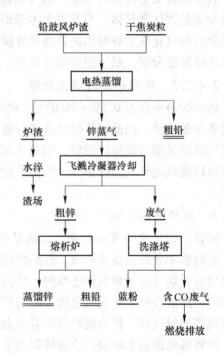

图 2-17　电热法处理铅鼓风炉渣流程

铅鼓风炉渣以液态加入 1650kV·A 电炉内加焦炭还原蒸馏。蒸馏气体含锌 50%，其余大部分为一氧化碳，进入飞溅冷凝器中冷凝，产出液态金属锌。冷凝器出来的废气用洗涤塔回收蓝粉后燃烧排放。

冷凝产的粗锌（91.6% Zn、6.2% Pb）送熔析炉（炉床 1.2m×3.8m×0.6m）降温分离铅后得到蒸馏锌（98.7% Zn，1.1% Pb）。熔析分离产出的粗铅与还原蒸馏炉产出的粗铅一同送去电解精炼。电炉蒸馏后产出的炉渣含锌降至 5%，铅降至 0.3%。

该法所使用的焦炭必须干燥且电炉应严格密封，以免锌氧化。炉渣锌含量越高处理越经济，该法电能消耗较高，适宜于电价便宜的地方。

C 烟化炉烟化法

烟化炉烟化法是将含有粉煤的空气以一定压力通过特殊的风口鼓入称为烟化炉的水套竖炉内的液体炉渣中，使化合的或游离的 ZnO 和 PbO 还原成铅锌蒸气，上升到炉子的上部空间，遇到从三次风口吸入的空气再度氧化成 ZnO 和 PbO 在收尘设备中以烟尘形态被收集。

1927 年第一座工业烟化炉在美国 East Helena 炼铅厂投入生产。这种方法具有金属回收率高、生产能力大、可用廉价的煤作为发热剂和还原剂且耗量低、过程易于控制、余热利用率较高等优点。目前广泛应用烟化炉（图 2-18）烟化法处理炉渣以提取其中的锌。

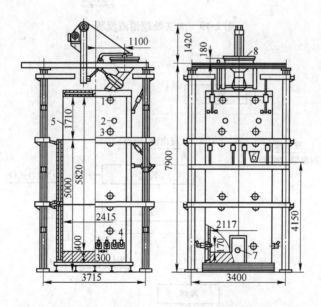

图 2-18 烟化炉结构图

1—水套出水管；2—三次风口；3—水套进水管；4—风口；5—排烟口；
6—熔渣加入口；7—放渣口；8—冷料加入口

2.4.2.4 炼铅炉渣的其他处理方法

炼铅炉渣除烟化处理外还有其他的一些处理方法：火法处理技术，如电炉、鼓风炉、反射炉等（图 2-19），湿法处理生产三盐基硫酸铅或氧化铅及粗铋等（图 2-20）。

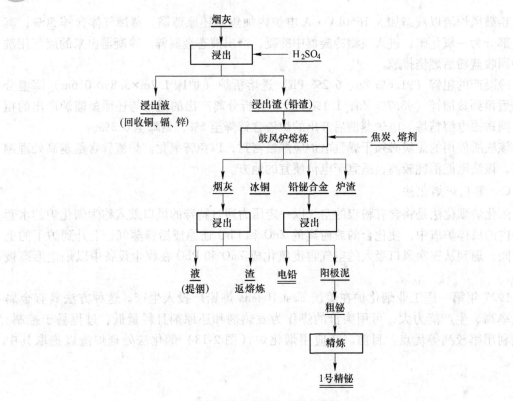

图 2-19　火法处理铅渣流程

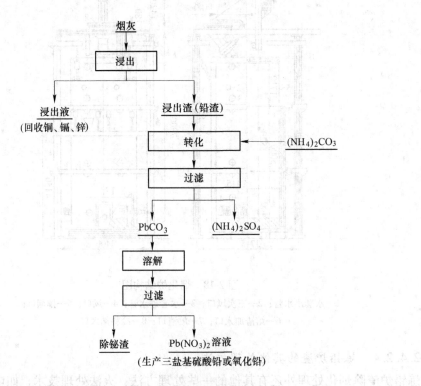

图 2-20　湿法处理铅渣流程

2.4.3 烟尘的处理

2.4.3.1 烟尘来源

（1）烧结烟气：烧结时产生的烟气经过锅炉余热利用和电收尘（除尘）后的烟气中，约含 SO_2 为 4%～5%，可送制取硫酸作原料用。一般制酸的基本工艺为：含 SO_2 烟气→净化→干燥→转化→吸收（制 H_2SO_4）→尾气排放。可制得 98% H_2SO_4 产品。

（2）熔炼烟气：排出的鼓风炉熔炼烟气，经收集除尘后，其含 Pb 及 Cd、Se、Te 等可返回炉料配料用，以利用有价金属。

（3）烟化烟气：用烟化炉法烟化鼓风炉熔炼炉渣时排出了烟化烟气，其含尘中有 Pb 10.6%、Zn 60%（ZnO 形态存在），除去尘后（含 ZnO）进行回收 ZnO，最终用于炼 Zn 金属的原料。排出的尾气合格而放空。

其他在电解精炼中排出的少量酸气，经过排风系统稀释后而放空。火法精炼粗 Pb 时排出的烟气（尘量少）可回收 In 等金属。

2.4.3.2 铅冶炼中锗的回收

含锗铅氧化矿采用烟化挥发法得到的烟尘用湿法处理。烟尘含锗 0.025%～0.032%。为了提高浸出率，采用两次酸浸法，然后从一次酸浸溶液中回收锗。一次酸浸溶液含锗 0.04～0.054g/L，经控制温度 333～343K，pH＝2～3，即可用丹宁酸沉淀出丹宁酸锗。丹宁加入量为锗的 25～45 倍，沉淀时间 20～25min，以沉淀后溶液含锗 0.5～0.8mg/L 为合格，沉淀率 94%以上。丹宁酸锗经过加水浆化洗涤和压滤得到含锗 2.5%以上的锗精矿，从锗精矿回收锗的流程如图 2-21 所示。

A 氯化蒸馏

氯化蒸馏的实质是将锗精矿与一定量的浓盐酸共热进行反应，使 Ge 生成沸点较低的 $GeCl_4$，经过蒸馏使之与其他杂质分离。氯化、蒸馏两个过程在同一设备中进行，其反应是：

$$GeO_2 + 4HCl \rightleftharpoons GeCl_4 + 2H_2O$$

为了避免反应逆向进行（$GeCl_4$ 水解），必须维持较高的盐酸浓度。生成的 $GeCl_4$ 呈蒸气状态蒸馏出来，冷凝收集，尾气用盐酸吸收。锗精矿中杂质砷在氯化蒸馏中发生如下反应：

$$As_2O_3 + 6HCl \rightleftharpoons 2AsCl_3 + 3H_2O$$

$AsCl_3$ 的沸点仅为 403K，大量砷随 $GeCl_4$ 一起被蒸馏出来，严重影响 $GeCl_4$ 的质量。为了使砷不蒸馏出来，在氯化蒸馏时，适当加入氧化剂，使三价砷氧化成五价，形成不挥发的砷酸而保留于溶液之中，最好的氧化剂是氯气。因此在溶液中加入 MnO_2 或 $KMnO_4$（在有盐酸存在下），使之发生如下反应：

$$MnO_2 + 4HCl \rightleftharpoons MnCl_2 + 2H_2O + Cl_2$$
$$AsCl_3 + Cl_2 + 4H_2O \rightleftharpoons H_3AsO_4 + 5HCl$$

氧化剂还可使精矿中可能存在的少量硫化锗（GeS）氧化，从而也提高了锗的回收率。

B $GeCl_4$ 的净化

氯化蒸馏获得的 $GeCl_4$ 一般都含有大量的杂质。为了得到高纯度锗，必须精细地净化

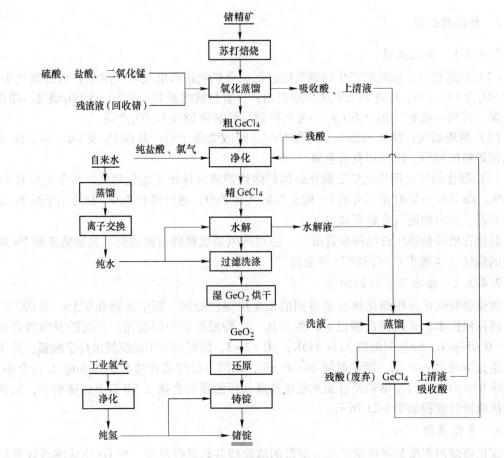

图 2-21 制取锗的原则流程

$GeCl_4$，其目的主要是除去其中的杂质砷（$AsCl_3$）。从 $GeCl_4$ 中净化除去 $AsCl_3$ 的方法很多，如饱和氯的盐酸萃取法、通氯氧化复蒸法、精馏法及化学法等。净化结果，要求 $GeCl_4$ 中含 $AsCl_3$ 量降低到 0.001% 以下。

C $GeCl_4$ 的水解

获得纯净的 $GeCl_4$ 之后，为了制取 GeO_2，使 $GeCl_4$ 发生水解，其反应是：

$$GeCl_4 + (2 + n)H_2O \Longrightarrow GeO_2 \cdot nH_2O + 4HCl$$

GeO_2 在盐酸中的溶解度是随盐酸浓度的增高而下降，在盐酸浓度为 5.3mol/L 时，GeO_2 的溶解度最小。为了保证 GeO_2 的纯度，水解时所用的水必须经过净化。

D   氢还原

一般情况下，都是采用氢作还原剂使 GeO_2 还原，其反应如下：

$$GeO_2 + 2H_2 \Longrightarrow Ge + 2H_2O$$

当温度超过 873K 时，GeO_2 强烈地被还原成金属锗。由于 GeO_2 的还原要经过 GeO 阶段，而 GeO 在 973K 以上就非常剧烈地挥发，所以以氢还原 GeO_2 的温度应严格控制在 873～953K 下进行，绝不允许超过 973K。

还原剂氢在使用前要经过脱水、脱氧处理，纯度必须在 99.999% 以上。

还原过程在电炉反应管中进行，反应管的外面套上一个加热套管。为了保证锗的质量，反应管采用透明石英管。

还原采取逆流作业，即氢气从出料端导入，这样可避免已经还原出来的金属锗再被反应所产生的水蒸气所氧化。

2.4.3.3 铅烧结烟尘中铊的回收

铊在地壳中的含量大约为百万分之三，主要存在于铜、铅、锌、砷、铁等的硫化矿物中，如方铅矿、闪锌矿、黄铁矿、黄铜矿等。硫化铅精矿一般含铊 0.0001%~0.0067%。目前虽发现了铊的单独矿床，如硒铊银铜矿、红铊矿等，但由于其贮量太少，不具备工业开采价值，因此，铊主要仍从铅锌冶炼中间产物中提取。

硫化铅精矿中铊的化合物，如 Tl_2S_3、Tl_2S 和 $TlCl$，在高温下具有极易挥发的特性。在烧结过程中（800~900℃），约有 75%~80% 的铊挥发并富集于烧结烟尘中。

铊在烧结烟尘中的含量一般为 0.02%~0.05%，从此种原料中提取铊，须先进行富集。目前，常用的富集方法有火法与湿法两种：

（1）火法富集：利用铊化合物在高温下显著挥发的特性进行富集。其特点是处理量大，富集倍数高，可达十几倍甚至几十倍，但设备投资大，富集回收率较低，一般只有 40%~60%。

我国采用火法富集。通常用的有两种方法：一种是烧结机富集，另一种是反射炉富集。

（2）湿法富集：先将含铊固体物料，溶解于水或稀酸中，然后从溶液中析出含铊的沉淀物。目前常用的沉淀剂有氯化钠、重铬酸钠、硫化钠和锌粉等。

1）氯化钠沉淀法：适用于从含铊浓度较高的溶液中使铊呈难溶的氯化铊沉淀析出。此法的回收率一般能达 95%~98%，为工业上最常用的一种方法。

2）重铬酸钠沉淀法：用于从含铊的弱酸性溶液中，沉淀出难溶的黄色重铬酸铊（$Ti_2Cr_2O_7$），随后用硫酸分解重铬酸铊，再从含硫酸铊的溶液中置换出铊。此法的缺点是重铬酸钠有毒，价格较贵，且不能使贫铊溶液中的铊完全析出。

3）硫化钠沉淀法：适用于含铊和含重金属杂质较少的溶液，缺点是不能有效地分离杂质。

4）锌粉置换法：用锌粉从弱酸性溶液中进行选择性置换，以得到富集铊的海绵物。

5）氢氧化铊沉淀法：此法系先将 Ti^+ 用高锰酸钾氧化成 Ti^{3+}，在 pH=4~5 时水解生成氢氧化铊，该法铊的沉淀率可达 80%~90%。

提取铊也有两种方法：

（1）硫酸化焙烧-浸出法：富集的含铊烟尘，拌以浓硫酸进行硫酸化焙烧，焙烧温度 250℃，用水浸出热焙砂，再以氯化钠作沉淀剂，使铊呈难溶的氯化铊沉淀出来；液固分离后，将氯化铊再进行第二次硫酸化焙烧和浸出，浸出液用铊碱中和并通入硫化氢气体除去重金属杂质，然后用锌片置换得到海绵铊。将海绵铊洗净、压团、熔铸成铊锭，纯度在 99.99% 以上。此法工艺流程长，硫酸化焙烧条件恶劣，一般不宜选用。

（2）萃取转型法：富集烟尘用硫酸浸出，将浸出液中 Ti^+ 氧化成 Ti^{3+}，Ti^{3+} 与 NaCl 反应生成 $TlCl_4^-$ 萃取，醋酸铵反萃，反萃液用亚硫酸钠将 Ti^{3+} 还原成 Ti^+。加入硫酸使氯化铊转型成硫酸铊，加碳酸钠中和至 pH=8，将镉除去，锌板置换得到海绵铊，将海绵铊洗净、压团、熔化铸成铊锭。其工艺流程如图 2-22 所示。

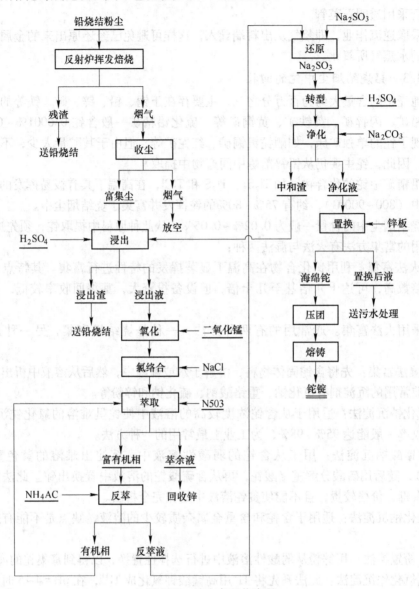

图 2-22   铊生产工艺流程

2.4.3.4   鼓风炉烟尘回收硒

硒和碲是稀散金属，常共生在一起。硒是典型的半导体，有广泛的用途。硒至今尚未发现具有单独开采和冶炼价值的矿物，主要来自斑铜矿和铜黄铁矿，铅精矿中也含有少量硒。大部分硒从铅电解阳极泥中回收，少量从铅鼓风炉烟尘中回收。

鼓风炉烟尘经反射炉熔炼，硒与碲挥发富集于烟尘中，富集硒、碲的烟尘经硫酸浸出，再从溶液中用亚硫酸钠还原得硒绵而与碲分离，其工艺流程如图 2-23 所示。

2.4.3.5   鼓风炉烟尘中回收碲

碲的化学性质与硫和硒相近，但具有更明显的非金属化学性质。常温下，碲不与氧作

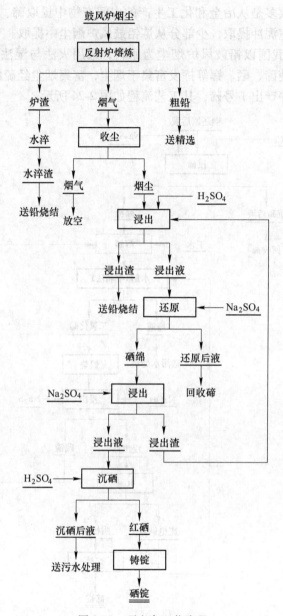

图 2-23 硒生产工艺流程

用，在空气中加热会着火燃烧氧化成 TeO_2。碲不溶于水、稀碱溶液、稀硫酸和盐酸，溶于热的强碱溶液。碲能溶于碱金属硫化物溶液中，生成多硫化物；常温下，能与所有的卤素起反应。

碲主要用于炼钢作添加剂，也用于制造合金和玻璃工业；鉴于碲的特殊导电性能，近年来在半导体工业和制造制冷元件上，也大量使用碲。

除在中欧和玻利维亚等地发现少量单质碲外，自然界中最普遍的碲矿物是辉碲铋矿（BiTeS）、碲金矿（$AuTe_2$）、碲金银矿（$AuAgTe_4$）、碲铅矿（PbTe）、碲铁矿（$FeTeO_4$）等，一般其含量仅 0.001%~0.1%，无工业开采价值。由于至今尚未发现具有单独开采有冶炼价值的碲矿物，故多是从冶金和化工生产的中间产物中提取碲，其中大部分是从铜、铅阳极泥和制酸的铅室泥冲提取，少部分从炼铅鼓风炉烟尘中提取。

从1958年开始，我国以铅鼓风炉烟尘为原料，采用火法与湿法的综合工艺提取碲，即采用反射炉熔炼，使碲、硒、镉等挥发富集于烟尘，富集烟尘经硫酸浸出，亚硫酸钠还原、净化、电解等工序产出1号碲，其工艺流程如图2-24所示。

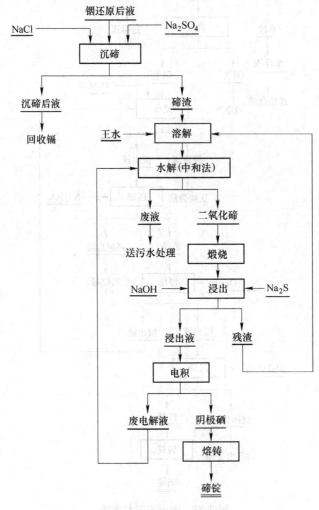

图2-24　碲生产工艺流程

2.4.3.6　硫化铅精矿回收铟

铟常伴生在硫化铅精矿中，铅冶炼时富集在鼓风炉烟尘中。铅鼓风炉烟尘中铟的提取和锌冶炼中回转窑中铟的回收类似。

2.4.4　火法精炼中间产物处理

由于粗铅精炼要除去的杂质很多，所以工序多，中间产物也多。精炼过程中约有10%的铅及绝大多数的金、银、铜和铋的等有价金属进入中间产物，需要进一步处理中间产物以回收其中的铅以及其他有价金属。除铅、锌以粗铅、粗锌形态返回精炼外，其他有价金属在处理过程中被进一步富集在副产品中，副产品再送往回收这些金属的部门。下面分别叙述铜浮渣、砷锑锡浮渣、银锌壳和铋渣的处理方法。

2.4.4.1 铜浮渣

铜浮渣是间断除铜的产物，因捞渣方式或捞渣设备不同，浮渣形态和成分有较大差异。气力抽渣所得到的铜浮渣含铜高，且呈疏松细颗粒状，宜用湿法冶金处理；用其他方法捞取的浮渣大部呈块状，一般宜用火法处理。

铜浮渣的火法冶金处理设备可以用鼓风炉、反射炉、回转炉和电炉；湿法冶金处理流程可用酸浸法，有的试用氨浸法，效果甚佳。

A 鼓风炉熔炼法

一般将铜浮渣作炼铜原料送铜厂处理，也可将铜浮渣积累到一定数量后用鼓风炉集中处理，产出粗铅和较富的铜锍。有的工厂铜浮渣在加入鼓风炉前先进行烧结。这样做的优点是可以利用铜铅鼓风炉、无需再建其他设施。缺点是铜锍中 Cu/Pb 比较低，铜的回收率低，大量的铜留在铅中，造成铜、砷和贵金属在过程中循环。

B 反射炉熔炼法

我国多用反射炉以纯碱-铁屑法处理铜浮渣，利用纯碱使砷、锑生成钠盐进入炉渣，并造钠铜锍，加入铁屑降低铜锍和渣中含铅，提高铜锍的铜铅比（Cu/Pb）。过程中加入部分氧化铅（通常是含铅烟尘或阴极铅熔化时产出的氧化浮渣），促使浮渣中的 As、Sb 氧化挥发，当铜浮渣中的硫量不能满足形成铜锍的需要时，须加入少量硫化铅精矿。

反射炉纯碱-铁屑法处理铜浮渣具有下列优点：（1）铅回收率高，可达97%。（2）铜锍中含铅较低，铜铅比（Cu/Pb）可达5~9。（3）流程适应性强，处理不同成分的铜浮渣都能获得较好的效果。（4）投资省。其缺点为劳动条件差、热效率低和炉衬腐蚀快。

铜浮渣反射炉处理流程见图 2-25。

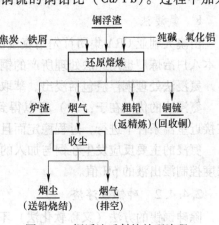

图 2-25 铜浮渣反射炉处理流程

C 回转炉熔炼法

近年来不少工厂使用回转炉（又称短窑）处理铜浮渣，其工艺和反射炉相同，但具有较高的生产率，改善了劳动条件，提高了热效率和炉衬寿命。

回转炉都采用液体燃料加热，对于长度小的炉子，可采用氧气助燃，使燃料得到充分利用，降低燃料消耗量，提高总的经济效益。

D 电炉熔炼

前苏联列宁诺戈尔斯克铅厂开发了电炉处理铜浮渣技术。电炉熔炼烟气量小，金属损失小但经营费高，电价低廉地区可采用此法。

列宁诺戈尔斯克铅厂的粗铅含铜 3.5%~4%，浮渣含铜 20%~29%；电锌厂的浮渣含铜 8%~11%，对于含硫低的浮渣，用硫酸钠作硫化剂。

E 酸浸法

德国杜依斯堡冶炼厂首先在工业上采用酸浸法处理铜浮渣的工艺，于 1974 年建成了工业生产车间，其生产流程示于图2-26。

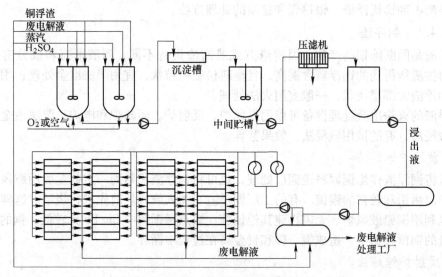

图 2-26　铜浮渣酸浸流程

F　氨浸法

由澳大利亚 CRA 集团首先用氨浸法处理炼锌鼓风炉粗铅精炼时产出的铜浮渣，此后日本八户冶炼厂也用此法处理所产的铜浮渣，也取得了较好的效果。

氨浸法处理铜浮渣包括浸出、萃取、反萃和制取阴极铜或硫酸铜结晶。

氨浸法的优点在于：（1）可以得到两种产品——纯铜或硫酸铜结晶；（2）生产过程在接近室温条件下进行，过程稳定而且效率较高；（3）各种溶液可以返回，机械损失小。

氨浸的主要反应发生在铜与加入的氢氧化铵和返回的氨基铜离子之间，用碳酸根离子浓度控制浸出液的 pH 值。

2.4.4.2　砷锑锡浮渣

除砷锑锡的方法（又称软化法）不同，得到的浮渣性质、形态、成分均不同。用氧化法产出的砷锑锡浮渣称为氧化渣；用碱性精炼法产出的渣称为碱渣，碱渣有干碱渣与稀碱渣之分。我国对高锡粗铅，在除铜前要先用氧化法除去大部分锡，得到的浮渣称锡渣。

氧化渣多采用火法处理流程，得到铅和铅锑合金。

干碱渣通常和铜浮渣一起处理，以便充分利用干碱渣中的碱，减少纯碱消耗量。但是，碱渣和铜浮渣一起处理时，分散了碱渣中的锑，因此干碱渣是否单独处理要视其成分而定。

锡渣含 Sn 17%～25%，先用选矿方法选出高锡部分，再分别熔炼得到粗铅和焊锡。后者送炼锡系统回收铅和锡。

A　氧化渣处理

氧化渣一般先用熔析法分成粗铅和富锑渣，这一过程又称为富集熔炼，得到的富锑渣经还原熔炼得到铅锑合金。氧化渣处理流程如图2-27所示。

熔析一般都用反射炉，还原熔炼则可采用反射炉、鼓风炉、回转炉或电炉等。一般在

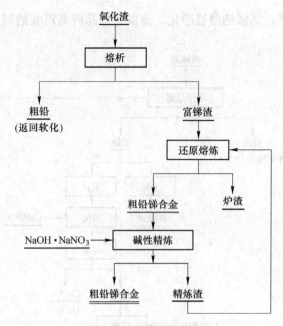

图 2-27 氧化渣处理流程

氧化渣积累到一定数量后，利用厂内已有设施处理，不设专用设备。

反射炉还原熔炼所用的还原剂，过去用木炭，用量为富锑渣量的 7%~10%。熔炼时添加的熔剂为纯碱，也可用铅精炼软化时产出的干碱渣，用量为富锑渣的 3%~5%。炉温为 900℃。含锑铅中锑的回收率约为 95%，其余的锑进入炉渣和烟尘。

用短回转炉处理富锑渣是装备上的进步，其工艺与反射炉相似，各厂操作制度不尽相同。如有的工厂采用二次加料操作法，先将富锑渣、熔剂、还原剂混合，第一批加入 35% 的混合料，加完料进行熔炼，放一次粗铅，再加入剩下的混合料进行熔炼。第一次放出的粗铅中锑量占炉料总锑量的 15%~20%，其余的锑集中在第二次放出的粗铅中。第一次放出的粗铅含锑 2%~3%，第二次的含锑 25%~30%，炉渣中含 Sb 3%、Pb 2.6%。

B 稀碱渣处理

稀碱渣的处理方法随着碱渣成分和回收金属种类的不同而异，可以分为：（1）从碱渣中只回收碱；（2）从砷碱渣中回收砷；（3）从锡碱渣中回收锡；（4）从锑碱渣中回收锑；（5）从砷、锡、锑碱渣中全面回收碱、砷、锡和锑。

工艺流程见图 2-28~图 2-31。

高锡粗铅只经除铜后铸成阳极进行电解时，阳极中约有 70% 的 Sn 进入阴极铅，阴极铅用哈里斯法精炼，得到的稀锡碱渣进一步处理回收

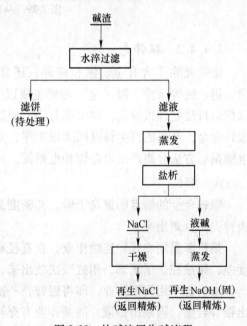

图 2-28 从碱渣回收碱流程

得到的碱返回碱性精炼，锡酸钠溶液净化、蒸发、结晶得到锡酸钠副产品，其工艺流程见图 2-32。

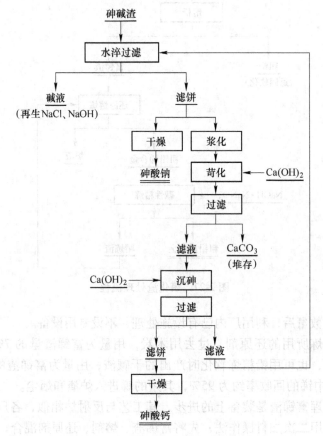

图 2-29　从碱渣中回收砷流程

2.4.4.3　银锌壳

银锌壳除了含有金、银和锌外，还含有大量铅及精炼过程中未除尽的铜、镉、砷、锑、锡、铋等杂质。银（金）与锌主要以金属间化合物形态存在，铅为金属形态，因此可以用熔析法处理银锌壳，熔出部分铅，使银、锌进一步富集产出银锌合金。用蒸馏法处理银锌合金，产出的再生锌返回除银工序，贵铅则经过灰吹得到金银合金。金银合金通常用电解精炼方法分离产出电金锭和电银锭。

A　熔析

银锌合金的熔点明显高于铅，其密度又比铅小得多，因此控制一定温度梯度可将铅从银锌壳中分离出来。

熔析多采用立式炉连续作业，在直径和高度较小的炉（锅）中，控制一定的上下部温度差；铅液在炉子下部，用虹吸法放出来，银锌合金浮在铅液面上，用勺舀出并铸成锭。

熔析也采用间断作业，即将银锌壳一次装入炉中，炉料全部熔化后按密度分层，先取出银锌合金，再泵出铅液。间断作业有充裕的沉淀分层时间，可使贵金属的富集比更大。

用卧式回转炉进行熔析作业，将银锌壳全部熔化，待合金与铅分离后使熔池表面银锌

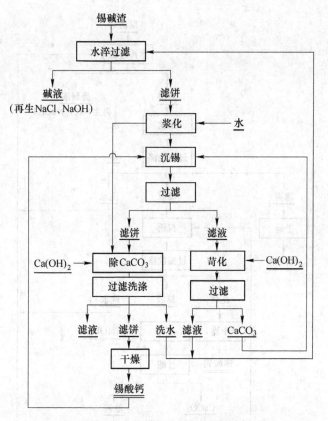

图 2-30　从碱渣中回收锡流程

合金冷却至合金凝固点以下，将炉子倾斜并打破硬壳放出铅液。

B　蒸馏

利用金、银、铅、锌的蒸气压相差较大的特点，用蒸馏法可以有效地将锌与金银及铅分离。工业中银锌合金用蒸馏法处理，产出贵铅和锌已是十分成熟的技术。

蒸馏可分为常压蒸馏和真空蒸馏。常压蒸馏有蒸馏罐法和电热法；前者为间断作业，后者为连续作业。真空蒸馏也有间断作业和连续作业之分，按加热方式又可分为电阻加热和电弧加热。

近年来真空蒸馏技术已逐渐被广泛采用。连续生产的真空蒸馏炉在我国普遍用于铅锡分离，在处理银锌合金方面的应用正处于开发之中，是一种有前途的方法。

2.4.4.4　铋渣

图 2-33 所示为铋渣处理流程图。富铋渣熔化时用氢氧化钠保护层，熔化温度为 450～600℃，氢氧化钠用量为铋渣的 3%。铅铋合金熔化温度为 400～450℃。合金阳极含铋8%～15%。铅铋合金采用硅氟酸铅和游离硅氟酸水溶液作电解液的电解精炼工艺。

2.4.5　废旧铅酸蓄电池回收

铅酸蓄电池具有廉价、可回收和特殊的电化学优势，长期占据化学电池的半壁江山。大量铅酸蓄电池的应用造成废旧铅酸蓄电池的产量也逐年增加。2013 年，中国再生铅产量

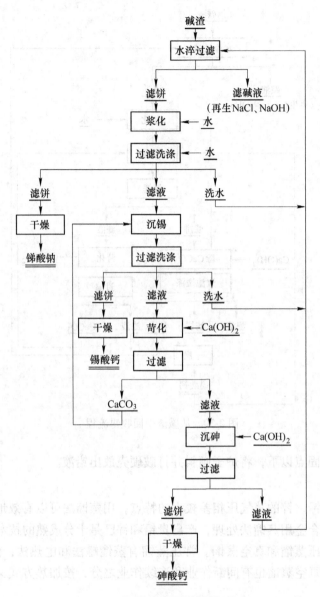

图 2-31　从碱渣中回收砷锑锡流程

150 万吨，同比增长 7.1%，占精铅消费量的 30%。2016 年，再生铅产能已达到 650 万吨。与原生铅相比，再生铅生产具有节能、环保的优势。目前，美国再生铅占铅总量的 70% 以上，欧洲占 78%，全球平均大约为 50%，而我国仅占 25%。这与我国是世界上最大的铅生产国和消费国的地位不相匹配。由于再生铅生产原料 85% 来自废铅蓄电池，因此废铅蓄电池的回收利用工艺将成为解决铅污染与铅资源问题的重要因素。

　　废铅酸电池由塑料外壳、板栅、铅膏、隔板和硫酸等组成，其中格栅约占废蓄电池总量的 25%，塑料外壳占 20%，隔板占 1%，其余的 54% 为铅膏、电解液和各种接头、跨接板等。从废旧铅蓄电池中回收金属铅主要采用火法。熔炼前，必须把电池破碎，把电池中的各种有价成分进行有效的分离。要想提高铅回收率、减小对环境的污染，预处理技术至

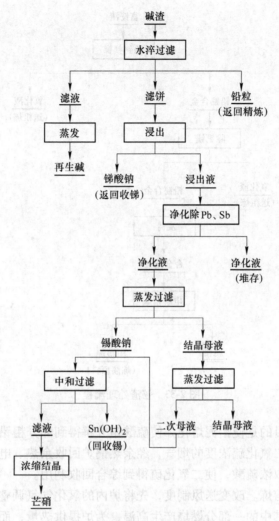

图 2-32　从碱渣中制取锡酸钠流程

关重要，如意大利 Engitec 公司开发的 CX 破碎分选系统，美国 M. A 公司开发的 M. A 破碎分选系统和俄罗斯的重介质分选系统。我国在废铅酸蓄电池再生利用过程中，大约有 75% 为分散的小作坊或小企业，再生铅行业与国外相比还有很大的差距。

废铅酸电池的板栅可直接通过火法精炼得到再生铅。

铅膏的主要成分是 $PbSO_4$，需要一定的处理过程。铅膏的火法处理分为两个阶段：第一阶段，氧化熔炼。首先，将已经过破解分离，并经压滤后的废蓄电池铅泥，经自动配料后，再经皮带运输机输送连续加入炉内，同时向炉内加入粒状煤，并向炉内送入富氧空气，在高温状态下，此时炉内熔体发生下列反应：

$$PbSO_4 = PbO + SO_3$$
$$SO_3 = SO_2 + 1/2O_2$$
$$3(2PbO \cdot PbSO_4) + SO_2 = 4(PbO \cdot PbSO_4) + Pb$$
$$PbO \cdot PbSO_4 + Pb = 3PbO + SO_2$$

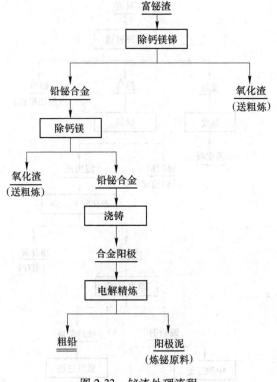

图 2-33   铋渣处理流程

　　氧化熔炼的主要目的是使铅泥熔化并使硫酸铅分解得到部分粗铅和保留在熔融渣中的氧化铅，同时产出高二氧化硫浓度的烟气，经余热锅炉回收余热、电收尘除尘后，采用二转二吸标准制酸法制取浓硫酸，使二氧化硫得到综合回收利用。

　　第二阶段，还原熔炼。改变送风制度，先将炉内的氧化气氛调整为还原气氛，即碳的燃烧为不完全燃烧，其中的一部分燃烧产生高温，为炉提供热量，而另一部分则产生一氧化碳，用于铅的还原，主要反应如下：

$$2C + O_2 \Longrightarrow 2CO$$
$$PbO + CO \Longrightarrow Pb + CO_2$$

　　还原熔炼的主要目的是将熔融渣中的氧化铅还原成金属铅，并与炉渣分离，得到粗铅，同时产出炉渣（含铅量可达 1.0% 以下，且不溶于水），另产出的烟气中，二氧化硫的含量较低，烟气经布袋收尘后，采用双碱法治理尾气及可达标排放。

<h2 style="text-align:center">参 考 文 献</h2>

［1］张乐如. 铅锌冶炼新技术 ［M］. 长沙：湖南科学技术出版社，2006.

［2］彭容秋. 铅锌冶金学 ［M］. 北京：科学出版社，2003.

［3］陈国发，王德全. 铅冶金学 ［M］. 北京：冶金工业出版社，2000.

［4］《铜铅锌冶炼设计参考资料》编写组. 铜铅锌冶炼设计参考资料 ［M］. 北京：冶金工业出版社，1978.

［5］曹大义. 铜铅阳极泥处理 ［M］. 北京：中国工业出版社，1962.

[6] 戴自希，盛继福，等．世界铅锌资源的分布与潜力 [M]．北京：地震出版社，2005.

[7] 聂永丰．三废处理工程技术手册 [M]．北京：化学工业出版社，2000.

[8] 彭容秋．铅冶金 [M]．长沙：中南大学出版社，2004.

[9] 北京有色冶金设计研究总院，等．重有色金属冶炼设计手册（铅锌铋卷）[M]．北京：冶金工业出版社，1996.

[10] 赵由才．实用环境工程手册：固体废物污染控制与资源化 [M]．北京：化学工业出版社，2002.

[11] 李国鼎．环境工程手册：固体废物污染防治卷 [M]．北京：高等教育出版社，2003.

[12] 《铅锌冶金学》编委会．铅锌冶金学 [M]．北京：科学出版社，2003.

[13] 彭容秋．重金属冶金工厂环境保护 [M]．长沙：中南大学出版社，2006.

[14] 中国有色金属学会重有色金属冶金学术委员会．重金属冶金工厂原料的综合利用 [M]．长沙：中南大学出版社，2006.

[15] 彭容秋．重金属冶金学 [M]．长沙：中南工业大学出版社，1995.

[16] 郭学益，田庆华．有色金属资源循环理论与方法 [M]．长沙：中南大学出版社，2008.

[17] 赵由才，牛冬杰．湿法冶金污染控制技术 [M]．北京：冶金工业出版社，2003.

[18] 屠海令，等．有色金属冶金、材料、再生与环保 [M]．北京：化学工业出版社，2003.

[19] 赵宏．铅银渣综合利用新工艺探讨 [J]．有色金属（冶炼部分），2001（4）：16~17.

[20] 马永涛，王凤朝．铅银渣综合利用探讨 [J]．中国有色冶金，2008（3）：44~49.

[21] 吴荣庆．我国铅锌矿资源特点与综合利用 [J]．中国金属通报，2008（9）：32~33.

[22] 何茹．循环经济，铅锌产业发展的战略取向 [J]．中国有色金属，2006（5）：32~34.

[23] 靳海明．中国铅锌工业综合利用存在的问题 [J]．中国有色金属，2006（2）：16~18.

[24] 李卫锋，张晓国，郭学益，等．我国铅冶炼的技术现状及进展 [J]．中国有色冶金，2010，39（2）：29~33.

[25] 王文忠，车传仁．关于冶金资源综合利用研究的几点思考 [J]．中国冶金，1996（2）：35~37.

[26] 陈津，王克勤．冶金环境工程 [M]．长沙：中南大学出版社，2009.

[27] 郑时路．复杂铅烟尘湿法处理新工艺研究 [D]．长沙：中南大学，2004.

[28] 崔燕，王海宁．浅谈废电池的处理与综合利用 [J]．科技情报开发与经济，2007，17（10）：265~266.

[29] 任鸿九，张训鹏．重金属冶金工厂原料的综合利用 [M]．长沙：中南大学出版社，2006.

[30] 任鸿九，等．有色金属清洁冶金 [M]．长沙：中南大学出版社，2006.

[31] 彭容秋．有色金属提取冶金手册（锌镉铅铋）[M]．北京：冶金工业出版社，1992.

[32] 彭容秋．再生有色金属冶金 [M]．沈阳：东北大学出版社，1994.

[33] 陈茂棋．有色金属工业固体废物综合利用概况 [J]．矿冶，1997（1）：82~88.

[34] 周洪武．废铅酸蓄电池铅料特点和冶炼技术选择 [J]．科学园地，2007（5）：19~22.

3 锌冶金环保及其资源综合利用

3.1 锌矿资源概述

锌在地壳中的平均含量为 0.005%。世界已查明的锌资源量约 19 亿吨，锌储量 18000 万吨，储量基础 48000 万吨。世界锌资源主要分布在澳大利亚、中国、秘鲁、美国和哈萨克斯坦五国，其储量占世界储量的 67.2%，储量基础占世界储量基础 70.9%，见表 3-1。

表 3-1　世界锌储量分布

国家地区	储量/kt	占世界储量/%	储量基础/kt	占世界储量基础/%
澳大利亚	42000	23.3	100000	20.8
中　国	33000	18.3	92000	19.2
秘　鲁	18000	10.0	23000	4.8
美　国	14000	7.8	90000	18.8
哈萨克斯坦	14000	7.8	35000	7.3
加拿大	5000	2.8	30000	6.3
墨西哥	7000	3.9	25000	5.2
其　他	47000	26.1	8500	17.6
世界总计	180000	100	480000	100

世界锌储量占锌查明资源量的 9.5%，锌储量基础占查明资源量的 25.3%。我国锌资源丰富，占世界第二位，但锌矿勘查程度相对较低，有很大的潜力。在我国锌查明资源储量中储量只占 24.1%，基础储量占查明资源储量的 42.3%。全国共有锌矿区 1266 个，锌矿储量、基础储量静态保证年限分别为 12 年和 18 年。全国 91.41% 的储量、89.62% 的基础储量和 78.25% 的查明资源储量主要分布在云南、内蒙古、甘肃、广东、湖南、青海、广西、河北、四川和新疆等 10 省区，其他省区分布较少。

在自然界中，铅锌为一对共生元素。我国铅锌资源丰富，矿石类型复杂，单一的铅或锌矿石类型少，共伴生组分较多，共伴生的有用元素高达 50 余种，主要有金、银、铜、锡、镉、硫、萤石及稀有稀散元素。

锌矿石按其所含矿物不同分为硫化矿和氧化矿。在硫化矿石中，锌主要以闪锌矿（ZnS）或铁闪锌矿（$nZnS \cdot mFeS$）的形态存在；在氧化矿石中，锌主要以菱锌矿（$ZnCO_3$）、异极矿（$H_2Zn_2SiO_5$）的形态存在。在自然界中，锌的氧化矿一般是次生的，在硫化矿床上部。目前炼锌的主要原料是硫化矿，氧化矿仅有次要意义。

锌的矿物以硫化矿最多，单一硫化矿极少，多与其他金属硫化矿伴生形成多金属矿，有铅锌矿、铜锌矿、铜锌铅矿。硫化矿含锌约为 8.8% ~ 17%，氧化矿含锌约为 10%，而冶炼要求锌精矿含锌大于45%～55%，因此一般采用优先浮选法对低品位多金属含锌矿物进行选矿，得到符合冶炼要求的各种金属的精矿。

氧化锌矿的选矿比较困难，目前的应用多以富矿为对象，一般将氧化锌矿经过简单选矿进行少许富集，或用回转窑或烟化炉挥发处理，以得到富集的氧化锌物料。含锌品位较高的氧化矿（30%～40% Zn）可以直接冶炼。

此外，炼锌原料还有有含锌烟尘、浮渣和锌灰等。氧化锌烟尘主要有烟化炉烟尘和回转窑还原挥发的烟尘。

3.2 锌的冶炼方法

锌的冶炼方法有火法冶炼和湿法冶炼两大类，其原则工艺流程见图3-1。

3.2.1 火法炼锌

火法炼锌是在高温下用碳作还原剂，从氧化锌物料中还原提取金属锌的过程，包括焙烧、还原蒸馏和精炼三个主要过程，主要有平罐炼锌、竖罐炼锌、密闭鼓风炉炼锌及电热法炼锌。

平罐炼锌和竖罐炼锌都是间接加热，存在能耗高、对原料的适应性差等缺点，因此现在几乎被淘汰。电热法炼锌虽然直接加热但不产生燃烧气体，也存在生产能力小、能耗高、锌的直收率低的问题，因此发展前途不大，仅适于电力便宜的地方使用。密闭鼓风炉炼锌由于具有能处理铅锌复合精矿及含锌氧化物料，在同一座鼓风炉中可生产出铅、锌两种不同的金属，采用燃料直接加热，能量利用率高的优点，是目前主要的火法

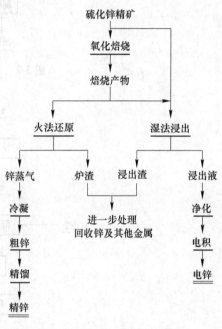

图 3-1 锌冶炼原则工艺流程

炼锌方法，产锌量占锌总产量的10%左右。火法炼锌和传统湿法炼锌的原则工艺流程见图3-2。

3.2.1.1 竖罐炼锌

在高于锌沸点的温度下，于竖井式蒸馏罐内，用碳作还原剂还原氧化锌矿物的球团，反应所产生锌蒸气经冷凝成液体金属锌。竖罐炼锌的生产工艺由硫化锌精矿氧化焙烧、焙砂制团和竖罐蒸馏三部分组成，工艺流程见图3-3。

A 硫化锌精矿的氧化焙烧

焙烧的目的是使精矿中的 ZnS 转变成 ZnO，而将 S、Pb、Cd、As、Sb 等除去。氧化焙烧锌精矿的设备已从历史上采用的多膛炉逐渐过渡到沸腾焙烧炉。

B 焙砂制团与焦结

竖罐蒸馏炼锌是气固反应过程，要求加入的物料必须具有良好透气性和传热性能，以

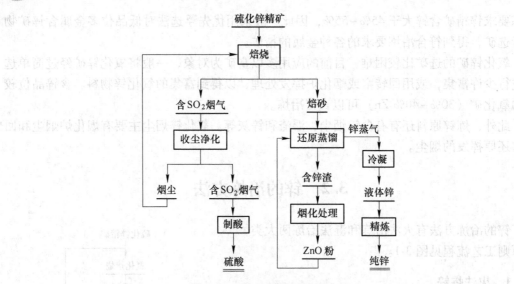

图 3-2　火法炼锌原则工艺流程

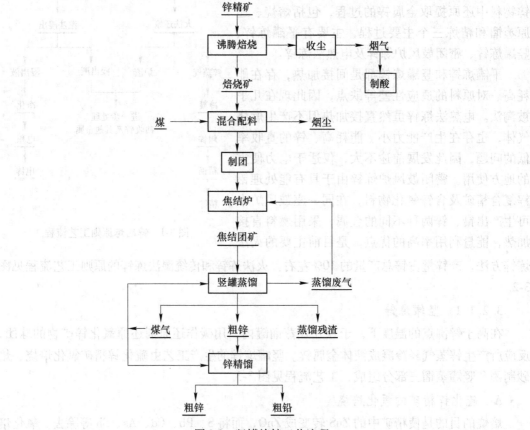

图 3-3　竖罐炼锌工艺流程

及相当的热强度，抗压强度在 4.9MPa 以上。为此将锌焙砂制成团块并焦结处理。首先将锌焙砂和还原用粉煤、胶黏剂充分混合、碾磨、压制成团块，然后送入机械化燃油干燥库干燥。干燥后团矿用机械提升从炉顶加入焦结炉，在800℃温度下，在团矿中的焦性煤产生黏结作用下使团块焦结，同时干团矿中的残存水分挥发分被彻底除去。

C　竖罐蒸馏

竖罐本体是用机械强度高、传热性能好、高温下化学性稳定的碳化硅材料砌成的直井状炉体，横断面成狭长矩形。两长边罐壁外侧各有煤气燃烧室，对罐内团矿进行间接加热。来自焦结炉的热团矿经密封料钟加入罐顶，下降过程中被加热到1000℃以上，团矿中ZnO还原反应开始激烈进行。还原产生的炉气中含气体锌约35%，经罐口下的上延部进入装有石墨转子的冷凝器，在转子扬起的锌雨捕集下，锌蒸气冷凝成了液态锌，定时从冷凝器中放出液态锌并铸成锌锭。出冷凝器的气体经过洗涤净化除去剩余的锌，成为含CO约80%、含H_2约10%的罐气，全部返回竖罐作为燃料。蒸锌后的团块经连续运转的排渣机排出。

3.2.1.2　密闭鼓风炉炼锌

密闭鼓风炉炼锌是在密闭炉顶的鼓风炉中，用碳质还原剂从铅锌精矿烧结块中还原出锌和铅，锌蒸气在铅雨冷凝中冷凝成锌，铅与炉渣进入炉缸，经中热前床使渣与铅分离。此方法又称ISP法，对原料适应性强，既可以处理原生硫化铅锌精矿，也可以熔炼次生含铅锌物料，能源消耗也比竖罐炼锌法低。密闭鼓风炉炼铅锌工艺流程见图3-4，主要包括含铅锌物料烧结焙烧、密闭鼓风炉还原挥发熔炼和铅雨冷凝器冷凝三部分。

A　烧结焙烧

一般铅锌精矿含Pb+Zn在45%~60%，与其他含锌物料混合配料后，在烧结机上脱硫烧结成块。烧结块要有一定的热强度，以保证炉内的透气性。

B　密闭鼓风炉还原挥发熔炼

熔炼时，烧结块、石灰熔剂和经预热的焦炭分批自炉顶加入炉内，烧结块中的铅锌被还原，锌蒸气随CO_2、CO烟气一道进入冷凝器，熔炼产物粗铅、铜锍和炉渣经过炉缸流进电热前床进行分离，炉渣烟气处理回收锌后弃去，锍和粗铅进一步处理。

C　锌蒸气冷凝

冷凝设备为铅雨飞溅冷凝器，冷凝器外形长7~8m，高3m，宽5~6m，内设8个转子，浸入冷凝内的铅池中。转子扬起的铅雨使含锌蒸气炉气迅速降温到600℃以下，使锌冷凝成锌液溶入铅池，铅液用泵不断循环，流出冷凝器铅液在水冷流槽中被冷却到450℃，然后进入分离槽，液体锌密度小在铅液上层，控制一定深度使其不断流出，浇铸成锌锭。

3.2.2　湿法炼锌

湿法炼锌包括传统的湿法炼锌和全湿法炼锌两类。湿法炼锌由于资源综合利用好，单位能耗相对较低，对环境友好程度高，是锌冶金技术发展的主流，到20世纪80年代初其产量约占世界锌总产量的80%。

3.2.2.1　传统的湿法炼锌

传统的湿法炼锌实际上是火法与湿法的联合流程，是20世纪初出现的炼锌方法，包括焙烧、浸出、净化、电积和熔铸五个主要过程。以稀硫酸为溶剂溶解含锌物料中的锌，使锌尽可能全部溶入溶液，再对得到的硫酸锌溶液进行净化以除去溶液中的杂质，然后从

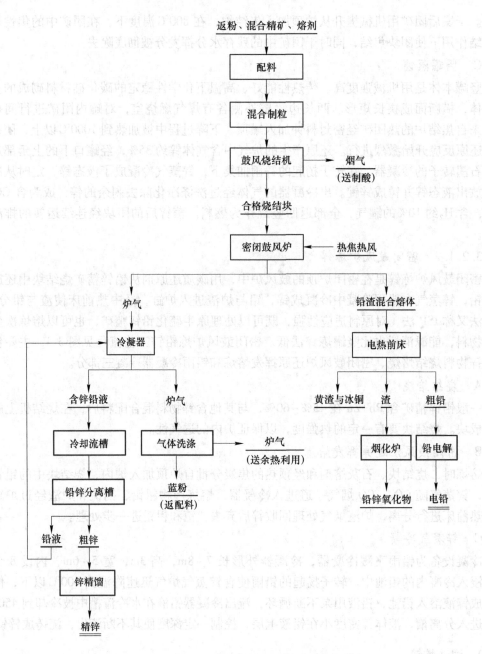

图 3-4　密闭鼓风炉炼铅锌工艺流程

硫酸锌溶液中电解析出锌，电解析出的锌再熔铸成锭。传统湿法炼锌的原则工艺流程见图 3-5。

A　锌精矿焙烧

焙烧是用空气或富氧，在高温下使锌精矿中 ZnS 氧化成 ZnO 和 $ZnSO_4$，同时除去 As、Sb、Cd 等杂质的一种作业。焙烧产物焙砂，送去浸出锌，烟气或者制硫酸或者生产液态 SO_2。现代锌精矿焙烧均采用沸腾焙烧炉。

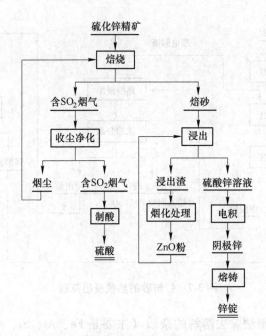

图 3-5 传统湿法炼锌原则工艺流程

B 锌焙砂浸出与浸出液净化

锌焙砂浸出的常规工艺流程与热酸浸出工艺流程分别见图 3-6 和图 3-7。

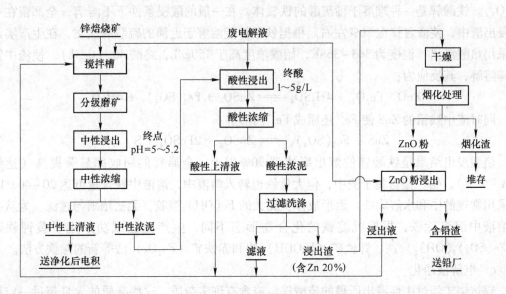

图 3-6 锌焙砂浸出的常规工艺流程

a 常规浸出

锌焙砂浸出分中性浸出和酸性浸出两个阶段。常规浸出流程采用一段中性浸出和一段酸性浸出或两段中性浸出的复浸出流程。锌焙砂首先用来自酸性浸出阶段的溶液进行中性浸出，中性浸出的实质是用锌焙砂去中和酸性浸出溶液中的游离酸，控制一定的酸度

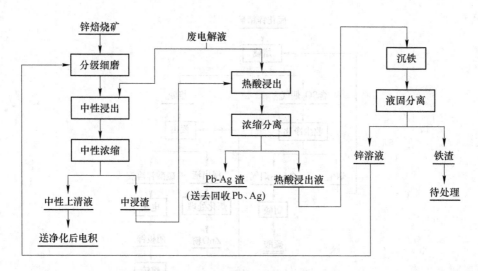

图 3-7　锌焙砂的热酸浸出流程

（pH=5.2~5.4），用水解法除去溶解的杂质（主要是 Fe、Al、Si、As、Sb），得到的中性溶液经净化后送去电积回收锌。常规浸出法产出的锌浸出渣含锌在 20% 左右，一般采用回转窑烟化法回收其中的锌，或堆存待处理。

　　b　热酸浸出

　　在锌精矿的沸腾焙烧过程中，生成的 ZnO 与 Fe_2O_3 不可避免地会结合成铁酸锌（ZnO·Fe_2O_3）。铁酸锌是一种难溶于稀硫酸的铁氧体，在一般的酸浸条件下不溶解，全部留在中性浸出渣中，使渣含锌在 20% 左右。根据铁酸锌能溶解于近沸的硫酸的性质，在生产实践中采用热酸浸出（温度为 363~368K，始酸浓度高于 150g/L，终酸 40~60g/L），使渣中铁酸锌溶解，其反应为：

$$ZnO \cdot Fe_2O_3 + 4H_2SO_4 = ZnSO_4 + Fe_2(SO_4)_3 + 4H_2O$$

同时渣中残留的 ZnS 使 Fe^{3+} 还原成 Fe^{2+} 而溶解：

$$ZnS + Fe_2(SO_4)_3 = ZnSO_4 + 2FeSO_4 + S$$

　　热酸浸出结果是铁酸锌的溶出率达到 90% 以上，金属锌的回收率显著提高（达到 97%~98%），铅、银富集于渣中，但大量铁也转入溶液中，溶液中铁含量可达 20~40g/L。若采用常规的中和水解除铁，因形成体积庞大的 $Fe(OH)_3$ 溶胶，无法浓缩与过滤。为从高铁溶液中沉淀除铁，根据沉淀铁的化合物形态不同，生产上已成功采用了黄钾铁矾（$KFe(SO_4)_2(OH)_6$）法、针铁矿（FeOOH）法和赤铁矿（Fe_2O_3）法等新的除铁方法。

　　c　电解液净化

　　锌焙烧矿经过中性浸出所得的硫酸锌溶液含有许多杂质，这些杂质的含量超过一定程度将对锌的电积过程带来不利影响。因此，在电积前必须对溶液进行净化，将浸出过滤后的中性上清液中的有害杂质除至规定的限度以下，以保证电积时得到高纯度的阴极锌及最经济地进行电积，并从各种净化渣中回收有价金属。

　　由于原料成分的差异，各个工厂中性浸出液的成分波动很大。因此所采用的净化工艺各不相同。各种净化方法的工艺过程概要列于表 3-2。

表 3-2 各种硫酸锌溶液净化方法的几种典型流程

流程类别	第一段	第二段	第三段	第四段
黄药净化法	加锌粉除 Cu、Cd 得 Cu、Cd 渣送去提 Cd 并回收 Cu	加黄药除 Co，得 Co 渣送去提 Co		
锑盐净化法	加锌粉除 Cu、Cd 得 Cu、Cd 渣送去提 Cd 并回收 Cu	加锌粉和锑盐除 Co，得 Co 渣送去回收 Co	加锌粉除残余 Cd	
砷盐净化法	加锌粉和 As$_2$O$_3$ 除 Cu、Co、Ni 得 Cu 渣送去回收 Cu	加锌粉除 Cd，得 Cd 渣送去提 Cd	加锌粉复溶 Cd，得 Cd 渣返回第二段	再进行一次加锌粉除 Cd
β-萘酚法	加锌粉除 Cu、Cd 得 Cu、Cd 渣送去提 Cd 并回收 Cu	加锌粉除 Cd、Ni，得 Cd 渣送去回收 Cd	加 α 亚硝基 β-萘酚除 Co，得 Co 渣送去回收 Co	加活性炭吸附有机物
合金锌粉法	加 Zn-Pb-Sb-Sn 合金锌粉除 Cu、Cd、Co	加锌粉除 Cd		

d 硫酸锌溶液的电解沉积

锌的电解沉积是将净化后的硫酸锌溶液（新液）与一定比例的电解废液混合，连续不断地从电解槽的进液端流入电解槽内，用含银 0.5%～1% 的铅-银合金板作阳极，以压延铝板作阴极，当电解槽通过直流电时，在阴极铝板上析出金属锌，阳极上放出氧气，溶液中硫酸再生。随着电解过程的不断进行，溶液中的含锌量不断降低，而硫酸含量逐渐增加，当溶液中含锌达 45～60g/L、硫酸 135～170g/L 时，则作为废电解液从电解槽中抽出，一部分作为溶剂返回浸出，一部分经冷却后与新液按一定比例混合后返回电解槽循环使用。电解 24～48h 后将阴极锌剥下，经熔铸后得到产品锌锭。

3.2.2.2 全湿法流程

全湿法炼锌是在硫化锌精矿直接加压浸出的技术基础上形成的，于 20 世纪 90 年代开始应用于工业生产。该工艺省去了传统湿法炼锌工艺中的焙烧和制酸工序，锌精矿不经过沸腾焙烧脱硫，直接浸出、浸出上清液经净化、电积和熔铸产出电锌的全湿法炼锌工艺；浸出渣经浮选得到硫精矿和铅银渣，硫精矿熔化、热过滤后产出硫化物滤渣和硫黄。氧压浸出炼锌工艺对原料适应性广，锌回收率高，有价金属综合回收好，硫以元素硫形态回收，对大气不产生污染，能满足日益严格的环保要求。

氧压浸出工艺过程分物料准备、压浸、闪蒸及调节、硫回收等工序（见图 3-8）。过程描述如下：

物料准备工序是通过湿式球磨使锌精矿粒度达到 45μm，球磨矿浆经浓密后使其底流含固量达到 70%，在底流矿浆中加入添加剂，防止熔硫包裹硫化锌精矿阻碍锌的进一步浸出。

浓密底流矿浆及废电解液泵入压力釜，通入氧气，控制温度、氧压、反应时间，硫化锌中硫被氧化成元素硫，锌成为可溶硫酸锌。锌的浸出率可达到 97%～99%。

压力釜浸出后的矿浆加入闪蒸槽和调节槽减压降温，使元素硫成固态冷凝。调节槽冷却后的矿浆送入浓密机浓缩，浓缩上清液送往中和除铁，经净化、电积、熔铸生产电锌，浓密机底流送硫回收工序。

浓密机底流进行浮选回收硫，浮选尾矿经水洗压滤后送渣场堆存。含硫精矿送入粗硫池熔融，再经加热过滤，从未浸出的硫化物中分离出熔融元素硫，然后将熔融硫送入精硫池产出含硫约99.8%的元素硫。

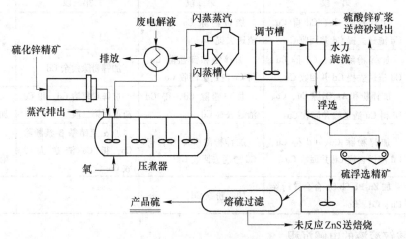

图 3-8　硫化锌精矿氧压酸浸设备流程图

3.3　锌冶炼过程中产生的废弃物及伴生元素的走向

3.3.1　锌冶炼过程的废弃物

3.3.1.1　鼓风炉炼锌炉渣的处理

为了提高锌的挥发率和降低渣含锌，要求鼓风炉炼锌炉渣具有较高的熔点（1473K）和较高的氧化锌活度，因此鼓风炉炼锌炉渣为高氧化钙炉渣，炉渣的 CaO/SiO_2 一般为 1.4~1.5，炉渣中一般含 0.5% Pb 和 6%~8% Zn，锌随渣的损失占入炉总锌量的 5%。为了减少渣含锌损失，应减少渣量和降低渣含锌。采用高钙炉渣有利于减少熔剂消耗量和渣量，从而提高锌回收率。

由于鼓风炉炼锌炉渣一般含 6%~8% Zn 和小于 1% Pb，可采用烟化炉或贫化电炉处理，回收其中的锌、铅、锗等有价金属。

3.3.1.2　锌浸出渣的处理

锌浸出渣常含有锌、铅、铜、金、银等有价金属。一般来说，氧化锌浸出渣中有价金属含量高，经干燥后送铅系统回收铅、锌、银等，而矿粉浸出渣由于生产工艺的不同决定了不同的渣成分，而渣成分的不同又决定了不同的处理方法。浸出渣经圆盘机过滤后一般含水 35%~45%，箱式机过滤后渣含水在 25%~30%。为了满足回转窑挥发配料对水分的要求，浸出渣必须经干燥至含水 12%~18%。

经常规法浸出后的锌浸出渣一般含有 18%~26% Zn、6%~8% Pb、0.5%~0.8% Cu、0.15%~0.2% Cd、20%~30% Fe 以及少量的 Ag 和 In、Ge、Ga；还含有 0.8%~1.0% As、0.2%~0.3% Sb、6%~7% S 等。因此，浸出渣还需进一步处理，以回收其中的锌和有价金属，并使其无害化。处理方法一般分为火法处理和湿法处理两种。火法处理是将浸出渣与焦粉混合，用回转窑或鼓风炉处理，将渣中的锌、铅、镉及稀散金属还原挥发，而后氧化回收。湿法处理富集了铅银有利于回收贵金属，又提高了锌、镉、铜的浸出率，操作环境及劳动强度优于火法。目前大部分厂家采用湿法处理，但是湿法处理的残渣要作为弃渣或作为炼铁原料还存在许多问题。

3.3.2 锌冶炼过程中伴生元素的走向

无论是湿法炼锌厂还是火法炼锌厂，几乎全是处理硫化锌精矿。硫化锌精矿伴生元素的典型成分见表 3-3。在冶炼锌精矿原料时，除了提取其中的锌和硫外，还可回收 Cu、Pb、Cd、In、Ge、T1、Ga、Hg、Ag 等伴生金属。

表 3-3　锌精矿伴生元素含量　　　　　　　　　　　　　（%）

产地	In	Ge	Ga	Tl	Te	Hg	Cu	Cd	Co	Ag
桃林	0.014	0.0006	0.011	0.0007	0.049	0.005	0.2	0.11	0.015	0.018
凡口	0.001	0.005	0.009	0.0009	0.004	0.057	0.2	—	0.001	0.02
黄沙坪	0.007	0.0005	0.0015	0.0011	0.005	0.004	0.5	0.15	0.0009	0.009
栖霞山	0.0009	0.0005	0.0039	0.0002	—	0.0085	0.27	0.30	0.0025	0.027
天宝山	0.012	0.0005	0.0005	0.0002	—	0.0038	0.78	0.33	0.0075	0.005
岫岩	0.002	0.0005	0.0025	0.0002	—	0.0063	1.0	0.23	0.01	0.018

在湿法炼锌生产过程中，精矿中这些伴生元素分别富集在各种烟尘和残渣中（图 3-9），然后从这些半产品中予以回收。

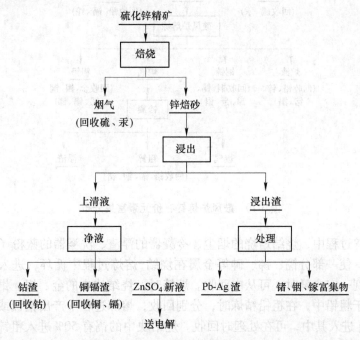

图 3-9　湿法炼锌伴生元素富集分布

在流态化焙烧过程中，90%以上的汞进入烟气，冷凝后进入酸泥，可从酸泥回收。SO_2烟气送制酸，其余有价金属几乎全留在焙砂中。焙砂浸出过程中，99% Cd、Co，

80%~85% Zn，50% Cu，以及一部分稀散金属进入浸出液，其余留在渣中。浸出液净化过程中，Cu、Cd 富集于锌粉置换所得的铜镉渣中，铜镉渣是提铜的主要原料。在提镉过程中可综合回收铜、铊和锌。浸出液净化过程用黄药除钴时，钴和剩余的铜、镉富集于黄酸钴渣中。在从钴渣提钴过程中，可综合回收铜、镉、锌。在回转窑处理浸出渣烟化过程中，铅、镉、铟、锗、镓、铊和锌挥发进入氧化锌烟尘，有价金属的挥发率为锌 85%、铅95%、镉 91%、铟 72%、锗 31%、镓 14%、铊 87%。窑渣可综合利用其中的铜、银、金、铁以及渣中焦粉。回转窑氧化锌烟尘在多膛炉内焙烧脱氟、氯时，铊富集于烟尘中，是提取铊的原料。焙烧后的氧化锌，经两段浸出，铟、锗、镓等富集于酸性浸出液中，以锌粉置换得置换渣，是回收铟、锗、镓的原料。氧化锌浸出渣可用于回收铅。

　　火法炼锌过程的原料综合利用，可以鼓风炉炼锌法（ISP 法）为代表。ISP 法使用的矿物原料有硫化锌精矿或铅锌混合精矿，以及铅锌二次氧化物料。ISP 法各种有价元素的富集分布如图 3-10 所示。

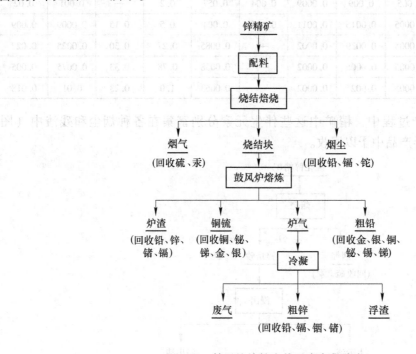

图 3-10　鼓风炉炼锌有价元素富集分布

　　鼓风炉炼锌过程中，烧结焙烧的烟尘、冷凝器的浮渣、洗涤器的蓝粉（也称返粉）一般都返回配料，使一部分镉、锑、砷等金属在烧结-熔炼过程中循环，进入烟尘，当烟尘中镉、铊富集到一定含量时，可从中回收。熔炼时，烧结块中的金、银、铜、铋、锑等金属大部分富集于粗铅中，在粗铅精炼时，分别回收，熔炼过程中产出铜锍或黄渣时，铜和小部分 Au、Ag 进入其中，可在处理时回收。烧结块中的镉有 50% 进入粗锌，粗锌还含有少量铅，均可在精馏过程中回收。铅锌鼓风炉渣含锌 6%~8%，含铅 0.8%~1.5%，并含有少量镉、锑、锡等金属，用烟化炉处理炉渣，使这些金属进入烟尘，再从其中回收。铟主要富集于粗铅和粗锌中，部分锗也进入粗锌中，可在粗铅精炼和粗锌精馏过程中回收。镓和部分锗进入炉渣，可从炉渣烟化的烟尘中回收。

3.4 锌冶炼过程伴生元素的回收

湿法炼锌过程中产出的烟尘、中间渣及溶液常含有多种有价金属，例如，硫酸锌溶液净化时产出铜、镉和钴渣；氧化锌烟尘浸出产出含铟、锗、镓的浸出液；热酸浸出流程中产出含铟的低酸浸出液；氧化锌浸出后产出铅渣；硫化锌精矿焙烧矿浸出后产出含银的浸出渣；氧化锌多膛炉焙烧产出含铊的滤袋尘，铜镉渣提镉后产出含铊的贫镉液。从这些中间产物中回收有价金属，综合利用原料，也有利于环境保护。

3.4.1 锌冶炼烟尘的处理

3.4.1.1 烟尘中铟的回收

铟常伴生在硫化锌精矿中，在铅锌冶炼过程中富集在烟尘中和其他中间产物中，铅冶炼富集在鼓风炉烟尘、湿法炼锌富集在回转窑烟尘。就提取方法而言，过去采用的沉淀法已被萃取法所取代。铟的回收包括粗铟的提取和铟的精炼两部分。

A 粗铟的提取

在湿法炼锌工艺中，铟主要富集在浸出渣回转窑挥发所产生的氧化锌烟尘中。

锌回转窑氧化锌经多膛炉脱氟氯后，返回锌系统浸出。氧化锌中性渣经酸浸（H_2SO_4 $20 \sim 25g/L$），酸浸液（In $0.1 \sim 0.3g/L$）用锌粉置换（终点 $pH = 4.5 \sim 4.6$），置换渣用硫酸浸出，铟浸出率可达 $90\% \sim 98\%$。用 P204 从浸出液中萃取分离和富集铟，萃取后的富有机相用含 H_2SO_4 $150g/L$ 的溶液进行洗涤后，用浓度为 $6mol/L$ 的 HCl 反萃，贫有机相返回使用，萃取率可达 $98.5\% \sim 99.5\%$。反萃液用锌片或铝片置换，产出海绵铟。海绵铟洗涤后，在有苛性钠保护下熔铸成粗铟。铅鼓风炉烟尘铟的提取和锌类似。所获粗铟成分列于表 3-4 中。

表 3-4 粗铟化学成分 （%）

元素	In	Cu	Al	Fe	Sn	Pb	Tl	Cd	Ag
含量	>95	>0.018	0.001	0.003	$0.018 \sim 0.004$	>0.02	0.005	$0.5 \sim 2$	0.0005

B 铟的精炼

粗铟精炼包括熔盐除铊、真空蒸馏除镉和电解精炼三个步骤：（1）熔盐除铊：根据铊易溶解入氯化锌与氯化铵熔盐的特性，在普通搪瓷器皿中将粗铟熔化后加入 $ZnCl_2$ 与 NH_4Cl（3：1）的混合物，用机械搅拌，控制温度 $543 \sim 553K$，维持反应时间 1h。除铊效力可达 $80\% \sim 90\%$，铟中含铊可降到 $0.001\% \sim 0.022\%$。（2）真空蒸馏除镉：采用的设备为真空感应电炉或管式电炉。经过真空蒸馏除镉后，可使镉的含量降到 0.0004% 以下。（3）电解精炼：进一步使铟中的少量铅、铜、锡残留于阳极泥，而锌、铁、铝进入电解液，将铟进一步提纯。电解精炼的电解液为硫酸铟的酸性溶液，含铟 $80 \sim 100g/L$，游离酸 $8 \sim 10g/L$，为了增加氢的超电压，提高电流效率，还加入 $80 \sim 100g/L$ 的氯化钠。阴极为纯铟板或高纯铝板，阳极为真空蒸馏后的粗铟，外套两层锦纶布袋，以防阳极泥脱落污染阴极。电解在常温下进行。

电解得到的阴极铟用苛性钠作覆盖剂熔化铸锭，可得到 99.99% 的纯铟。此流程铟的总回收率为 91%。

3.4.1.2　从含镉烟尘中提取镉与铊

采用湿法和火法组成的联合法从含镉烟尘中提取镉与铊，是我国葫芦岛锌厂自行开发的技术。联合法提取镉和铊的工艺流程见图 3-11，包括焙烧、浸出、净化、置换、压团熔炼和精馏工序，其中焙烧工序可根据含镉原料性质取舍。

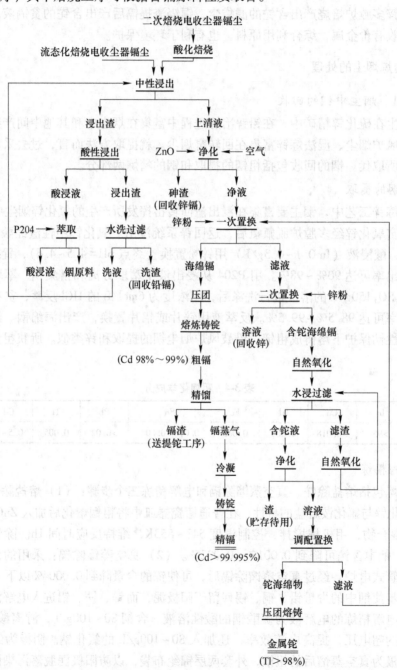

图 3-11　联合法提取镉和铊的工艺流程

联合法提镉工艺流程的主要特点如下：（1）产品质量高。精镉纯度稳定在 99.995% 以上，超过电镉（99.96%）质量。（2）回收率高。粗镉冶炼回收率大于 85%，精馏回收率达 99.7% 以上。（3）操作简便，人员少，劳动条件较好。（4）操作条件较简单，耗电少。（5）精馏设备结构较复杂，需用价格较昂贵的 SiC 盘。

A 原料

竖罐炼锌的提镉原料为焙烧挥发富集的烟尘，其中流态化焙烧烟尘是在氧化性气氛下挥发的，镉的可溶率较高；回转窑焙烧烟尘是在微还原气氛下挥发的，含硫高，镉的可溶率低，有时需要再焙烧。含镉烟尘粒度较细，密度较小，最好采用真空吸送运输。

B 硫酸化焙烧

当含镉烟尘中镉的可溶率低于 90% 时，需进行焙烧。通常流态化焙烧的含镉烟尘镉的可溶率在 90% 以上，流态化焙烧烟尘二次焙烧的含镉烟尘，镉的可溶率为 40%～50%，故后者需进行硫酸化焙烧，焙烧过程中除有价金属转化为硫酸盐外，还可挥发除去大量砷、锑等杂质。硫酸化焙烧在用间接加热的回转窑内进行，可降低硫酸消耗，减少废气量，便于吸收处理。

葫芦岛锌厂硫酸化焙烧采用回转窑，用煤气直火加热。硫酸加入量约为理论量的 150% 左右，焙烧带的温度控制为 500～550℃。温度过高不仅镉易挥发损失，而且造成炉结。硫酸化焙烧设备腐蚀严重，硫酸消耗大，劳动条件不好。如果在二次焙烧过程中，增加脱硫措施，提高镉尘的铜可溶率，则可取消硫酸化焙烧。

C 浸出

硫酸化焙烧后，在设有通风装置的机械搅拌槽内进行中性与酸性浸出，规模较小时，两次浸出可在同一槽内交替进行：

（1）中性浸出：控制较低的始酸和较高终点 pH 值，以便于 Fe^{3+} 水解沉淀，同时除去大部分 As，得到较纯的含镉溶液。

（2）酸性浸出：保持较高的始酸和终酸，在 90℃ 以上的温度下浸出，使残存的难溶金属进一步溶解，以获得较高的金属回收率。但酸浸液中，除硫酸镉和硫酸锌等主要成分外，还含有较多的杂质金属离子及硫酸铟，经萃取提铟后，返回。

（3）浸出加料：含镉烟尘粒度较细，容易飞扬。宜用湿式球磨浆化，砂泵输送加料，以改善操作环境和减轻劳动强度。

D 水洗过程

酸浸渣经两次水洗后，用真空吸滤，滤渣含铅 45%～55%，送铅冶炼，洗液返回中性浸出。

E 净化

中浸后的含镉溶液，仍含有部分铁和砷等杂质。置换过程中易产生砷化氢气体、黑沫外溢、海绵镉松散等现象，劳动条件恶化，影响海绵镉的质量，因此需净化除铁、砷。作业过程是向溶液内鼓入空气，使 Fe^{2+} 氧化成 Fe^{3+}，并控制较高 pH 值使铁、砷水解沉淀除去，溶液中的铁、砷比一般需要大于 10，砷才可能除尽。

F 置换

锌粉置换分两段进行，第一段置换镉，第二段富集铊：（1）一次置换：加入理论锌粉量的 95% 左右，加入的锌粉可以完全反应，置换后液含镉尚保持 1g/L 左右。这样不仅能降低海绵镉含锌，而且铊几乎全部保留于溶液中。（2）二次置换：一次置换后液中加入稍过量的锌粉，得到高锌海绵镉，其含铊量为 0.3%~0.5%，是提取铊的原料。其流程可参看图 3-11。二次置换后液，含 Zn 70~100g/L，用于回收锌。

置换过程中须加入适量的硫酸，以溶解锌粉外表的 ZnO 膜，增加锌粉活性，加速置换反应。置换温度不宜过高，以防海绵镉在高温下复溶。净化后液尚含有微量砷，故置换过程中仍有微量的砷化氢产生，因此，置换作业必须在设有排风设备的密闭机械搅拌槽内进行，以防中毒。

G 压团熔炼

一次置换产出的海绵镉是表面积较大的粒状海绵体组织，容易氧化、需用油压机压制成团。镉团在熔融的烧碱覆盖下熔铸成镉锭。镉的熔铸过程实际上也是碱法精炼过程，海绵镉中的杂质金属大部分都溶解于烧碱中。

H 粗镉精馏

粗镉精馏工艺于 1957 年创立，其原理基本沿袭锌的精馏，但工艺设备独具特点。

粗镉中杂质含量较多，变化也较大。粗镉中的杂质，除砷在 615℃升华外，其他金属杂质的沸点远高于镉的沸点，而砷与锌虽可与镉同时蒸馏，但与烧碱的熔炼过程中，砷与锌均可熔于烧碱中，再通过精馏而降到 0.002% 以下，达到精镉标准。铜与铁的沸点很高，在镉的沸点温度下，其蒸气压很小，故在镉精馏过程中，微量铜、铁进入精镉可视为机械夹杂。据此，粗镉精馏过程，实质上是镉铅的分馏，从而可在一台精馏塔内实现镉的精馏。这是与锌精馏的区别。

粗镉精馏过程大致如下：粗镉在熔化锅内熔化后，定时定量加入加料器。而连续流入塔内的液体在塔内经加热蒸发和冷凝回流交替进行，纯镉蒸气上升至第一和第二冷凝器分别冷凝成液状，冷却到一定温度，流入精铜镉，定期铸成镉锭，高沸点金属经回流富集逐步下流，进入渣锅，定期排出。

镉精馏炉可用烟煤、煤气或其他气体燃料加热，炉温稳定，易于控制，因此其加热装置可因燃料而异。

3.4.2 锌冶炼渣的处理

3.4.2.1 从锌浸出渣回收铟、锗、镓

在锌焙烧的常规浸出流程中，铟、锗、镓富集在酸性浸出渣中。将酸浸渣用回转窑烟化时，铟、锗、镓便随锌一道挥发进入到所收集的氧化锌粉中。这种氧化锌粉除用于提锌外，还应回收铟、锗、镓。用黄钾铁矾法处理这种锌精矿时，锌焙砂中 95% 的铟进入铁矾法炼锌流程的热酸浸出液中，热酸浸出液中含铟约 100mg/L，铁约为铟的 150 倍。以黄钾铁矾沉淀铁时，铟和铁共沉淀，得到含铟铁矾渣。铟可以从沉铁以前的热酸浸出液中回收，也可以从含铟铁矾渣中回收。

A P-M 法回收铟、锗、镓

最早从湿法炼锌系统中回收铟、锗、镓的是采用火法和湿法冶金方法从锌浸出渣中同时回收铟、锗、镓三种金属，这种用火法和湿法冶金工艺从锌浸出渣中分别提取铟、锗、

镓的过程，称为 P-M 法。所采用的工艺流程包括预处理、提取锗、提取铟镓。其流程如下：

（1）预处理：锌浸出渣配入碳粒和石灰后装入回转窑内，在 1250℃下进行烟化处理，使大部分铟、锗、镓以及锌、镉、铅进入挥发烟尘，窑渣回收铜、银、铅。挥发烟尘用 Na_2CO_3 水溶液洗涤脱去其中的氯，获得脱氯烟尘。脱氯烟尘用添加少量 K_2SO_4、$FeSO_4$ 的锌电解废液进行中性浸出脱锌、镉，浸出液回收锌、镉，铟、锗、镓则留在中性浸出渣中，实现了铟、锗、镓与锌、镉的分离。中性浸出渣用含 $CaSO_4$ 的稀 H_2SO_4 进行还原浸出，$CaSO_4$ 使高价铁还原成低价铁，控制浸出液的 pH 值为 1，以促使铟、锗、镓进入还原浸出液，铅留在浸出渣中，经过滤获得含铅 40% 左右的铅渣，作为回收铅的原料，酸浸液作为提取铟、锗、镓的原料。

（2）提取锗：还原酸浸液中加入丹宁，便生成丹宁锗沉淀物，铟、镓将在丹宁母液中，可作为提取铟、镓的原料。过滤得到的丹宁锗沉淀物在 600℃下进行氧化焙烧，得到锗精矿。锗精矿经氯化法提锗处理，再经过区域熔炼可制得锗单晶。

（3）提取铟镓：丹宁母液用 NaOH 中和得到含铟 0.6%~1.2%、含镓 0.5%~2.5% 的中和渣。在 70~80℃下用含 $CaSO_4$ 的稀 H_2SO_4 溶液溶解中和渣，过滤所得酸性溶液用氨水再中和溶液至 pH 值至 4.2，此时铟、镓水解进入富集渣中。再用 NaOH 分解富集渣，镓转入溶液，铟残留在富铟渣中，实现铟、镓分离。富铟渣经碱性熔炼-酸性浸出-锌置换制得海绵铟，海绵铟可经碱性熔炼后电解精炼制取纯铟。含镓碱浸液再次用硫酸中和至 pH = 6.5~7.0，镓便以 $Ga(OH)_3$ 形态进入三次中和渣 $Ga(OH)_3$ 渣中。$Ga(OH)_3$ 经酸溶解、醚萃取镓，所得镓反萃液，经碱化造液、电解制得金属镓。

此法由于多次中和工艺流程长，液固分离频繁，镓、铟的回收率不高，因而综合回收效果不如综合法回收铟锗镓，全萃取法回收铟锗镓。

B 综合法回收铟、锗、镓

综合法回收铟、锗、镓是以锌浸出渣为原料，经浸出、丹宁沉淀锗和溶剂萃取得取铟、锗、镓的过程。主要包括预处理、提取铟和提取镓等作业，工艺流程如图 3-12 所示。其流程如下：

（1）预处理：锌浸出渣中的大部分锌和铁形成铁酸锌（$nZnO \cdot mFe_2O_3$），而 95% 左右的铟、锗、镓以类质同象存在于铁酸锌中。用锌电解废液浸出含铟、锗、镓的锌浸出渣时，铟、锗、镓转入到浸出液中。过滤所得的滤液加锌粉置换，获得富含铟、锗、镓置换渣。置换渣用硫酸逆流浸出，控制浸出液最终酸度含游离酸 0.6mol/L 左右，便可使置换渣中 96% 以上的铟、锗、镓转入溶液。

（2）提取铟：用 P204 萃取液中的铟，用盐酸反萃取铟负载有机相，得含铟 67~84g/L 的反萃液。反萃液加锌粉置换得海绵铟。海绵铟经压团和碱熔后送电解，得纯度 99.99% 的铟。铟的回收率超过 90%。

（3）提取锗：萃铟余液调整酸度到 pH 值为 1.2~2.0 时，加入丹宁沉淀出丹宁锗。丹宁锗经氧化焙烧得含锗大于 15% 的锗精矿。锗精矿再按经典氯化法提锗。锗的回收率约为 60%。

（4）提取镓：丹宁母液经中和沉淀出镓。用盐酸分解镓沉淀物，将过滤后所得溶液和氯化蒸馏锗的残液合并，用乙酸胺萃取镓，用水反萃得含镓 14g/L 左右的反萃液。反萃液

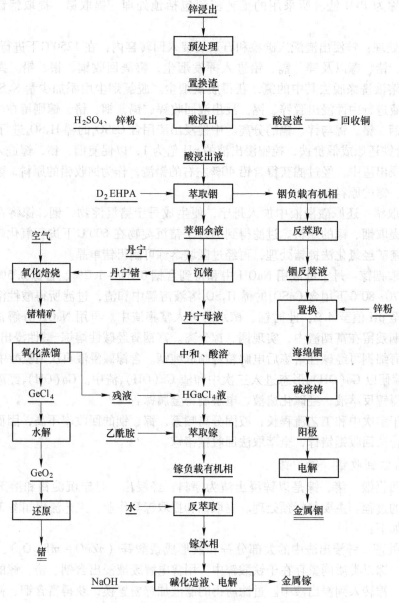

图 3-12　综合法回收铟锗镓的工艺流程

经 NaOH 碱化造液、电解，得纯度 99.99% 的镓。镓的回收率约为 60%。

3.4.2.2　从氧化锌粉酸浸液中直接萃取回收铟

从氧化锌粉酸浸液中回收铟、锗、镓，原来是采取先置换出含铟锗镓的富集渣，再经二段逆流酸性浸出，得到浸出液后便经常规的萃取流程分别回收铟、锗、镓。这种方法流程长，金属回收率低，有砷化氢产生，劳动条件和环境卫生差。现改用离心萃取器直接从氧化锌粉酸浸液中萃取铟、锗、镓，这一新工艺克服了原有工艺流程长、设备投资大的缺点。克服了过去从低酸浸出液直接萃取铟存在操作条件严格、容易产生乳化等问题。

从酸浸液直接萃取回收铟的工艺流程见图 3-13。

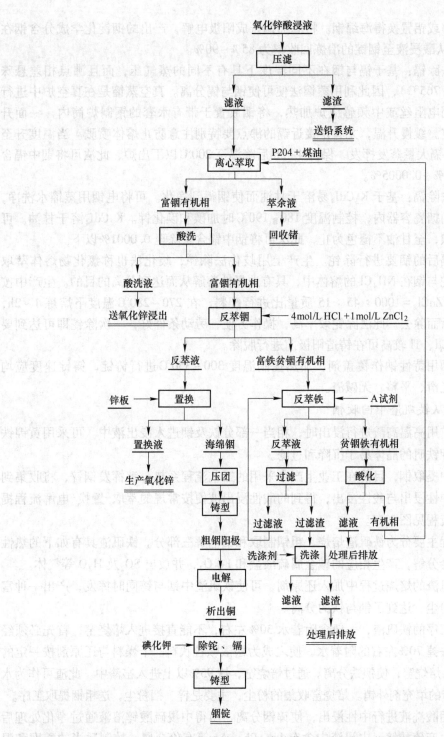

图 3-13 从氧化锌粉浸出液直接萃取回收铟的工艺流程

将酸浸液送入离心萃取器,以 30% 的 P204,65% 煤油、5% 改质剂为萃取剂进行三级逆流萃取,得到富铟(2.4~2.6g/L)有机相,用 4mol/L+1mol/L $ZnCl_2$ 反萃取,在水平箱式萃取器中进行反萃,得到的反萃液成分为 43~48g/L In、0.14~0.18g/L Fe、100~200g/L HCl。

反萃液用锌或铝置换得海绵铟。将海绵铟铸成阳极电解，产出的铟锭化学成分含铟在99.99%以上。从酸浸液至铟锭的冶炼回收率为85%~90%。

真空蒸馏法除镉：基于镉与铟在不同温度下具有不同的蒸气压，而且沸点相差悬殊（铟2075℃，镉765℃），因此利用蒸馏法便可使铟与镉分离。真空蒸馏是在真空炉中进行的，真空炉采用电阻丝或中频感应炉加热，将铟放置于带有水套的钢制炉筒内，一面升温，一面抽真空。缓慢升温，尤其是接近镉的沸点要特别注意防止熔体喷溅。当温度升至800~900℃时，镉大量蒸发挥发，保持4~6h后降温至200℃以下出炉，此法可将铟中镉含量降低至0.001%~0.0005%。

甘油碘化法除镉：基于K_2CdI_4易溶于甘油而使铟得到净化。可将电铟用蒸馏水洗净，放入装有甘油的搪瓷容器内，控制温度180~190℃时加碘和碘化钾。K_2CdI_4溶于甘油。可少量多次加入碘，至甘油不褪色为止，此法可将铟中镉含量除至0.0001%以下。

除铊：除镉后的铟要进行除铊。生产上用歧化法除铊，歧化法也称氯化物熔体萃取法。此法基于铊与铟在NH_4Cl的熔体中，具有选择性溶解从而达到分离的目的。生产中按照In：NH_4Cl：$ZnCl_2$=1000：45：15质量比进行配料，在270~280℃温度下熔炼1~2h，使铊进入熔盐后而除去。此法除铊效率高，操作方便，劳动条件好，一次除铊即可达到要求。如粗铟含Cd、Tl较高可在铸造阳极前进行脱除。

除镉铊的铟用苛性钠作覆盖剂，加热控制温度300~350℃进行铸锭，铸锭速度应均匀，表面要求光滑、平整、无碱渣。

3.4.2.3　从铁矾渣中回收铟

当锌焙烧矿用高温高酸进行浸出时，相当一部分铁及铟进入浸出液中。可采用黄钾铁矾法除铁，黄钾铁矾的晶体易于沉降和过滤。

从铁矾渣中提取铟，目前在工业生产中采用的工艺流程系热分解挥发铟锌，将收集到的铟锌尘进行中性浸出与酸性浸出，得到的酸性浸出液便按常规的萃取-置换-电解流程提取铟，其工艺流程见图3-14。

该工艺流程主要分为铁矾渣焙烧、粗铟制取和铟电解三部分。铁矾渣具有如下的热性质：在高温下会分解，产生相应的碱金属硫酸盐和Fe_2O_3，并放出SO_2及H_2O等气体。

如果在铁矾渣的焙烧过程中加入还原剂，可使铁矾渣中铟与锌同时挥发，产出一种富集了铟的锌铟粉尘，达到了铟与铁的分离。

进入焙烧工序的铁矾渣，一般含附着水30%左右，不能直接进入焙烧窑，首先必须经过干燥脱水，去掉70%左右的附着水，使之成为松散颗粒状料。干燥料与还原剂按一定的比例配料后进入焙烧窑，使铟铁分离。通过焙烧窑，铁95%以上进入窑渣中。此渣可作为水泥添加剂或制砖的填充剂外销。焙烧窑收集的粉尘，主要是锌、铟粉尘，送粗铟提取工序。

锌铟粉尘用酸洗液进行中性浸出，使锌铟分离，所得中浸硫酸锌溶液通过净化处理后送去电解锌或生产硫酸锌。中浸渣中含有In、Pb、Ag等有价金属，控制适当的酸度和温度进行酸性浸出，将In从中浸渣中分离，送去萃取铟；酸洗后的渣主要含Pb、Ag等，用作铅厂原料。铟溶液经净化处理后，用有机试剂进行萃取，萃取剂一般由P204和溶剂油组合而成。

萃取剂循环使用，当其中杂质如Fe富集到一定程度后，用NaOH溶液洗涤，供再生

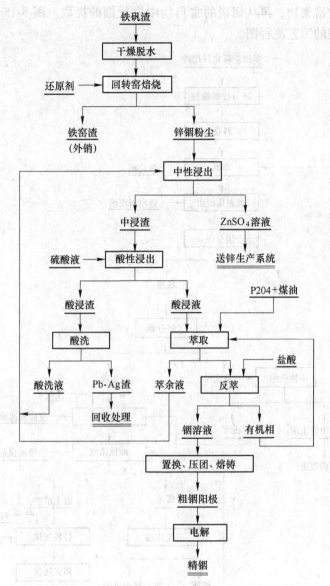

图 3-14 从铁矾渣中回收铟的生产工艺流程

利用，萃取率一般达到99%以上。进入有机相的 In^{3+} 用盐酸进行反萃，使之脱离有机相，得到反萃液。反萃液用 Zn 或 Al 作还原剂，置换得到海绵铟，经过压团、阳极铸造得到粗铟阳极板，送电解精炼后产出铟锭。萃铟后的萃余液含有酸，返回酸洗工序使用。

粗铟电解生产铟锭工艺较简单，主要分电解、精炼两个工序。电解主要是在硫酸铟水溶液中进行，粗铟含 In 达到99%以上，通过电解可产出含 In 99.995%以上的阴极铟。电解出的铟阴极片通过煮熔，加甘油、碘化钾等进行精炼，使 Cd 等杂质进一步除去。将精炼后的铟液铸成铟锭，甘油渣经处理后粗铟工序回收铟。

3.4.2.4 从硫酸锌溶液锌粉置换渣中提取铟

含铟的氧化锌烟尘或焙砂、中性浸出后的浸出渣也可以采用高酸高温浸出，再用锌粉置换，得到铟锗的富集物，再从铟锗的富集物中进行铟的提取。图 3-15 所示为氧化锌焙砂浸出和铟锗富集的工艺流程图。

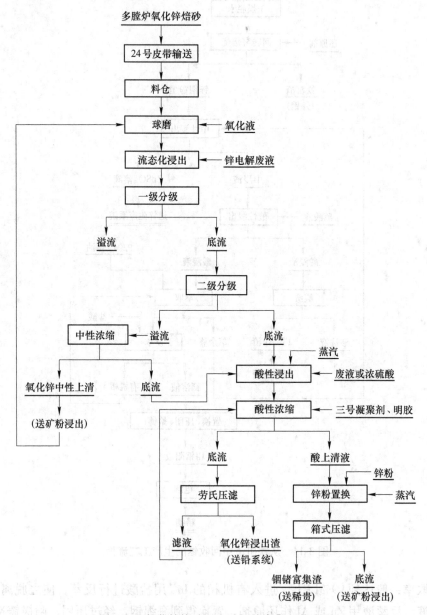

图 3-15 氧化锌焙砂浸出及铟锗富集工艺流程

氧化锌焙砂用锌电解废液浸出，电解废液的成分为 Zn 36~55g/L、H_2SO_4 145~200g/L。浸出的温度为 75~85℃，浸出时间 8h，浸出终酸 20g/L 左右。

酸浸液用锌粉进行置换，温度 70℃ 左右，时间 2h，锌粉的加入量按每千克铟约加 60kg 锌粉计，终点 pH 值为 4.8~5.0。置换前液 In 的含量不低于 0.25g/L，置换后液 In 含量不高于 0.005g/L。

由图 3-15 流程所得的铟富集渣，铟的品位得到大幅度提高。将这种富集渣重新用硫酸溶液溶解造液，使铟重新进入溶液。再用溶剂萃取法进一步进行富集和分离杂质，得到含铟较高的反萃液，用锌或铝进行置换后得到粗铟，再进行电解精炼，得到最终产品精铟。所用的工艺流程如图 3-16 所示。

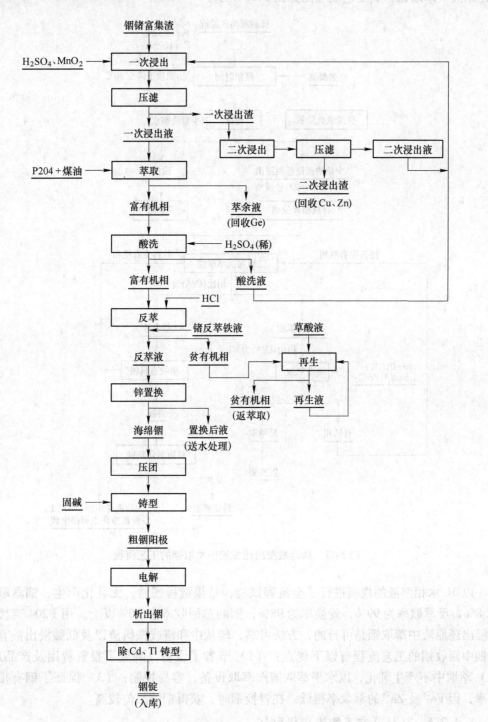

图 3-16　从铟锗富集渣中生产铟锭的工艺流程

3.4.2.5　用 P204 从低酸浸出还原液中萃取铟

含高铟高铁的锌精矿，在热酸浸出湿法炼锌时得到的低酸浸出液可用 P204 从低酸浸出还原液中萃取铟，其工艺流程图如图 3-17 所示。

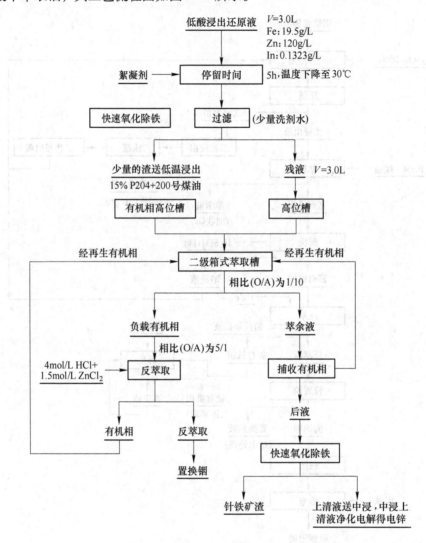

图 3-17　从低酸浸出还原液中萃取铟的工艺流程

以 3L 水相溶液的规模进行了全流程试验，结果流程畅通，无乳化产生，铟萃取率达 99.8%，反萃取率为 99%，置换率为 98%，铟的总回收率在 96% 以上。用 P204 直接从低酸浸出还原液中萃取铟是可行的，方法可靠，较从中和渣或铁矾渣以及低酸浸出液直接萃取铟中回收铟的工艺流程有以下优点：（1）节省了设备，降低了投资费用及产品成本；（2）萃取中不产生乳化，以水平萃取槽作萃取设备，容易控制；（3）保证了铟有很高的收率，因 Fe^{2+} 及 Zn^{2+} 的萃取率很低，在置换铟时，获得铟的品位较高。

3.4.2.6　从锌真空蒸馏渣中提取铟

在密闭鼓风炉炼锌工艺中，用真空蒸馏法蒸馏锌，铟由于沸点高仍留在蒸馏残渣中。

真空炉渣含铟和锗都很高，且粗硬、大块，直接分离铟、锗较困难。可采用蒸馏-萃取联合法提取铟、锗。所用的工艺流程如图 3-18 所示。

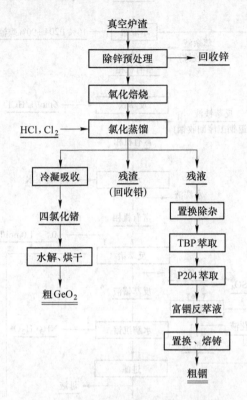

图 3-18　从真空炉渣提取铟的工艺流程

由于真空炉渣含锌较高，先浸出回收锌，浸出渣再进行氧化焙烧，使渣中的金属完全氧化，再进行氯化蒸馏，将锗和铟分离。铟进入蒸馏后液，经稀释除铅，滤液用铁置换除杂，用 TBP 萃取铟进行富集、6mol/L 盐酸反萃、反萃液经稀释处理后，再用 P204 进行二次萃取富集，得到含铟高达 100g/L 左右的富铟液。富铟液中和除杂、置换、压团、熔铸可得到 99% 以上的粗铟。

3.4.2.7　从氧化锌粉酸浸液中回收锗、镓

A　从氧化锌粉酸浸液中回收锗

氧化锌粉酸浸液经离心萃取铟后的萃余液中含有锗与镓，可作为回收锗与镓的原料。从这种硫酸溶液系统中提取锗，以前常采用丹宁沉锗法。由于用丹宁沉锗需消耗大量丹宁，且丹宁对锌电解的电流效率产生不良影响，现改用 P204+YW-100 协同萃锗。萃锗过程在硫酸体系中进行，但 YW-100 水溶性大，化学稳定性差，不能循环使用，故从硫酸体系中萃取锗、镓的最理想的萃取剂还有待探索。用 P204+YW-100 协同萃锗的工艺流程见图 3-19。

B　从氧化锌粉酸浸液中回收镓

按图 3-19 工艺流程，萃取锗后的萃余液中含有镓。从这种镓料液回收镓，也采用 P204+YW-100 协同萃镓的工艺流程，见图 3-20。

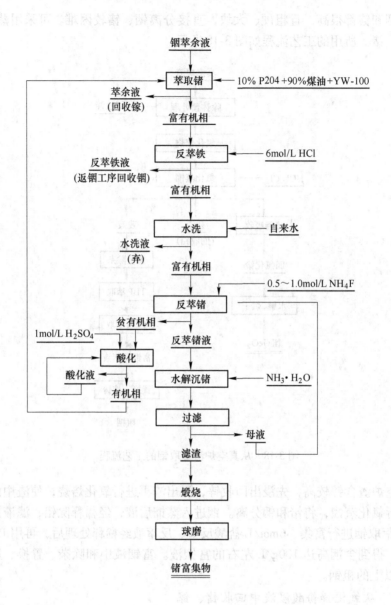

图 3-19　从铟萃余液回收锗的工艺流程

3.4.2.8　选冶联合法从锌浸出渣的挥发窑渣中回收镓、铟、锗、银

目前，国内外均重视此法的研究开发，以达到充分利用资源中的有色金属和铁，提高经济效益，保护生态环境。此法原则流程如图 3-21 所示。我国研究的磁选烟化处理工艺可使磁性产品（内含 Ga 0.046%，In 0.024%，Ge 0.020% 及 Ag 0.005% 与 Fe 67.6%）中的 Ga、In、Ge 及 Ag，最终可达 90%~98% 富集。将电炉熔炼制得的粗铁阳极进行电解，从电解精炼制得的电解铁阳极泥中回收稀散金属。该法已用于从含锗铁块中回收锗的生产。

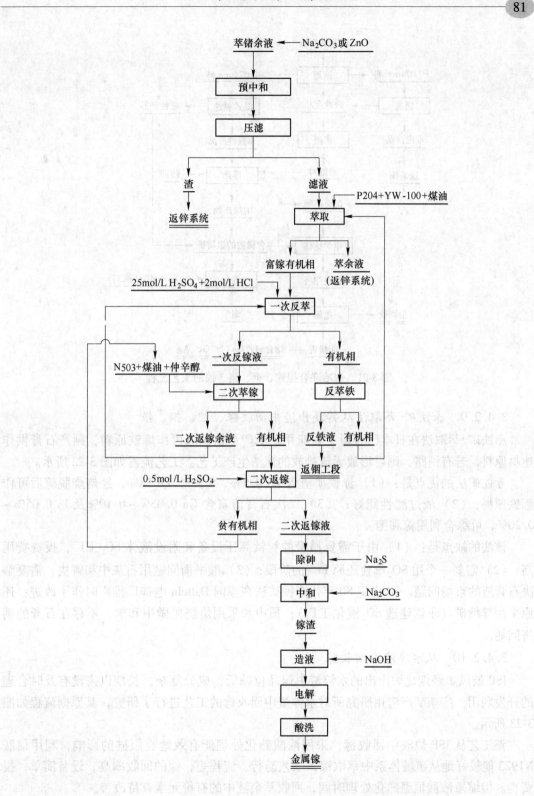

图 3-20 镓的回收工艺流程

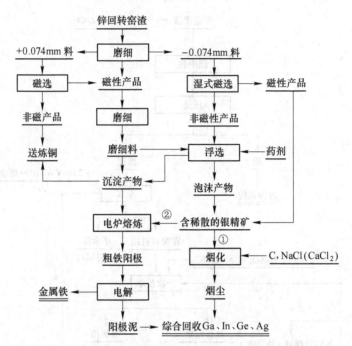

图 3-21   选冶联合提镓、铟、锗、银的工艺流程

3.4.2.9   赤铁矿-萃取法从锌浸出渣中回收镓、铟、铜、银

赤铁矿-萃取法在日本已获得工业应用。所产赤铁矿渣可作炼铁原料，副产石膏供作建材原料，若有销路，则可形成无渣排放的清洁生产工艺。工艺流程如图 3-22 所示。

赤铁矿法的优点是：（1）赤铁矿渣含 Zn 0.5%，S 3%，Fe 58%，经焙烧脱硫后可作炼铁原料；（2）渣过滤性能好；（3）二次石膏渣富含 Ga 0.05%~0.10% 及 In 0.05%~0.20%，可综合利用镓和铟。

该法的缺点是：（1）由于需要昂贵的衬钛高压设备和附设液体 SO_2 工厂，投资费用高；（2）需要一个用 SO_2 单独还原 Fe^{3+} 的阶段；（3）酸平衡问题用石灰中和解决，需要解决石膏渣的市场问题。20 世纪 80 年代赤铁矿法在德国 Datteln 电锌厂推广时作了改进：还原采用锌精矿（不需建造 SO_2 液化工厂）；预中和采用焙烧矿做中和剂，不存在石膏的销售问题。

3.4.2.10   从水淬渣中回收镓

ISP 鼓风炉经烟化炉产出的水淬渣中镓品位偏低，成分复杂，长期以来没有及时合理的开发利用。广东矿产应用研究所对水淬渣中回收镓的工艺进行了研究，其原则流程如图 3-23 所示。

该工艺从 ISP 炉渣中回收镓，采用浓酸熟化处理能有效地克服硅的影响，利用伯胺 N1923 能较好地从硫酸体系中萃取镓，工艺易行、流程短，镓的回收率高，设备简单，投资少。但缩短浓酸恒温熟化处理时间，回收萃余液中的有价元素有待改善。

3.4.2.11   从铜镉渣中回收镉

硫酸锌溶液净化产出的铜镉渣一般含 Cd 5%~10%、Cu 1.5%~5%、Zn 28%~50%，

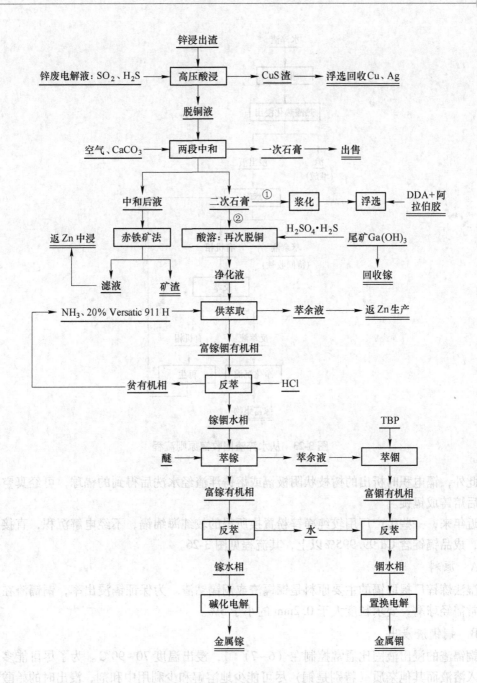

图 3-22 赤铁矿-萃取法从锌浸出渣中回收镓、铟流程

此为提取镉的主要原料之一。目前国内外从铜镉渣中提取镉的方法主要是采用湿法流程。

从铜镉渣中采用湿法流程提取镉的主要工序有：铜镉渣浸出，置换沉淀镉绵，镉绵溶解（造液），硫酸镉溶液净化，镉电解沉积和阴极镉熔化铸锭。因硫酸锌溶液净化流程不同，产出的铜镉渣成分各异，故提取镉的流程也有差别。镉冶炼流程见图 3-24 和图 3-25。图 3-25 由于其原料铜镉渣产于锌粉-砷霜净化流程，铜镉渣中含钴，因此需设除钴工序。

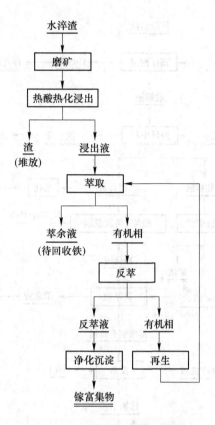

图 3-23　从水淬渣回收镓原则流程

此外，镉电积时析出的树枝状阴极镉或熔铸浮渣经水洗后得到的镉球，可经真空蒸馏提纯后熔铸成镉锭。

近年来，一些生产厂用较纯净锌粉置换所得的较纯海绵镉，不经电解沉积，直接压团熔铸，成品镉锭含 Cd 99.995% 以上，其流程见图 3-26。

A　原料

湿法炼锌厂提取镉的主要原料是铜镉渣或铜镉钴渣。为保证镉浸出率，铜镉渣在浸出前通常需经球磨，要求粒度大于 0.2mm 的小于 5%。

B　铜镉渣浸出

铜镉渣的浸出液固比通常控制在 (6~7)∶1，浸出温度 70~90℃。为了尽可能多地使镉进入溶液而其他杂质（特别是铜）尽可能少地溶解和少利用中和剂，浸出时的始酸含量是比较讲究的，有的生产厂始酸控制在 10g/L 左右，有的分段控制：第一次进料时为 50~60g/L，第二次进料时为 25~30g/L。终点 pH 值一般为 4.8~5.4。pH 值控制要采用石灰乳或氧化锌中和，后者可使所得浸出残渣（铜渣）含铜品位较高，对铜冶炼较为有利。

C　置换

铜镉渣浸出液中的镉都是用锌粉置换法使镉以海绵状沉淀析出的，锌粉实际用量为理论量的 1.2~1.3 倍。锌粉粒度一般为 0.149~0.125mm。为防止镉复溶，置换前溶液温度必须控制在 60℃ 以下。若溶液中含镉低，可采用两段置换：第一段用锌粉量的 80% 进行

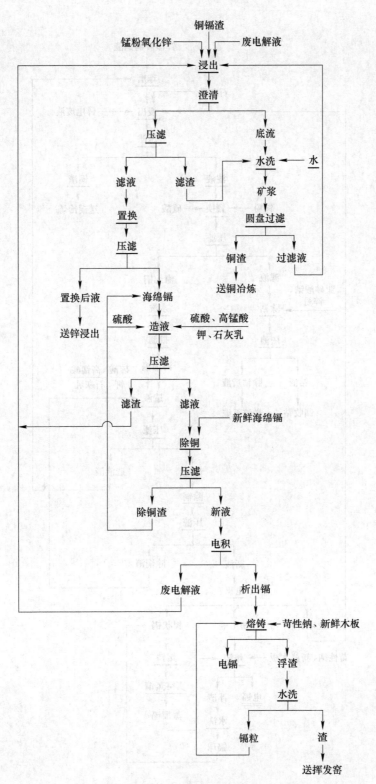

图 3-24 镉冶炼流程之一

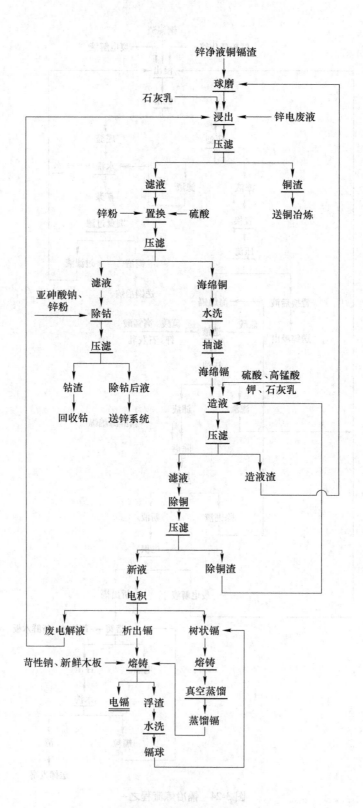

图 3-25　镉冶炼流程之二

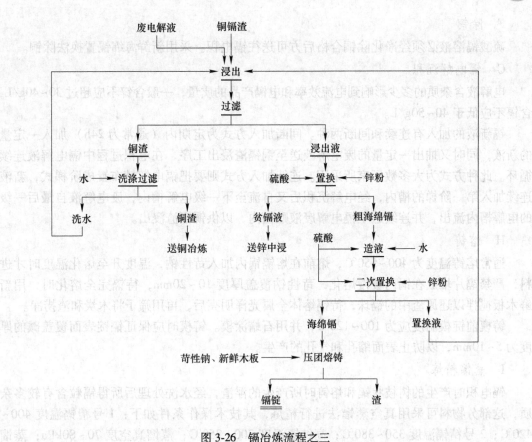

图 3-26 镉冶炼流程之三

置换，得到品位较高的海绵镉；第二段置换用余下的锌粉量，所得含锌粉高含镉低的海绵镉返回第一段置换。有的生产厂分两段置换：第一段使溶液含酸 $0.3 \sim 0.5 g/L$，用锌粉量的 30% 置换除砷；第二段用余下的锌粉沉淀海绵镉。

为防止锌粉氧化和镉复溶，置换作业不宜用空气搅拌。置换所得海绵镉，通常需经洗涤以减少其水溶锌，从而可提高镉品位。

D 除钴

锌系统硫酸锌溶液净化采用锌粉除铜镉-黄药除钴流程，分别产出铜镉渣与钴渣，铜镉渣含镉量很少，经置换后所得贫镉液可直接返回锌湿法系统；如采用锌粉-砒霜净化流程，则钴富集在铜镉渣中，置换沉淀海绵镉后所得贫镉液须经除钴至 $0.04 g/L$ 以下方能返回锌湿法系统。

E 海绵镉溶解（造液）

海绵镉溶解是为镉电积制备电解溶液。为使海绵镉能尽量溶解，新鲜海绵镉必须堆放 $7 \sim 15$ 天，以使其在潮湿空气中自然氧化，从而有利于镉绵的溶解，减少溶解后的残渣（造液渣）含镉量。

海绵镉溶解终了时加入高锰酸钾，然后再加石灰乳中和，使铁水解沉淀。

海绵镉溶解一般不用机械搅拌。实践中，当海绵镉进料完后，在机械搅拌的同时鼓入空气，并加热使之保持在 $85 \sim 90 \text{℃}$，可促使海绵镉溶解。

F　除铜

硫酸镉溶液必须经净化除铜合格后方可送往镉电积。采用新鲜海绵镉置换法除铜。

G　镉电解沉积

电解液含杂质的多少影响到电流效率和电镉产品的质量，一般含锌不应超过 $30\sim40g/L$，含镉不应低于 $40\sim50g/L$。

镉新液的加入有连续和间断两种。间断加入方式为定期内（通常为24h）加入一定量的新液，同时又抽出一定量的废电解液送至铜镉渣浸出工序，在电积过程中镉电解液连续循环。此种方式为大多数厂家所采用。连续加入方式则要把镉电解槽布置成阶梯式，新液连续加入第一阶梯的槽内，经电解沉积后又自流至下一级电解槽内，废电解液自最后一级的电解槽内流出，并连续送至镉电解废液贮槽内，以供铜镉渣浸出。

H　熔铸

通常熔铸温度为 $400\sim550℃$，熔前在熔镉锅内加入苛性钠，温度升至熔化温度时才进料，严禁镉片堆放在锅内缓慢熔化，苛性钠覆盖厚度 $10\sim20mm$，待镉完全熔化时，用新鲜木板搅拌以还原渣中的镉珠，待镉熔体金属光泽明亮后，再用筛子将木炭和渣捞净。

铸模前锭模温度应为 $100\sim120℃$，并用石蜡涂模。铸模时应保证镉锭表面覆盖碱的厚度为 $5\sim10mm$，以防止表面缩孔和气孔的产生。

I　蒸馏精炼

镉电积时产生的树枝状镉和熔铸时所产生的浮渣，经水洗处理后所得镉粒含有较多杂质，这部分物料可采用真空蒸馏法进行精炼，其技术操作条件如下：1号精镉温度 $400\sim420℃$；2号精镉温度 $350\sim380℃$；高纯镉温度 $300\sim350℃$；蒸馏真空度 $70\sim80kPa$；蒸馏周期 $8\sim12h$。

3.4.2.12　从磺酸钴中回收钴

硫化锌精矿一般含钴 $0.0003\%\sim0.007\%$，当平均含钴达 0.005% 时则应予回收。用湿法炼锌流程处理硫化锌精矿时。焙烧矿中的钴约有 $30\%\sim40\%$ 进入溶液，用黄药净化除钴时约有 $39\%\sim35\%$ 的钴进黄酸钴中。

由于黄酸钴含有钙、镁、锌、锰、砷、锑、铜、铁、镉等杂质，因而从黄酸钴中提取氧化钴的冶炼流程必须经过一系列除杂质的净化过程。图 3-27 所示为从黄酸钴中提取氧化钴的工艺流程实例。

该流程的特点是：（1）利用黄酸盐的疏水性，采用浮选法进一步富集钴，还可除掉钙镁及锌铁的氧化物；（2）采用酸洗除去黄酸钴中的锌和锰；（3）用硫酸化焙烧，以分解黄酸钴使之呈可溶性的硫酸钴并挥发除去砷锑。（4）采用萃取法除铜、锰、锌、铜、铁等杂质。萃取法除杂质可以达到深度净化的目的，且可实行自动控制。

3.4.3　废水中重金属离子的综合利用

重金属的环境污染问题引起了全球的普遍关注。在环境保护中，重金属一般是指 Hg、Cd、Pb、Cr 和类金属 As 等生理毒性显著的元素，也指具有一定毒性的一般重金属，如 Zn、Cu、Co、Ni 和 Sn 等。锌冶炼生产过程中常排放大量含有 Zn、Cr、Cu、Pb、Cd、As 和 Hg 等的废水。我国将 Cd、Hg、Pb 和 As 等归属为第一类污染物，并制定了严格的排放

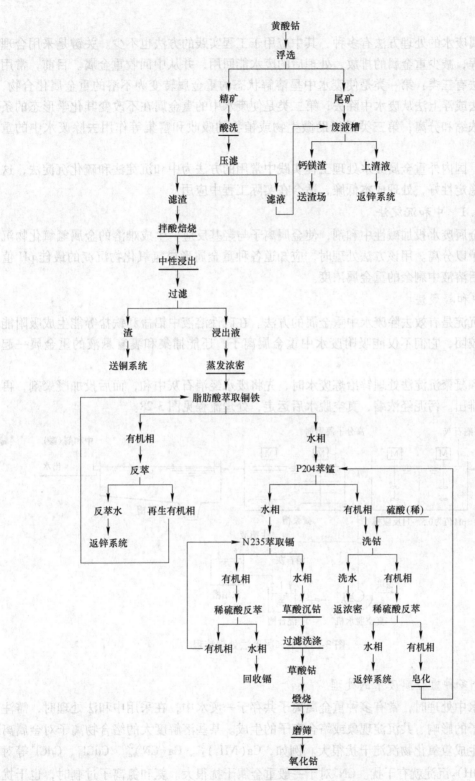

图 3-27 从磺酸钴制取氧化钴工艺流程

标准。

重金属废水的处理方法有多种，其中应用于工程实践的方法也不少。关键是采用合理的工艺流程，减少重金属的排放，处理后的废水能回用，并从中回收重金属。目前，常用的处理方法有三类：第一类是使废水中呈溶解状态的重金属转变为不溶的重金属化合物，经过沉淀法或浮上法从废水中除去；第二类是使废水中的重金属在不改变其化学形态的条件下进行浓缩和分离；第三类是借助微生物或植物的吸收和富集等作用去除废水中的重金属。

目前，国内外重金属废水处理工程实践中常用的方法为中和沉淀法和硫化沉淀法，这两种方法稳定性好，处理成本低廉，适合在实际工程中应用。

3.4.3.1　中和沉淀法

向重金属废水投加碱性中和剂，使金属离子与羟基反应，生成难溶的金属氢氧化物沉淀，从而予以分离。用该方法处理时，应知道各种重金属形成氢氧化物沉淀的最佳 pH 值及其处理后溶液中剩余的重金属浓度。

A　中和凝聚法

凝聚沉淀是有效去除废水中重金属的方法。在碱性溶液中铝盐和铁盐等能生成吸附能力很强的胶团，它们不仅能吸附废水中重金属离子，还能捕集和裹着悬液的重金属一起沉淀。

用中和凝聚沉淀法处理锌冶炼废水时，先将废水经消石灰中和，而后投加凝聚剂，再经沉淀后排出。污泥经浓缩、真空脱水后运走，处理流程见图 3-28。

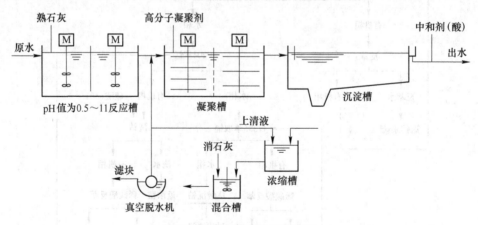

图 3-28　中和凝聚法处理流程

B　含多种重金属废水的处理

在废水中处理时，常有多种重金属离子共存于一废水中，在采用中和法处理时，需注意共存离子的影响、共沉淀现象或络合离子的生成。某些溶解度大的络合物离子对金属离子在水中生成氢氧化物沉淀干扰很大。例如，$Ca(NH_3)_4^{2+}$、$Ca(CN)_4^{2-}$、$CdCl_3^-$、$CdCl^+$ 等对生成 $Ca(OH)_2$ 沉淀就有干扰。CN^- 对于一般重金属干扰很大。氨和氮离子过剩时，也干扰氢氧化物的生成。因此，在选用中和法处理时，应对这些离子进行必要的预处理。另外，在有几种重金属共存时，虽然低于理论 pH 值，有时也会生成氢氧化物沉淀，这是因为在高 pH 值沉淀的重金属与在低 pH 值下生成的重金属沉淀物产生共沉淀现象。例如，含 Cd 1mg/L 的水溶液，将 pH 值调到 11 以上也不沉淀，若与 10mg/L 或 50mg/L 中 Fe^{3+} 共存，则 pH 值只要达到 8 或 7 以上即可沉淀，并使 Cd^{2+} 的去除率接近 100%；当废水 pH 值为 8 以上时，Cu^{2+} 的质量浓度为 1mg/L，$Fe(OH)_2$ 的质量浓度为 5mg/L，其共沉率接近 100%。

共沉淀法能有效地除去废水中的重金属，在碱性溶液中，$Fe(OH)_2$ 能与 Mg^{2+}、Mn^{2+}、Co^{2+}、Ni^{2+}、Cd^{2+} 和 Hg^{2+} 等共沉淀。

中和沉淀法处理重金属废水是调整、控制 pH 值方法。由于废水中含有重金属的种类不同，因而生成的氢氧化物沉淀的最佳 pH 值的条件也不一样。为此，对于含多种重金属的废水处理方法之一是分步进行沉淀处理。例如，从锌冶炼厂排出废水中，往往含有锌和镉，该废水处理时，Zn^{2+} 在 pH = 9 左右时形成 $Zn(OH)_2$ 溶解度最低，而 Cd^{2+} 在 pH = 10.5~11 时沉淀效果最好。然而，由于锌是两性化合物，当 pH = 10.5~11 时，锌以亚锌酸的形式再次溶解，因而对此种废水，应先投加碱性物质，使 pH 值等于 9 左右，沉淀除去氢氧化锌后再投加碱性物质，把 pH 值提高到 11 左右，再沉淀除去氢氧化镉。

化学沉淀可认为是一种晶析现象，即在控制良好的反应条件下，可形成结晶良好的沉淀物。结晶的成长速度，决定于结晶核的表面和溶液中沉淀剂浓度与其饱和浓度之差。

中和沉淀反应可采用一次沉淀反应和晶种循环反应。前者是单纯的中和沉淀法，后者是向处理系统中投加良好的沉淀晶种（回流污泥），促使形成良好的结晶沉淀。其处理流程如图 3-29 所示。

图 3-29（a）所示为将重金属废水引入反应槽中，加入中和沉淀剂，混合搅拌使其反应，再添加必要的凝聚剂使其形成较大的凝絮，随后流入沉淀池，进行固液分离。这种处理方法由于未提供沉淀晶种，故形成的沉淀物常为微晶结核，故污泥沉降速度慢，且含水率高。

图 3-29（b）所示为晶种循环处理法。其特点是除投加中和沉淀剂外，还从沉淀池回流适当的沉淀污泥，而后混合搅拌反应，经沉淀池浓缩沉淀形成污泥后，其中一部分再次返回反应槽。此法处理生成的沉淀污泥晶粒大、沉淀快、含水率较低、出水效果好。

图 3-29（c）所示为碱化处理晶种循环反应法。即在主反应槽前设一个沉淀碱化处理反应槽，定时往其中投加碱剂进行反应，生成的泥浆是一种碱性剂，它在主反应槽内与重金属废水混合反应后导入沉淀池中进行固液分离，将沉淀浓缩的污泥一部分再返回碱化处理反应槽中。

3.4.3.2 硫化物沉淀法

A 硫化物沉淀法的基本原理

向废水中投加硫化钠或硫化氢等硫化物，使重金属离子与硫离子反应，生成难溶的金属硫化物沉淀的方法称为硫化物沉淀法。由于重金属离子与硫离子 $[S^{2-}]$ 有很强的亲和力，能生成溶度积小的硫化物，因此，用硫化物除去废水中溶解性的重金属离子是有效的处理方法。

根据金属硫化物溶度积的大小，其沉淀析出的次序为：Hg^{2+}、Ag^+、As^{3+}、Bi^{3+}、Cu^{2+}、Pb^{2+}、Cd^{2+}、Sn^{2+}、Zn^{2+}、Co^{2+}、Ni^{2+}、Fe^{2+}、Mn^{2+}。排序在前的金属先生成硫化物，其硫化物的溶度积越小，处理也越容易。表 3-5 为几种金属硫化物的溶度积。

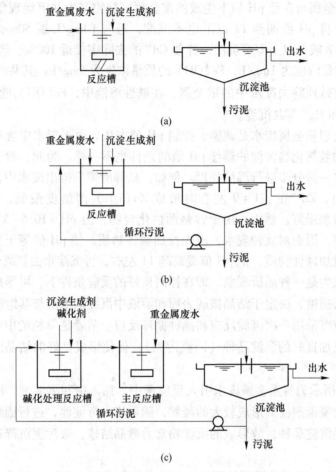

图 3-29 重金属废水中和沉淀法处理流程

（a）一次中和沉淀流程；（b）晶种循环处理流程；（c）碱化处理品种循环处理流程

表 3-5 几种金属硫化物的溶度积

金属硫化物	K_{sp}	金属硫化物	K_{sp}
MnS	2.5×10^{-13}	CdS	7.9×10^{-27}
FeS	3.2×10^{-18}	PbS	8.0×10^{-28}
NiS	3.2×10^{-19}	CuS	6.3×10^{-36}
CoS	4.0×10^{-21}	Hg_2S	1.0×10^{-45}
ZnS	1.6×10^{-24}	AgS	6.3×10^{-50}
SnS	1.0×10^{-25}	HgS	4.0×10^{-53}

注：K_{sp} 为金属硫化物溶度积（无单位）。

表 3-5 中可以看出，金属硫化物的溶度积比金属氢氧化物的溶度积小得多。因此，硫化物处理法较中和沉淀法对废水中重金属离子的去除更为彻底。

例如，用石灰中和法处理含镉废水，其 pH 值应在 11 左右才能使镉的溶解浓度最小，采用碳酸钠处理时，在 pH 值为 9.5~10 可得到良好的去除效果；采用硫化物沉淀法处理，当 pH 值为 6.5 时，可将原水 0.5~1.0mg/L 的镉减少到 0.008mg/L。

硫化镉的溶度积比氢氧化镉更小。为除去废水中镉离子，也可采用投加硫化物如 Na_2S、FeS、H_2S 等使之生成硫化镉沉淀而分离。但硫化镉沉淀性能较差，一般还需进行凝聚和过滤处理。

如果废水中氯化镍、氯化钠等含量较多时，则会产生复盐（四氯化镉）。另外，在废水中存在较多硫离子的情况下，外排也是不妥，应添加铁盐，使过剩的硫离子以硫化铁形式沉淀下来。如经过滤处理，出水含镉量可达 0.1mg/L 以下。

硫化物沉淀法是除去废水中重金属离子的有效方法。通常为保证重金属污染物的完全去除，就须加入过量的硫化钠，但常会生成硫化氢气体，易造成二次污染，妨碍并限制了该方法的广泛应用。

B 硫化物沉淀法的改进与发展

为使重金属污染物从废水中分离出来，而又不产生有害的硫化氢气体的二次污染，为此可在需处理的废水中，有选择地加入硫化物和一种重金属离子，这种重金属离子与所加入的硫化物形成新的硫化物，其离子平衡浓度比需去除的重金属污染物质的硫化物平衡浓度要高。由于加进去重金属硫化物比废水原含的重金属物质的硫化物更易溶解，所以废水原含的重金属离子就比添加的重金属离子先沉淀分离出来，同时也防止了有害的硫化物和硫化物络合离子的产生。另外，在一定条件下，所加入的重金属又促使其他金属硫化物共沉淀，提高了废水外排的质量。

在废水中加入重金属盐，待溶解后再加入一种可溶性的硫化物，使各种金属离子沉淀下来。仔细操作这一处理过程，可以把表 3-5 中后面的几种重金属离子有选择地分离出来，方法是使加入的硫化物刚够使最难溶污染物的硫化物形成沉淀。另外，为达到同样的目的，可以用一种重金属盐，这样的金属盐所生成的硫化物具有中等溶解度，该金属的硫化物比要分离的硫化物易溶，而比留在废水中的其他污染物的硫化物难溶。

然而，通常是选择一种其硫化物比所有污染物的硫化物更易溶的金属盐，并加入足量的硫离子，使所有溶解度较小的污染物以硫化物形式沉淀下来，以达到使废水中重金属污染物质大体都被分离出去的目的。

在废水中金属污染物质与加入的重金属盐类共存的情况下，废水中污染物质的去除率甚至比理论上按其溶度积所预计的去除率还要高，这是由于废水中重金属物质与加入的重金属共沉淀作用。

此法对含铬废水的处理更有其优点。因为传统的氢氧化物法需把废水的 pH 值降到 2~3，而后用一种如二氧化硫、亚硫酸盐或金属亚硫酸盐等把六价铬还原成三价铬，然后再把废水的 pH 值提高到 8 左右，形成氧化铬沉淀，这样至少需要二级处理流程。而该法可直接将 pH 值为 7~8 的废水中铬分离出来。

3.4.3.3 铁氧体法

A 铁氧体法基本原理

铁氧体法是在含重金属离子的废水中加入铁盐，利用共沉淀法从废水中制取铁氧体粉末。

对于碱性物质加入含铁离子的废水中所形成的沉淀物的研究是很多的。但是，直到 20

世纪 80 年代初才弄清了沉淀物的类型与其形成条件之间的关系。发现如果在一种水溶液中的二价铁离子（Fe^{2+}）与二价的非铁金属离子（以 M^{2+} 表示）共存时，在溶液中加入一定量的碱会产生以下反应：

$$xM^{2+} + (3-x)Fe^{2+} + 6OH^- \longrightarrow M_xFe_{3-x}(OH)_6$$

形成深绿色氢氧混合物。当这种混合物在特定条件下，在水中被氧化时，就会发生重新分解，形成络合物。最后会形成一种黑色尖晶石化合物（铁氧体）。其反应如下：

$$M_xFe_{3-x}(OH)_6 + 1/2O_2 \longrightarrow M_xFe_{3-x}O_4 + 3H_2O$$

在三价铁离子与二价铁离子以 2:1 形式存在的废水中加入碱也可以形成铁氧体。但是，这种方法不适宜于支持铁氧体用的粉末，因为难以控制成分和颗粒尺寸。

B　铁氧体法工艺流程

铁氧体法工艺流程如图 3-30 所示。

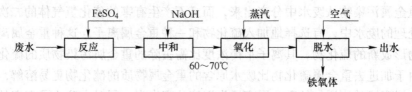

图 3-30　铁氧体法处理流程

在含有亚铁和高铁的混合废水中，其反应生成物为 $FeO \cdot Fe_2O_3$ 铁氧体：

$$Fe^{2+} + 2Fe^{3+} + 8OH^- \longrightarrow FeO \cdot Fe_2O_3 \cdot 4H_2O$$

如废水中含有二价金属离子（如 Ni^{2+} 等）及高铁离子 Fe^{3+}，可生成 $NiO \cdot Fe_2O_3$ 铁氧体：

$$Ni^{2+} + 2Fe^{3+} + 8OH^- \longrightarrow NiO \cdot Fe_2O_3 \cdot 4H_2O$$

铁氧体法工艺流程技术关键在于：

（1）$Fe^{3+} : Fe^{2+} = 2:1$，因此，Fe^{2+} 的加入量应该是废水中除铁以外的各种重金属离子物质的量的 2 倍或 2 倍以上。

（2）NaOH 或其碱的投入量应等于废水中所含酸根 0.9~1.2 倍的摩尔浓度。

（3）碱化后应立即通蒸汽加热，加热至 60~70℃ 或更高的温度。

（4）在一定温度下，通入空气氧化并进行搅拌，待氧化完成后再分离出铁氧体。

参 考 文 献

[1] 张乐如. 铅锌冶炼新技术 [M]. 长沙：湖南科学技术出版社，2006.
[2] 彭容秋. 铅锌冶金学 [M]. 北京：科学出版社，2003.
[3]《铜铅锌冶炼设计参考资料》编写组. 铜铅锌冶炼设计参考资料 [M]. 北京：冶金工业出版社，1978.
[4] 戴自希，盛继福，等. 世界铅锌资源的分布与潜力 [M]. 北京：地震出版社，2005.
[5] 聂永丰. 三废处理工程技术手册 [M]. 北京：化学工业出版社，2000.
[6] 北京有色冶金设计研究总院，等. 重有色金属冶炼设计手册（铅锌铋卷）[M]. 北京：冶金工业出版社，1996.
[7] 赵由才. 实用环境工程手册：固体废物污染控制与资源化 [M]. 北京：化学工业出版社，2002.

[8] 李国鼎 . 环境工程手册：固体废物污染防治卷 [M]. 北京：高等教育出版社，2003.

[9]《铅锌冶金学》编委会 . 铅锌冶金学 [M]. 北京：科学出版社，2003.

[10] 株洲冶炼厂《冶金读本》编写小组 . 锌的湿法冶炼 [M]. 长沙：湖南人民出版社，1974.

[11] 彭容秋 . 重金属冶金工厂环境保护 [M]. 长沙：中南大学出版社，2006.

[12] 中国有色金属学会重有色金属冶金学术委员会 . 重金属冶金工厂原料的综合利用 [M]. 长沙：中南大学出版社，2006.

[13] 彭容秋 . 重金属冶金学 [M]. 长沙：中南工业大学出版社，1995.

[14] 郭学益，田庆华 . 有色金属资源循环理论与方法 [M]. 长沙：中南大学出版社，2008.

[15] 赵由才，牛冬杰 . 湿法冶金污染控制技术 [M]. 北京：冶金工业出版社，2003.

[16] 屠海令，等 . 有色金属冶金、材料、再生与环保 [M]. 北京：化学工业出版社，2003.

[17] 黄柱成，杨永斌，蔡江松，等 . 浸锌渣综合利用新工艺及镓的富集行为 [J]. 中南工业大学学报（自然科学版），2002，33（2）：133~136.

[18] 黄开国，王秋风 . 从锌浸出渣中浮选回收银 [J]. 中南工业大学学报（自然科学版），1997（6）：530~532.

[19] 龚竹青，李景升，等 . 全湿法处理回收银锌渣中有价金属 [J]. 中南大学学报（自然科学版），2003，34（5）：506~509.

[20] 王凤朝，马永涛 . 锌冶炼渣综合利用与节能减排的工艺探讨 [J]. 有色冶金节能，2008，24（1）：30，55~57.

[21] 吴荣庆 . 我国铅锌矿资源特点与综合利用 [J]. 中国金属通报，2008（9）：32~33.

[22] 何茹 . 循环经济，铅锌产业发展的战略取向 [J]. 中国有色金属，2006（5）：32~34.

[23] 靳海明 . 中国铅锌工业综合利用存在的问题 [J]. 中国有色金属，2006（2）：16~18.

[24] 李卫锋，张晓国，郭学益，等 . 我国铅冶炼的技术现状及进展 [J]. 中国有色冶金，2010，39（2）：29~33.

[25] 吴荣庆 . 我国铅锌矿资源特点与综合利用 [J]. 中国金属通报，2008（9）：32~33.

[26] 王文忠，车传仁 . 关于冶金资源综合利用研究的几点思考 [J]. 中国冶金，1996（2）：35~37.

[27] 陈津，王克勤 . 冶金环境工程 [M]. 长沙：中南大学出版社，2009.

[28] 任鸿九，张训鹏 . 重金属冶金工厂原料的综合利用 [M]. 长沙：中南大学出版社，2006.

[29] 任鸿九，等 . 有色金属清洁冶金 [M]. 长沙：中南大学出版社，2006.

[30] 彭容秋 . 有色金属提取冶金手册（锌镉铅铋）[M]. 北京：冶金工业出版社，1992.

[31] 彭容秋 . 再生有色金属冶金 [M]. 沈阳：东北大学出版社，1994.

[32] 陈茂棋 . 有色金属工业固体废物综合利用概况 [J]. 矿冶，1997（1）：82~88.

4 铜冶金环保及其资源综合利用

4.1 铜矿资源概述

铜在自然界中分布十分广泛，在组成地壳的全部元素中，储量居第 22 位。它存在于多种矿物中，已发现的就有 200 多种，其中重要的有 20 余种。除少见的自然铜外，铜资源主要存在于硫化铜矿物中，其次是次生的氧化铜矿物。

世界铜矿工业类型分为九类，即斑岩型、砂页岩型、铜镍硫化物型、黄铁矿型、铜-铀-金型、自然铜型、脉型、碳酸岩型、矽卡岩型。最重要的是前四类，占世界铜总储量的 96%，其中，斑岩型和砂页岩型铜矿各占 55% 和 29%。斑岩型铜矿是一种储量大、品位低、可用大规模机械化露采的铜矿床，矿石储量往往几亿吨，而品位通常小于 1%。砂页岩型铜矿泛指不同时代沉积岩中的层控铜矿，矿床在沉积岩或沉积变质岩中，是世界上铜矿的主要工业类型之一，具有矿床规模大、品位高、伴生组分丰富的特点，因而经济价值巨大。

目前世界铜储量的 60% 集中在美洲，非洲和亚洲相对较少，各约为 15%。斑岩型铜矿主要分布在环太平洋斑岩铜矿成矿带（美国、智利、秘鲁和加拿大等），阿尔卑斯-喜马拉雅斑岩铜矿带（伊朗、中国和巴基斯坦等）、特提斯斑岩铜矿成矿带以及中亚-蒙古斑岩铜矿成矿带（乌兹别克斯坦、中国和蒙古等）。砂页岩型铜矿特大矿床 11 座，主要分布在智利、刚果、德国、波兰和俄罗斯等国家。黄铁矿型铜矿占总储量的约 9%，集中在北美、亚欧和西欧地区，如美国、俄罗斯、西班牙和中国等。铜镍硫化物型铜矿相对较少，占总储量的 4% 左右，但该类型铜矿床品位高、多种贵重金属共生，分布在西伯利亚铜镍硫化物矿区和北美铜镍硫化物集中区。美国资源调查局 2014 年最新数据显示，目前智利以 1.9 亿吨铜储量稳居世界第 1，占全球铜储量的 27.5%，其次是澳大利亚（0.87 亿吨）和秘鲁（0.7 亿吨），中国以 0.3 亿吨储量排在世界第 6 位。

我国铜资源虽然相对丰富，占世界总储量的 4.35%，但是人均资源拥有量不足世界平均水平的 24%，资源量十分紧缺。我国铜矿资源特点是：（1）中小型矿床多，大型、超大型矿床少。（2）贫矿多，富矿少。中国铜矿平均品位为 0.87%，品位大于 1% 的铜储量约占全国铜矿总储量的 35.9%。在大型铜矿中，品位大于 1% 的铜储量仅占 13.2%。（3）共伴生矿多，单一矿少。（4）坑采矿多，露采矿少。

我国著名大型矿区有：江西的德兴铜厂、富家坞，山西中条山的铜矿峪，黑龙江的多宝山，西藏的江达玉龙等。新近发现的一批铜矿产地和探矿资源主要分布在西部，并初步形成了东天山、三江（澜沧江-怒江-金沙江）和雅鲁藏布江 3 条大型铜矿带。

4.2 铜的冶炼方法

目前世界上原生铜产量中80%用火法冶炼生产，约20%用湿法冶炼生产。湿法炼铜通常用于处理氧化铜矿、低品位废矿、坑内残矿和难选复合矿。火法炼铜用于处理硫化铜矿的各种铜精矿、废杂铜。火法炼铜和湿法炼铜的工艺流程如图4-1~图4-3所示。

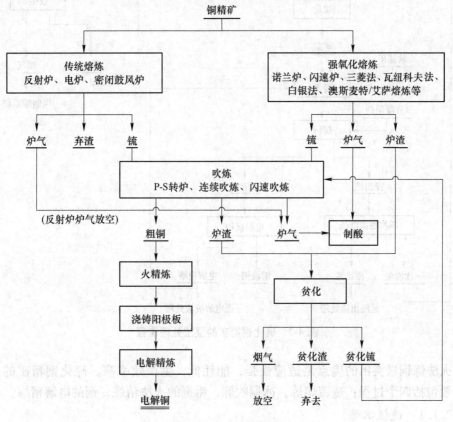

图4-1　火法炼铜流程

火法炼铜的传统方法在鼓风炉、反射炉和电炉内进行，具有能耗大、烟气中二氧化硫浓度低的问题。近几十年来，不少新的强化熔炼工艺已在工业上推广应用，分为两大类：一是闪速熔炼方法，如奥托昆普闪速熔炼、Inco氧气闪速熔炼、旋涡顶吹熔炼、氧气喷洒熔炼等；二是熔池熔炼方法，如诺兰达熔炼、三菱法熔炼、特尼恩特转炉熔炼、澳斯麦特/艾萨熔炼、瓦纽科夫法、卡尔多炉熔炼、氧气顶吹熔炼、白银法和水口山法等。这些方法的共同特点是运用富氧技术，强化熔炼过程，充分利用精矿氧化反应热量，在自热或接近自热的条件下进行熔炼，产出高浓度SO$_2$烟气以便有效地回收硫，制造硫酸或其他硫产品，消除污染，保护环境，节约能源，获取良好的经济效益。

4.2.1　铜的火法冶炼工艺

火法炼铜是当今生产铜的主要方法，世界上80%以上的铜是用火法从硫化铜精矿中提

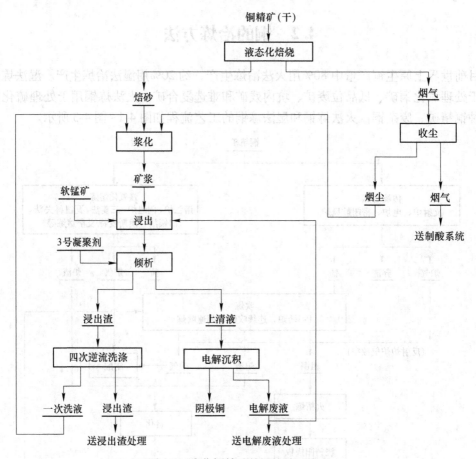

图 4-2　硫化铜精矿的湿法处理流程

取的。火法炼铜最突出的优点是适应性强，能耗低，生产效率高。硫化铜精矿的火法熔炼，一般包括四个过程：造锍熔炼，冰铜吹炼，粗铜的火法精炼，铜的电解精炼。

4.2.1.1　造锍熔炼

在铜的冶炼富集过程中，造锍熔炼是一个重要的单元过程，即将硫化铜精矿、部分氧化物焙砂、返料和适量的溶剂等炉料，在 1423~1523K 的高温下进行熔炼，产出两种互不相溶的液相（冰铜和熔渣）的过程。铜精矿熔炼目的在于：（1）使炉料中的铜尽可能全部进入冰铜，同时使炉料中的氧化物和氧化产生的铁氧化物形成炉渣；（2）使冰铜与炉渣分离。

为了达到这两个目的，火法炼铜必须遵循两个原则：一是必须使炉料有相当数量的硫来形成冰铜；二是使炉渣含二氧化硅接近饱和，以便冰铜和炉渣不至混溶。

冰铜是由 Cu_2S 和 FeS 组成的合金，其中可能还有少量其他硫化物，如 Ni_3S_2、Co_3S_2、PbS、ZnS 等。炉渣主要是由各种金属和非金属氧化物的硅酸盐组成，其主要成分为 SiO_2、FeO、CaO 等。

我国铜精矿熔炼方法多样，主要的火法炼铜工艺有密闭鼓风炉、闪速炉、反射炉、诺兰达炉、艾萨炉（澳斯麦特炉）、瓦纽科夫炉、三菱炉、特尼恩特炉、电炉、白银炉等十几种冶炼工艺。20 世纪 60 年代前，反射炉和鼓风炉占统治地位。70 年代，发达国家的环

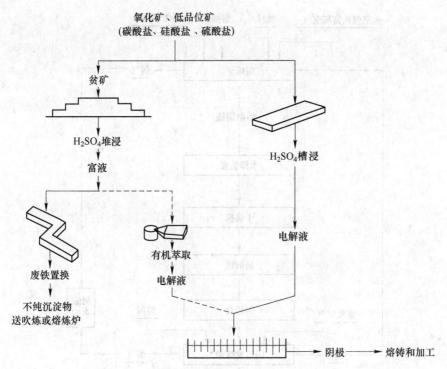

图 4-3　铜氧化矿和低品位矿的湿法冶炼流程

保运动对铜冶金工业冲击很大。美国 1970 年颁布了《空气净化法令》，迫使美国铜冶炼企业在较短时间内将传统的反射炉熔炼改造成闪速熔炼。70 年代的日本几乎是一夜之间将国内的十几台鼓风炉全部改为闪速炉，仅留下 1 座三菱炉。

A　密闭鼓风炉熔炼

密闭鼓风炉熔炼生精矿产出低品位锍。全国现有 30 多台密闭鼓风炉在生产，年生产能力约 400kt，年产粗铜 300kt 以上，占我国现阶段粗铜产量的比例达 35% 左右。密闭鼓风炉的单炉生产能力低，年产量不超过 30kt，能耗高达 29.31 ~ 55.69MJ/（吨·粗铜），烟气中 SO_2 浓度低，不利于回收制酸，环境污染严重，亟待改造或关闭。

B　闪速炉熔炼

闪速熔炼自 1949 年芬兰奥托昆普问世以来，经过不断改进、完善和发展，逐步取代了反射炉和鼓风炉的地位，已成为当今铜冶金所采用最具有竞争力的熔炼技术，被普遍认为是标准的清洁炼铜工艺。目前，全球粗铜产量的 50% 是采用这项技术生产的。

闪速炼铜厂的整个工艺过程一般包括预干燥、干燥、熔炼、吹炼、精炼、电解、贵金属回收和制酸等几大部分，见图 4-4。

铜冶炼是集废气、废水、废渣和噪声等污染相对较重的行业，存在较大的清洁生产潜力。闪速熔炼主要优点是能很好解决 SO_2 污染问题，同时产量大、节能和劳动条件好。粉状的硫化铜精矿从喷嘴高速喷入，于反应塔空间呈具有极大比表面积的弥散状态，并在强氧化性气氛和 1400℃ 高温条件下，只需 2s 的瞬间，就可完成熔炼的化学反应过程，而以前传统的炼铜工艺则需要几个小时，因此称作闪速熔炼。

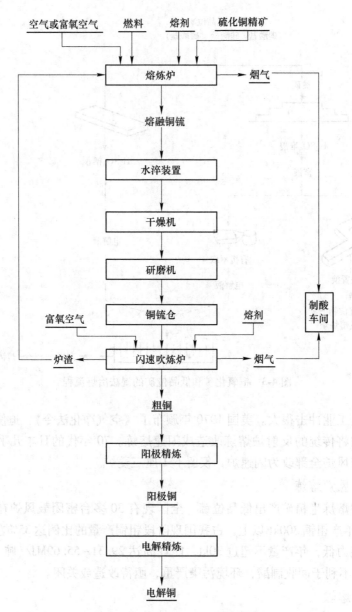

图 4-4　闪速炼铜工艺流程

该法工艺成熟，能耗低，锍回收率高，环保条件好。但对原料要求稳定，需要干燥，基建投资较大。

4.2.1.2　冰铜的吹炼

吹炼的目的是利用空气中的氧将锍中的铁和硫几乎全部除去，并除去部分其他杂质，以得到粗铜。吹炼是一个强烈的自热过程，不仅不需要补充热量，有时还需要加入适量的冷料，调节炉温。

吹炼过程是间歇的周期性作业。整个作业周期分为两个阶段：第一阶段常称为造渣期，主要进行硫化亚铁的氧化和造渣反应；第二阶段为造铜期，主要进行硫化亚铜的氧化反应以及硫化亚铜与氧化亚铜的相互反应，最终产出粗铜。在造渣期，需根据反应进行的情况加入液态锍和石英熔剂，并间断地排放炉渣。在造铜期无需加熔剂，不产出炉渣，故无放渣作业。

吹炼过程还可除去少量挥发性杂质，如铅、锌、锡、砷、锑等，而贵金属则溶解富集在粗铜中。吹炼出来的粗铜送火法精炼处理，转炉渣和烟尘返回熔炼车间或单独处理，烟气则用于制酸。

4.2.1.3 粗铜的火法精炼

粗铜含有各种杂质和金、银等贵金属，其总的质量分数为 $0.25\% \sim 2\%$。这些杂质的存在不仅影响铜的物理化学性质和用途，而且有必要将其中的有价元素提取出来，以达到综合回收、充分利用国家资源的目的。火法精炼的实质是在液体铜中吹入空气，使铜里的铁、铅、锌、砷、锑、硫等杂质氧化而除去，然后将还原剂加入铜里除氧，最后得到化学成分和物理成分符合电解精炼要求的铜阳极。

火法精炼可将粗铜中的部分杂质除去，并为电解精炼提供铜阳极板。火法精炼是周期性的作业，精炼过程在回转阳极炉或反射炉内进行。按物理化学变化特点和操作程序，每一精炼周期包括装料、熔化、氧化、还原和浇铸五个阶段。其中氧化和还原阶段是火法精炼的实质性阶段。

氧化精炼的基本原理在于铜中多数杂质对氧的亲和力都大于铜对氧的亲和力，且杂质氧化物在铜水中的溶解度很小。在空气鼓入铜熔体时，杂质便优先氧化被除去。但铜是粗铜的主体，杂质浓度较低。根据质量作用定律，首先氧化的是铜：

$$4[Cu] + O_2 \Longrightarrow 2[Cu_2O]$$

生成的 Cu_2O 立即溶于铜液中，在与杂质接触的情况下将杂质氧化。

铜火法精炼的还原过程一般采用重油、天然气、氨、液化天然气等作还原剂。重油的主要成分为各种碳氢化合物，高温下分解为氢和碳，而碳燃烧为 CO，所以重油还原实际上是 H_2 和 CO 对 Cu_2O 还原。

4.2.1.4 铜的电解精炼

火法精炼产出的阳极铜中 Cu 的质量分数一般为 $99.2\% \sim 99.7\%$，其中还有质量分数为 $0.3\% \sim 0.8\%$ 的杂质。为了提高铜的性能，使其达到各种应用的要求，同时回收其中有价金属，尤其是贵金属及稀散金属，必须进行电解精炼，电解精炼的产品是电铜。铜的电解精炼是以火法精炼的铜为阳极，硫酸铜和硫酸水溶液为电解质，电铜为阴极，向电解槽通直流电使阳极溶解，在阴极析出更纯的金属铜的过程。根据电化学性质的不同，阳极中的杂质或者进入阳极泥或者保留在电解液中而被脱除。

4.2.2 铜的湿法冶炼工艺

湿法炼铜是在溶液中进行的一种提铜方法。无论贫矿或富矿、氧化矿或硫化矿，都可用湿法炼铜的方法将铜提取出来。湿法炼铜是用适当的溶剂浸出铜矿石，使铜以离子状态进入溶液，脉石及其他杂质不溶解。浸出后经澄清和过滤，得到含铜浸出液和由脉石组成的不溶残渣即浸出渣。浸出过程中，由于一些金属和非金属杂质与铜一起进入溶液，浸出液须净化。净化后的浸出液用置换、还原、电积等方法将铜提取出来，或者用萃取-电积法生产阴极铜。

由于湿法炼铜投资费用低、建设周期短，生产成本低，产品质量优良，生产规模可大可小，对环境造成的污染较小，因此，近年来湿法炼铜技术有了很大的发展。随着生物堆浸技术、生物搅拌浸出技术和加压技术的发展和工业化，人们的观念正在改变，采用生物堆浸技术完全可以处理高品位的次生硫化矿，并且已经达到了很大的生产规模和很高的机械化程度，成为一种成熟的炼铜方法。采用加压浸出技术、生物搅拌浸出技术及氯盐浸出技术处理复杂铜精矿也正在进入工业化应用阶段。以黄铜矿为主要成分的复杂铜矿（或铜精矿）已成为湿法炼铜挑战的目标。

资源和环境是影响中国铜工业发展的瓶颈，因而提高资源的综合利用率，采用对环境友好的清洁工艺是铜工业可持续发展的有效途径。中国的湿法炼铜技术虽然仍处于发展阶段，但工艺和设备大型化的关键技术已取得突破，预计在未来的几年中将会有更大的发展。

4.2.2.1　浸出技术的发展

A　制粒堆浸技术

针对含泥铜矿堆浸时矿堆渗透性差等问题发展了制粒堆浸技术。制粒堆浸是在含泥铜矿中加入适当的黏结剂，在制粒设备中通过滚动作用形成团粒，粒矿筑堆后，经堆放固化，使其具有一定的湿强度，再用浸矿剂喷淋浸取的一种方法。制粒堆浸技术通过制粒提高了矿石和矿堆的渗透性，在制粒过程中预加浸出溶剂使之与矿石提前接触，并预先反应，加快了浸出速度，同时采用薄层堆浸可保证布液均匀，并有充足的氧气，有力地促进了反应的内、外扩散，从而大大提高了浸出率，缩短了浸矿周期，降低了溶剂的消耗。制粒堆浸与常规堆浸相比，浸出率提高 20%～40%，浸矿周期缩短 1/3～1/2，溶剂消耗降低 20%～30%，浸出液铜浓度提高 2～3 倍，相应的浸出液处理量减少 1/2～1/3。

B　细菌浸出继续深入

细菌浸出由于能够浸溶硫化铜矿，并具有一系列优点，故发展很快。但细菌浸出的最大缺点是反应速度慢，浸出周期长。针对这个问题最近的研究主要有：

（1）加入某些金属（如 Co、Ag）催化加快细菌氧化反应速率，其机理在于上述金属阳离子取代了矿物表面层硫化矿晶格中原有的 Cu^{2+}、Fe^{3+} 等金属离子，增加了硫化矿的导电性，所以加快了硫化矿的电化学氧化反应速率。

（2）通过电场、磁场、超声波等作用来强化浸出过程。

（3）从遗传方面开展工作，通过基因工程得到性能优良的浸矿菌种。

（4）进行细菌浸出的热力学、动力学、电化学和生物化学的基础理论研究，弄清催化机理和矿冶过程中生物的代谢过程等。

（5）研究利用制药，食品工业的废料、废水做培养基，以降低浸矿成本。

C　加压浸出

加压浸出包括前已述及的高压全氧浸出（加拿大 Placer Dom）、中压氧化浸出和低压氧化浸出。

4.2.2.2　萃取技术的发展

对萃取剂的研究：萃取剂是开发萃取新工艺的关键，理想的工业萃取剂应该是萃取容量大、萃取选择性好、萃取平衡速度快、化学性质稳定、溶解损失小且价格便宜。目前工业应用较好的由汉高公司生产的 LIX 系列和英国 Avecia 公司生产的 Acorge M 系列萃取剂。国内有多家研究单位正在进行高效铜萃取剂的研制，并已获得初步成果，如中国科学院上海有机化学研究所和昆明冶金研究院研制的 N-901、北京矿冶研究总院研究的 BK-992 等。

萃取设备的开发：高效率的萃取器对萃取过程具有重要的意义。它不仅关系到萃取过程能否实现，而且影响着萃取企业的经济效益。理想的萃取设备应是结构紧凑、使用可靠、操作灵活、容易放大、效率高、经济和安全。目前，使用的萃取器除了混合-澄清室外，还有萃取塔、离心萃取器。

萃取工艺的开发：萃取工艺的开发包括两方面的内容：一是开发新的萃取方法，如矿浆萃取，它可以简化工艺流程，省去浸出后的液-固分离过程，但如何减少溶剂损失却是需要研究解决的问题；二是开发新的萃取流程，液膜萃取是近年来发展起来的一种很有前途的新方法，目前有两种类型的液膜，第一类是液态支撑膜，第二类是液态表面活性剂膜，由于将液膜萃取和反萃合为一道作业，从而大大缩短了工艺流程。

4.3 铜冶炼过程中产生的废弃物及伴生元素的走向

4.3.1 铜冶炼过程的废弃物

铜冶炼工业是产生二氧化硫和废水污染的行业之一。铜冶炼要与国家不断发展的环保规程相协调，朝着减少环境污染、节约物耗能耗、强化冶炼、降低成本的方向发展是铜冶炼行业自身发展的客观要求。铜冶炼过程主要产生的废弃物有冶炼烟气、废水和以炉渣为主的固体废弃物。

我国 90%以上的精铜产量均由火法工艺生产。火法冶炼工艺原则流程及其固体废物的产生节点与种类如图 4-5 所示。

铜熔炼产生的含 SO_2 烟气经废热锅炉、电除尘等净化工艺后进入制酸系统。产生的固体废弃物主要有熔炼炉渣和熔炼烟尘。

铜锍吹炼中生成的 SO_2 烟气经炉口进入废热锅炉和收尘系统，经烟气净化后进入制酸系统生产硫酸。铜锍中含有的 Pb 和 Zn 在吹炼中几乎全部进入烟尘，As 和 Sb 大部分以氧化物形态或挥发除去或进入炉渣，少量残留于粗铜中，贵金属 Au 和 Ag 则全部转入粗铜中。铜锍吹炼过程产生的固体废物主要为吹炼渣和吹炼烟尘。

粗铜精炼过程中，杂质中的 Zn 和 As、Sb 的低价氧化物均可在高温条件下变成气体挥发除去，而 Fe、Pb、Co、Sn 以及 As、Sb 高价氧化物则与加入的石英、石灰、碳酸钠等熔剂生成各种盐类进入炉渣。火法精炼过程产生的固体废物主要有精炼渣和精炼烟尘。

电解精炼过程中，电位比铜正的金、银不被溶解而沉落于阳极泥中；与铜电位接近的As、Sb 可与铜一起溶入电解液中，当积累到一定程度时就会在阴极上析出，降低电解铜的质量，因此必须对电解液进行净化处理，除掉对电解铜质量有害的杂质。电解精炼过程所产生的固体废弃物为阳极泥。

4.3.1.1 废气

铜冶炼的废弃成分主要是二氧化硫，烟气制酸是以硫化铜矿生产金属铜工艺中重要的

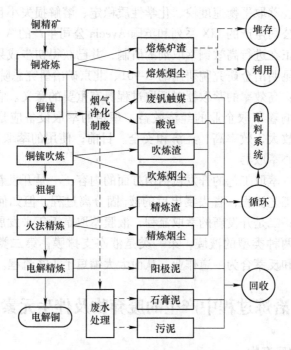

图 4-5　铜冶炼工艺中废物的产生

烟气治理技术。烟气制酸是以硫化铜矿生产金属铜工艺中重要的烟气治理技术。用于制酸的烟气主要来自熔炼炉烟气和转炉烟气。熔炼炉烟气温度一般为 1230℃，SO_2 含量为 12%~15%，含尘量为 30~35g/m³；转炉烟气 SO_2 含量为 6%，出口温度 800℃ 左右。熔炼炉和转炉排出的烟气一般先经过采用废热锅炉或沉降室、电除尘净化，符合制酸要求后烟气再进入制酸系统。目前我国铜冶炼企业所采用的制酸工艺一般为双转双吸。制酸工序所产生的固体废弃物主要有酸泥与废钒触媒。

4.3.1.2　废水

铜冶炼各个工序都有废水产生，尤其在制酸、电解、综合回收工序均会产生大量酸性废水。随着环保要求和环保意识的增强，企业对废水的处理从被动到主动，特别是生产工艺的不断改进和完善为废水的循环利用提供了技术保证。

酸性重金属离子废水是铜冶炼行业的重要污染源，尽管各铜冶炼企业及烟气制酸工艺均不同，但都有酸性重金属离子废水产生。酸性重金属离子废水的排放，既表现为资源流失、腐蚀设备、排污收费等企业内部的不经济性，同时也会污染周围水环境，并且随着重金属元素的迁移、转化和进入食物链后的富集，严重危害人体健康，酸性重金属离子废水已成为制约铜冶炼企业可持续发展的重要因素。

A　废水的来源

铜冶炼厂的酸性重金属离子废水主要来源于铜火法粗炼、湿法精炼和烟气制酸过程。净化流程有水洗和酸洗两种，其中，水洗流程用一次性洗涤水，污水产生量大，含硫酸为 1%~2%；酸洗流程污酸产生量少，含酸浓度在 15%~25%。上述的污酸或废水中均含有铜、砷、氟等杂质，是铜冶炼厂酸性重金属离子废水的主要来源。

　　废水中的重金属是各种常用方法不能分解破坏的，而只能转移它们的存在位置和转变它们的物理和化学形态。例如，经化学沉淀处理后，废水中的重金属从溶解的离子状态转变成难溶性化合物而沉淀下来，从水中转移到污泥中；经离子交换处理后，废水中的金属离子转移到离子交换树脂上，经再生后又从离子交换树脂上转移到再生废液中。总之，重金属废水经处理后形成两种产物，一是基本上脱除了重金属的处理水，二是重金属的浓缩产物。重金属浓度低于排放标准的处理水可以排放；如果符合生产工艺用水要求，最好回用。浓缩产物中的重金属大都有一定使用价值，应尽量回收利用，没有回收价值的，要加以无害化处理。

　　B　废水的处理方法

　　重金属废水的治理，必须采用综合措施。首先，最根本的是改革生产工艺，不用或少用毒性大的重金属；其次是在使用重金属的生产过程中采用合理的工艺流程和完善的生产设备，实行科学的生产管理和运行操作，减少重金属的耗用量和随废水的流失量；在此基础上对数量少、浓度低的废水进行有效的处理。重金属废水应在产生地点就地处理，不与其他废水混合，以免使处理复杂化。更不应当不经处理直接排入城市下水道，同城市污水混合进入污水处理厂。如果用含有重金属的污泥和废水作为肥料和灌溉农田，会使土壤受污染，造成重金属在农作物中积蓄。在农作物中富集系数最高的重金属是镉、镍和锌，而在水生生物中富集系数最高的重金属是汞、锌等。

　　重金属废水的处理方法可分为两类：一是使废水中呈溶解状态的重金属转变成不溶的重金属化合物或元素，经沉淀和上浮从废水中去除，可应用中和沉淀法、硫化物沉淀法、上浮分离法、离子浮选法、电解沉淀或电解上浮法、隔膜电解法等；二是将废水中的重金属在不改变化学形态的条件下进行浓缩和分离，可应用反渗透法、电渗析法、蒸发法、离子交换法等。第一类方法特别是中和沉淀法、硫化物沉淀法和电解沉淀法应用最广。从重金属废水回用的角度看，第二类方法比第一类优越，因为用第二类方法处理重金属是以原状浓缩，不添加任何化学药剂，可直接回用于生产过程。而用第一类方法，重金属要借助于多次使用的化学药剂，经过多次的化学形态的转化才能回收利用。一些重金属废水如电镀漂洗水用第二类方法回收，也容易实现闭路循环。但是第二类方法受到经济和技术上的一些限制，目前还不适于处理大流量的工业废水。这类废水仍以化学沉淀为主要处理方法，并沿着有利于回收重金属的方向改进。常用的处理方法介绍如下：

　　(1) 电解法。电解法比较广泛地用于处理含氰的重金属废水。以电解氧化使氰分解和使重金属形成氢氧化物沉淀的方式去除废水中的氰和重金属。硫化汞废渣用电解法处理也能高效地回收纯汞或汞化物。

　　(2) 上浮法。废水中的重金属氢氧化物和硫化物还可用鼓气上浮法去除，其中以加压溶气上浮法最为有效。电解上浮法能有效地处理多种重金属废水，特别是含有重金属络合物的废水。因为在电解过程中能将重金属络合物氧化分解成重金属氢氧化物，它们能被铝或铁阳极溶解形成的活性氢氧化铝或氢氧化铁吸附，在共沉作用下完全沉淀。废水中的油类和有机杂质也能被吸附，并借助阴极上产生的细小氢气泡浮上水面。此法处理效率高，在电镀废水处理中往往作为中和沉淀处理后的进一步净化处理措施。

　　(3) 离子浮选法。往重金属废水中投加阴离子表面活性剂，如黄原酸钠、十二烷基苯磺酸钠、明胶等，与其中的重金属离子形成具有表面活性的络合物或螯合物。不同的表面活性剂对不同的金属离子或同一种表面活性剂在不同的 pH 值等条件下对不同的重金属离子具有选择络合性，从而可对废水中的重金属进行浮选分离，此法可用于处理矿冶废水。

（4）离子交换和吸附。废水中的重金属如果以阳离子形式存在，用阳离子交换树脂或其他阳离子交换剂处理；如果以阴离子形式存在，如氯碱工业的含汞废水中的氯化汞络合阴离子 $(HgCl_4)^{2-}$，氰化电镀废水中的重金属氰化络合阴离子 $Zn(CN)^+$、$Cd(CN)^+$、$Cu(CN)^+$，含铬废水中的铬酸根阴离子 CrO^-，则用阴离子交换树脂处理。

（5）活性炭吸附。活性炭能在酸性（pH 值为 2~3）条件下从低浓度含铬废水中有效地去除铬。含硫活性炭能有效地去除废水中的汞。活性炭还可用于处理含锌和铜的电镀废水。活性炭能吸附 CN^-，并在有 Cu^{2+} 和 O_2 存在的条件下使 CN^- 氧化，从而使吸附 CN^- 的部位得到再生。

（6）膜法。膜法主要有电渗析和反渗透法。电渗析的特点是浓缩倍数有限，需经多级电渗析处理，才能把废水中有用物质浓缩到可回用的程度。反渗透法用于处理镀镍、镀铜、镀锌、镀镉等电镀漂洗废水。对镍、铜、锌、镉等离子的去除率大都大于 99%。因此重金属废水通过反渗透处理就能浓缩和回用重金属，反渗透水（产水）质量好时也可回用。

（7）浓缩。重金属废水经处理形成的浓缩产物，如因技术、经济等原因不能回收利用，或者经回收处理后仍有较高浓度的金属物未达到排放标准时，不能任意弃置，而应进行无害化处理。常用方法是不溶化和固化处理，就是将污泥等容易溶出重金属的废物同一些重金属的不溶化剂、固定剂等混合，使其中的重金属转变成难溶解的化合物，并且加入如水泥、沥青等胶结剂，将废物制成形状有规则、有一定强度、重金属浸出率很低的固体，还可用烧结法将重金属污泥制成不溶性固体。

4.3.1.3 固体废弃物

A 炉渣

铜冶炼过程产生的炉渣主要有三个来源，即熔炼炉渣、吹炼渣和精炼渣。其中精炼渣一般直接返回配料系统循环利用，吹炼渣经过贫化后，也可返回了配料系统循环利用。炼铜炉渣的冷却方式有三种：自然冷却方式、水淬方式以及保温冷却+水淬方式。炉渣中铜矿物的结晶粒度大小与炉渣的冷却速度密切相关，炉渣缓慢冷却有利于铜相粒子迁移、聚集、长大和改善渣的可磨性。空气冷却的铜渣为黑色，外表为玻璃状，大部分呈致密块状，脆而硬。随着含铁量的变化，密度也发生变化，一般为 $2.8~3.8g/cm^3$。在高温下经过水冲骤冷的水淬渣，呈黑色小颗粒且多孔，粒径为 $0~4mm$，渣有少部分呈片状、针状及矿渣棉，大部分呈玻璃态，属于酸性低活性矿渣。水淬渣堆积密度为 $1.6~2.3g/cm^3$。铜渣具有良好的机械特性，如坚固性、耐磨性、稳定性等。

炼铜炉渣的主要矿物组成为铁硅酸盐、磁性氧化铁、铁橄榄石（$2FeO \cdot SiO_2$）、磁铁矿（Fe_3O_4）和某些脉石组成的无定形玻璃体。铜渣中含有 Cu、Pb、Zn、Co、Ni、Au、Ag 和 Fe 等多种有价金属，一般情况下，Fe 的含量超过 40%，Cu 的含量超过 0.5%。铜渣的典型成分为 Fe 30%~40%，SiO_2 35%~40%，$Al_2O_3 \leq 10\%$，$CaO \leq 10\%$，Cu 0.5%~2.1%。铜渣中的铜主要以辉铜矿（Cu_2S）、金属铜、氧化铜形式存在，铁主要以硅酸盐的形式存在。

炉渣为铜冶炼过程产生量较大的废物，富含多种金属和有价资源，并有较好的机械和物理特性，目前国内外已有许多企业利用选矿技术或贫化技术对铜含量较低的炉渣进行处理，以增加铜资源的回收量。经炉渣处理后的终渣含有极低水平的可浸出金属，性质稳定，并具有极好的机械性能，可以作为产品出售给磨料工业和建筑工业。

B 烟尘

铜冶炼过程烟气净化系统收集获得的烟尘，富含目标金属，可以再循环返回熔炼炉。转炉烟气除尘器收集的烟尘（白烟尘）含有较高的 Pb 金属，属于危险废物，一般应回收有价金属或出售给有资质企业进行回收。

C 阳极泥

铜阳极泥主要是在电解精炼过程中不发生电化学溶解反应的各种成分所组成。铜电解精炼过程产生的阳极泥，富集了金、银等贵金属，是回收贵金属的宝贵原料。金主要以金属态存在，部分金形成碲化金或与银形成合金。银除呈金属态外，常与硒、碲，也可与铜结合。铂族金属一般呈金属态或合金态存在。铜主要呈金属铜（阳极碎屑、阴极粒子和铜粉）和氧化铜、氧化亚铜的粉末存在，部分与硒、碲、硫结合，铜还与砷、锑的氧化物生成复盐；除此之外，还存在一定量的硫酸铜。铅主要以硫酸铅或硫化铅形态存在。

铜阳极泥经洗涤、筛分除去阳极碎屑和阴极粒子后，呈灰黑色，其粒度通常为 $0.25 \sim 0.075mm$（$60 \sim 200$ 目），铜粉及氧化亚铜含量高时呈暗红色，杂铜阳极泥呈浅灰色。铜阳极泥在常温下相当稳定，氧化不显著，在没有空气的情况下不与稀硫酸和盐酸作用，但当存在氧化剂或空气的情况下，阳极泥中的铜会发生显著溶解。

在空气中加热铜阳极泥时，其中一些重金属会转变为相应的氧化物或它们的亚硒酸盐、亚碲酸盐，当温度较高时，硒和碲会形成 SeO_2、TeO_2 挥发。

将铜阳极泥与硫酸共热，则发生氧化及硫酸化反应，铜、银及其他贱金属形成相应的硫酸盐；金仍为金属态；硒、碲氧化成氧化物及硫酸盐，硒的硫酸盐随着温度的升高可进一步分解成 SeO_2 挥发。

4.3.2 铜冶炼过程中伴生元素的走向

铜冶炼过程中产出的 SO_2 烟气经收尘净化后送出制酸，伴生金属的走向如图 4-6 所示。

造锍熔炼过程，多种金属进入铜锍：95%以上的 Au、Ag，60%左右的 Pb、Zn、Te，50%左右的 In、Se，30%左右的 As、Sb。进入烟尘的 Bi 占 20%～50%或更高。在吹炼和火精炼过程中，Au、Ag 几乎全部进入阳极铜，其他金属大部分进入烟尘。处理此种烟尘可回收 Pb、Bi、Cu、Cd、In、Ti、Zn 等金属。若精矿中含钴、镍较高，吹炼时大部分钴和部分镍进入转炉渣，经电炉贫化，Co、Ni 富集于铜锍中加以回收。在电解精炼时，阳极中几乎全部的 Au、Ag、Se、Te、Pb、Sn、Pt 和大部分 Bi、Sb 进入阳极泥，可在处理阳极泥时综合回收；Ni、Fe、Zn 等负电性元素进入电解液，在净化电解液时以硫酸镍的形态回收 Ni。

铜冶金过程中，火法冶金不能有效除去 As、Sb、Bi 等杂质，产出铜的杂质含量比较高。这些杂质需经电解才能有效地除去，使金属铜中的杂质含量达到工业应用的要求。同时电解过程中有些杂质如 Au、Ag 等进入电解的副产物中，使之得以回收。

电解过程中阳极铜中的杂质按其走向可分为四类：第一类主要进入阳极泥中，如 Pb、

Sb、Bi、Sn；第二类进入硫酸镍产品中，主要为Ni；第三类进入砷锑渣中，主要为As；第四类是在这几种产物中都有较大的分布，主要为Fe。每一类的杂质元素具体的走向如下：

（1）第一类杂质元素走向：铅在阳极上氧化形成硫酸铅，95%以上的铅进入阳极泥中。残留在电解液中的铅在进行电还原脱砷时几乎全部进入砷锑渣中，占铅量的4%以上。Sn、Sb、Bi的行为相近，在阳极上首先氧化，然后水解形成氢氧化物沉淀，进入阳极泥。在阳极氧化时，有少量进入电解液，和铅一样，9%以上的Sb和Bi、5% Sn电还原析出进入砷锑渣中，微量进入悬浮物。理论上，Cd氧化进入电解液，但事实上，高达60%的Cd会进入阳极泥，这说明大部分Cd在阳极上没有氧化，因为它在阳极铜中能形成较稳定的金属间化合物，使其氧化所需的电位提高，有14%的Cd还原进入砷锑渣中。

（2）第二类杂质元素走向：理论上，Ni、Co、Zn应基本上氧化或被硫酸溶解（特别是Zn）进入电解液，但会有一部分Zn、Co会进入阳极泥，和Cd一样，也是由于形成了复杂、稳定的金属间化合物。在还原脱砷时也仅5% Ni和Zn、

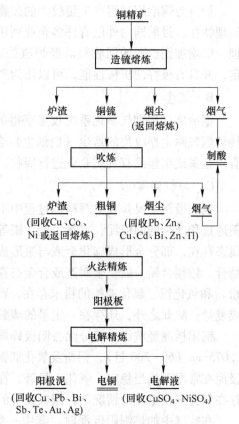

图4-6　铜冶炼过程伴生金属的走向

9% Co进入砷锑渣中。88% Ni、53% Co、58% Zn在结晶硫酸镍时一同结晶进入硫酸镍产品中。

（3）第三类杂质元素走向：砷在铜电解过程中的分布为粗铜中1%~2%的砷进入阴极铜，20%~25%随阳极泥沉淀，70%~75%聚集在电解液中。

砷在阳极上易被氧化成H_2AsO_2进入电解液中，残留在阳极泥中21% As也是由于形成金属间化合物。电解液中的偏砷酸少部分在电解液中被Sb、Bi等逐渐水解的悬浮物所吸附进入悬浮物中（悬浮物分析结果含有一定量的砷）。电解液中的偏砷酸由于其活度低，只有极少量被还原而进入阴极铜。电解液电解脱砷时，阳极铜中74% As进入砷锑渣。

（4）第四类杂质元素走向：27%左右的Fe进入阳极泥中。在铜电解的正常pH值为-0.15~-0.40下Fe^{2+}基本上不水解，也不容易在阳极上电化学氧化成Fe^{3+}，渣中37% Fe进入硫酸铜，15% Fe进入砷锑，14% Fe进入硫酸镍。

4.4　铜冶炼过程伴生元素回收及含铜废弃物综合利用

4.4.1　转炉烟尘中有价元素的提取

铜转炉烟尘含有Cu、Pb、Zn、Cd、As等多种有价金属，可作为综合回收这些有价金

属的原料。烟尘中有价金属约占80%以上，主要以硫酸盐形态存在，少量以氧化物、砷酸盐、硫化物形态存在。

所用浸出剂为水，铜、锌、镉和部分砷以离子状态进入溶液，而铅、铋和部分砷进入浸渣，从而达到了铜、锌、镉与铅、铋的分离，Cu浸出率为80%~85%、Zn为85%~90%、Cd为60%~70%、As为20%~40%，渣率65%~70%。

浸出液中，以锌为主要成分，含量为50~80g/L，并以$ZnSO_4 \cdot 7H_2O$的形式回收，浸出液经过一定的净化处理后，得到较纯净的$ZnSO_4$溶液，根据$ZnSO_4$溶解度与温度的关系，将净化液浓缩到相对密度1.52~1.60，然后冷却至室温结晶，用离心机脱水后，包装为成品。净化渣包括铜渣、砷铁渣和镉渣三种。用铁粉置换所得到的铜渣，含Cu 60%~70%，可作为含铜物料返回铜系统回收铜。净化得到的砷铁渣，含As 3%~8%，Cd 0.2%~0.4%，且溶解度较大，不能直接外排。需送铜系统反射炉高温固化后外排。用锌置换所得到的镉渣，含Cd 40%~60%，经自然氧化后用硫酸在室温下浸出，浸出液净化后除铜温度为室温，用新鲜粗镉绵除铜至溶液无蓝色为终点，净化除铁温度为80~85℃，$KMnO_4$作为氧化剂。净化液在室温下用锌板置换，得到粗镉绵，再压团熔铸成粗镉锭，其品位为96%~98%，进行蒸馏得到精镉。

烟尘直接用水浸出时，由于其中的Pb、Cu和Zn主要呈硫酸盐形态存在，Cu和Zn的硫酸盐溶解进入溶液，铅的硫酸盐几乎不溶解，而铋以氧化物形态存在，在水浸过程中不被溶解，与硫酸铅一道留在浸出渣中，作为回收铋的原料。

铜精矿含铋量比较低，一般铋含量为0.003%~0.004%，但个别情况也可达到0.4%。铜精矿中含的铋，在火法冶炼过程中主要富集在转炉烟尘中。这种烟尘如果返回熔炼，经过循环累积，必然会提高粗铜中铋的含量，当铜阳极板含Bi大于0.05%时，会给粗铜电解精炼带来困难。所以，从保证电铜质量和综合回收铋考虑，有必要从铜冶炼转炉烟尘中回收铋。

4.4.1.1　用硫酸-氯化钠混合溶液浸出法处理转炉烟尘

采用硫酸加食盐混合溶液浸出转炉烟尘提铋的工艺流程，见图4-7。

铜转炉烟尘采用二段逆流浸出，一般铋的浸出率大于95%。生产1t铋硫酸消耗为1500~2200kg，食盐消耗为1500kg。

混酸浸出后的过滤液经铁屑置换得海绵铋，海绵铋品位大于65%，从水浸渣至海绵铋的回收率为90%。

4.4.1.2　用还原熔炼方法富集转炉烟尘中的铋

我国江苏宜兴冶炼厂用湿法-火法联合流程从

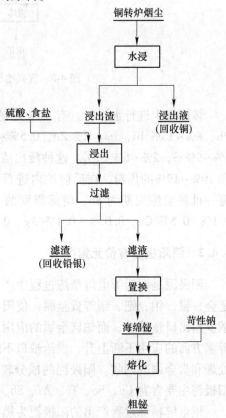

图4-7　铜转炉烟尘湿法处理提铋工艺流程

转炉烟尘中回收铋。该厂处理的铜转炉烟尘成分为 Bi 4%~10%，Pb 25%~30%，Zn 10%~15%，Cu 0.1%~1%，Sn 10%~15%。采用的工艺流程是：水溶液浸出脱铜和锌，浸出渣经反射炉还原熔炼富集铋，从富铋的铅铋合金电解阳极泥中生产铋，其工艺流程如图4-8所示。

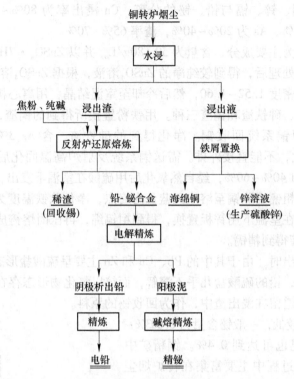

图4-8　宜兴冶炼厂从转炉烟尘提铋工艺流程

转炉烟尘进行水浸时，有90%的铋进入浸出渣中，得到的浸出渣成分为30%~50% Pb，8%~15% Bi，1%~2% Zn，0.5%~1% Sn，0.3%~1% Cu，3%~6% As，1%~2% Sb，6%~9% S，2%~5% SiO$_2$。这种浸出渣经干燥后含水11%~15%，配入15%~25%的纯碱和10%~12%的焦粉，在反射炉内进行还原熔炼，熔炼温度为1200~1250℃，间断操作，每一批料熔炼周期为8h。熔炼得到的 Pb-Bi 合金成分为55%~75% Pb，20%~35% Bi，0.1%~0.5% Cu，0.05%~0.1% Ag，0.1%~1% As，0.1%~0.5% Te。

4.4.2　铜阳极泥有价元素提取

阳极泥是铜铅等电解精炼过程中产出的一种副产品，一般含有大量的有价金属，特别是金、银、铂、钯、硒等贵金属，使阳极泥价值倍增，尤其是近几年来铂族金属出口大国俄罗斯出口量减少，而铂族金属的应用范围又不断扩大，如在电子、汽车废气净化催化剂等多方面的应用不断上升，供给缺口不断扩大，价格不断攀升，使人们更加关注阳极泥的处理和贵金属的回收。阳极泥的成分较为复杂，大部分阳极泥含贵金属种类多，含量低；阳极泥主要含有 Cu、Se、Te、As、Sb、Fe、Bi、Pb、Ni、Ag、Au、Pt 族元素。

铜电解精炼过程产出的阳极泥为黑色矿泥状物质，其产出量与阳极成分、铸造质量和电解技术条件有关。图4-9为铜阳极泥中回收有价金属的工艺流程。

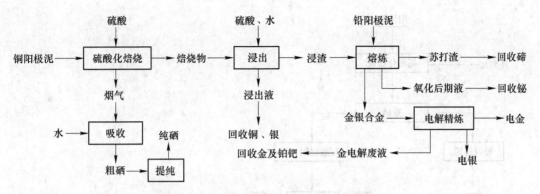

图 4-9　铜阳极泥中有价金属回收工艺流程

现行铜阳极泥的处理工艺，通常可分为火法流程和湿法流程。由于阳极泥中有色金属含量较高，贵金属含量低，无论采用火法处理还是湿法处理，均需要先脱除阳极泥中的贱金属杂质以便进一步富集贵金属。国内外处理铜阳极泥的流程基本相似，可分为以下几个步骤：（1）阳极泥硫酸化焙烧脱硒；（2）酸浸脱铜；（3）脱铜后阳极泥熔炼成金银合金；（4）从分银炉苏打渣中回收碲；（5）电解法分离金、银；（6）从金电解废液和金电解阳极泥中回收铂族金属。此法虽然比较成熟，综合回收的元素也较多，但是流程复杂而冗长，金属回收率不高，而且在火法冶炼过程中排放出大量铅、砷等有毒物质，对环境污染严重，直接危害操作人员的健康，故国内外进行了很多关于阳极泥处理新方法的试验研究，如氯化−萃取、高温氯化挥发法等。

阳极泥的处理工艺非常复杂，特别是含贵金属种类较多的阳极泥，虽然贵金属种类的增加会增加阳极泥的价值，但同时也增加了阳极泥处理的难度，工艺流程也较长。在阳极泥的处理工艺中，一般是先分离回收贱金属，因为阳极泥中贱金属的含量高，贵金属含量低，另外贵金属比贱金属的化学稳定性好，在浸出贱金属时贵金属不会受到影响。这样先浸出回收贱金属不但可以消除贱金属对贵金属提取和分离时的影响，同时还可达到富集贵金属的目的，为随后的贵金属的回收处理创造了条件。

4.4.2.1　酸化焙烧——分离硒、铜、碲工艺

在阳极泥中铜、硒、碲不只是以单质的形式存在，而大部分是以化合物的形式存在。在处理工艺中需先进行预处理，采用硫酸化焙烧工艺，利用硫酸和空气中的氧作为氧化剂将 Se、Te、Cu 单质及其化合物转化成相应的氧化物或硫酸盐，然后采用蒸发或水溶液浸出方法进行分离回收 Se、Te、Cu，其工艺流程如图 4-10 所示，硫酸化焙烧的化学反应如下：

$$Se(s) + 2H_2SO_4(l) = SeO_2(g) + 2SO_2(g) + 2H_2O(g)$$

$$Ag_2Se(s) + 4H_2SO_4(l) = Ag_2SO_4(l) + SeO_2(g) + 4H_2O(g) + 3SO_2(g)$$

$$Cu_2Te(s) + 6H_2SO_4(l) = 2CuSO_4(s) + TeO_2(s) + 4SO_2(g) + 6H_2O(g)$$

$$Cu_2Se(s) + 6H_2SO_4(l) = 2CuSO_4(s) + SeO_2(s) + 4SO_2(g) + 6H_2O(g)$$

$$Ag_2Te(s) + 4H_2SO_4(l) = Ag_2SO_4(l) + TeO_2(g) + 3SO_2(g) + 4H_2O(g)$$

$$2Cu_2S(s) + 5O_2 = 2CuSO_4(s) + 2CuO(s)$$

$$CuO(s) + H_2SO_4(l) = CuSO_4(s) + H_2O(g)$$

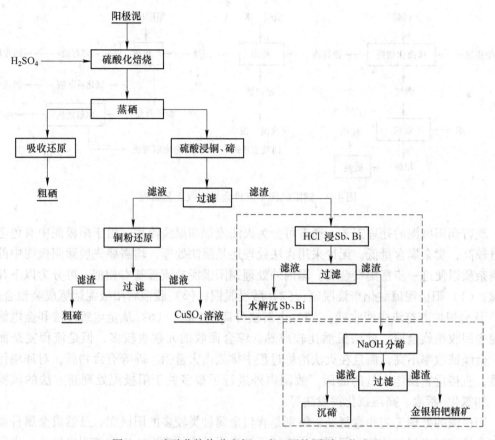

图 4-10　硫酸化焙烧分离铜、碲、硒的原则工艺流程

由于硒氧化物的升华温度为 335℃，而碲氧化物的升华温度为 600℃，因此可通过控制焙烧温度进行硒、碲的分离，在高于硒氧化物的升华温度条件下硒蒸发后被吸收还原而得到产品硒，蒸硒后渣用稀硫酸进行浸出，把 $CuSO_4$、TeO_2、CuO 等化合物溶于水溶液中，从而达到从阳极泥中分离和回收 Cu 和 Te。焙烧一般分为两段，其酸泥比一般为 1∶1左右，300℃焙烧 2~3h，主要是进行氧化和化合物的转化，然后在 550~600℃焙烧 3~5h，在此温度下进行蒸硒，如果硒量高，则蒸硒时间稍延长，硒的先期回收可降低对碲浸出回收的影响。铜、碲则一般采用 1~1.5mol/L 的稀硫酸在 80~90℃条件下进行浸出，铜在分铜渣中的含量可降到 0.4% 以下，但是碲的浸出率较低，只有 40%~60% 的浸出溶解率。还有一部分仍残留在铜渣中，为了不使银溶解于溶液中，在酸浸时需加入一定量的 NaCl沉银，使银仍然留在分铜、碲渣中，以便金、银、铂、钯等贵金属集中处理回收。

由于在酸浸中只有 40%~60% 的碲溶解，仍有 60%~40% 左右的碲留在分铜渣中，经过分铜的富集作用，使碲的品位仍然较高，特别是对于含碲高的阳极泥，这一部分碲的存在不仅会造成碲的浪费，同时对后段的金、铂、钯等贵金属的提取和分离造成困难，特别是造成粗金粉和粗银粉含碲量高，导致粗银粉在熔铸银阳极的除杂过程很长，银挥发损失增大，且在银电解时，含碲量高导致碲等杂质污染电解液，造成银品质下降，影响银电解正常生产。另外当阳极泥中含有大量的砷时，也会造成对后段的金、铂、钯的提取和分离的困难。因此当阳极泥中含碲和砷较高时，一般加一段碱分碲和除砷工艺。其反应如下：

$$TeO_2 + 2NaOH \Longrightarrow Na_2TeO_3 + H_2O$$
$$PbSO_4 + 4NaOH \Longrightarrow Na_2PbO_2 + Na_2SO_4 + 2H_2O$$
$$As_2O_3 + 6NaOH \Longrightarrow 2Na_3AsO_3 + 3H_2O$$
$$2AgCl + 2NaOH \Longrightarrow Ag_2O(s) + 2NaCl + H_2O$$

在 NaOH 浓度为 10%~20%，浸出温度 75~80℃ 时，浸出 1~3h，其碲的浸出率可达 90% 以上，砷的浸出率可达 99%，铅的浸出率为 30%~40%，使分碲渣中碲的含量小于 1%。而银则以氧化银沉淀的形式保留在分碲渣中。经过以上处理工艺，不但可综合回收铜、硒、碲等有价贱金属，同时能使金、银、铂、钯等贵金属得到较大幅度的富集。采用此工艺流程，其硒、碲、铜等金属的分离回收率高，贵金属不分散。但是没有回收锑、铋等元素，同时铅的回收率也很低，当阳极泥中含锑高时，可在硫酸浸铜、碲后段加一段盐酸浸锑铋工艺，使硫酸锑转化成可溶性的三氯化锑，当采用 10% 的 HCl 溶液在液固比为 10:1、浸出温度为 90℃ 条件下浸出 90min，其锑的浸出率可达 98% 以上，铋的浸出回收率达 90% 以上，使锑锡得到回收利用，从而使工艺得到进一步的完善，此工艺被国内外广大铜冶炼厂所采用。

4.4.2.2　热压浸出铜碲——焙烧蒸硒工艺流程

热压氧化浸出是加热加压氧化，即利用氧气作为氧化剂，在较充足的氧气条件下，使铜、碲、硒等元素进行充分的氧化并转化为可溶于酸或碱的化合物。加压氧化法主要有四种工艺流程，其各自的特点和效果列于表 4-1，碱性氧化加压浸出由于氧和碱的消耗量高及提取的硒为六价难于还原成单体硒，而难以运用于生产实际。

表 4-1　各种热压浸出工艺特点和效果

分　类	目　的	条　件					效　果
		温度/℃	压力/Pa	时间/h	加入试剂	pH值	
苛性碱氧化加压浸出	脱除阳极泥中的 Se、Si、Pb	180~220	氧分压为 0.7×10⁶	5	NaOH 比理论计算过量 30%~100%		硒浸出率大于 98%
高温高氧压中性氧化再用酸浸	脱除阳极泥中的 Te、Cu	150~300	氧分压大于 392×10³，最好大于 588×10³	0.5~3		2~7	Cu 浸出率大于 98.7%，Se 浸出率 92.6%
酸性氧化加压浸出	脱除阳极泥中的 Te、Cu	90~150	氧分压为 (135~350)×10⁶	2~3	H₂SO₄ 浓度 250~300g/L		Cu 全部浸出，Te 浸出率大于 98.7%
酸性加压浸出	脱除阳极泥中的 Te、Cu、Ni	160~200	该温度自然蒸汽压力	1~5	H₂SO₄ 浓度 10~200g/L	<2	Ni 浸出率 99.1%，Cu 浸出率 18.8%，Te 浸出率 84.1%

目前运用较广的主要是酸性氧化加压浸出，它可使绝大部分的铜碲镍浸出，而银硒仍留在渣中，采用此工艺可使分铜渣中铜含量降为 0.3%~0.5%，碲降为 0.5%~0.9%。浸液中的碲用金属铜沉淀为 Cu_2Te，再通空气浸出（生成可溶性的 Na_2TeO_3），加硫酸调 pH=5.7 沉淀出 TeO_2，用碱溶液再次溶解形成碲的电解液，电解沉碲，在溶解出铜、碲后，硒仍留在分铜渣中，因此分铜渣再进行焙烧蒸硒，气态硒经过吸收还原即可回收得到硒，蒸硒渣即为金银铂钯精矿。

4.4.2.3　三氯化铁盐酸水溶液浸出回收铜、锑、铋工艺

三氯化铁盐酸水溶液在酸度为 0.4~0.5mol/L，料铁比为 1:(0.72~0.76)，液固比 5:1，浸出温度 60~65℃ 条件下浸出铜、锑、铋等，锑、铋、铜、铅、砷的浸出回收率分别为 99%、85%、90%、50%、90% 以上。浸出渣即为金银铂钯精矿，直接去提取金、银、铂、钯。浸出液稀释水解得到氢氧化锑沉淀，水解沉锑后液经过中和便可得到氢氧化铋沉淀，中和后溶液再用铁屑还原处理即可得到较纯净的海绵铜。

4.4.2.4　盐酸浸出回收铜、锑、铋、砷工艺

新鲜的阳极泥中大部分元素以金属单质形式存在，一般情况下它们的性质稳定，不与盐酸起反应，因此采用此工艺需先将这些元素转化为可与盐酸起反应的氧化物，转化的方法主要有氧化焙烧、堆放自然氧化和采用一定量的氧化剂氧化，转化后的产物可与盐酸反应，其反应如下：

$$Sb_2O_3 + 6HCl = 2SbCl_3 + 3H_2O$$

$$Bi_2O_3 + 6HCl = 2BiCl_3 + 3H_2O$$

$$CuO + 2HCl = CuCl_2 + H_2O$$

$$As_2O_3 + 6HCl = 2AsCl_3 + 3H_2O$$

Sb、Bi、Cu、As 以氯化物转入溶液中，PbO 能溶一小部分，大部分与贵金属一起留在渣中。采用盐酸浸出工艺分离阳极泥中的锑、铋、铜、砷等元素，锑、铋、铜、砷的浸出率均大于 99%，铅浸出率为 29%~53%，浸出渣再回收金、银、铂、钯。

4.4.2.5　"因钠"法回收贵金属

中国台湾"核能研究所"研究出一种从铜阳极泥中回收贵金属的新方法，被称作"因钠"法。"因钠"法工艺包括 4 种浸出、5 种萃取体系以及 2 种还原工序，流程如图 4-11 所示。其具体流程为：

（1）先用硫酸浸出阳极泥中的铜，浸出过程中一些硒、铜及杂质转入浸出液，然后用羟肟类的铜萃取剂萃取提铜。

（2）用 5~7mol/L 的醋酸盐溶液，在 20~70℃ 下浸出硫酸浸出残渣 2~3h，过程中有 95% 的铅溶出，同时还有少量的铜溶出，可通过萃取除去这部分铜。

（3）用硝酸溶解醋酸盐浸出残渣中的银和硒，在浸出液中通氯气使银以 AgCl 形式沉淀而回收，然后用 75% TBP 及 25% 煤油有机相萃取提硒。

（4）用王水溶解硝酸浸出残渣中的金，过程中有 99% 的金进入浸出液，然后用二丁基卡必醇萃取提金。

"因钠"法与传统的方法相比，具有能耗低，排废物少，贵金属的回收率高，萃取作业操作方便，适于连续生产等优点。

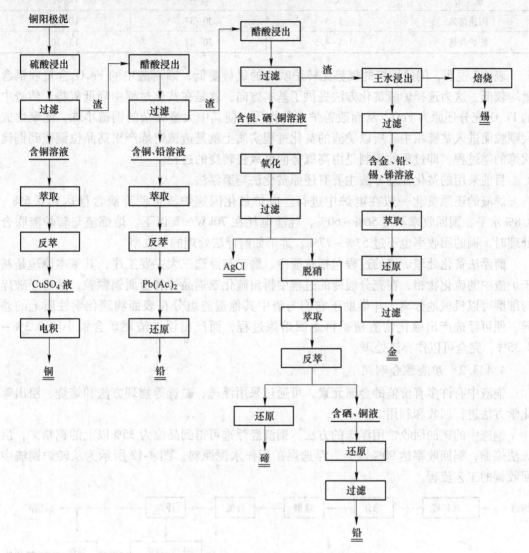

图 4-11 从铜阳极泥中回收金属的"因钠"法流程

4.4.3 炉渣有价元素提取

4.4.3.1 炉渣贫化

现代的强化熔炼工艺为了产出高品位的铜锍，通常控制高的氧势（$\lg p_{O_2} = -5.5 \sim -4$）和铜锍吹炼造渣期更高的氧势（$\lg p_{O_2} = -4 \sim -1.5$），产生的熔炼渣和吹炼渣会含有大量的 Fe_3O_4，导致渣中机械夹杂和熔解的铜损失增多，渣含铜量往往在 1% 以上。所以强化熔炼与吹炼的炉渣必须经过贫化处理，回收其中的铜以后才能弃去。

炉渣含铜随渣中 Fe_3O_4 含量的升高而增加，闪速熔炼与转炉吹炼的渣成分见表 4-2。

表 4-2 闪速熔炼与转炉吹炼的渣成分   (%)

成 分	Cu	SiO_2	Fe_3O_4
闪速熔炼	1~3	30~33	10~13
转炉吹炼	1.5~4.5	20~28	15~30

表 4-2 说明，闪速熔炼的氧势比转炉吹炼的氧势要低，因而渣中的 Fe_3O_4 含量和铜含量均较低。这为选择炉渣贫化方法提供了基本方向，就是在贫化过程中降低氧势，使渣中的 Fe_3O_4 充分还原为 FeO，从而改善炉渣的性质，使其中大量夹杂的铜锍小珠，能聚集成大颗粒而进入贫锍相中。所以炉渣的贫化过程实质上就是造锍熔炼产出高品位铜锍到铜锍吹炼的逆过程，即过程的控制是由高氧势向低氧势转变的过程。

目前采用的贫化处理方法主要有还原贫化法与磨浮法。

炉渣的还原贫化一般在电炉中进行。电炉贫化闪速炉渣可使弃渣含量达到 0.6%~0.8% 水平，铜回收率不过 50%~60%，吨渣电耗在 70kW·h 以下。熔炼渣与转炉渣联合处理时，铜的回收率也不过 53%~77%，远不如磨浮法处理的回收率。

磨浮法贫化处理炉渣的过程包括有缓冷、磨矿与浮选三大主要工序，其基本原理是基于炉渣中的硫化物相，在充分缓冷的过程中析出硫化亚铜晶体和金属铜颗粒，然后经破碎与细磨可以机械地分离，并借助于它们与渣中其他造渣组分在表面物理化学性质上的差异，便可浮选产出硫化物渣精矿再返回熔炼过程，而产出浮选渣尾矿含铜小于 0.3%~0.35%，完全可以作弃渣处理。

4.4.3.2 炉渣综合利用

铜渣中有许多有价值的金属元素，可通过采用浮选、磁选等物理方法和焙烧、浸出等化学方法进行回收和利用。

铜渣中的铜的回收常用浮选的方法，铜渣经浮选可得到品位为 35% 以上的铜精矿，供火法炼铜，铜回收率达 90% 以上。浮选尾矿用作水泥原料。图 4-12 所示为从转炉铜渣中回收铜的工艺流程。

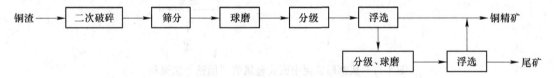

图 4-12 从转炉铜渣中回收铜的工艺流程

铜渣也可用于制备氮肥厂铜洗液（醋酸二氨合亚铜溶液），其主要过程是将铜渣用浓 H_2SO_4 溶解，然后将所得到的溶液用铁粉置换出铜，用铁粉还原出单质铜在空气中很容易被氧化，而 $(NH_4)_2CO_3$ 饱和溶液可以选择性溶解铜及其化合物，不溶解铁等杂质，从而得到纯度较高的 $[Cu(NH_3)_4]^{2+}$ 溶液。加热除去 NH_3 和 CO_2，然后在无氧条件下用氨水和 NH_4Ac 溶液溶解 Cu_2O 可制得 $[Cu(NH_3)_2]Ac$。

采用氧化焙烧、浸出、置换分离工艺可以回收铜渣中的铜、锌、镉等金属，其工艺流程如图 4-13 所示。利用这一工艺流程，金属回收率为 Cu 85%、Zn 87%、Cd 88%，且工艺简单可行，产品质量有保证，生产成本低，具有较强的竞争力。工艺过程基本上无废水污染，各种废水可用于洗渣、回收、浸出，具有良好的社会效益。

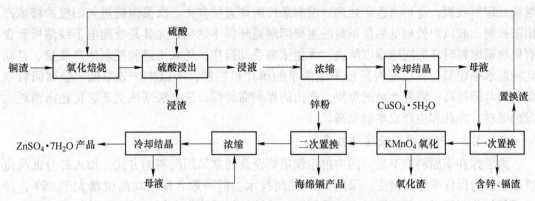

图 4-13 铜渣生产硫酸铜及回收有价金属工艺流程

铜锍的转炉吹炼产出的烟尘含一定量的铟，对这些中间物料的处理，如果其中铟的含量较低，通常需先进行富集，将烟尘中的铟制备成铟精矿再进行铟的提取。如果铟的含量较高，也可以用酸溶解后，直接用萃取法处理。

冰铜冶炼转炉吹炼得到的一、二次铜渣主要由铅、锑、硅、砷组成，还含有稀散金属铟，含铟品位 0.6%~0.95%，具有很大的回收价值。图 4-14 所示为铜渣氯化挥发提铟工艺流程。

图 4-14 铜渣氯化挥发提铟工艺流程

铜渣中的 Pb、Sb、In 易被氯化，SiO_2 不易被氯化。当焙烧温度大于 900℃ 时，Pb、Sb、In 氯化挥发成为蒸气与 SiO_2 等杂质分离，所用氯化剂为氯化钙。在氯化焙烧过程加入还原剂可以提高氯化反应速度和反应程度，常用的还原剂为焦炭粉。吹入空气可使铜渣内的金属氧化，促进反应进行。通过回收烟尘，得到含 Pb、Sb、In 的富集物，再通过化学方法分离提取 In 和 Pb、Sb 金属。铟的挥发率达 90% 以上，残渣含铟低于 0.1%。

4.4.4 低品位废杂铜的综合利用

低品位废杂铜没有严格的定义，目前从国内行业来讲，低品位废杂铜指含铜在90%以下，采用传统方法处理经济上不合理、处理技术难度大的废杂铜，主要包括电子工业产生的电子废料、含铜的烟尘、炉渣和铜泥、报废的电器零件和复杂的含铜碎料等。

国内低品位废杂铜物料一般混杂严重，进行机械辅助人工分选，回收一部分有价金属。部分企业采用湿法工艺处理贵金属含量高的电子线路板，规模较小。目前，国内大量的低品位废杂铜采用火法熔炼工艺，其冶炼方法采用传统的鼓风炉熔炼-阳极炉精炼二段熔炼工艺与阳极炉一段熔炼工艺，大量使用人工作业，自动化控制水平低。

4.4.4.1 鼓风炉熔炼-阳极炉精炼二段熔炼技术

国内企业采用鼓风炉处理废线路板、铜泥和阳极炉渣等。以焦炭为燃料和还原剂，在还原气氛条件下产出次黑铜，含铜量一般在 80%~85%，炉渣含铜在 2%左右，有条件的继续处理回收铜，送炉渣选矿处理，没有条件的则直接弃去。次黑铜锭进入阳极炉精炼产出阳极铜。鼓风炉处理低品位铜料的主要问题是环保不达标，尤其是处理电子线路板和含有机物铜废料时环保问题难以解决。大量依靠手动操作，凭人工经验控制生产质量，自动化控制水平较低，只在配料阶段采用简单的单片机控制，所以生产效率低、金属回收率低。同时能耗高，需要大量的焦炭，产出的黑铜需铸锭，送火法精炼重新熔化还需消耗大量的燃料，能耗和生产成本都很高。

4.4.4.2 阳极炉一段熔炼技术

为了弥补铜原料的不足，国内再生铜冶炼企业通常采用配料的方式，加入部分低品位废杂铜。为保证配料的精度，采用 PLC 控制技术。但一般含铜平均品位都大于 85%，经过反复氧化还原后，得到阳极铜。采用阳极炉熔炼低品位废杂铜，需要反复氧化造渣、还原，能耗高、生产周期长、耐火材料损耗大，经济上不合理。另外，由于低品位废铜含有大量的有机物，在熔炼过程中产生含持久性有机污染物，环保问题难以解决。

国外废杂铜的冶炼和综合回收比较成功的企业主要集中在日本和欧洲，典型的冶炼厂有日本同和公司、德国的 Kayser、比利时霍博肯冶炼厂等。国外企业采用先进的顶吹熔炼技术处理低品位废杂铜，比较典型的炉型有澳斯麦特炉/艾萨炉、卡尔多炉。这些设备技术先进，机械化、自动化程度高。大多数工厂除有先进的炉窑和加料、浇铸设备外，还采用了 DCS、PLC 等自动化控制系统，提高了生产效率，降低了劳动强度，而且最大程度的避免依赖操作人员的素质来保障安全生产和产品质量。

4.4.4.3 澳斯麦特炉处理复杂含铜废料

日本同和公司的小坂冶炼厂是世界上第一个采用澳斯麦特炉处理复杂含铜废料的企业。入炉原料为可再生利用的低品位铜废料约40%，低品位含铜黑矿约10%，炼锌过程中产生的残渣约50%。该企业只是引进了澳大利亚的澳斯麦特炉及相关附属设备，经过大量生产实践自行摸索出相关的操作条件和工艺技术参数。澳斯麦特炉系统采用 DCS 控制技术，通过对喷枪的准确定位，实现不同的熔炼方式，实现风量和氧气量的自动控制。对配料实现远程控制，降低劳动强度，提高配料精度，实现产品质量的稳定。熔炼产生的以铜为主的熔融物水淬之后采用湿法工艺回收其中的铜和贵金属。年处理废杂铜原料 6 万吨，年产铜 1.2 万吨，金 5t，白银 500t，铅 2.5 万吨，铋 200t，以综合回收为目的。

从 2008 年 3 月运行以来，炉时率偏低，月平均运转率在 60%左右，至 2010 年 3 月才逐步正常。运行中存在的主要问题：原料繁杂，配料困难；间断运行，生产成本高；耐火材料要求高。

4.4.4.4 卡尔多炉处理低品位废杂铜

卡尔多炉处理低品位废杂铜是一种先进的熔炼技术，主要体现在金属回收率高、环境效益好、自动化程度高等方面。目前被欧洲的一些再生有色金属企业用于处理低品位的混杂废有色金属。意大利威尼斯附近的 Nuova Samim 铜冶炼厂利用波立登的卡尔多炉技术处理低品位废杂铜，年产 2.5 万吨粗铜。2007 年我国江西铜业引进一台容积 13m³ 的卡尔多炉处理废杂铜，年产铜 5 万吨。2009 年 5 月投料试生产，处理废杂铜及含铜物料，包括 2 号废杂铜、黑铜、反射炉渣、倾动炉渣、含铜废料（铜粉饼）等，入炉物料平均含铜 70%~

80%，每炉装入量 80t，产粗铜约 50t，粗铜品位在 98.5% 左右。卡尔多炉处理废杂铜优点：一是机械化、自动化程度高。炉子冶炼作业时可以作横向 360° 旋转，倒渣、出铜和加料时可以纵向倾转 270°，加料采用轨道式料斗小车，加料方便快捷；出铜、排渣用包子，通过倾转炉子直接倒出；操作过程全部采用 DCS 系统自动控制，操作简便、安全和可靠。二是原料适应性强，物料不用预处理，温度容易调节、氧势容易控制，渣含铜可以得到有效控制。三是炉体结构紧凑，密闭性强，环保条件好，适宜处理含杂质高的废杂铜原料。卡尔多炉应用存在的问题有：单台炉产量小，仅在处理含铜 70% 以上的废杂铜才能年产 5 万吨铜；实际炉渣含铜在 3% 左右，还需送炉渣选矿处理；炉体转动部件多，结构复杂，投资相对较高，需要引进技术和关键设备。炉内温差大，烟气流速高，耐火砖损耗快，炉寿命较短，不适合大规模处理低品位废杂铜，适合处理含贵金属高的物料，附加值高，经济效益较好。

参 考 文 献

[1] 彭容秋. 铜冶金 [M]. 长沙：中南大学出版社，2004.

[2] 朱祖泽，贺家齐. 现代铜冶金学 [M]. 北京：科学出版社，2003.

[3] 吴玉林，徐朝阳，郑伸友. 萃取技术在铜阳极泥提金中的应用 [J]. 有色冶炼，1998，27（4）：20~23.

[4] 汪立果. 铋冶金 [M]. 北京：冶金工业出版社，1986.

[5] 北京有色冶金设计研究总院. 重有色金属冶炼设计手册（铅锌铋卷）[M]. 北京：冶金工业出版社，1996.

[6] 赵天从. 重金属冶金学 [M]. 北京：冶金工业出版社，1981.

[7] 杨显万，邱定蕃. 湿法冶金 [M]. 北京：冶金工业出版社，1998.

[8] 彭容秋. 重金属冶金工厂原料的综合利用 [M]. 长沙：中南大学出版社，2006.

[9] 杨天足. 铟的资源、冶金现状与进展 [M]. 北京：地质出版社，2005.

[10] 姚芝茂，徐成，赵丽娜. 铜冶炼工业固体废物综合环境管理方法研究 [J]. 环境工程，2010，28：230~234.

[11] 张荣良. 闪速炼铜转炉渣浮选尾矿综合利用的研究 [J]. 江西有色金属，2001，15（1）：31~34.

[12] 张林楠，张力，王明玉，等. 铜渣的处理与资源化 [J]. 矿产综合利用，2005（5）：22~27.

[13] 田锋，张锦柱，师伟红，等. 炼铜炉渣浮选铜研究与实践进展 [J]. 矿业快报，2006，25（12）：17~19.

[14] 刘纲，朱荣. 当前我国铜渣资源利用现状研究 [J]. 矿冶，2008，17（3）：59~63.

[15] 杨峰. 半自磨技术在炉渣选矿中的应用研究 [J]. 铜业工程，2006（1）：19~22.

[16] 王红梅，刘四清，刘文彪. 国内外铜炉渣选矿及提取技术综述 [J]. 铜业工程，2006（4）：19~22.

[17] 汪和僧. 金昌冶炼厂贫化电炉生产实践 [J]. 中国有色冶金，2004，33（3）：21~22.

[18] 秦庆伟，张丽琴，黄自力，等. 反射炉炼铜渣回收铜技术探索 [J]. 过程工程学报，2009，9（S1）：13~18.

[19] 黄自力，李倩，李密，等. 高温贫化-浮选法从炼铜水淬渣中回收铜 [J]. 矿产综合利用，2009（2）：37~40.

[20] 刘纲，朱荣. 当前我国铜渣资源利用现状研究 [J]. 矿冶，2008，17（3）：59~63.

[21] 李博，王华，胡建杭，等. 从铜渣中回收有价金属技术的研究进展 [J]. 矿冶，2009，18（1）：

44~48.

[22] 普仓凤．炼铜炉渣中铜的浮选回收试验 [J]．采矿技术，2008，8 (1)：42~44.

[23] 杨喜云，龚竹青，李义兵．铅阳极泥湿法提铅工艺浅述 [J]．矿冶工程，2002，22 (4)：73~75.

[24] 王小龙，张昕红．铜阳极泥处理工艺的探讨 [J]．矿冶，2005，14 (4)：46~48.

[25] 尹湘华．高杂质铜阳极泥的处理 [J]．有色金属（冶炼部分），2005 (5)：16~18.

[26] 侯慧芬．从铜阳极泥中综合回收重有色金属和稀、贵金属 [J]．上海有色金属，2000，21 (2)：
88~93.

[27] 董爱国，赵玉福，王魁珽．高铅碲铜阳极泥处理工艺的改进 [J]．中国有色冶金，2008 (3)：
30~33.

[28] 陈进中，曹华珍，郑国渠，等．高锑低银类铅阳极泥制备五氯化锑新工艺 [J]．中国有色金属学
报，2008，18 (11)：2094~2099.

[29] 王金祥．低品位废杂铜再生综合利用技术研究 [J]．资源再生，2012 (9)：54~56.

5 镍冶金环保及其资源综合利用

5.1 镍矿资源概述

世界镍资源储量十分丰富，在地壳中的含量不少，但比氧、硅、铝、铁、镁，要少很多。地核中含镍最高，是天然的镍铁合金。镍矿在地壳中的含量为0.018%，地壳中铁镁质岩石含镍高于硅铝质岩石，例如橄榄岩含镍为花岗岩的1000倍，辉长岩含镍为花岗岩的80倍。世界上镍矿资源分布中，红土镍矿约占55%，硫化物型镍矿占28%，海底铁锰结核中的镍占17%。海底铁锰结核由于开采技术及对海洋污染等因素，目前尚未实际开发。

美国地质调查局2015年发布的数据显示，全球探明镍基础储量约8100万吨，资源总量14800万吨，基础储量的约60%为红土镍矿，约40%为硫化镍矿。红土型矿主要分布在赤道附近的古巴、新喀里多尼亚、印尼、菲律宾、缅甸、越南、巴西等国。硫化物型矿主要分布在加拿大、俄罗斯、澳大利亚、中国和南非等国。

美国地质调查局2015年数据显示，全球镍储量8100万吨，其中，澳大利亚1900万吨，新喀里多尼亚1200万吨，巴西910万吨，俄罗斯790万吨，古巴550万吨。

我国已探明的镍矿点有70余处，储量为800万吨，储量基础为1000万吨，在世界上占第八位。其中硫化镍矿占总储量的87%，氧化镍矿占13%，主要分布在甘肃、四川、云南、青海、新疆、陕西等15个省、自治区中，其中甘肃最多。金川镍矿已探明的镍储量为548万吨，占全国总储量的68.5%。其次为云南、新疆、吉林和四川，其镍储量分别占全国总储量的9.1%、7.5%、5.2%和4.5%（表5-1）。金川镍矿则由于镍金属储量集中、有价稀贵元素多等特点，成为世界同类矿床中罕见的、高品级的硫化镍矿床。

表 5-1　中国主要镍矿资源

名　称	镍金属储量/万吨	矿石平均品位/%
甘肃金川镍矿	548.60	1.06
吉林磐石矿	24.00	1.30
四川会理镍矿	2.75	1.11
青海化隆镍矿	1.54	3.99
云南金平镍矿	5.30	1.17
新疆喀拉通克铜镍矿	60.00	3.20
陕西煎茶岭镍矿	28.30	0.55
四川胜利沟镍矿	4.93	0.53
云南元江镍矿	52.60	0.80
其他	72.08	
总　计	800.00	

镍矿通常分为三类，即硫化镍矿、氧化镍矿和砷化镍矿。砷化镍矿的含镍矿物为红镍矿（NiAs）、砷镍矿（NiAs$_2$）和辉砷镍矿（NiAsS），此类矿物只在北非摩洛哥有少量产出。现代镍的生产约有70%产自硫化镍矿，30%产自氧化镍矿。

5.1.1　镍的硫化矿石

自然界广泛存在的镍硫化矿是（Ni·Fe）S，比重为5，硬度为4。其次是针硫镍矿 NiS（比重5.3，硬度2.5）。另外还有辉铁镍矿 3NiS（比重4.8，硬度4.5），钴镍黄铁矿（NiCo）$_3$S$_4$或闪锑镍矿（Ni·SbS）等。

硫化镍矿常含有主要以黄铜矿形态存在的铜，所以镍硫化矿又常称为铜镍硫化矿，另外硫化矿中也常含有钴（其量为镍量的3%~4%）和铂族金属。

铜镍硫化矿可以分为两类：致密块矿和浸染碎矿。含镍高于1.5%，而脉石量少的矿石称作致密块矿；含镍量低，而脉石量多的贫矿称作浸染碎矿。从工艺观点来看，这种分类便于对各类矿石进行下一步的处理。贫镍的浸染碎矿直接送往选矿车间处理，而含镍高的致密块矿直接送去熔炼或者经过磁选。

铜镍硫化矿石中的平均含镍量变动较大，由十万分之几到5%~7%或者更高。一般矿石可能铜含量比较低，但在个别情况下铜的含量可能与镍的含量相等或比镍高。铜镍硫化矿的一般化学成分见表5-2。

表5-2　铜镍硫化矿的化学成分　　　　　　　　　　　　（%）

序号	Ni	Cu	Fe	S	SiO$_2$	Al$_2$O$_3$	CaO	MgO	Co	其他
1	5.62	1.77	44.68	27.68	10.01	6.85	1.29	1.4		
2	2.30	1.9	29.1	17.2	26.8	9.0	3.4	4.2		
3	2.54	1.08	33.6	20.7	22.4	6.0	1.9	1.7		
4	0.34	0.46	11.00	2.0	40.45	16.18	8~10	8.12		
5	1.75	2.6	24.5	11.5	32.0	10	5.0	5.5		
6	4.83	0.83	51.57	28.00	1.64	0.09		1.0		
7	7.00	2.56	38.52	27.20	9.3		1.96	3.1	0.17	
8	4.59	1.46	20.63	13.97	24.30		3.24	6.15		
9	3.28	4.59	43.22	27.83	7.55		1.16	1.77		
10	3.46	3.54	46.98	31.55	6.70		0.64	2.42		

5.1.2　镍的氧化矿石

镍的氧化矿石为含镍在0.2%的蛇纹石经风化而产生的硅酸盐矿石。与铜矿石不同，一般氧化镍矿并不与硫化矿相连在一起。

氧化镍矿分为三类：（1）位于石灰岩与蛇纹石之间的接触矿床的矿石，含镍高，但矿石成分变化很大；（2）位于石灰岩上的层状矿石，矿床规模大，成分较均匀，但含镍量很低；（3）含少量镍的铁矿（即镍铁矿石），当含铁较高时，则直接送往高炉内熔炼得到铁合金。

在氧化矿石中镍主要以含水的镍镁、硅镁、硅酸盐存在，镍与镁由于其两价离子直径相同，常出现类质同晶现象。自然界发现的氧化矿物列于表 5-3。

表 5-3　镍的氧化矿物

矿　物	化 学 式	硬度	比重
绿镍矿	NiO	5.5	6.5
镍翠玉	$NiCO_3 \cdot 2Ni(OH)_2 \cdot 4H_2O$	5.0	2.6
镍矾	$NiSO_4 \cdot 7H_2O$	2.0	2.0
细粒蛇纹石	$2NiO \cdot 3SiO_2 \cdot 3H_2O$		2.55
暗蛇纹石或滑面暗蛇纹石	$(Ni \cdot MgO) \cdot SiO_2 \cdot nH_2O$	2~3	2.3~2.8
油光蛇纹石	$(Ni \cdot Mg \cdot Ca \cdot Al)\ SiO_2 \cdot nH_2O$		
硅铝镍铁矿	$(Ni \cdot Mg \cdot Ca \cdot Al)\ SiO_2 \cdot nH_2O$		
镍绿泥石	$RSiO_3 \cdot 2H_2O\ (R=Ni,\ Mg,\ Fe)$		2.77

常见的氧化镍矿物是蛇纹石，滑面暗镍蛇纹石和镍绿泥石，它的成分一般可以用 $(Ni \cdot MgO)SiO_2 \cdot nH_2O$ 表示，为了便于冶金计算，可把它作为 $NiSiO_3 \cdot mMgOSiO_3 \cdot nH_2O$，其中系数 m 和 n 按矿石的元素和矿物的成分来确定。

在氧化矿中几乎不含铜和铂族元素，但常含有钴，其中镍与钴的比例一般为（25～30）∶1。

氧化镍矿的特点之一是矿石中含镍量和脉石成分非常不均匀。由于大量黏土的存在，氧化镍矿的另一特点是含水分很高，通常为 20%～25%，最大为 40%。氧化镍矿通常含镍很低，只有 0.5%～1.5%，在极少量的富矿中含镍才达到 5%～10%。氧化矿化学的成分见表 5-4。

表 5-4　常见氧化矿的化学成分　　　　　　　　　　　　（%）

序号	Ni	Co	S	Fe	SiO_2	Al_2O_3	MgO	CaO	结晶水
1	5.2	0.5	0	10.0	53.0	0.5	15.0	1.7	9.9
2	1.3	0.04	0	12.0	39.0	5.0	14.0		10.0
3	0.96		0.1	12.7	38.2	21.25	1.02	1.72	
4	1.47		0.1	13.1	34.34	24.6	0.79	1.52	
5	4.34		0.08	14.0	48.58	8.10		2.72	

5.1.3　镍的砷化矿石

含镍砷化矿发现很早（1865 年），而且在炼镍史上起过重要作用，但是后来没有发现这一类型的大矿床，因而现在从含镍砷化矿中提炼镍仅限于个别国家。

5.2 镍的生产方法

与其他金属冶炼相比，进入镍冶炼厂的精矿品位要低得多，而且脉石成分复杂，因此镍冶炼的技术难度较大。我国最大的镍生产企业金川公司所用的原料主要是自产的铜镍精矿，还有部分外购原料作为补充，以保证镍产品产量逐年提高的需要。

目前，我国镍矿山大都以硫化铜镍矿产出。铜镍矿有价金属的含量很低，变化很大。这样的矿石直接入炉冶炼能耗大，经济上不合算，因而在矿石开采出来后均要进行选矿富集，把大量脉石用选矿的方法除去，然后得到含有价金属量较高的精矿再进入冶金炉生产铜、镍等金属。

对于含镍量大于7%的铜镍矿石可直接送去冶炼，小于3%者需经过选矿富集。

由于镍矿石和精矿具有品位低、成分复杂、伴生脉石多、属难熔物料等特点，因而使镍的生产方法比较复杂。根据矿石的种类、品位和用户要求的不同，可以生产多种不同形态的产品，通常有纯镍类，如电镍、镍丸、镍块、镍锭、镍粉，非纯镍类，如烧结氧化镍和镍铁等。

镍的生产方法归类如图5-1所示。我国金川公司和新疆阜康冶炼厂（处理喀拉通克铜镍矿鼓风炉熔炼产出的金属化高镍锍）镍生产的原则工艺流程如图5-2所示。

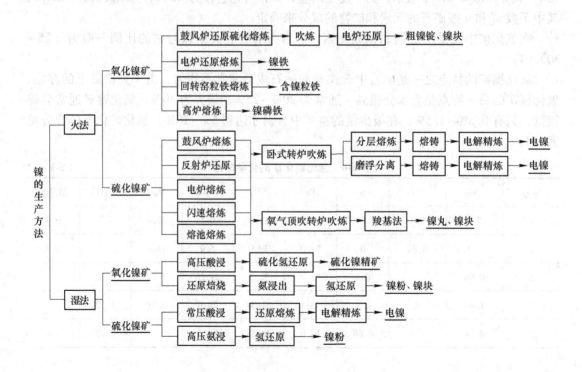

图 5-1 镍的生产方法分类

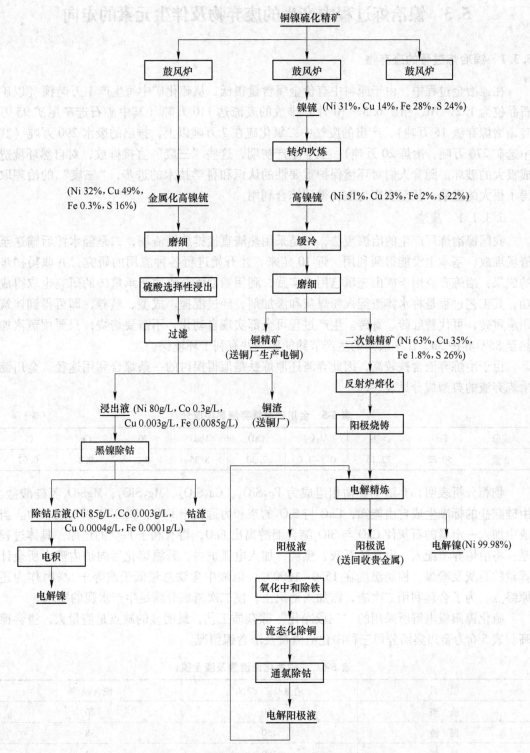

图 5-2 我国镍冶金目前采用的典型工艺流程

5.3　镍冶炼过程中产生的废弃物及伴生元素的走向

5.3.1　镍冶炼过程的废弃物

在镍冶金过程中，由于原料中有价金属含量很低，从硫化矿中每生产 1 万吨镍（以矿石品位为 1.2% Ni、精矿 6.5% Ni 计）排放的废渣达 110 万吨（其中矿石选矿尾矿 95 万吨，冶炼弃渣 15 万吨），产出的废气中二氧化硫在 7 万吨以上，排出的废水 290 万吨（其中选矿 270 万吨，冶炼 20 万吨）。工业生产初期，这些"三废"直接排放，对自然环境造成极大的破坏。随着人们对环境保护重要性的认识和科学技术的进步，"三废"的治理取得了很大的进展，甚至变废为宝，得到综合利用。

5.3.1.1　废渣

我国镍冶炼厂产生的冶炼废渣，一是采用热渣直接排放至渣场，二是经水淬后输送至渣场堆放，基本上没能得到利用。近 10 年来，才开始进行各种应用的研究，并取得初步的成果，冶炼弃渣用于矿山充填已用于实践，利用镍冶炼弃渣生产承重砖的研究也取得成功，其工艺过程是将水淬渣配入粉煤灰和添加剂，经过混捏、成型、蒸养，即可得到建筑用承重砖，可代替红砖、青砖。生产过程可全部实现自动化，不需要焙烧，只要用蒸汽加热至 85℃养护 5h，比一般砖的生产节约能源，并有利于环境保护。

由于冶炼弃渣含铁较高，因此弃渣还原炼铁是值得探讨的一条综合利用途径。金川镍冶炼弃渣的典型成分见表 5-5。

表 5-5　金川镍冶炼弃渣典型成分　　　　　　（%）

成分	FeO	SiO$_2$	Al$_2$O$_3$	CaO	MgO	Ni	Cu	Co
含量	50.62	32.16	0.5~1.0	2.30	8.35	0.2	0.2	0.07

物相分析表明，弃渣主要物相组成为 Fe$_2$SiO$_4$、Ca$_2$SiO$_4$、Mg$_2$SiO$_4$、MgSiO$_3$ 等硅酸盐。由硅酸盐的标准生成自由能知，CaO 与 SiO$_2$ 的亲和力远大于 FeO、MgO 与 SiO$_2$ 亲和力。当渣中加入一定量的石灰使 CaO 与 SiO$_2$ 结合而游离出 FeO，将有利于 FeO 的还原。具体过程是：将冶炼弃渣配入一定量的石灰、焦炭，加入电弧炉内，升温熔化后向炉内喷入所余计算量的石灰及粉煤，控制温度在 1550~1600℃，以渣中含铁总量低于或等于 5% 时作为还原终点。为了合理利用二次渣，需加入铝矾土，使二次渣成分满足生产水泥的要求。

硫化镍阳极电解所采用的"三段净化"除杂质工艺，最明显的缺点是渣量大，渣含镍高。表 5-6 为金川集团公司三种净化渣渣量及渣含镍情况。

表 5-6　三种净化渣渣量及渣含镍

项　目	渣量/kg·t^{-1}Ni	渣含镍/%
铁　渣	250	20
铜　渣	150	38
钴　渣	150	33

以往三种渣除钴渣作为生产电钴和氧化钴粉原料外，铁渣与铜渣全部返回火法处理。

现为了提高镍回收率，对铁渣、铜渣、钴渣均进行处理，回收渣中的镍。

5.3.1.2 废气

对冶炼产生的含二氧化硫废气，国内外普遍采用的方法是生产硫酸，为了满足硫酸生产对二氧化硫浓度的要求，须设法提高其浓度。转炉吹炼烟气中二氧化硫浓度一般较低且波动很大，单独用于制酸还有问题，必须配入 SO_2 浓度高的其他烟气。镍精矿流态化焙烧技术、闪速熔炼技术、富氧熔炼技术、转炉吹炼的密闭技术等，其宗旨之一都是为了提高烟气中二氧化硫浓度以适应制酸的要求。芬兰奥托昆普公司20世纪90年代初期研究开发出闪速吹炼技术，代替原有的转炉吹炼，提高了吹炼过程烟气中的二氧化硫浓度，其流程是铜精矿经闪速炉熔炼得到的铜锍，以水淬和磨细后，送入一台小闪速炉用70%富氧吹炼得到粗铜，再经常规回转阳极炉精炼。其硫的利用率高达99.8%，可以说是世界上最清洁的冶炼厂。

废气中的二氧化硫除主要用于生产硫酸，也可生产液体二氧化硫或元素硫。如铜崖镍冶炼厂以部分二氧化硫生产硫酸，部分用于生产液体二氧化硫。芬兰奥托昆普公司开发出湿法处理含二氧化硫烟气回收元素硫的生产工艺，该工艺是采用硫化钠吸收烟气中的二氧化硫，然后将吸收液采用高压蒸煮的方法，分解得到元素硫和硫酸钠，硫酸钠还原再生成硫化钠返回吸收二氧化硫，但至今尚未见应用于工业生产的报道。我国科研部门也对湿法处理含二氧化硫烟气生产元素硫的工艺进行了研究，也是采用硫化钠吸收。

5.3.1.3 废水

镍生产过程中产生的废水主要是选矿过程中随尾矿排出的，这部分废水一般都先经过浓密机沉降分离后，溢流水返回重复利用。尾矿送至尾矿坝或矿山充填，部分废水经澄清或机械脱水后也可利用。冶炼过程产出的废水一般都经过中和、沉淀、过滤等过程处理，达标后排放或返回使用。

镍冶金的废水除了含有少量 Ni、Cu、Co、Fe 等重金属离子外，还含在大量的 Na^+、Cl^-、SO_4^{2-}。一般可采用中和混凝沉淀、萃取、吸附、电解、离子交换以及反渗透膜等方法处理。金川镍钴冶金过程大量废水以前的处理方法是采用较经济的石灰乳中和沉淀法，使重金属离子水解沉淀，其反应为：

$$MSO_4 + Ca(OH)_2 === CaSO_4\downarrow + M(OH)_2\downarrow$$

重金属离子水解沉淀的同时，还可除去少量 SO_4^{2-}，其反应为：

$$Na_2SO_4 + Ca(OH)_2 === 2NaOH + CaSO_4\downarrow$$

这种方法的缺点是渣量大，渣含有价金属品位低，二次污染严重，重金属离子去除不彻底，难以达到环保排放标准。

5.3.2 镍冶炼厂伴生金属的走向

炼镍的主要原料是硫化镍精矿，其中常含有以下有价金属：镍、铜、钴、铅、铟、铊、镉、锗、硒、碲以及金、银、铂、钯、铑、锇、铱、钌等8种贵金属。

在镍的造锍熔炼过程中，镍、铜、钴、金、银和铂族金属（常用 $\sum Pt$ 表示）富集于低镍锍中，稀散金属富集于烟尘中。转炉吹炼低镍锍时，镍、铜、金、银和铂族金属富集于高镍锍中；控制吹炼的氧化程度，可使钴大部分进入转炉渣或高镍锍中。高镍锍缓冷浮选分出镍精矿、镍铜合金和铜精矿，大部分金和铂族金属进入镍铜合金，一部分进入镍精矿。镍铜合金是回收铂族金属的主要原料。镍精矿中的金、银和铂族金属富集在镍电解的阳极泥中。镍熔炼产出的烟尘用电炉处理时，镍、钴、铜进入锍中，稀散金属富集于烟尘中。处理此种烟尘可回收铊、锗、铟、镉、铅等。转炉渣和净化镍电解阳极液得的钴渣是提取钴的重要原料。各元素的走向如图 5-3 所示。

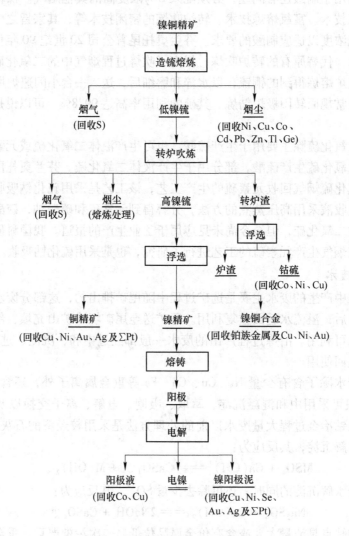

图 5-3　镍冶炼过程伴生金属的走向

　　我国铂族金属资源贫乏，储量及产量仅占世界总量很小比例，一直列为国家稀缺矿种和找矿重点。金川镍矿与国外同类型的资源相比，矿石中共生铂族金属品位仅为南非和俄罗斯的二十分之一，加拿大的一半，因此提取难度大。为了实现矿石中 10 多种伴生有价金属的综合提取，采取的提取工艺具有如图 5-4 所示的主要阶段。

　　图 5-4 虚线框的左半部是多种金属的共同富集、贵贱金属分离、贱金属多阶段分离，制取铜、镍、钴。铜镍品位由 $0.x\% \sim x\%$ 富集提纯到 99.9% 以上；铂族金属总量 $\sum Pt$ 由 $0.x \sim xg/t$ 富集到 $\sum Pt\ 30\% \sim 50\%$ 的贵金属精矿。虚线框的右半部为贵金属提取冶金技术从

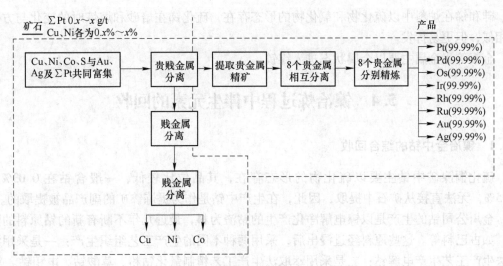

图 5-4 提取多种伴生金属的工艺

铂族金属精矿（品位 ∑Pt 30%～50%）提取纯度 99.99% 的贵金属。其工艺特点是：

（1）集成了选矿、火法冶金、湿法冶金的现代技术，矿石加工以提取重有色金属为主，并利用重金属作"载体"富集贵金属。

（2）重点突破贵贱金属分离-共生矿综合利用工艺的核心技术，例如，高温悬浮氯气浸出贱金属富集贵金属、自变介质性质氧压浸出技术分离贵贱金属、熔锍-熔铝联合法制备高品位活性贵金属精矿。

（3）发展了伴生贵金属提取冶金的共性技术，使富集、分离、精炼技术更完善，特殊设备规模小，技术密集。例如，优先氧化蒸馏回收锇钌，在硫酸介质中加入氯酸钠或双氧水使贵金属精矿中锇钌氧化挥发，并分别用碱液和酸液吸收，同时使其他贵金属溶解。

从矿石到提取出品位为 30%～50% 的贵金属精矿全过程的富集倍数，南非只需 8～10 万倍，加拿大需 80～100 万倍，我国金川则高达 100～150 万倍。要求的富集倍数越高，则富集工艺越长，工序越多，技术越复杂。相对年产 1 万吨镍的选冶联合企业所能提供的铂族金属产量，南非高达 30～40t，俄罗斯为 8～10t，加拿大为 0.6～0.7t，我国金川仅有 0.1t，所以金川镍矿伴生铂族金属提取的技术难度大，提取工艺过程的技术含量也更高。

精矿中铜、钴的硫化物有部分被氧化成氧化物，加入的转炉渣中，钴也主要以氧化物的形态存在，这些氧化物在电炉内会与铁的硫化物进行交互反应。因为有这类反应的存在，才得以将绝大部分的有价金属回收到锍中，实现造锍熔炼的最终目的。

铜、钴以不同的程度从氧化物转变为硫化物而进入锍相，铜、钴的氧化物也有和 SiO_2 结合的机会，造成有价金属化学损失。

除了铜、钴外，杂质金属也随着熔炼的进行发生变化。

原料中总锌量的 50%～80% 以氧化物形态进入炉渣，熔炼过程中总锌量的 8%～10% 蒸发与炉气一道从炉内排出，镍锍对硫化锌的溶解度很小，大部分硫化锌是机械夹杂的。

铅一般以硫化物形态存在，铅在熔炼产物中的分配，取决于它在炉料中的存在形态，在熔炼焙砂时，大部分铅进入炉渣，小部分进入镍锍。随炉气挥发的铅达炉料总含铅量的 20%。在熔炼精矿时，则大部分铅进入镍锍。

砷和锑在炉料中以硫化物和氧化物的形态存在，硫化锑在焙砂和熔炼时的变化与方铅矿相似，但更易挥发。

金银等贵金属主要以金属状态进入镍锍。

5.4　镍冶炼过程中伴生元素的回收

5.4.1　镍冶金中钴的综合回收

硫化铜镍矿中钴主要以硫化物的形态存在，其品位比较低，一般含钴在 0.03%~0.05%，无法直接从矿石中提取，因此，在生产中钴是作为提炼镍矿的副产品被提取的。

金川公司钴的生产是以镍电解净化产生的钴渣为料，最近几年不断有新的钴原料的购进，如古巴料等。这些原料经过浸出后，采用两种不同的生产工艺组织生产：一是采用沉淀法生产工艺生产电解钴；二是采用萃取法生产工艺精制氧化钴粉、草酸钴、电积钴。

硫化铜镍矿一般含 4%~5% Ni 和 0.1%~0.3% Co。在镍的火法熔炼过程中，由于钴对氧和硫的亲和力介于铁镍之间，在转炉吹炼高镍锍时，可控制镍锍中铁的氧化程度使钴富集于高镍锍或富集于转炉渣中：(1) 吹炼过程中，控制的镍锍含铁量大于 3% 时，钴较少氧化，留于镍锍中，得到富钴高镍锍。镍锍吹炼-缓冷-磨浮分离得二次镍精矿，在处理二次硫化镍精矿电解精炼时，钴和镍一起进入阳极液。在电解液净化过程中，钴以高价氢氧化钴的形态进入钴渣。钴渣含 6%~7% Co，25%~30% Ni。(2) 当镍锍吹炼到含铁量低于 2% 时，钴大量被氧化，进入渣中，得到富钴转炉渣，钴和镍的含量一般为 0.25%~0.35% 和 1%~1.5%。因此，从硫化铜镍精矿中提钴有镍电解净液钴渣提钴和含钴转炉渣提钴两种工艺。目前我国大部分厂家都是将钴富集于电解过程中产出的净化钴渣中，再从净化钴渣提钴。

5.4.1.1　转炉渣提钴

在 20 世纪 80 年代，我国几家有色冶金科研、设计院所协同努力对金川镍铜转炉渣提钴进行了大量的系统研究工作，在 1991 年完成了全流程工业试验。金川公司转炉渣提钴的流程见图 5-5。由图可见，该工艺是由转炉渣电炉贫化、钴锍缓冷选矿、富钴锍加压氧化酸浸和浸出液萃取沉淀提钴四道工序组成。

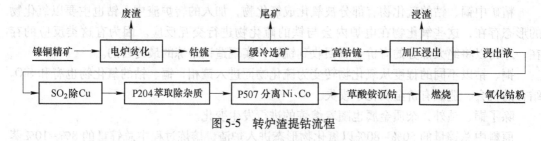

图 5-5　转炉渣提钴流程

该工艺流程的关键工序是富钴锍的加压氧浸。富钴锍主要由镍、铜、铁和钴的多种形态硫化物及其合金组成，其主要化学成分为 Ni 35%~39%，Co 1.7%~2.4%，Cu 17%~20%，Fe 13%~16%，S 24%~26%。在高温高压下，空气中的氧气能够将这些有价金属氧化成可溶性的硫酸盐，控制适当的技术条件，可以使锍中的大部分铁留在渣中，从而达到选择性浸出的目的。浸出液中含铜较高，如果通过单纯 P204 萃取除铜，难度较大。因此，在实际生产中，一般先用硫代硫酸钠除铜，使浸出的铜降到一定程度，再采用 P204 萃取进行深度除铜，萃余液用 P507 萃取剂进行镍钴分离。萃余液硫酸镍送镍盐车间制作精制硫酸镍，反萃液氯化钴用草酸铵沉钴，得到精制草酸钴，再经回转窑煅烧，制成精制氧化钴粉产品出售。

5.4.1.2 镍电解净液钴渣提钴

镍净化钴渣的主要成分为镍、铜、钴、铁的氢氧化物，如 $Cu(OH)_2$、$Ni(OH)_3$、$Fe(OH)_3$、$Co(OH)_3$，钴渣的化学成分为 Ni 25%~30%，Co 6%~7%，Cu 0.5%，Fe 5%~8%。钴渣可用来生产氧化钴，也可产出金属钴。所用工艺由钴渣溶解、浸出液净化除杂质、镍钴分离以及制取氧化钴（或金属钴）四部分组成（图 5-6）。

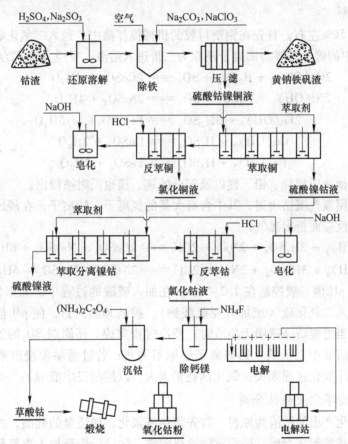

图 5-6 镍电解净液钴渣提钴工艺流程

钴渣溶解在温度 65~75℃的硫酸溶液中进行，添加亚硫酸钠将 Co^{3+} 还原成 Co^{2+} 并溶解。溶出液在 95℃，加氯酸钠将 Fe^{2+} 氧化水解沉淀除去。将除铁液加入萃取槽，用 P204 萃取剂除铜和剩余铁，除铜后液再以 P507 分离镍钴，含钴有机相用盐酸溶液反萃取得到含 Co 75g/L 左右的 $CoCl_2$ 溶液。此溶液既可以在不溶阳极电解槽中用隔膜电解生产金属钴，也可以用草酸沉钴然后煅烧生产氧化钴粉。

镍与钴性质相近，常出现在一起，镍钴分离是湿法冶金重较困难的操作之一。从镍溶液中分离钴的旧方法是加入氧化剂使钴氧化成三价并水解沉淀，常用的氧化剂为氯气，也可用"黑镍"、过硫酸、过硫酸铵等作氧化剂。20 世纪 70 年代以后萃取技术的发展，为镍钴分离提供了有利条件，经筛选发现有机膦酸（P507）或次膦酸（Cyanex 272）类萃取剂在硫酸盐系统中能有效地进行镍钴分离，例如 P204（国外称 D_2EHPA）具有较好的钴镍分离性能。20 世纪 70 年代末又发现 P507（国外称 PC88-A）的钴镍分离系数比 P204 大几十倍，80 年代又发现 Cyanex 272 的萃取剂，不仅钴镍分离系数又比 P204 高出一个数量级，且基本不萃钙，可避免用硫酸反萃时形成 $CaSO_4$ 沉淀而影响萃取系统操作。在氯化物介质中由于钴能形成 $CoCl_4^{2-}$ 配阴离子，而镍不能，则可用胺类萃取剂萃取钴，从而达到钴镍分离。常用的萃取剂为叔胺或季胺盐。萃取法分离钴镍不产生固体渣，又容易实现自动化控制，因而越来越被人们所接受，萃取技术将在水溶液的镍钴分离中占统治地位。

A　钴渣溶解

钴渣含水约 50% 左右，首先在钢制衬胶的机械搅拌槽中，通入二氧化硫（或加入亚硫酸钠），使钴渣中的镍、钴等金属离子还原为二价进入溶液，反应方程式为：

$$2Co(OH)_3 + H_2SO_4 + SO_2 \rightleftharpoons 2CoSO_4 + 4H_2O$$
$$2Ni(OH)_3 + H_2SO_4 + SO_2 \rightleftharpoons 2NiSO_4 + 4H_2O$$
$$2Fe(OH)_3 + 3H_2SO_4 \rightleftharpoons Fe_2(SO_4)_3 + 6H_2O$$
$$Cu(OH)_2 + H_2SO_4 \rightleftharpoons CuSO_4 + 2H_2O$$
$$Fe(OH)_2 + H_2SO_4 \rightleftharpoons FeSO_4 + 2H_2O$$

钴渣中的其他杂质如锌、铅、锰以及部分的钙、镁也同时被浸出。

如果钴渣是用氯气沉钴所得，其中含有大量的氯离子、钠离子，在浸出过程的前期还会发生如下还原反应而析出氯气：

$$2Co(OH)_3 + 3H_2SO_4 + 2Na^+ + 2Cl^- \rightleftharpoons 2CoSO_4 + Na_2SO_4 + 6H_2O + Cl_2$$
$$2Ni(OH)_3 + 3H_2SO_4 + 2Na^+ + 2Cl^- \rightleftharpoons 2NiSO_4 + Na_2SO_4 + 6H_2O + Cl_2$$

浸出过程的 pH 值一般控制在 1.2~1.6。在加入硫酸的过程中，如果发现 pH 值急剧下降时，开始通入二氧化硫（或加入亚硫酸钠），控制其加入量，使 pH 值稳定在 1.5 左右。继续浸出，当溶液清亮透明无黑渣时，浸出过程完成。还原剂 SO_2 的加入量要控制适当，若太少会使溶液中三价镍、钴等离子还原不彻底；若过量易使浸出液中亚铁离子增多，致使除铁工序氧化过程太长，氧化剂耗量太大，以控制浸出液中 $Fe^{2+} < 0.2g/L$ 为宜。

B　钴溶液的净化及镍钴分离

以镍电解净化产出的钴渣为原料，首先将钴渣浆化，加适量的硫酸，并通入二氧化硫进行还原溶解。待溶解完全后，进行黄钠铁矾除铁，除铁后溶液加入次氯酸钠进行一次沉钴，产出一次氢氧化钴，过滤后的硫酸镍溶液返回镍电解生产系统。产出的一次氢氧化钴用二次沉钴后溶液进行淘洗，进一步降低一次氢氧化钴中的镍后，再进行二次溶解和二次沉钴，产出钴镍比较高的二次氢氧化钴。二次氢氧化钴渣经反射炉煅烧和电炉还原熔炼，浇铸成钴阳极板。在氯化物介质中，通过可溶阳极电解精炼产出电解钴。钴电解阳极液净化采用硫化钠除铜和通氯氧化中和除铁工艺。

净化产出的铁渣返钴渣浆化合并处理。铜渣先进行水洗回收钴溶液，水洗渣通氯气浸出，使钴、铜等浸入溶液，然后通二氧化硫加硫黄粉将铜沉淀，溶液并入阳极液除铜工序，浸出后铜渣返镍反射炉配料熔铸成硫化镍阳极板，送镍电解进一步回收钴。

除上述化学法镍钴分离外，国内自20世纪70年代以来采用我国合成的烷基磷酸萃取剂P204对在硫酸盐溶液中的镍、钴分离进行了大量的研究工作，一些单位在提钴流程中都已采用了P204萃取分离杂质，并取得了良好的效果。P507是一种优良的镍、钴分离萃取剂，适用于镍钴比变化范围很大的各种硫酸盐、氯化物溶液。

C 草酸铵沉淀钴

萃取分离镍钴后，钴以氯化钴溶液存在，目前工业生产上采用草酸铵沉钴法从CoCl₂溶液中提取钴。

萃取得到的氯化钴溶液，用草酸铵作沉淀剂，生成草酸钴沉淀。其反应式如下：

$$CoCl_2 + (NH_4)_2C_2O_4 \rule[0.5ex]{2em}{0.4pt} CoC_2O_4 + 2NH_4Cl$$

沉钴工艺流程如图5-7所示。

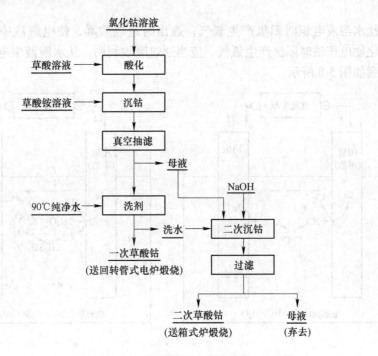

图 5-7 沉淀草酸钴工艺流程

D 氧化钴煅烧

Y类精制氧化钴是用精制草酸钴（一次草酸钴）在回转管式电炉内煅烧得到的，而T类氧化钴粉则是用工业草酸钴（二次草酸钴）在箱式电炉内煅烧得到的。

Y类精制氧化钴的生产，用一次沉钴所得的精制草酸钴，在回转管式电炉煅烧，经氧化后通过-0.25mm筛制得，然后产品装桶。其化学反应式如下：

$$2CoC_2O_4 + 3/2O_2 \rule[0.5ex]{2em}{0.4pt} Co_2O_3 + 4CO_2$$
$$2CoC_2O_4 + O_2 \rule[0.5ex]{2em}{0.4pt} 2CoO + 4CO_2$$
$$3CoC_2O_4 + 2O_2 \rule[0.5ex]{2em}{0.4pt} Co_3O_4 + 6CO_2$$

由于精制氧化钴对其晶形和松装密度有严格的要求，因此在氧化钴生产过程中，控制煅烧温度、回转管式电炉转速以及草酸钴的水分，是保证产出合格 Y 类产品的重要条件。

我国目前一些工厂的 T 类产品，均在远红外箱式电炉中煅烧。远红外箱式电炉，一般都是生产厂家根据自己的生产能力和工艺特性自行设计的。

将二次草酸钴放入钛制的料盘中，料层厚度 80～100mm，箱式电炉的炉温为 450～500℃，煅烧 8h 后出料。煅烧料通过 0.15mm 的筛网再进行混料、装桶。T 类产品的主品位比 Y 类产品高，粒度小。

E　从硫酸钴（氯化钴）溶液中电沉积金属钴

在用不溶阳极电解工艺从水溶液中提取金属（简称电积）时，由于钴的原料和湿法冶金所采用的浸出、净化工艺的不同，从含钴溶液中电解沉积钴常用硫酸盐电解质和氯化物电解质两种溶液体系，氯化物电解可采用较大的电流密度以强化电解生产，且电解液比电阻小，导电性能好，槽电压低，电能消耗少。目前多数工厂采用 $CoCl_2$ 溶液作为电解液生产电钴。

硫酸盐水溶液电积时阳极产生氧气，逸出时造成酸雾，使电解液中的 H_2SO_4 得到再生，而氯化物电积钴时阳极产生氯气，应当通过吸收利用。从水溶液中电解沉积钴的电化学系统示意如图 5-8 所示。

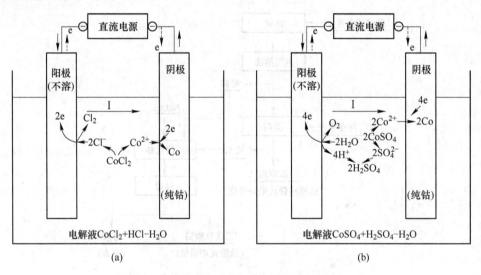

图 5-8　从水溶液中电解沉积金属钴的电化学系统
（a）氯化物水溶液体系；（b）硫酸盐水溶液体系

对于硫酸钴溶液电积：
$$CoSO_4 + 2e == Co + SO_4^{2-}$$
$$H_2O - 2e == 2H^+ + 1/2O_2 \uparrow$$

总的化学反应为：
$$CoSO_4 + H_2O \longrightarrow Co + H_2SO_4 + 1/2O_2 \uparrow$$

对于氯化钴溶液电积：
$$CoCl_2 + 2e == Co + 2Cl^-$$
$$2Cl^- - 2e == Cl_2 \uparrow$$

总的电化学反应为：$$CoCl_2 \longrightarrow Co + Cl_2 \uparrow$$

从上可见，电积过程的阴极反应与粗金属电解精炼的阴极反应相同，而阳极反应析出氧气或氯气。对于硫酸盐溶液电积，在析出氧的同时还再生硫酸，因此电积过程产生的含 H_2SO_4 的废电解液或氯气可返回浸出过程作浸出剂。

F　电解制金属钴

以镍电解液净化过程产出的钴渣为原料，首先将钴渣浆化，加适量的硫酸，并通入二氧化硫进行还原溶解。待溶解完全后，进行黄钠铁矾法除铁，除铁后液加入次氯酸钠进行一次沉钴，产出一次氢氧化钴。一次氢氧化钴含镍高，其 Co/Ni≥10：1，需经过淘洗后再进行二次溶解和二次沉钴，二次氢氧化钴中 Co/Ni≥350，Co/Cu≥200，Co/Fe≥100。

二次氢氧化钴经反射炉焙烧和电炉还原熔炼，浇铸成阳极板。在氯化物介质中，通过可溶阳极电解精炼得电解钴。钴电解阳极液净化采用硫化钠除铜和通氯气氧化中和除铁工艺。

钴车间一般采用粗钴阳极板隔膜电解的方法生产电解钴。经过净化的纯净的阴极液流入隔膜内，使隔膜内的液面始终高于阳极液的液面，保持一定的液面差。这样阳极液不能进入隔膜内，从而保证了隔膜内阴极液的化学成分，达到产出合格阴极钴的要求。从二次氢氧化钴生产电解钴工艺流程如图5-9所示。

镍电解净化钴渣，经过提纯除杂质，两段镍钴分离，得到二次氢氧化钴，含水在50%左右。将湿氢氧化钴配入少量的石油焦，在反射炉焙烧成疏松多孔的氧化钴烧结块，以满足电炉还原熔炼的要求。再将这些含有少量铅、锌、锰硫化物杂质的烧结块，在电炉内于高温下加入各种脱硫剂（如 CaO）、还原剂（石油焦）、造渣剂（SiO_2），并插湿木进行还原和搅拌，使铅、锌蒸气逸出，锰被造渣，而氧化钴则还原成金属钴，然后浇铸得到含 Co≥95%的粗钴阳极板，满足电解精炼生产电钴的要求。

a　氢氧化钴物料的反射炉焙烧

氢氧化钴（$Co(OH)_3$）可视为氧化物的水合物 $Co_2O_3 \cdot 3H_2O$，在265℃温度下脱水转化为中间氧化物 Co_3O_4，在还原气氛 900~1000℃下进一步脱氧，生成高温下稳定的 CoO。

在反射炉中，由于石油焦的还原作用，CoO 与其中的碳发生下列反应：
$$2CoO + C = 2Co + CO_2$$

因此，烧结块中可见瘤状的单体金属钴。

反射炉焙烧的目的为：氢氧化钴粉末粒度细，入电炉时飞扬损失较大，烧结成块后减少了钴的扬尘损失，且提高了炉料的透气性；石油焦为半还原烧结；在高温下，氢氧化钴分解、脱水，并脱去部分硫。

反射炉的燃料可以用煤、煤气、重油、石油液化气和天然气等。金川公司反射炉焙烧采用重油。燃烧装置采用低压喷嘴，其特点是能量消耗低，雾化质量较好，过程易于调节，火焰短而软；其缺点是燃烧能力低。用预热空气对重油进行雾化，雾化质量好，使重油的油温升高，炉内燃烧更完全，同时采用高压风辐射热交换器，充分利用余热，以提高反射炉的热效率。

反射炉进料前严格按照配料比进行配料，其配料比是二次氢氧化钴原料：石油焦 = 100：8，并加适量的水，在搅拌槽内搅拌均匀后再入炉内。炉温为 1000~1100℃。焙烧过程中至少翻料 4~5 次，翻后摊平。焙烧好的炉料呈灰黑色，为疏松多孔的烧结块，而没

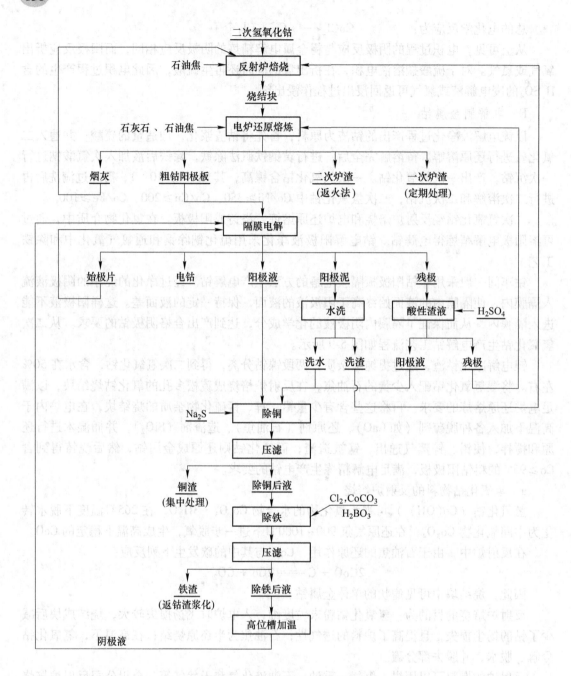

图 5-9　电解钴生产工艺流程

有烧结"过死"或"夹生"的现象。

　　钴电解产出的阳极泥和电炉、反射炉产出的烟灰，一般在反射炉中、小修前集中处理，单独焙烧成烧结块，然后加工成二次粗钴阳极板。

　　b　氧化钴烧结块的还原熔炼

　　反射炉产出的氧化钴烧结块，含钴 76% 左右，经配料后在电炉还原熔炼成粗金属钴，然后浇铸成阳极板供下一步电解精炼。炉内的主要反应为 CoO 被碳还原为金属钴。同时炉料中的氧化钙与硫化钴生成 CaS 进入炉渣，从而达到脱硫的目的：

$$CoS + CaO + C =\!=\!= Co + CaS + CO$$

炉料中的铅、锌等一些挥发性的金属氧化物被炉料中的碳还原成金属蒸气而挥发除去。氧化锰在还原熔炼时生成氧化亚锰进入炉渣。

还原熔炼过程中锰的脱除，与其在钴熔体中的含量及碳含量有关，可依试样的表面和断面来判断含碳量，从而判断锰的脱除情况。脱锰采用吹风氧化法，每次吹 $5 \sim 10min$，吹一次，扒一次渣，直到锰含量降到 0.5% 左右为止。

由于铅、锌沸点低，在电炉熔炼的高温和插木操作时，产生大量碳氢化合物、氢气、二氧化碳、水蒸气等使熔体沸腾，促使 Pb、Zn 蒸气从熔体中逸出。铅、锌蒸发结束后应把渣扒净。

除杂质结束后，加入少量石油焦，同时下降电极提高温度，使氧化除杂质过程中生成的 CoO 还原，控制钴阳极板含碳小于 0.2%。

还原熔炼设备一般采用三相圆形电弧炉，根据生产能力大小选择炉子功率。电炉主要由炉体、倾动装置、电极升降装置、炉盖旋转装置、安全装置及控制系统组成。

c 钴电解过程

钴的电解可分为可溶阳极电解（简称电解精炼）和不溶阳极电解沉积（简称电积）。

钴的电解精炼和镍一样采用隔膜电解，经过净化的纯净阴极液流入隔膜内，使隔膜内的液面始终高于阳极液的液面，并保持一定的液面差。这样阳极液不能进入隔膜内，从而保证了隔膜内阴极液较纯的化学成分，达到产出合格阴极钴的要求。钴电解精炼时，$CoCl_2$ 酸性溶液会发生如下主要电离反应：

$$CoCl_2 =\!=\!= Co^{2+} + 2Cl^-$$
$$HCl =\!=\!= H^+ + Cl^-$$
$$H_2O =\!=\!= H^+ + OH^-$$

上述正负离子在通电电解时，分别向两极移动，发生相应的电极反应。

溶液中带负电荷的 Cl^-、OH^- 离子有可能在阳极上放电发生氧化反应，但 Cl^-、OH^- 在钴阳极上放电有一定的超电压。故在阳极上主要是钴和负电性金属的溶解。在阳极主要发生钴的溶解过程，即

$$Co - 2e =\!=\!= 2Co^{2+}$$

阳极含钴 95% 左右，其中杂质镍、铜、铁与钴形成固溶体碳硫等杂质主要以 Co_3C 及 CoS 形势存在。由于 Mn、Ni、Cu 对硫具有相当多的亲和力，因而有少量的硫与其相结合。标准电位低于钴的杂质金属（如锰、锌、铁等）可被溶解，标准电位与钴接近的金属（如镍、铅等）杂质也可被溶解。铜的电极电位比钴正，在含铜小于 10% 的阳极中，由于铜与钴生成固溶体，在钴电化学溶解的同时，铜也将进入溶液，但随即被钴所置换而进入阳极泥中。阳极中的碳化物在阳极溶解时将发生分解，碳以极小的碳粉形式分散悬浮于阳极液中。当阳极含碳高时，会有氯离子放电产生氯气的现象。阳极中的硫化物由于电位较正，故不发生电化学溶解而进入阳极泥中。

在阴极上为还原沉积过程，溶液中 Co^{2+} 移向阴极并接受两个电子成为中性钴原子，在阴极上以结晶态析出，其反应为：

$$Co^{2+} + 2e =\!=\!= Co$$

也可能发生

$$2H^+ + 2e \Longrightarrow H_2$$

H^+具有比Co^{2+}更高的正电性，根据标准电位判断，应当是H^+优先在阴极上放电析出，但在实际中，由于H^+在各种不同金属的阴极上析出时有不同的超电压，因此，它的析出电位比平衡电位更负。H^+在阴极钴上析出的超电压不是很大，在阴极上的析出电位比钴稍负。因此，必须严格控制H^+浓度，保证钴离子比氢离子优先放电析出。

钴溶液中的Cu^{2+}、Zn^{2+}、Pb^{2+}离子浓度很小，阴极沉积物中的这类杂质含量与它们在电解液中的浓度成正比。因此，为了获得优质电钴应严格控制电解液中的杂质含量。

d　钴电解过程中主要杂质的行为

钴电解过程中主要杂质的行为可归纳如下：

镍：钴和镍的性质十分接近，但在钴电解中，由于电解液中镍离子浓度比钴低得多，因而钴比镍优先在阴极上析出。阴极钴析出物中的含镍量由溶液中的钴、镍比决定。当电解液中钴镍比为30∶1时，阴极钴含镍量达到0.3%（为2号钴的质量）。阴极隔膜内的电解液钴浓度比进液中钴浓度低15~18g/L。

铁：钴电解时，铁也可能在阴极上析出。但是阴极液中铁浓度比钴低得多。阴极析出钴中的铁量与它在溶液中的浓度成正比。铁含量过高时，其水解渣将导致隔膜透气性不好，易黏附在阴极上，破坏钴的正常析出。

锌：锌的析出电位比钴负得多，但在钴电解的阴极隔膜袋内，随着钴离子逐渐贫化，杂质锌也可能在阴极上析出。锌的含量高时能使钴表面产生条纹或树枝状析出物，影响产品质量。

铜和铅：铜和铅在阴极钴中含量与其在阴极液中浓度成正比。实践证明，阴极钴中铜、铅含量与钴的比值比溶液中铜、铅含量与钴的比值大3~4倍。

锰：两价锰离子的标准电极电位为$-1.05V$，比钴离子负得多，锰在阴极上不易析出。钴的电解精炼过程中，对进槽阴极液中锰离子浓度一般不严格控制，低于8~10g/L即可。

有机物：在生产实践中发现，有机物主要影响产品物理性能。因为有机物会使钴析出物变硬，或者发生爆裂。因此，工厂对用有机萃取法净化产出的电解液，都要用粒状木炭或活性炭吸附除去有机物或者添加氧化剂破坏有机物结构并经多次过滤除去。

e　钴电解精炼的阳极液净化

在粗钴阳极电解精炼时，其中的一些杂质元素也随着钴一起溶解进入阳极液中，为保证阴极钴的质量，阳极液必须净化，除去镍、铜、铅等杂质。在生产上，钴电解液净化一般采用硫化沉淀法和氧化水解中和法等化学沉淀方法除杂。

目前一般都采用加硫黄及钴粉的方法除镍。加硫黄粉的目的是改善除镍效果并有利于过滤。在电钴生产中，一般不采用加硫黄粉和钴粉除镍的方法，而是采用控制二次氢氧化钴中的钴镍比，保证粗钴阳极板中的含镍，从而达到控制电解液中的$Ni^{2+}<1.5g/L$，即可满足生产A-1号阴极钴的要求。

国内有的工厂除铜和除镍是在同一工序中进行的，即在搪瓷反应釜中加入硫化钠溶液和钴粉，在除镍的同时，铜也被除去。有的工厂将10%的硫化钠溶液加入反应釜中，加热至40~50℃并搅拌，使铜、铅以硫化物形态沉淀除去。硫化钠用量视溶液中含铅量而定。除铜、铅后液成分为：$Co>100g/L$，$Pb \leqslant 0.0003g/L$，$Cu<0.0001~0.0003g/L$。

　　用硫化钠除铜产出的铜渣，含钴 25%～30%、含铜 9%～10%。采用通氯气进行浸出，使钴、铜等溶解进入溶液，然后加硫黄粉并通 SO_2 将铜沉淀，得到含钴 30g/L、含铜低于 0.5g/L 的溶液，并入阳极液中送除铜工序，同时得到含钴低于 6%，含铜高于 25% 的二次铜渣，返回镍反射炉配料熔铸成硫化镍阳极板，送镍电解进一步回收钴。

　　除铁一般采用氯气氧化中和水解法。除铁前液 pH 值为 1～2，加入反应釜后，通入氯气，用蒸汽加热到 80～85℃，通氯气氧化 1h 左右，使含 Fe^{2+} 的黄色溶液氧化成含 Fe^{3+} 的深黄色溶液。然后驱赶氯气 5～10min，再从高位槽加入 $CoCO_3$ 浆化液，将溶液中和至 pH＝4～4.5，Fe^{3+} 形成 $Fe(OH)_2Cl$ 沉淀，而不形成 $Fe(OH)_3$ 沉淀。然后进行两次压滤，以保证铁渣分离完全。滤液成分为：Co>100g/L，Fe<0.001g/L，Cu≤0.0003g/L，Pb<0.0003g/L，Zn<0.007g/L，加热后作为电解阴极液。含钴铁渣返回，与镍电解钴渣一起进行浆化、还原溶解。

5.4.2　镍冶金中贵金属的综合回收

　　贵金属在地壳中含量极少，而且很分散，通常作为微量组分存在于基性与超基性岩中，其中铂族元素主要赋存于砂铂矿和铜镍硫化矿中。砂铂矿资源日渐减少，铂族元素主要从铜镍硫化矿中提取，少量从炼铜副产品中提取。

5.4.2.1　贵金属的富集

　　由于铜镍硫化物与铂族元素的浮选性能类似，在选矿过程中，铂族元素绝大部分随镍精矿产出。从硫化镍精矿中进一步富集铂族元素国内外工厂都毫无例外地使用火法冶金方法，如将硫化镍精矿熔炼成高镍锍，镍精矿中所含的铂族金属 90% 以上可富集于高镍锍中。

　　从高镍锍中进一步富集铂族元素的主要途径有：从镍电解阳极泥中提取铂族元素；从铜镍合金中提取铂族元素；直接从高镍锍中提取铂族元素。

　　加拿大国际镍公司汤普森镍精炼厂（Thompson Nickel Refinery）采用第一种途径富集贵金属，铜镍硫化矿在选矿分选铜镍后，得到硫化镍精矿与硫化铜精矿。铜精矿送铜崖冶炼厂（Copper Cliff Smelter）处理，镍精矿经火法熔炼成高镍锍，铸成阳极后电解，所得阳极泥即为提取贵金属的原料。镍阳极泥含元素硫 97%，还含有 Ni 1.25%、Fe 0.6%、Cu 0.3%、Se 0.15% 及少量贵金属。用热滤法脱去其中大部分硫后，熔铸成二次阳极，再进行电解，所得二次阳极泥脱去斑后即为含铂族元素 45%～60% 的贵金属精矿。汤普森镍精炼厂将这种贵金属精矿送英国阿克统精炼厂处理。

　　加拿大国际镍公司铜崖冶炼厂通过第二个途径富集贵金属。铜崖冶炼厂的冶炼工艺经多次改进已较完善。1965 年以前，铜崖冶炼厂采用与汤普森镍精炼厂相同工艺流程，从镍阳极泥中回收贵金属。该工艺的缺点是：在熔炼过程中，锇、钌因挥发而损失，在镍电解精炼时，铱、钌、锇也有部分溶解在电解液中。从 1965 年起，铜崖冶炼厂改进了高镍锍的铜镍分离工艺，采用高镍锍磨浮分离，分别产出镍精矿、铜精矿和铜镍合金。铜镍合金产出率约 10%，含 Ni 65%、Cu 20%，其中富集了高镍锍中 95% 以上的铂族元素及大部分金。铜崖冶炼厂将此合金进行二次硫化，产出二次高镍锍，再经磨浮分离，产出二次铜镍合金。然后将这二次合金铸成阳极进行电解，所得阳极泥用浓硫酸在 200℃ 条件下浸煮，除去铜、镍等贱金属，得到贵金属精矿。铜崖冶炼厂的贵金属精矿也送往英国阿克统精炼厂处理。

采用第三种途径富集铂族元素的工厂有加拿大鹰桥镍矿业公司（Falconbridge Nickel Mines Ltd.）和南非英帕拉铂金公司（Impala Platinum Ltd.）。

加拿大鹰桥镍矿业公司采用选择性氯化浸出法处理高镍锍，使铜和全部贵金属留于浸出渣中，得到的浸出渣经焙烧后再用铜电解废液浸出其中的铜，然后送贵金属车间处理。该工艺的优点是避免了熔炼和电解过程，从而提高了铂族元素的回收率。鹰桥镍矿业公司所处理的高镍锍含贵金属约 0.002%（20ppm）。20 世纪 70 年代，鹰桥镍矿业公司为了处理南非贵金属含量高的高镍锍，能更有效地回收贵金属，避免氯化浸出渣在焙烧和浸出脱铜工序中出现的贵金属损失，改用控制电位氯化的方法浸出铜，代替原来的焙烧和铜电解废液浸出两个工序，取得了很好的效果。脱铜后的氯化渣用四氯乙烯脱硫，脱硫渣经硫酸化焙烧-浸出法除去残余的贱金属，最后得到贵金属精矿。改进后的工艺，贵贱金属分离比较彻底，铂、钯、铑、钌的回收率均达到 99% 以上。从高镍锍到贵金属精矿的富集倍数达到 360 倍，贵金属精矿含贵金属达 45% 左右。

选择从高镍锍中富集贵金属的途径，主要取决于高镍锍中贵金属的含量，并以有利于铂族元素的富集提取，避免其分散为原则。总之，应尽可能早地将贵金属富集在少量中间产品中，并单独进行处理。这一原则已成为目前从铜镍硫化矿中提取贵金属的发展趋势。采用高镍锍磨浮分离工艺的工厂，则应从磨浮产出的合金中直接提取贵金属。我国金川镍矿的镍冶炼在 1980 年以前采用类似加拿大汤普森镍厂（Thompson Nickel Smelter）的冶炼工艺，也是采用二次电解法，从镍阳极泥中富集贵金属，1980 年以后，改用从铜镍合金中直接富集贵金属，其回收率明显提高。

5.4.2.2　贵金属的分离提纯

从贵金属精矿中分离出铂、钯、金、锇、铱、铑、钌等贵金属，并提纯为纯金属的过程称为贵金属的分离提纯。贵金属的分离提纯过程可以概括为三个主要阶段：将贵金属精矿中的所有贵金属元素转入溶液；分离贵贱金属，并初步分离各种贵金属；提纯各个贵金属。

20 世纪 60 年代采用的贵金属分离提纯传统工艺流程示于图 5-10。传统工艺包括以下主要过程：贵金属精矿首先采用焙烧-浸出法使贱金属溶解，得到的浸出渣再用王水溶解，使贵金属进入溶液。溶液用氯化亚铁、硫酸亚铁或二氧化硫作还原剂，使金呈海绵状沉淀，再经反复溶解、还原或用电解法提纯制取纯金。往沉金后液内加入氯化铵，使铂呈氯铂酸铵 [$(NH_4)_2PtCl_6$] 沉淀，通过反复溶解、沉淀制取纯氯铂酸铵；纯氯铂酸铵煅烧后即得到纯海绵铂。沉铂后液内加入氯化铵与氨水，使钯呈二氯二氨络亚钯 [$Pd(NH_3)_2Cl_2$] 沉淀，通过反复酸化溶解与络合沉淀，制得纯二氯二氨络亚钯；纯二氯二氨络亚钯经煅烧、还原得到纯海绵钯。

沉淀金铂钯后的溶液用锌粉将贵金属沉淀出来，置换后液弃去。置换沉淀物与前述的王水溶解渣合并与碳酸钠等共熔炼成贵铅，铑、铱、锇、钌被捕集于贵铅中，然后用硝酸溶解贵铅，使银和铅进入溶液。脱去银、铅后的浸出渣，再用王水选择性浸出铂、钯、金，浸出液与前述的王水溶液合并处理。王水浸出渣与过氧化钠一起熔炼，使贵金属转化成钠盐。在酸性溶液中使锇钌呈四氧化物挥发，并分别用氢氧化钠与盐酸溶液吸收，得到锇吸收液和钌吸收液。锇、钌吸收液分别经氯化铵沉淀与煅烧还原得到锇、钌金属。蒸馏

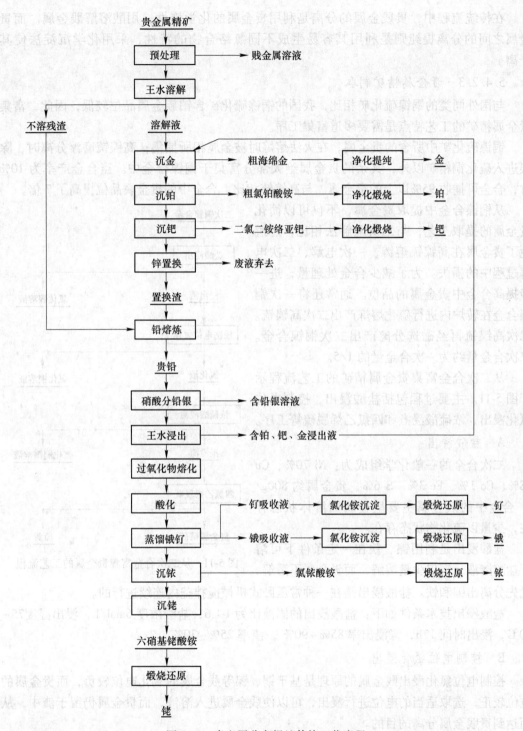

图 5-10 贵金属分离提纯传统工艺流程

铱钌后的残液，在氧化条件下用氯化铵使铱呈氯铱酸铵 $[(NH_4)_2IrCl_6]$ 沉淀，经煅烧还原制得金属铱。沉淀后液用亚硝酸钠络合水解，加氯化铵沉淀铑，使铑呈六亚硝基铑酸铵 $(NH_4)_3Rh(NO_2)_6$ 沉淀，经煅烧还原得到金属铑。

在传统流程中，贵贱金属的分离是利用贵金属的化学惰性，用酸溶解贱金属。而贵金属之间的分离提纯则是利用其容易生成不同氯络合物的特性，采用化学沉淀法使其分离。

5.4.2.3　贵金属精矿制取

与国外同类的铜镍硫化矿相比，我国的铜镍硫化矿含铂族金属品位较低，因此，富集贵金属精矿的工艺特点是需要多道富集工序。

铜镍硫化矿中所含的贵金属，在火法熔炼时被金属相所捕集；高镍锍磨浮分离时，除银进入硫化铜精矿以外，其余的贵金属绝大部分富集于铜镍合金中。当合金产率为10%时，合金可捕收95%以上的贵金属。与高镍锍相比，合金中的贵金属品位提高了7倍。

从铜镍合金中提取贵金属，不仅可以简化贵金属的提取工艺，与二次电解法相比，还避免了贵金属在高镍锍熔铸、一次电解、二次电解过程中的损失。为了减少合金处理量，进一步提高合金中贵金属的品位。通常还将一次铜镍合金在转炉内进行硫化熔炼产出二次高镍锍。二次高镍锍再经磁选分离产出二次铜镍合金。二次合金量约为一次合金量的1/5。

从二次合金富集贵金属精矿的工艺流程示于图5-11。主要过程包括盐酸浸出、控制电位氯化浸出、浓硫酸浸煮和四氯乙烯脱硫等工序。

A　盐酸浸出

二次合金的一般化学组成为：Ni 70%、Cu 18%、Co 1%、Fe 3%、S 6%、贵金属约800g/t。合金中的贱金属主要呈金属固溶体状态存在，少量以硫化物状态存在。

盐酸浸出是利用镍、铁在一定条件下可溶于盐酸溶液，铜仅少量溶解，而贵金属不溶解，优先分离出镍和铁。盐酸浸出是在一种常压卧式机械搅拌釜内连续进行的。

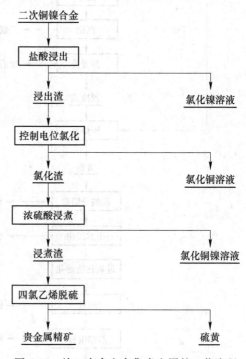

图 5-11　从二次合金富集贵金属的工艺流程

盐酸浸出技术条件如下：盐酸浸出的固液比为1:6，盐酸浓度6mol/L，浸出温度75~80℃，浸出时间12h，镍浸出率85%~90%，渣率25%~30%。

B　控制电位氯化浸出

控制电位氯化浸出贱金属的原理是基于铜、镍等贱金属的氧化电位较负，而贵金属的电位较正，选取适当的电位进行浸出，可以使贱金属进入溶液，而贵金属仍留于渣中，从而达到贵贱金属分离的目的。

在盐酸浸出渣中，除贵金属外主要是金属相的铜、铜镍硫化物和铜镍固溶体。控制电位进行氯化浸出时，残留的镍几乎全部溶解，铜则发生下列反应：

$$2Cu + Cl_2 - 4e = 2Cu^{2+} + 2Cl^-$$

$$2Cu^+ + Cl_2 - 2e = 2Cu^{2+} + 2Cl^-$$

$$Cu_2S + Cu^{2+} \xrightarrow{\hspace{1cm}} CuS + 2Cu^+$$

$$CuS + Cu^{2+} \xrightarrow{\hspace{1cm}} 2Cu^+ + S$$

控制电位进行氯化浸出时，铜和贵金属的溶解率与电位的关系示于图5-12。由图5-12的曲线可知，要保证铜等贱金属比较完全地转入溶液，而贵金属基本不溶解的最佳氧化电位是（400±20）mV。这时，铜浸出率可达98%以上。

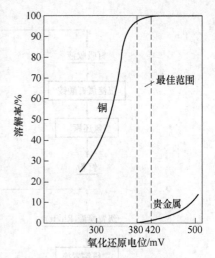

图5-12 铜和贵金属的溶解率与电签的关系

当溶液中通入氯气时，溶液氧化电位增高；在连续浸出过程中，只需调节氯气加入量及合金加入量，就能使溶液电位保持在选定的范围内，达到选择性浸出贱金属的目的。

该工序在氯化浸出釜中连续进行。氯化浸出釜结构与盐酸浸出釜相同。盐酸浸出渣经螺旋加料器连续均匀地给入氯化釜内；盐酸经高位槽自流入氯化釜；氯气经减压后送入氯化釜内。氯化浸出釜内装有铂汞电极，用来测定溶液的氧化电位。

控制电位氯化浸出的技术条件为，控制电位氯化浸出的温度为80℃，盐酸浓度为2mol/L，溶液氧化电位为（400±20）mV。

C 浓硫酸浸煮

浓硫酸是强氧化剂，在加热时能氧化很多贱金属及其硫化物，使其成为盐类进入溶液，而贵金属不溶于浓硫酸。浓硫酸浸煮即是利用这一特性，在一定的温度条件下继续脱除贱金属的过程。浓硫酸浸煮技术条件为，固液比1:（1.5~1.7），反应温度165~175℃，浸煮时间3h。因浓硫酸浸煮的反应温度高，故在用油导热的搪瓷反应釜内进行。在浸煮过程中，贵金属损失很小，铜浸出率可达到80%。浸煮后的矿浆用水浸出，经过滤即得到浸煮渣。

D 四氯乙烯脱硫

二次铜镍合金中含硫仅6%，但经盐酸浸出、控制电位氯化浸出和浓硫酸浸出后，由于贱金属被浸出，硫相对被富集，浸煮渣含硫可达60%。浸煮渣中，硫主要呈元素硫存在。四氯乙烯脱硫是利用硫可溶于四氯乙烯，并随温度的升高而溶解度增大的特性，脱除浸煮渣中的元素硫，产出贵金属精矿。

该工序在耐酸搪瓷釜内进行。浸煮渣加入搪瓷釜内，四氯乙烯由高位槽内自流入釜内，然后升温至95℃使硫溶解于四氯乙烯内。过滤出含硫的四氯乙烯，在另1台装有水冷夹套的反应器内冷却，元素硫便从四氯乙烯中析出，分离后即可得到硫黄；四氯乙烯可以返回使用。脱硫后的浸煮渣即为贵金属精矿。

5.4.2.4 贵金属精矿分离提纯的方法

经二次合金至贵金属精矿等工序除去了99%~99.9%的贱金属，硫的脱除率也在90%以上。我国的贵金属精矿分离提纯工艺流程示于图5-13。主要过程包括氧化蒸馏提取锇、钌，铜粉置换分离金、铂、钯和锇、铂、钯、金、铑、铱的分离提纯。

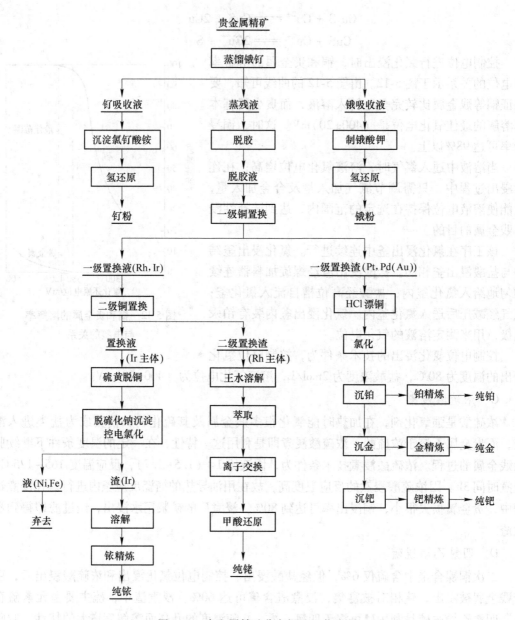

图 5-13   贵金属精矿分离提纯工艺流程

A   氧化蒸馏分离提取锇钌

贵金属精矿中一般含锇、钌仅 0.5% ~ 0.7%。传统的工艺流程是将贵金属精矿先用王水溶解，再从不溶渣中回收锇、钌、铑、铱；对于含锇、钌较低的贵金属精矿，采用这种传统工艺，只能回收极少量的钌；而锇则在王水溶解贵金属精矿以及铂、钯精炼过程中，全部氧化挥发损失于废气中。为了提高锇、钌的回收率，采用贵金属精矿先氧化蒸馏，优先分离出锇、钌的工艺。这是分离提纯工艺的一大改进，大大地提高了锇、钌回收率。氧化蒸馏分离提取锇、钌，包括蒸馏锇钌、加热赶锇、沉淀锇钠盐、二次蒸馏锇、甲醇分离钌、加压氢还原、氢气煅烧还原锇、浓缩沉钌和煅烧还原等操作步骤。

蒸馏锇钌在搪瓷反应釜内进行，吸收锇、钌用的也是搪瓷反应釜，但容积小些。锇、钌的氧化物对金属有强腐蚀作用，蒸馏釜与吸收釜之间全部采用玻璃管道连接。

贵金属精矿加入蒸馏釜内，用 1.5mol/L 的硫酸浆化，加入氯酸钠作氧化剂，氯酸钠用量为精矿量的 1.5~1.7 倍，在 100℃ 左右蒸馏 8~13h。

钌吸收釜内装有吸收液，其组成为盐酸和乙醇，锇吸收釜内装有吸收液，其组成为氢氧化钠和乙醇。吸收釜装有水冷夹套，通低温水用来冷却吸收液，以提高吸收效率。

蒸馏结束后，排出钌吸收釜夹套内的低温水，通入蒸汽加热钌吸收液，将进入钌吸收釜内的 OsO_4 蒸发驱往锇吸收釜。

往锇吸收釜内通入 SO_2，并加入 H_2SO_4，将锇吸收液中和至 pH 值为 6，使锇呈锇钠盐沉淀。过滤出的锇钠盐用 3mol/L 的硫酸浆化，加入氯酸钠作氧化剂进行二次蒸馏。二次蒸馏得到的富锇吸收液中仍含有微量钌，用甲醇选择性还原，钌呈氢氧化物沉淀。纯锇溶液用 KOH 处理，沉淀出锇酸钾，经过滤、酒精洗涤后，用 0.8mol/L 的盐酸浆化，在加压釜内用氢气还原成锇粉。纯锇粉经洗净、烘干后，在氢气流中煅烧，并在 920℃ 条件下退火，冷却后即为纯锇产品。

钌吸收液的处理比较简单，只需将吸收液加热浓缩至含钌 30g/L 左右，利用锇比钌更易氧化为四氧化物的性质，加入氧化性比氯酸钠稍弱的过氧化氢，将锇蒸出。然后，往纯钌溶液中加入氯化铵，即可沉淀出氯钌酸铵，氯钌酸铵经煅烧、氢还原，即可得到纯钌粉。

B 铜粉置换和铂钯铑铱金的分离提纯

铂钯金和铑铱的分离工艺经多次改进已逐渐趋于完善；蒸馏锇钌后的残液，用活性铜粉进行两次置换：第一次置换出金铂钯，第二次置换出铑。活性铜粉两次置换法工艺简单，铂、钯、金、铑、铱的回收率都有较大的提高。

一次置换出来的金铂钯沉淀物，用水溶液氯化溶解后，加入氯化铵沉淀出粗氯铂酸铵。粗氯铂酸铵经反复溶解沉淀精制、煅烧后即为纯铂产品。

往沉淀出粗氯铂酸铵后的母液内通入 SO_2 可沉淀出金。经过滤、洗涤后的粗金用盐酸和过氧化氢溶解，再以草酸精制得到海绵金，将海绵金熔铸成金锭即为产品。

往沉金后的母液内加入硫化钠，沉淀出硫化钯。硫化钯用盐酸和过氧化氢溶解，然后用二氯二氨络亚钯法反复酸化溶解与络合沉淀进行精制，以制取纯二氯二氨络亚钯。纯二氯二氨络亚钯经烘干、煅烧、氢还原得出纯海绵钯即为钯产品。

分离出铂、钯、金以后的母液，进行二次活性铜粉置换，94% 以上的铑被置换沉淀，而铱仍留在溶液内。置换出来的铑沉淀物用王水溶解、赶硝后即可得到深红色的氯铑酸溶液。溶液中含有微量的铂、钯、金、铱，用溶剂萃取法净化；净化后的氯铑酸溶液用甲酸还原后即得到纯铑黑，经烘干、在氢气流中煅烧，即得到纯铑产品。

经两次活性铜粉置换后的母液，除保留着全部铱以外，还增加了铜粉置换时引入的大量铜。往母液内通入 SO_2 至饱和，然后加入适量的细硫黄粉，煮沸半小时，沉淀出铜。脱铜后的滤液用硫化钠沉淀法沉淀铱。过滤出的铱沉淀物用控制电位氯化法溶解共沉淀的贱金属，过滤后即可得到铱精矿。铱精矿用盐酸和过氧化氢溶解后，用硫化铵精制，得到的铱沉淀物经烘干、煅烧、氢还原后即为铱产品。

5.4.3　废弃物治理及综合利用

5.4.3.1　镍冶金过程的固体废料处理

我国镍冶金企业除新疆喀拉通克开采富矿而未建选矿厂外，其余金川、磐石、会理等地的选矿尾矿都直接送入尾矿坝堆存。

有色冶金固体废料主要指在冶炼过程中所排放的暂时没有利用价值而被丢弃的固体废物，包括采矿废石、选矿尾矿，各种有色金属渣、粉尘、废屑、废水处理的残渣污泥等，其中数量大且有利用价值的是各种有色金属冶炼废渣。

有色冶金固体废料的处理原则，首先是要实现固体废物排放量的最佳控制，也就是说要把排放量降到最低程度，不可避免地要排放的固体废料要进行综合利用，使之再资源化。在目前条件下不能再利用的要进行无害化处理，最后合理地还原于自然环境中。对于必须排放的固体废料应妥善处理，使之安全化、稳定化、无害化并尽可能减小其体积和数量。为此对固体废料应采取物理、化学、生物的方法处理，在处理的过程中应防止二次污染的产生。

冶金渣是冶金过程的必然产物，它富集了冶金原料中经冶炼提取某主要产品后剩余的多种有价元素，这些元素对主金属产品可能是有害的，但对另一种产品则是重要原料。在各种有色金属渣中，含有其他有价金属和稀贵金属，可作为提取这些金属的原料，提炼后的废渣还可以用来生产铸石、水泥等。

　A　尾矿的综合利用

矿山开采的镍矿石经选矿产生的固体废料主要是尾矿，其特点是量大、呈粉状。综合利用，变废为宝，大有作为。例如，金川公司与昆明理工大学合作开发利用选矿尾砂生产复合材料技术。该工艺选择一定粒度和经表面活化处理后的尾矿砂作增强材料，把各种废旧热塑性材料，经过一定的工艺处理后作为基本材料，再配以适当的添加剂，即可形成一种复合材料。其制品具有机械强度较高，表面平整光滑，耐酸、耐碱，重量轻等特点，可用来生产建筑用模板和道路留泥井的井盖。另外，选矿尾砂还可以用于矿山充填，即用选矿尾矿代替细砂，配以水泥、粉煤灰、黏结剂等材料进行充填。

　B　冶炼废渣的综合利用

废渣由于其量大，处理的方法一是堆存（修筑尾矿坝和冶炼弃渣堆场），二是作为采矿的填充料返回矿山，少量用于建材生产。我国对镍冶炼弃渣的综合利用作了大量的研究工作，取得了可喜成绩，不仅弃渣中的镍、钴、铁得到了回收利用，其他成分则可生产水泥，使弃渣得到了完全利用。

　a　中和铁渣的处理

中和水解除铁产出的高镍铁渣经硫酸溶解，氯酸钠氧化后，以采用黄钠铁矾法进行除铁。高镍铁渣处理的工艺流程如图 5-14 所示。

黄钠铁矾法处理高镍铁渣原理为：溶液中的三价铁离子在较高温度（90℃），并有晶种存在的条件下，当溶液中有足够的钠离子和硫酸根离子存在时，控制适当的 pH 值，就能生成黄钠铁矾沉淀：

$$3Fe_2(SO_4)_3 + Na_2SO_4 + 12H_2O \Longrightarrow Na_2Fe_6(SO_4)_4(OH)_{12} \downarrow + 6H_2SO_4$$

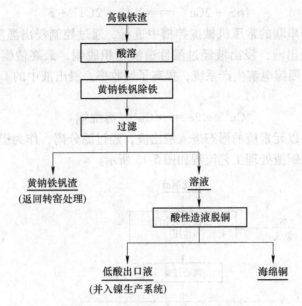

图 5-14 高镍铁渣处理工艺流程

中和水解铁渣酸溶后，再用黄钠铁矾法除铁，镍与铜以离子形式随滤液返回造液系统，经造液脱铜后，镍返回生产系统，因此提高了镍的回收率，铁以铁矾渣形式返回回转窑处理。表 5-7 为金川公司中和水解铁渣和铁矾渣的大致成分。

表 5-7 铁渣和铁矾渣的大致成分 （%）

成　分	Ni	Fe	Cu
铁　渣	16~19	15~17	5~8
铁矾渣	2~2.5	25~28	

高镍铁渣经黄钠铁矾法除铁后，有 94% 以上的镍以硫酸镍溶液形式返回镍生产系统。

b　净化铜渣的氯气浸出

镍精矿除铜工艺所产铜渣主要成分为 NiS、CuS、Cu_2S，铜镍比约为 1:2，为了提高 Ni 的回收率，采用氯气全浸工艺对净化铜渣进行处理。

浸出是把净化铜渣加入预先配成的 Ni、Cu 为 200~250g/L 的溶液中，通入氯气发生氧化反应。过程放出大量的热，为了保证浸出过程中的温度和溶液中 Cu^+/Cu^{2+} 的预定值，必须连续不断地加料并且按液固比 (2~2.5):1，加水补充浸出过程蒸发的水，氧化电位控制在 430~450mV，温度 102~110℃（略低于浸出液沸点温度），浸出反应借助于亚铜离子传递电子加速进行，从而达到 Ni、Cu 全浸目的，其主要反应为：

$$2Cu^+ + Cl_2 = 2Cu^{2+} + 2Cl^-$$

$$CuS + Cl_2 = Cu^{2+} + 2Cl^- + S^0$$

$$Ni_3S_2 + 6Cu^{2+} = 3Ni^{2+} + 6Cu^+ + 2S^0$$

$$Ni_3S_2 + 3Cl_2 = 3Ni^{2+} + 6Cl^- + 2S^0$$

$$NiS + Cl_2 = Ni^{2+} + 2Cl^- + S^0$$

$$NiS + 2Cu^{2+} == Ni^{2+} + 2Cu^{+} + S^{0}$$

铜渣浸出在四个串联的常压机械搅拌槽中进行，通过控制浸出温度与氧化还原电位，将镍与铜全部浸入浸出液，浸出液经过酸性造液电积脱铜，最终使铜以海绵铜的形式除去；镍以 Ni^{2+} 形态返回镍电解生产系统，提高了回收率。浸出液中的 Cu^{2+} 在造液工序阴极发生如下反应：

$$Cu^{2+} + 2e == Cu \downarrow （海绵铜）$$

铜渣中的硫主要以元素硫的形态进入浸出渣，经过滤分离，作为提取贵金属与制取硫黄的原料。金川公司铜渣处理工艺流程如图 5-15 所示。

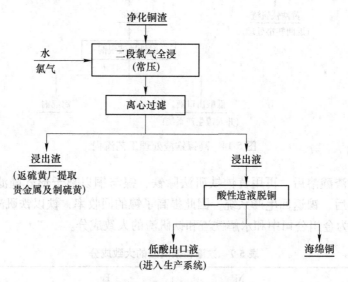

图 5-15　铜渣处理工艺流程

采用氯气全浸工艺，镍、铜的浸出率达 98% 以上。表 5-8 为净化铜渣浸出前后成分对照。

表 5-8　净化铜渣浸出前后对照表　　　　　　　　　　　　　　　（%）

成　分	Ni	Cu
铜　渣	40	20
浸出渣	2	1.5

c　钴渣的处理

净化钴渣是生产电解钴、电积钴和氧化钴粉的主要原料。净化钴渣在钴车间经酸溶除杂质等工序，最终达到镍钴分离，镍以硫酸镍溶液的形态返回镍电解生产系统，钴则进一步处理后得到电解钴、电积钴和氧化钴产品。

d　残极的处理

在镍电解生产过程中，生产槽和造液槽产出的残极，在返回反射炉重新熔铸之前，必须取出残极耳部的铜线，否则，长期积累，将使高硫阳极板含铜量超标。为此，生产中用手锤打碎耳部后拣出铜线，然后筛分分开残极和阳极泥，残极返回反射炉重新熔铸，阳极泥作为提取贵金属与制取硫黄的原料。

e　阳极泥的处理

硫化镍阳极为可溶阳极，在进行一段时间电解后，就会在其表面形成阳极泥，阳极泥率随阳极板含硫量的多少波动在 6%~25%，为了防止电解槽底部由于阳极泥的堆积而使得阴极隔膜下部循环恶化，以及发生两极短路，一般根据电流的大小，在 3~6 个月之间进行一次掏槽清理，由于阳极泥具有较强的物理吸附机械夹带能力，必须处理以回收其中的 Ni^{2+}。方法是在洗涤釜中加入阳极泥后配入一定量的水，然后开风搅拌，液固分离，以回收其中的 Ni^{2+}。洗涤后的阳极泥作为提取贵金属与制取硫黄的原料。

5.4.3.2　镍冶金过程中的废气处理

镍冶金过程由于工艺流程不同或处理的原料不同，产生的废气成分也不同，因此废气的治理方法也不同。例如含镍钴硫化矿火法冶炼时，烟气中含有大量的二氧化硫，必须综合利用，防止污染，但采用湿法冶金时，原料中的硫转化为 SO_4^{2-} 而被利用，其废气不需治理。

A　利用烟气中二氧化硫生产硫酸

含镍钴硫化矿火法冶炼产出的烟气，一般采用制酸的工艺回收其中的二氧化硫。随着冶金技术进步和烟气中二氧化硫浓度的提高，绝大多数的镍钴冶金工厂都采用接触法制酸工艺处理含二氧化硫烟气，使最终排放尾气中的二氧化硫浓度降至最低限度。我国镍钴冶金工厂从含二氧化硫烟气中回收硫酸的能力每年在 $50×10^4t$ 以上。

采用接触法制造硫酸，一般包括以下几个工序：净化、转化、吸收、尾气处理。

烟气净化：其目的在于进一步净化烟气，使烟气含尘量降低，以防止烟尘沉积而造成管道、设备、接触层堵塞。净化的方法可采用干法净化、水洗、稀酸洗涤、热浓硫酸洗涤等方法。

二氧化硫转化为三氧化硫：二氧化硫的转化反应是在有触媒存在的条件下进行，SO_2 转化成 SO_3。为了满足转化过程的热平衡要求，以利于转化作业的进行，要求烟气含二氧化硫量不低于 3.5%，并尽可能保持稳定。

三氧化硫的吸收：转化出来的三氧化硫气体，用浓硫酸进行吸收。混合气体中三化硫先溶解在硫酸内，然后和硫酸内的水化合生成酸。

B　利用烟气中二氧化硫生产焦亚硫酸钠

焦亚硫酸钠（$Na_2S_2O_5$）呈白色或微黄色粉末，带有强烈的 SO_2 气味，它溶于水并生成亚酸氢钠，在空气中极易氧化放出 SO_2 变成硫酸钠，加热到 150℃ 则完全分解。焦亚硫酸钠用纺织工业、食品工业、橡胶工业、造纸工业、制药工业及照相业，主要用作漂白剂或防腐剂。用冶炼烟气中的二氧化硫生产焦亚硫酸钠的工艺比较简单，烟气经净化处理后用碳酸钠溶解吸收其中的 SO_2，所得中间产物经脱水后即可得到焦亚硫酸钠，主要反应如下：

$$Na_2CO_3 + 2SO_2 + H_2O = 2NaHSO_3 + CO_2$$
$$2NaHSO_4 + Na_2CO_3 = 2Na_2SO_4 + CO_2 + H_2O$$
$$Na_2SO_3 + SO_2 + H_2O = 2NaHSO_3$$
$$2NaHSO_3 = Na_2S_2O_5 + H_2O$$

在生产中，应严格控制吸收液终点的 pH 值，以防止 $Na_2S_2O_5$ 氧化成 Na_2SO_4。

C 镍钴冶金过程中含氯废气的治理

镍钴冶金过程中含氯废气，主要源于镍钴溶液采用化学沉淀法净化除钴或沉淀钴等湿法过程中产出的废气，以及钴渣在酸溶时产出的废气。因为净化除钴或沉淀时一般都采用氯气氧化，所以在尾气中会含有过剩氯气，而钴渣在还原酸溶时也会排出少量氯气。在镍钴电解过程中还会产生一定量的酸雾弥漫于厂房，一般除了采用通风（自然通风或机械通风）外，还采取在电解槽上覆盖薄膜或软薄织物的办法，以减少蒸发的酸雾，有的采用某种起泡剂，使电解液表面产生泡沫，或采用不同粒径的泡沫塑料小球使其浮于溶液表面，以减少酸雾蒸发。

常用的含氯废气的处理方法有：

（1）用碱液吸收废气中的氯。碱液可以是氢氧化钠溶液或碳酸钠溶液，也可是两者的混合溶液。吸收氯气后生成的次氯酸钠，可用作沉钴过程或废气处理过程的氧化剂。用纯碱液吸收处理含氯废气效果好，产出的次氯酸钠质量也较高，但处理费用较大。

（2）用含碱废液吸收处理含氯废气。电解生产过程中，为维持溶液体积和镍、钠离子的平衡，需定期抽出一定数量溶液加入碳酸钠，使镍生成碳酸镍沉淀，经过滤后，碳酸镍用于中和调节工艺过程中的 pH 值和镍离子浓度。而过滤后的废液则排放，即可除去多余的钠和过多的水。这种废液中含有大量的 Na^+、Cl^-、SO_4^{2-} 和少量 Ni^{2+}，其 pH 值为 8~8.5，因为在沉淀碳酸镍时使用了过量的 Na_2CO_3，使沉淀后液相应含有 Na_2CO_3 0.1~0.2g/L。用这种废液来吸收含氯废气以取代碱液，不仅降低了含氯废气的处理费用，而且在吸收过程中，使溶液中残存的少量 Ni^{2+} 完全沉淀，可进一步回收镍，产出的含次氯酸钠的溶液可用于废水处理。用碳酸镍沉淀母液处理含氯废气，氯气的吸收率可达90%左右，吸收后的废气含氯达到了国家环保标准。

（3）镍、钴精炼过程中的余氯吸收。净化除钴与铜渣浸出过程使用大量氯气，钴和贵金属生产也使用大量的氯气，会产生大量的高浓度含氯废气，严重腐蚀了厂房设备，影响了厂区环境，为了改善岗位操作环境，排放的剩余氯气必须吸收处理。余氯吸收是在装有塑料管（或瓷环）作为填充料的吸收塔内进行，将吸收液用循环泵打入吸收塔顶部，经分布板均匀向下喷淋，而含氯废气从吸收塔下部向上送入，与吸收液均匀接触，废气中的余氯被充分吸收后从塔顶排出。用 Na_2CO_3 或 NaOH 溶液吸收余氯的反应为：

$$Na_2CO_3 + Cl_2 = NaClO + NaCl + CO_2 \uparrow$$

$$2NaOH + Cl_2 = NaClO + NaCl + H_2O$$

沉淀碳酸镍以后的母液中含有 Na_2CO_3，用来吸收余氯的反应为：

$$Na_2CO_3 + Cl_2 = NaClO + NaCl + CO_2 \uparrow$$

$$2NiSO_4 + NaClO + 2Na_2CO_3 + 3H_2O = 2Ni(OH)_3 \downarrow + NaCl + 2Na_2SO_4 + 2CO_2 \uparrow$$

$$2NiSO_4 + Cl_2 + 3Na_2CO_3 + 3H_2O = 2Ni(OH)_3 \downarrow + 2NaCl + 2Na_2SO_4 + 3CO_2 \uparrow$$

$$3NiCO_3 + Cl_2 + 3H_2O = 2Ni(OH)_3 \downarrow + NiCl_2 + 3CO_2 \uparrow$$

5.4.3.3 镍冶金过程中的废水处理

镍冶金的废水除了含有少量 Ni、Cu、Co、Fe 等重金属离子外，还含在大量的 Na^+、Cl^-、SO_4^{2-}。一般可采用中和混凝沉淀、萃取、吸附、电解、离子交换以及反渗透膜等方法处理。PFS-NaOH 法是处理镍钴冶金废水的较好方法，工艺流程如图 5-16 所示。

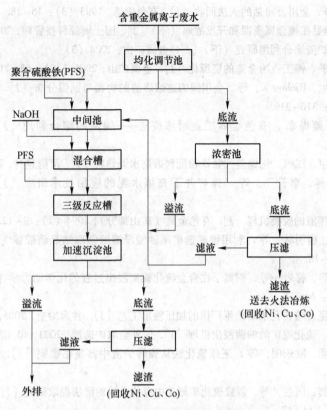

图 5-16　PFS-NaOH 法废水处理流程

含氯废气的吸收液中含有次氯酸钠，与含镍钴的废液混合后，能使其中的镍、钴氧化至高价而水解，使大部分的镍钴产生沉淀。PFS（聚合硫酸铁）在废水处理过程中有两个作用：一是起沉淀剂作用，与 Ni^{2+} 生成一种复杂的碱式盐，这种碱式盐的沉淀 pH 值要比 $Ni(OH)_2$ 的沉淀 pH 值低得多；二是絮凝作用，PFS 与 Ni^{2+} 生成的碱式盐带负电荷，与废水中带正电荷的 $Fe(OH)^{2+}$、$Fe_2(OH)_2^{4+}$ 等离子相互中和，促使微小粒子絮凝长大，再将 pH 值调整至 9.5～10.5，使溶液中的镍、铜、钴等重金属离子完全沉淀。虽然 PFS 有絮凝作用，但在浓密前仍需加入絮凝剂（聚丙烯酰胺）。该工艺不仅现场作业条件好，处理后的废水含镍、铜、钴均小于 1mg/L，达到国家环保排放标准，而且渣量小，滤渣含镍达到 10%～12%，易于回收。

参 考 文 献

[1] 彭容秋. 镍冶金 [M]. 长沙：中南大学出版社，2005.

[2] 黄其兴. 镍冶金学 [M]. 北京：中国科学技术出版社，1990.

[3] 何焕华，蔡乔方. 中国镍钴冶金 [M]. 北京：冶金工业出版社，2000.

[4] 陈浩琉. 镍矿床 [M]. 北京：地质出版社，1993.

[5] 上海冶炼厂. 电解镍的生产 [M]. 北京：冶金工业出版社，1959.

[6] 王玉芳. 回收镍浸出渣中有价金属的工艺研究及应用 [J]. 铜业工程，2010 (2)：44～46.

[7] 梁冬梅，杨波. 硫化铜镍矿的研究进展 [J]. 现代矿业，2009 (8)：14～16.

[8] 帅国权, 王国华. 金川公司钴的火法回收 [J]. 有色冶炼, 1995 (3): 15~18.

[9] 刘同有. 中国镍钴铂族金属资源和开发战略 (下) [J]. 国土资源科技管理, 2003, 20 (1): 21~28.

[10] 彭华. 诺兰达炉渣综合利用研究 (下) [J]. 金属矿山, 2004 (3).

[11] 盛广宏, 翟建平. 镍工业冶金渣的资源化 [J]. 金属矿山, 2005 (10): 68~71.

[12] 曹战民, 孙根生, Richter K, 等. 金川镍闪速熔炼渣的物相与铜镍分布 [J]. 北京科技大学学报, 2001, 23 (4): 316~319.

[13] 王宁, 陆军, 施捍东. 有色金属工业冶炼废渣——镍渣的综合利用 [J]. 环境工程, 1994 (1): 16~17.

[14] 赵素霞, 李健生, 江帆. 用镍渣代替铁粉配料煅烧水泥熟料 [J]. 河南建材, 2003 (4): 25.

[15] 钱惠生, 王玉萍, 李云飞, 等. 镍矿井下充填水泥的应用技术研究 [J]. 吉林建材, 2003 (2): 22~24.

[16] 赵铁城. 镍水淬渣的胶凝机理 [J]. 有色金属 (矿山部分), 1994 (1): 9~12.

[17] 张勇, 杨建元, 唐明林, 等. 利用镍矿选矿尾砂酸浸溶液制取结晶硫酸镍 [J]. 四川有色金属, 1996 (1): 16~18.

[18] 李忠国, 翟秀静, 符岩, 等. 铜离子在合金硫化镍矿浸出过程的化学动力学 [J]. 分子科学学报, 2006, 22 (1): 24~27.

[19] 李国成. 奥托昆普哈贾瓦尔塔冶炼厂镍的加压浸出工艺 [J]. 甘肃冶金, 2005, 27 (1): 23~25.

[20] 张才学, 周平. 硫化镍矿的细菌浸出机理 [J]. 国外金属矿选矿, 2003, 40 (7): 9~11.

[21] 喻正军, 冯其明, 欧乐明, 等. 还原硫化法从镍转炉渣中富集钴镍铜 [J]. 矿冶工程, 2006, 26 (1): 49~51.

[22] 谢燕婷, 徐彦宾, 闫兰, 等. 铜镍硫化矿尾矿中有价金属的湿法提取研究 [J]. 有色金属 (冶炼部分), 2006 (4): 14~17.

[23] 王德全, 姜澜. 镍基合金电解加工渣泥中镍和钴的回收 [J]. 中国有色金属学报, 2001, 11 (2): 333~336.

[24] 赵思佳, 楚广, 杨天足. 从含镍废料中回收镍等有价金属研究进展 [J]. 湿法冶金, 2009, 28 (2): 72~76.

[25] 梁妹. 从废弃炉渣中分离回收钴、镍 [J]. 湿法冶金, 2007, 26 (3): 157~162.

[26] 田宗军, 王桂峰, 黄因慧, 等. 金属镍电沉积中枝晶的分形生长 [J]. 中国有色金属学报, 2009, 19 (1): 167~173.

[27] 吴芳. 从废旧锂离子二次电池中回收钴和锂 [J]. 中国有色金属学报, 2004, 14 (4): 697~701.

[28] 李冠东, 童雄, 叶国华, 等. 铜钴分离技术研究现状 [J]. 湿法冶金, 2009, 28 (3): 138~141.

[29] 李金辉, 李新海, 周友元, 等. 镍钴锰三元电池废料浸出液除铜铁净化 [J]. 过程工程学报, 2009, 9 (4): 676~682.

[30] 徐源来, 徐盛明, 徐刚, 等. 白铜合金废料综合回收工艺 [J]. 中国有色金属学报, 2009, 19 (4): 44~47.

[31] 胡天觉, 曾光明, 袁兴中. 湿法炼锌废渣中硫脲浸出银的动力学 [J]. 中国有色金属学报, 2001, 11 (5): 933~937.

6 铝冶金环保及其资源综合利用

6.1 铝矿资源概述

6.1.1 世界铝资源

铝土矿是生产氧化铝，进而提取金属铝的最重要的矿物原料。在当代世界上，除俄罗斯和哈萨克斯坦仍在用霞石正长岩制备氧化铝以外，其他 27 个国家的氧化铝都是用铝土矿生产出来的。制造 1kg 氧化铝约需要 2kg 铝土矿，而制造 1kg 金属铝也需要 2kg 氧化铝。

世界铝土矿资源比较丰富，美国地质调查局 2015 年数据显示，世界铝土矿资源量为 550 亿~750 亿吨。世界铝土矿已探明储量约为 280 亿吨，主要分布在非洲（32%），大洋洲（23%），南美及加勒比海地区（21%），亚洲（18%）及其他地区（6%）。

从国家分布来看，铝土矿主要分布在几内亚、澳大利亚、巴西、中国、希腊、圭亚那、印度、印尼、牙买加、哈萨克斯坦、俄罗斯、苏里南、委内瑞拉、越南及其他国家。其中几内亚（已探明铝土矿储量 74 亿吨）、澳大利亚（已探明铝土矿储量 65 亿吨）和巴西（已探明铝土矿出储量 26 亿吨）三国已探明储量约占全球铝土矿已探明总储量的 60%。

6.1.2 我国铝资源

我国国土资源部发布《2014 年中国国土资源公告》显示，截至 2014 年，我国铝土矿查明资源储量为 42.3 矿石亿吨。我国铝矿、铝矾土资源储量分布较为集中，主要分布在山西、贵州、广西和河南四省（山西 41.6%、贵州 17.1%、河南 16.7%、广西 15.5%）共计 90.9%；其余拥有铝土矿的 15 个省、自治区、直辖市的储量合计仅占全国总储量的 9.1%。

我国铝土矿主要为岩溶型一水硬铝石矿床，矿石化学成分总体上属于高铝、高硅、低硫、低铁、中低 A/S 特征，Al_2O_3 一般在 40%~75%，SiO_2 4%~18%，富矿（Al_2O_3>62%，A/S>7）约占 20%，中等矿（5<A/S<7）约占 60%，暂时不利用的贫矿（3<A/S<5）约占 20%，与其伴生的矿产有耐火黏土、铁、镓、锂等。

90% 的铝土矿品低、A/S 低、溶出性差，决定了我国氧化铝生产工艺流程长、能耗高、成本高。

我国铝土矿常共生和伴生有多种矿产，在铝土矿分布区上覆岩层常产有工业煤层和优质石灰岩。在含矿岩系中共生有半软质黏土、硬质黏土、铁矿和硫铁矿。矿石中伴生有 Ga、V、Li、RE、Nb、Ta、Ti、Sc 等多种有用元素。在有些地区，上述共生矿产往往和铝土矿在一起构成具有工业价值的矿床。铝土矿中的 Ga、V、Sc 等都具有回收价值。加强铝土矿资源的综合利用，既可以防止或降低有价资源的浪费，又可以显著提高企业的经济效益，使矿石资源利用的经济效果实现最佳化。

6.1.2.1　广西铝土矿资源共伴生成分

广西的铝土矿床类型为堆积型，共伴生组分较多，有 Fe、Ga、Sc、Ti、Zr、Nb、Ta、稀土等。广西镓资源量在全国排名第一，资源量达 2.9 万吨。从 1995 年至今，丢弃在赤泥及矿泥中氧化钪约 1247t。钪及其他共伴生组分的综合回收利用均未提到日程安排。

6.1.2.2　贵州铝土矿资源共伴生成分

贵州省铝土矿中普遍伴生有丰富的可供综合回收利用的稀有分散元素镓，资源量达 2.8 万吨，占全省 99%，镓资源量在全国排名第二。镓在铝土矿中含量一般为 0.003% ~ 0.0087%，多数矿床平均品位 Ga 0.005%。镓随 Al_2O_3 含量的高低而变化。此外，与铝土矿矿石共生的有赤铁矿、耐火材料（黏土）。铁矿产出于铝土矿层之下，为铝土矿的共生矿产。矿石以赤铁矿为主，含少量绿泥石、菱铁矿，多呈透镜体、结核状产出。矿体规模变化较大，长近百米至数百米，宽数十米至数百米，厚 0.5 ~ 3m。矿石品位 TFe 37% ~ 53%，加权平均品位 43%，为需经选矿的铁矿石，一般不宜独立开采，可在开采铝土矿时，一并开采回收。硫铁矿产于含铝铁岩层中上部，亦为铝土矿的共生矿产。一般为似层状透镜体产出。耐火黏土为铝土矿的共生矿产，耐火黏土多为铝土矿的顶底板围岩，或为达不到铝土矿工业品位的岩体。

6.1.2.3　河南铝土矿资源共伴生成分

河南省铝土矿床类型为沉积型—水硬铝石矿，属于高铝高硅低铁型矿石，伴生矿有 Ga 和 Li。镓资源量在全国排名第三，资源量约达 27 万吨。

6.1.2.4　山西铝土矿资源共伴生成分

山西铝土矿资源共、伴生矿产也较多。铝土矿常常与煤炭资源、耐火黏土、铁矾土、硫铁矿、山西式铁矿、灰岩等相共生，在含矿段并伴生有大量的稀有、稀土及稀散元素（Ga、Sc、Nb、Li、V、Rb、Ti），除 V 和 Rb 外，其他金属含量已达国家综合利用和工业回收的指标要求。镓资源量在全国排名第四。

6.1.3　我国铝资源利用概况

我国铝土矿大多属于高铝、高硅、低铁的一水硬铝石，与易溶出的三水铝石相比，在氧化铝回收率、碱耗和综合能耗方面有较大差距，而且富矿多数已开发利用。而且由于长期以来的滥采乱挖，采富弃贫，使资源损失严重，资源优势逐步减弱，已面临无好矿可采的局面；同时，铝土矿开采和冶炼难度大，限制了产能的扩大。因此，铝土矿的供应缺口将迅速扩大，只能通过进口解决。铝土矿逐渐成为制约我国氧化铝行业发展的瓶颈。

目前，由于我国铝土矿共伴生的有益组分尚未得到充分的综合回收利用，造成了矿产资源极大的浪费和巨大的环境影响，应重视铝土矿资源的综合回收利用技术的研究和发展。

6.1.3.1　铝土矿的综合利用特点

用拜耳法或烧结法生产氧化铝时，多数伴生元素进入不溶残渣-赤泥中，而部分 V（80%）、Ga（65% ~ 70%）和 Cr 则转入铝酸盐溶液，它们在下几道工序得到回收。

赤泥含有 38% ~ 45% 的 Fe_2O_3，15% ~ 20% 的 Al_2O_3，10% ~ 15% 的 SiO_2 和 8% ~ 12% 的

Na_2O。从赤泥中回收其他伴生组分的工作，目前只是在实验室规模进行，正在加强赤泥的多种加工流程的研究，主要是为了进一步回收铝，并利用铁和其他组分。

用拜耳法加工铝土矿并顺便回收钒和镓、利用赤泥的流程中，钒和镓逐步富集于铝酸盐溶液中，当达到一定浓度时，铝酸盐溶液便脱离生产氧化铝的基本工序，从中回收伴生组分后，即返回原工序提取铝。

从铝酸盐溶液回收钒，可采用结晶出钒的盐类的方法。当钒的浓度为 $0.5 \sim 0.7 g/L$ 时，从铝酸盐中沉淀出黑盐，又称钒泥。与钒一起呈盐的形式沉淀的还有 As、P 和 F。为了除掉钒的杂质，钒盐需要采用结晶、萃取、离子交换和电解等方法处理。

从铝酸盐溶液中获得富镓的沉淀物，一般要经过两个阶段的碳酸盐化，溶液返回基本工序。沉淀物含镓 $0.3\% \sim 1\%$，从沉淀物或直接从铝酸盐溶液中，采用萃取、电解或电化学法都能得到金属镓。

进入氧化铝中的镓，在电解过程中与铝一起在阴极上析出，而在用三层电解法精炼时，镓便残留在阳极合金中，其中，镓与其他杂质元素的含量为 $0.2\% \sim 0.3\%$。阳极合金中的镓，采用各种酸、碱法并辅之以萃取和沉淀法，就可以分离出来。

烧结法处理的铝土矿的综合利用，除了用拜耳法能够回收的 V、Na、F 和 Ga 以外，还能利用其碳酸盐成分生产高级水泥。

6.1.3.2 我国铝土矿综合回收利用的现状

我国铝土矿共伴生的有益矿产尚未得到充分的综合利用。铝土矿的共生矿产中除对铁矿部分进行利用外，其他矿产的利用程度较低；铝土矿中伴生的丰富的稀有、稀土及稀散元素中，目前只对镓进行回收。目前，世界上 90% 以上的金属镓是在氧化铝生产的过程中提取的。中国铝业公司成功开发了从铝酸钠溶液中经济地回收镓的关键技术，并成为全球最大的原生镓生产商。此外，铝土矿中伴生的最有潜力的金属是钪，钪的含量一般为 $0.001\% \sim 0.01\%$。在氧化铝生产中，绝大部分金属钪进入赤泥中。中国铝业公司在研究氧化铝生产的新方法中，成功实现了钪的富集，其在赤泥中的含量达到 0.1%，为提取金属钪创造了条件。

6.1.3.3 综合回收利用存在的主要问题

由于我国铝土矿共伴生的有益矿产尚未得到充分的综合回收利用，造成了矿产资源的浪费和巨大的环境影响。矿泥、赤泥的排放，不仅占用大量的土地资源，而且堆坝的构筑与维护消耗大量资金；赤泥中大量的碱液会渗透到地下，不仅污染地下水系，恶化周围农田的土质，而且对周边人群的生存条件造成严重威胁。

例如，山西铝土矿中共伴生的多种稀有、稀土元素，有一部分达到国内同类矿床现行工业指标，有一部分达到国家综合利用指标，无指标要求的 Rb 和 V 等可在溶出精液中累积富集并回收，从经济价值上来看，铝土矿中所含的稀有、稀土元素比铝土矿本身的经济价值要高得多。然而这些高价值的稀有、稀土元素（矿产）在高铝矾土熟料出口中流光了。目前除 Ga 各铝厂已能成功回收外，其他稀有元素和稀土氧化物的物质赋存状态尚未完全查清，回收提取方法目前还仅限于企业小规模探索性试验当中。

又如，广西铝土矿共伴生组分中，目前只回收了镓，其他都未提到日程上来。在洗矿的矿泥以及生产氧化铝过程中的赤泥中，被丢弃的有 Al_2O_3、Fe_2O_3、Sc_2O_3、TiO_2、ZrO_2、V_2O_5 等有用组分。

6.2　铝的冶炼方法

铝在生产过程中由四个环节构成一个完整的产业链：铝矿石开采-氧化铝制取-电解铝冶炼-铝加工生产。

6.2.1　氧化铝生产

氧化铝生产是为电解铝提供较纯净的 Al_2O_3 原料，其过程主要包含铝土矿磨矿制备矿浆（铝土矿、循环母液和石灰等磨制），溶出矿浆中的铝形成铝酸钠（$NaAlO_2$）和赤泥混合体，分离铝酸钠（$NaAlO_2$）和赤泥形成 $NaAlO_2$ 溶液，$NaAlO_2$ 溶液分解结晶析出 $Al(OH)_3$ 和形成循环母液，$Al(OH)_3$ 焙烧成 Al_2O_3，循环母液经蒸发浓缩后制备矿浆。

氧化铝生产方法分为碱法、酸法、酸碱联合法和热法四类，但目前用于工业生产的只有碱法。

碱法生产氧化铝，是用碱来处理矿石，使矿石中的氧化铝转变成铝酸钠溶液。矿石中的铁、钛等杂质和绝大部分硅则成为不溶解的化合物，将不溶解的残渣（赤泥）与溶液分离，经洗涤后弃去或综合利用，以回收其中的有用部分。纯净的铝酸钠溶液分解析出氢氧化铝，经与母液分离、洗涤后进行焙烧，得到氧化铝产品。分解母液可循环利用，处理另一批矿石。

碱法生产氧化铝又分为拜耳法、烧结法和拜耳-烧结联合法等。

6.2.1.1　拜耳法

拜耳法是由奥地利化学家拜耳（K. J. Bayer）于 1889~1892 年提出的，故称为拜耳法，它适用于处理低硅铝土矿，尤其是在处理三水铝石型铝土矿时，具有其他方法无可比拟的优点。目前，全世界生产的氧化铝和氢氧化铝有 90% 以上是采用拜耳法生产的。拜耳法生产氧化铝的工艺流程如图 6-1 所示。

拜耳法主要包括两大过程，即分解和溶出。其基本原理在于拜耳的两大技术发明专利：（1）铝酸钠溶液的晶种分解过程。较低摩尔比（约 1.6 左右）的铝酸钠溶液在常温下，添加 $Al(OH)_3$ 作为晶种，不断搅拌，溶液中的氧化铝便以 $Al(OH)_3$ 形态逐渐析出，同时溶液的摩尔比不断增高。（2）铝土矿的溶出。析出大部分氢氧化铝后的铝酸钠溶液（分解母液），在加热时，又可以溶出铝土矿中的氧化铝水合物，这就是利用种分母液溶出铝土矿的过程。

交替使用以上两个过程就可以一批批地处理铝土矿，得到纯的氢氧化铝产品，构成"拜耳法循环"。其实质是如下反应在不同条件下的交替进行：

$$Al_2O_3 \cdot (1\ 或\ 3)H_2O + 2NaOH + aq \underset{种分}{\overset{溶出}{\rightleftharpoons}} 2NaAl(OH)_4 + aq$$

拜耳法生产氧化铝包括四个主要过程：（1）用高摩尔比（即铝酸钠溶液中的 Na_2O 与 Al_2O_3 摩尔比为 3.4 左右）的分解母液溶出铝土矿中的氧化铝，使溶出液的摩尔比达到 1.5~1.6；（2）稀释溶出矿浆，分离出精制铝酸钠溶液（精液）；（3）精液加晶种分解（种分）；（4）分解母液蒸发至苛性碱的浓度达到溶出要求（Na_2O 为 230~280g/L）。

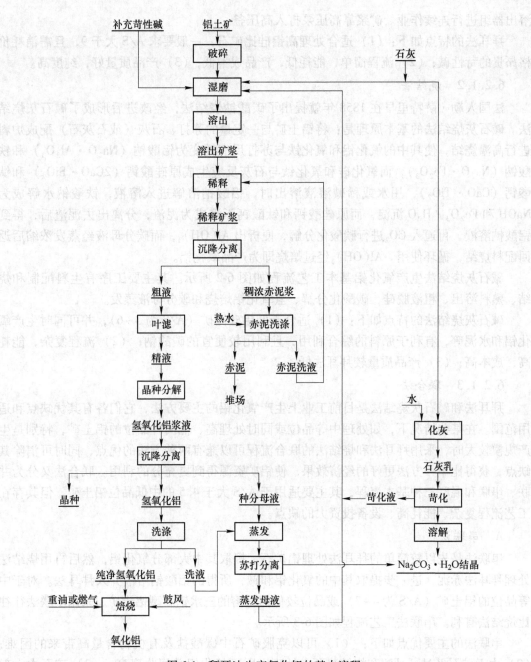

图 6-1 拜耳法生产氧化铝的基本流程

在这四个过程中，铝土矿的溶出是拜耳法的关键工序。铝土矿中不同的含铝矿物在苛性碱液中要求不同的溶出温度：三水铝石为 140℃，一水软铝石为 180℃，而一水硬铝石需在 240℃ 以上，刚玉则不溶于碱液。为了使苛性碱液温度达到溶出所需温度，都采用高压釜（溶出器）将苛性碱液加热。这使溶出后的矿浆温度和压力都很高，需要采用自蒸发法使其降至常压和较低温度，并且利用溶出矿浆自蒸发产生的二次蒸汽，在双程预热器中预热原矿浆以回收利用热量。现代化生产都是将一系列预热器、高压釜和自蒸发器串联为溶出器组进行连续作业。矿浆靠高压泵打入高压釜。

拜耳法的特点如下：（1）适合处理高铝硅比矿石，一般要求 A/S 大于 9，且需消耗价格昂贵的苛性碱；（2）流程简单，能耗低，产品成本低；（3）产品质量好，纯度高。

6.2.1.2　烧结法

法国人勒·萨特里早在 1858 年就提出了碳酸钠烧结法，经改进后形成了碱石灰烧结法。碱石灰烧结法的基本原理是：将铝土矿与一定量的苏打、石灰（或石灰石）配成炉料进行高温烧结，使其中的氧化铝和氧化铁与苏打反应转变为铝酸钠（$Na_2O \cdot Al_2O_3$）和铁酸钠（$Na_2O \cdot Fe_2O_3$），而氧化硅和氧化钛与石灰反应生成原硅酸钙（$2CaO \cdot SiO_2$）和钛酸钙（$CaO \cdot TiO_2$），用水或稀碱溶液溶出时，铝酸钠溶解进入溶液，铁酸钠水解成为 NaOH 和 $Fe_2O_3 \cdot H_2O$ 沉淀，而原硅酸钙和钛酸钙不溶成为泥渣，分离出去泥渣后，得到铝酸钠溶液，再通入 CO_2 进行碳酸化分解，便析出 $Al(OH)_3$，而碳分母液经蒸发浓缩后返回配料烧结，循环使用。$Al(OH)_3$ 经过焙烧即为产品氧化铝。

碱石灰烧结法生产氧化铝基本工艺流程如图 6-2 所示。其主要工序有生料配制和烧结、熟料溶出、粗液脱硅、碳酸化分解、氢氧化铝焙烧和碳分母液蒸发。

碱石灰烧结法的特点如下：（1）适合于低铝硅比矿（A/S 为 3~6），并可同时生产氧化铝和水泥等，有利于原料的综合利用，且利用较便宜的碳酸钠；（2）流程复杂，能耗高，成本高；（3）产品质量较拜耳法低。

6.2.1.3　联合法

拜耳法和碱石灰烧结法是目前工业上生产氧化铝的主要方法，它们各有其优缺点和适用范围。在某些情况下，如处理中等品位或同时处理高、低两种品位的铝土矿，特别是生产规模较大时，采用拜耳法和烧结法的联合流程可以兼有两种方法的优点，同时可消除其缺点，获得比单一方法更好的经济效果，使铝矿资源得到更充分的利用。联合法又分为并联、串联和混联三种基本流程，其主要适用于 A/S 大于 4.5 的中低品位铝土矿。但其存在工艺流程复杂、能耗高、设备投资大的缺点。

A　串联法

串联法是先以较简单的拜耳法处理铝矿石，提取其中大部分氧化铝，然后再用烧结法处理拜耳法赤泥，进一步提取其中的氧化铝和碱，所得的铝酸钠溶液并入拜耳法。对于中等品位的铝土矿（A/S 为 4~7）或品位较低但易溶的三水铝石型铝土矿，采用串联法往往比烧结法有利。串联法工艺流程如图 6-3 所示。

串联法的主要优点如下：（1）可以克服矿石中碳酸盐及有机物含量高带来的困难；（2）由于矿石经过拜耳法和烧结法两次处理，因而氧化铝总回收率高；（3）矿石中大部分氧化铝由加工费和投资费都较低的拜耳法提取出来，故使消耗于熟料窑的投资及单位产品的加工费减少，产品成本降低。

串联法的主要缺点如下：（1）拜耳法赤泥炉料的烧结比较困难，而烧结过程能否顺利进行及熟料质量的好坏又是串联法的关键。此外，当矿石中 Fe_2O_3 含量低时，还存在烧结法系统供碱不足的问题。（2）较难维持拜耳法和烧结法的平衡和整个生产的均衡稳定。与并联法相比，串联法中拜耳法系统的生产在更大程度上受烧结法系统的影响和制约，而在拜耳法系统中，如果矿石品位和溶出条件等发生波动时，会使 Al_2O_3 溶出率和所产赤泥的

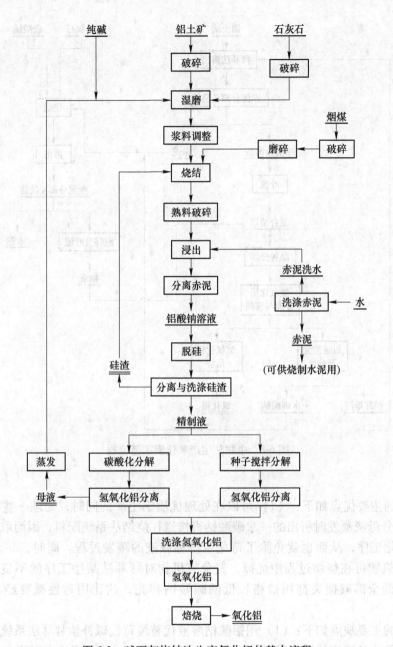

图 6-2　碱石灰烧结法生产氧化铝的基本流程

成分与数量随之波动，又直接影响烧结法的生产。所以，两个系统互相影响，给生产调控带来一定的困难。

B　并联法

并联法包括拜耳法和烧结法两个平行的生产系统，以拜耳法处理低硅铝土矿，以烧结法处理高硅铝土矿或霞石等低品位铝矿。但也有的工厂烧结法系统采用低硅铝土矿，此时烧结法炉料中不配石灰石，即采用所谓两组分炉料（铝土矿与碳酸钠）。烧结法系统的溶液并入拜耳法系统，以补偿拜耳法系统的苛性碱损失。并联法工艺流程如图 6-4

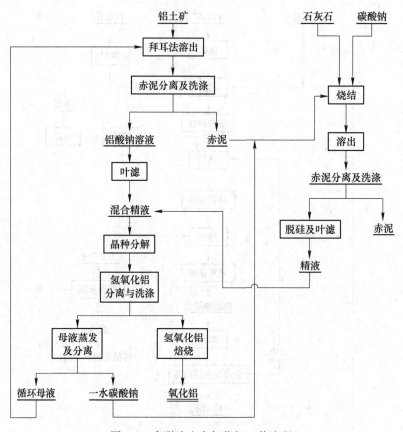

图6-3　串联法生产氧化铝工艺流程

所示。

　　并联法的主要优点如下：（1）可以在处理优质铝土矿的同时，处理一些低品位铝土矿。（2）种分母液蒸发时析出的一水碳酸钠直接送往烧结法系统配料，因而取消了拜耳法的碳酸钠苛化工序，从而也就免除了苛化所得稀碱液的蒸发过程。同时，一水碳酸钠吸附的大量有机物可在烧结过程中烧掉，避免有机物对拜耳法某些工序的不良影响。（3）生产过程中的全部碱损失都用价格较低的碳酸钠补充，这比用苛性碱要经济，产品成本低。

　　并联法的主要缺点如下：（1）用铝酸钠溶液代替纯苛性碱补偿拜耳法系统的苛性碱损失，使得拜耳法各工序的循环量增加，从而对各工序的技术经济指标有影响。（2）工艺流程比较复杂。拜耳法系统的生产受烧结法系统的影响和制约，必须有足够的循环母液储量，以免因不能供应拜耳法系统足够的铝酸钠溶液时使拜耳法系统减产。

　　C　混联法

　　当铝土矿中铁含量低，使串联法中的烧结法系统供碱不足时，解决补碱的方法之一就是在拜耳法赤泥中添加一部分低品位矿石进行烧结。添加矿石使熟料铝硅比提高，也使炉料熔点提高，烧成温度范围变宽，从而改善了烧结过程。这种将拜耳法和同时处理拜耳法赤泥与低品位铝土矿的烧结法结合在一起的联合法称为混联法。目前只有我国郑州铝厂采用混联法。混联法工艺流程如图6-5所示。

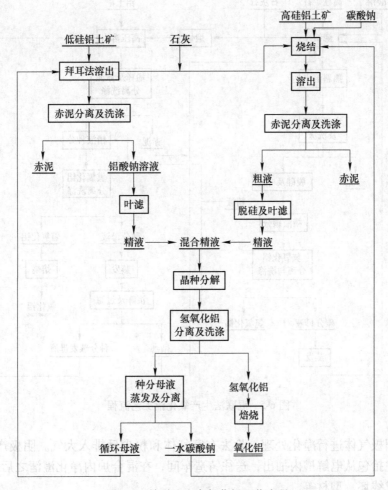

图6-4 并联法生产氧化铝工艺流程

　　混联法的主要优缺点如下：混联法除了具有串联法和并联法的优点外，它还解决了用纯串联法处理低铁铝土矿时补碱不足的问题，提高了熟料 A/S，既改善了烧结过程，又合理地利用了低品位矿石，由于增加了碳酸化分解过程，作为调节过剩苛性碱溶液的平衡措施，而有利于整个生产流程的协调配合。但混联法存在流程长、设备繁多、投资大，能耗高的严重缺点。所以，有人提出"实现混联法向串联法转变可以说是我国氧化铝工业发展的一个方向"。因为串联法与混联法相比，流程简单，烧结法比例减少，能耗和碱耗低，是处理低品位矿石最经济的方法，而且对矿石条件的适应性较强。

6.2.2　铝电解

　　现代铝工业生产采用冰晶石-氧化铝熔盐电解法，其生产工艺流程如图6-6所示。熔融冰晶石是熔剂，氧化铝是溶质被溶解，以碳素体作为阳极（预焙阳极块），铝液作为阴极，通入直流电流后，在935~965℃下，电解槽两极上进行电化学反应，即电解。阳极产物主要是二氧化碳和一氧化碳气体，其中含有一定量的氟化氢（HF）等有害气体和固体

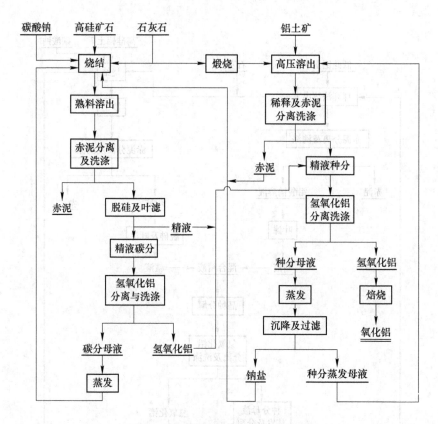

图 6-5   混联法生产氧化铝工艺流程

粉尘，绝对阳极气体进行净化处理，除去有害气体和粉尘后排入大气。阴极产物是铝液，铝液通过真空抬包从电解槽内抽出，送往铸造车间，在混合炉内净化澄清之后，浇铸成铝锭，或生产成线坯、型材等。

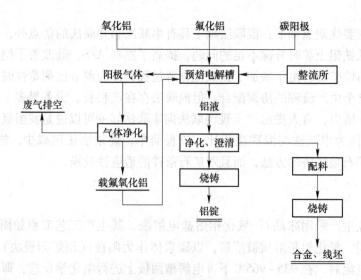

图 6-6   铝电解生产工艺流程

6.3 铝工业中产生的废弃物及伴生元素走向

6.3.1 氧化铝生产过程所产生的废弃物

氧化铝厂是大量开采利用铝矿资源、能源、水、土地等的大中型有色冶金企业，其生产过程中排放的大量"三废"（废气、废水、废渣），如果不采取有效地治理措施，将会造成周围环境的污染危害。

6.3.1.1 废气和粉尘

氧化铝厂废气（或烟气）和烟尘主要来自熟料窑、焙烧窑、水泥窑等生产设备。物料破碎、筛分、运输等过程也散放大量粉尘，包括矿石粉、熟料粉、氧化铝粉、碱粉、煤粉、煤灰粉等。据统计，每生产 1t 氧化铝排放各类粉尘约 30~70kg。一个生产规模为 40万吨/年的氧化铝厂，有组织排放含尘废气 150~250 万立方米/小时。氧化铝厂主要废气污染源及其排气量、粉尘污染源及其排放量分别列于表 6-1 和表 6-2。

表 6-1　氧化铝厂主要废气污染源及其排气量

工序或设备	生产1t成品氧化铝的排气量/m³	废气含尘量/g·m⁻³
铝矿、石灰石、燃料破碎、运输	1000~1700	5~15
碱粉拆包、运输	500	<10
熟料窑、冷却机	13300~34000	150~230
氢氧化铝焙烧窑	7000~8500	1000~3400
石灰炉	230~1400	1~5
熟料破碎、运输	2400~5300	1~25
石灰破碎、运输	1250~1500	1~5
锅炉房	约20000	15~20

表 6-2　氧化铝厂粉尘污染源及其排放量

厂　名	污染源	排放浓度/mg·m⁻³	排放量/t·a⁻¹	除尘效率/%	监测浓度/mg·m⁻³
铝厂1	熟料窑	约100	744	99.5	0.313~0.436
	焙烧窑	约480	784	99	
	水泥窑	约1580	8900	96.5	
铝厂2	熟料窑	100~380	930.7	99~99.7	0.31~1.433
	焙烧窑	150~230	819	98~99.6	
	水泥窑	1480~5800	7584	29.7~91.2	

6.3.1.2 废水

在氧化铝生产中，湿法冶金工艺流程较长，液态物流均呈碱性。正常生产时，由于各类设备的冷却水，各类物料泵的轴承封润水，石灰炉排气的洗涤水，设备及管道等难以避免的跑冒滴漏的碱性溶液，设备事故及检修时清洗设备、容器、管道及车间地面的清洗水，赤泥输送水等均会产生碱性废水（液）。这些废水中含有 Na_2CO_3、$NaOH$、$NaAl(OH)_4$、$Al(OH)_3$ 及含有 Al_2O_3 的粉尘、物料等。氧化铝厂的废水成分随工艺方法的不同而有差异，即使是同一工厂，也会因生产管理的优劣而有所不同，烧结法氧化铝厂的废水含碱量约为 78~156mg/L（以 Na_2O 计），联合法氧化铝厂的约为 200~290mg/L（以 Na_2O 计）。表 6-3 为不同方法生产氧化铝厂的废水成分。

表 6-3　不同生产方法的氧化铝厂废水成分

项　目	烧结法	联合法	拜耳法（前苏联）	霞石法（前苏联）
pH 值	8.0~9.0	8.0~11.0	9~10	9.5~11.5
总硬度/mg·L^{-1}	90~150	40~50		
暂硬度/mg·L^{-1}	116			
总碱度/mg·L^{-1}	78~156	400~560	84	340~420
Ca^{2+}/mg·L^{-1}	150~240	14~23	40	
Mg^{2+}/mg·L^{-1}	40	13	11.5	
Fe^{2+}/mg·L^{-1}	0.1		0.07	10~18
Al^{3+}/mg·L^{-1}	40~64	100~450	10	10~18
SO_4^{2-}/mg·L^{-1}	500~800	50~80	54	40~85
Cl^-/mg·L^{-1}	100~200	35~90	35	80~110
CO_3^{2-}/mg·L^{-1}	84	102		
HCO_3^-/mg·L^{-1}	213	339		
SiO_2/mg·L^{-1}	12.6		2.2	
悬浮物/mg·L^{-1}	400~500	400~500	62	400~600
总溶解性固体/mg·L^{-1}	1000~1100	1100~1400		
油/mg·L^{-1}	15~120			

由表 6-3 可见，除碱较高外，悬浮物、Al^{3+} 及油含量均偏高。

氧化铝厂的生产废水量较大，如联合法生产 1t 氧化铝耗水量达 120~180m³，产生废水 24~40m³。20 世纪 90 年代前期，我国氧化铝厂大部分的碱性废水没有得到很好的回收利用，含碱和盐的废水一直是各氧化铝厂环境污染的主要问题。

6.3.1.3　赤泥

赤泥又称红泥，是氧化铝厂碱法处理铝土矿后排弃的不溶性工业废渣，因一般含有较多的氧化铁成分，其外观颜色与赤色泥土相似，故得名。赤泥主要由细颗粒的泥和粗颗粒的砂组成，其化学成分因铝土矿产地和氧化铝生产方法的不同而有所差异，见表 6-4。目前，氧化铝生产方法有三种，即拜耳法、烧结法和联合法，三种不同的方法产生的赤泥成分、性质、物相各异。

拜耳法生产工艺：铝矾土经过高温煅烧后直接进行溶解、分离、结晶、焙烧后得到了氧化铝，排出去的浆状废渣便是拜耳法赤泥。在溶解过程中采用的是强碱溶出高铝、高铁、一水软铝石型和三水铝石型铝土矿，产生的赤泥氧化铝、氧化铁、碱含量高。

表 6-4 赤泥化学成分 　　　　　　　　　　　　　　　　　　　（%）

组成	中 国			美国	日本	俄罗斯	德国	匈牙利	印 度			
	烧结法	拜耳法	混联法						NALCO	HNDALCO	MALCO	BALCO
Al_2O_3	7.97	19.10	8.10	16~20	17~20	4.5	24.7	16.3	15.0	17~22.4	14.0	18.0~20.0
Fe_2O_3	7.68	32.20	8.10	30~40	39~45	22.8	30.0	39.7	62.78	25.6~33.2	18.0	27.0~29.0
SiO_2	22.67	9.18	20.56	11~14	14~16	18.0	14.1	14.0	6.55	6.9~8.25	56.0	6.0~8.0
CaO	40.78	14.02	44.86	5~6	—	40.7	1.2	2.0	0.23	5.6~14.6	2.0~4.0	6.0~12.0
TiO_2	3.26	9.39	5.09	10~11	2.5~4	2.3	3.7	5.3	3.77	15.6~16.5	50.0	16.0~18.0
Na_2O	2.93	4.38	2.77	6~8	7~9	3.0	8.0	10.3	4.88	3.9~5.8	6.0~9.0	4.0~6.0
灼减	11.77	—	8.18	10~11	10~12	8.8	9.7	10.1				

烧结法赤泥生产工艺：首先在铝矾土矿中加入一定量的碳酸钙，经过回转窑高温煅烧后，生成了主要成分为铝酸钠的物质，最后通过溶解、结晶、焙烧后得到了氧化铝，排出去的浆状废渣便是烧结法赤泥。

联合法是烧结法和拜耳法的联合使用，联合法所用的原料是拜耳法排出的赤泥，再重新通过烧结法制得氧化铝，最后排出的浆状废渣为联合法赤泥。

烧结法和联合法处理的是难溶的高铝、高硅、低铁、一水硬铝石型、高岭石型（前苏联用霞石）铝土矿，产生的赤泥 CaO 含量高，碱、氧化铁以及氧化铝含量较低。烧结法赤泥因为经过高温煅烧，所以里面含有一些无定形的物质，例如 β-C_2S、γ-C_2S 和一些无定形铝硅酸盐物质，所以具有潜在的活性，比较容易被激发。水泥中用的赤泥多为烧结法赤泥。虽然拜耳法赤泥中氧化铝和氧化硅的含量高，但是含碱量也高，所以利用难度比较大。物相组成也比较复杂，有赤铁矿、针铁矿、水合铝硅酸钠、方钠石、钙霞石、水化石榴石、石英、铁酸钙、石灰、石灰石、一水硬铝石等矿物。

我国是世界第四大氧化铝生产国，现国内主要有五大氧化铝生产厂，分别位于山东、山西、河南、贵州、广西。和国外相比，我国铝土矿资源类型特殊——高铝、高硅、低铁、一水硬铝石型，直接溶出性能较差，因此我国氧化铝生产除广西苹果铝业公司采用拜耳法外，其余均采用烧结法或拜耳-烧结联合法（主要采用混联法）。每生产 1t 氧化铝约产赤泥 1~1.7t，每吨赤泥还附带 3~4m^3 的含碱废液。国内外氧化铝厂赤泥附液成分见表 6-5。

表 6-5 国内外赤泥附液成分

项 目	我国烧结法厂	我国联合法厂	国外拜耳法厂
pH 值	14	14	12
总固含/mg·L^{-1}	2600~7600	12000	
碱度/mg·L^{-1}	110	120	360
K^+/mg·L^{-1}	1212~2690	240	
Na^+/mg·L^{-1}	1600	1500	
Mg^{2+}/mg·L^{-1}	0	0	1
Ca^{2+}/mg·L^{-1}	0	0	4
SO_4^{2-}/mg·L^{-1}	600	70	135
SiO_2/mg·L^{-1}	17	30	4.5
Cl^-/mg·L^{-1}	20~260	18	55

据不完全估计，全世界每年排放赤泥约 6000 万吨。我国目前仅上述五大氧化铝厂，年排出的赤泥量达 600 万吨以上，累积赤泥堆存量高达 5000 万吨，其利用率仅为 15%左右，随着铝工业的发展和铝矿石品位的降低，赤泥排放量将越来越大，必须对赤泥再处理加以利用，才能变废为宝减少污染。目前大量的赤泥仍然排往堆场堆积，筑坝湿法堆存，且靠自然沉降分离对溶液返回再用，该法易使大量废碱液渗透到附近农田，造成土壤碱化、沼泽化，污染地表地下水源。其次，将赤泥干燥脱水和蒸发后干法堆存。这两种堆存方法不但占用大量土地，还使赤泥中的许多可利用成分不能得到合理利用，造成资源的二次浪费。目前，世界范围内废弃物不断增长，赤泥引起了越来越多的技术、经济和环境问题。随着社会对环境保护工作的重视，迫切要求氧化铝工业实现无害排放或零排放。

6.3.2　电解铝生产过程所产生的废弃物

6.3.2.1　气态污染物

铝电解过程中，伴随着电化学反应的进行，产生大量的烟气，包括阳极过程中产生的 CO_2、CO 气体，阳极效应时产生的 CF_4、氟化盐水解产生的 HF 气体以及原料中的杂质 SiO_2 与冰晶石反应生成的 SiF_4 等，污染物主要是 HF 等含氟气体。

6.3.2.2　固态污染物

粉尘是由原材料挥发和飞扬损失产生的，包括有随阳极气体排出时带出的细粒氧化铝和随之带出经冷凝后变为固体粉尘的电解质，以及阳极掉下的细粒碳粉等固体粉尘。其主要污染物为冰晶石和吸附着 HF 的氧化铝粉尘。

废渣主要为电解槽炭渣、铸造铝灰、残阳极及中频炉渣，危险固体废物为电解槽大修渣。

6.3.2.3　废水

电解铝厂用水主要是冷却用水。除了冷却用水是循环使用外，还包括分散的、用水量较小的风机等设备的冷却用水、锅炉排污、化验室排水等。

6.3.3　铝冶炼过程中伴生元素的走向

我国铝土矿资源丰富，但主要矿石类型为一水硬铝石，具有高铝、高硅、低铁、低铝硅比等特点，溶出条件比国外的三水铝石和一水铝石苛刻，这也是我国氧化铝能耗过大的根本原因之一。

铝土矿中除了含铝和硅的氧化物外，还伴生有镓、铁、钛和较丰富的稀土元素。氧化铝生产过程中，镓进入溶出液，在循环母液中富集可以实现提取；其他伴生元素随着生产主要进入赤泥固相。

杨军臣等对山西铝土矿中伴生稀有元素赋存状态及走向查定进行了研究得出，山西铝土矿中除主元素铝之外，尚含有丰富的 RE、Sc、Nb、Ti、Ga、Li、Rb、V 等元素。通过化学分析、显微镜和扫描电镜观察、人工重砂、强磁选、化学浸出等方法对原矿、赤泥和循环母液进行研究得出，这些伴生元素主要呈分散状态存在于一水硬铝石和高岭石等矿物中，不能用简单的选矿方法进行富集，也不能采用淋洗的方法处理。RE、Sc、Nb、Ti 主要富集于赤泥中，而 Ga、Li、Rb、V 则主要富集于循环母液中，其综合利用应同主元素铝的利用结合起来。

6.4　铝生产过程中的废弃物处理及资源综合利用

6.4.1　赤泥的综合利用

赤泥环境污染问题的解决一是完善堆存技术，二是综合利用。前者不能解决根本问题，综合利用使之变废为宝才是上策。长期以来，国内外学者都在赤泥的综合利用上做了大量的研究工作，也取得了许多显著的进展。赤泥中含有可再生利用的氧化物和多种有用金属元素，成为赤泥再生利用的基础。赤泥中含有较高的 CaO、SiO_2，可用来生产硅酸盐水泥及其他建材；利用其 SiO_2、Al_2O_3、CaO、MgO 的含量特征及少量的 TiO_2、MnO、Cr_2O_3，可以生产特种玻璃；同时，赤泥中含有丰富的铁、钪、钛等有用金属；赤泥具有铁矿物含量较高、颗粒分散性好、比表面积大、在溶液中稳定性好等特点，在环境修复领域具有广阔的应用前景。概括地说，对赤泥的综合处理，一是提取其中有用组分，回收有价金属；二是将赤泥作为矿物原料，整体利用。

多年来，我国针对赤泥的综合利用开展了许多研究工作，探索出了一些技术可行、效益较好的利用途径。在有的氧化铝厂，已具有相当的工业利用规模。但从整体上看，烧结法赤泥得到了不同程度的利用，拜耳法赤泥尚未解决大量利用的问题。由于拜耳法赤泥排量大，含水率高，碱性强等特点，综合利用进展不快，下面简要介绍其主要利用方法。

6.4.1.1　生产水泥

目前，烧结法赤泥主要用于生产水泥。国内一家烧结法厂每年利用赤泥生产的水泥超过百万吨，赤泥的利用率约 40%。利用赤泥生产水泥，原料和燃料消耗低，基建投资少，产品成本低，具有良好的经济效益和环境效益，但赤泥的碱含量偏高，限制利用率的提高。生产水泥的主要品种有普通硅酸盐水泥、油井水泥和硫酸盐水泥。

A　赤泥代黏土烧制普通硅酸盐水泥

用赤泥烧制普通硅酸盐水泥，所用原料包括拜耳法赤泥、石灰石、砂岩和铁粉。生产工艺技术条件与普通硅酸盐水泥基本相同。烧成温度与一般水泥相同，烧成带温度 1400～1450℃，烧成的熟料要求 K_2O+Na_2O 含量小于 1.2%。利用烧成熟料，加入 15%高炉水淬渣、15%石膏共同磨细，就制成赤泥普通硅酸盐水泥，每生产 1t 水泥，可利用赤泥 350～300kg，成品能达到 500 号普通硅酸盐水泥标准。

B　赤泥代黏土烧制油井水泥

赤泥代黏土烧制油井水泥以石灰石、赤泥、砂岩为原料依次按 78∶15∶7 的配比配置生料入窑煅烧而成。赤泥油井水泥适用于井壁与套管间的环隙固定工程。对井深大于2000m、固井工作温度 30～90℃ 的油井，要求水泥凝结缓慢，且流动性好，施工结束后，水泥砂浆应具有较高的强度，赤泥油井水泥完全能满足这些要求。

C　赤泥生产硫酸盐水泥

赤泥生产硫酸盐水泥，首先需将赤泥在 500～600℃ 下烘干，然后按一定配比配合，再经磨细而成。此种产品，强度可达 400～550 号，与钢筋黏结力大，抗渗性好，水化热低，耐腐蚀性强，特别适用于海水工程和盐化工程方面。此种水泥的缺点是早期强度低，容易起砂。

对于赤泥作为水泥混合材，存在的问题主要有三个：一是因为赤泥的含碱量过高，难以生产低碱水泥。二是因为要顾及赤泥放射性这个因素，水泥中赤泥的掺量不能过大。有研究表明，水泥中赤泥的掺量不能超过30%，否则制成品对环境的放射强度有可能会超过国家标准限定的指标。三是赤泥的掺入量和水泥的抗压强度不能兼顾。由于赤泥有很强的吸水性，所以导致添加了赤泥的水泥制品需水量大大增加，随着水泥中赤泥的掺量增加，水泥的强度也急剧下降，有资料报道，在水泥混合材的强度变化不大的情况下，赤泥在水泥中的掺量可以提高到15%，这对堆积如山的赤泥来无疑说是杯水车薪。

6.4.1.2　赤泥路基材料的研究开发

赤泥作道路材料是另一种赤泥消耗量较大的应用方式。2004年中铝公司某企业通过产学研合作方式，以烧结法赤泥、粉煤灰、石灰等为主要原料，确定了赤泥作路基材料的基本配方和施工方案，于2005年修建了一条4km长的赤泥路基示范性路段，达到了石灰稳定土的一级和高速路的强度要求。这是国内第一条在实际公路工程中应用的烧结法赤泥路面基层工程，总共消耗烧结法赤泥2万余吨，是近年来赤泥使用量最大的应用工程。截至目前一直正常使用。2008年该企业与当地公路部门合作再次作为路基材料修建了500m长的公路，已检测的指标基本合格。赤泥作路基材料不仅成本低廉、性能优良，还可节省大量的黄土资源，具有广阔的市场应用前景。

6.4.1.3　利用赤泥生产新型墙材

A　赤泥粉煤灰烧结砖研究开发

作为国家"九五"科技攻关项目，1997年开展了"赤泥作新型墙材研究"，研制成功并工业生产出赤泥粉煤灰烧结砖。

该产品以赤泥、粉煤灰、煤矸石为原料，经预混、陈化、混合搅拌、挤出成型、切坯、烘干、烧结等系列工艺，制成烧结砖，实现了制砖不用土，烧砖不用煤，节约了煤炭资源和土地资源，填补了国内废渣综合利用的空白。烧结砖符合优等品的指标要求。样品质量经权威部门测试，各项指标均符合标准《烧结多孔砖和多孔砌块》（GB 13544—2011）。但当时由于投入大、经济效益差等因素，该项目没有继续产业化。

2008年企业在属地建委墙改办的协助下，分别进行了烧结法赤泥及拜耳法赤泥烧结砖的工业试生产，从目前初步检测结果看，无论是烧结法赤泥还是拜耳法赤泥，当赤泥掺加量小于30%时，均能够烧出符合国家标准《烧结普通砖》（GB 5101—2003）的烧结砖。

B　赤泥粉煤灰免烧砖研究开发工作

2004年中铝公司某企业通过建立博士后工作站的形式与国内知名大学合作开展赤泥免烧砖新型墙体材料的技术研究，即利用烧结法赤泥、粉煤灰、矿山排放废石硝或建筑用砂为主要原料，其总用量不低于85%，在石灰、石膏等胶结作用配合下，经预混、陈化、轮碾搅拌、压制成型等工艺处理后，砖坯自然养护15~28天后达到终强度。赤泥粉煤灰免烧砖的性能达到 MU15 级优等品免烧砖（参照国家标准《蒸压灰砂砖》（GB 11945—1999））的标准要求。但由于未能解决免烧砖的"泛霜"现象，该项目也没有继续产业化。

6.4.1.4 赤泥微孔硅酸钙绝热制品的开发

赤泥微孔硅酸钙保温材料是用赤泥、粉状二氧化硅材料、石灰、纤维增强材料等，经搅拌、凝胶化、成型、蒸压和干燥过程制成的一种新型保温材料中铝公司某企业于2000年开始，经过系列试验，成功开发出使用温度650℃托贝莫来石型硅酸钙绝热制品，赤泥掺加量达30%~45%。实验样品经国家权威部门检测，各项指标均达到或优于标准《硅酸钙绝热制品》（GB/T 10699—2005）要求。2002年初建成年产12000m³的硅酸钙绝热制品生产线，实现产业化生产，效益尚佳。

6.4.1.5 赤泥中有价金属提取（综合回收）

赤泥含有有价金属和非金属元素如Fe、Si、Al、Ca，还含有钛、钪、铌、钽、锆、钍和铀等稀有金属元素，是一种宝贵而丰富的二次资源。赤泥提取有价金属元素的研究一直在进行，实践证明，从赤泥中提取回收有价金属在技术上是可行的，但如何经济有效地富集提取，并且不产生二次污染，是赤泥提取有价金属的关键，具有重要的现实意义。值得注意的是，有价产品的除去顺序在成功提取金属中是非常重要的，因此，很多研究者进行了大量的有关同时回收 Al、Fe 和 Ti 的研究，图 6-7 所示为国外优化过的从赤泥中回收Al_2O_3、Fe 和 TiO_2 的烧结工艺和还原工艺顺序。

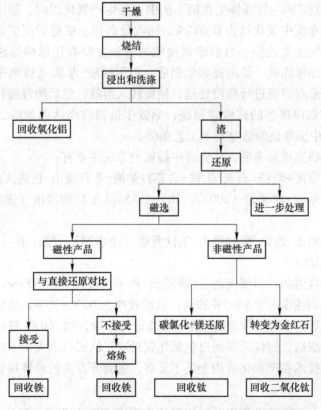

图 6-7 从赤泥回收氧化铝、铁和二氧化钛的工艺顺序

A 铁的回收

Fe_2O_3是赤泥的主要化学成分，大量的赤泥物相表明，铁主要是赤铁矿和针铁矿，前

者占到90%以上。同时各矿物多以Fe、Al、Si矿物胶结体形式存在，晶粒微细，结晶极不完整。

赤泥中铁的还原从热力学和动力学上来看，是完全可行的。黄柱成等从力学和动力学角度对广西三水铝土矿拜耳法赤泥还原焙烧机理进行了分析和探讨。研究表明，在750~1250℃左右进行还原焙烧，完成晶体结构重整，可使细粒分布的铁铝分离。

目前Fe的回收方法主要有还原焙烧法、冶金法、硫酸亚铁法和直接磁选法等，其中磁选法是回收Fe的重点方法。近几年，B. Mishra，A. Staley等对赤泥还原炼铁－炉渣浸出工艺作了进一步研究。研究表明，赤泥中的铁采用碳热还原，铁的金属化率超过94%，进一步熔化可制得生铁。但此法要求赤泥中铁含量高，即只能处理拜耳法赤泥，烧结法赤泥难以适用。据统计，国外赤泥的化学成分中，Fe_2O_3含量一般都在30%~52.6%，国内的在7.54%~39.7%，因含铁量低而不能直接利用，因此绝大部分专利都是先将赤泥预焙烧，然后用沸腾炉在700~800℃下还原，使赤泥中的Fe_2O_3变成Fe_3O_4，再冷却、粉碎、磁选，最后获得含铁63%~81%的铁精矿作炼铁原料。

B　钪的回收

赤泥中含有微量稀有金属，尤其是钪。目前自然界中发现的独立钪矿物资源很少，世界钪资源储量中，约75%~80%伴生在铝土矿中，在生产氧化铝时，铝土矿中98%以上的钪富集于赤泥里，赤泥中氧化钪占0.025%。回收处理铝土矿等的尾矿或废渣中的伴生钪成为工业上获得钪的主要途径。目前赤泥提钪的方法主要有还原熔炼法和酸浸－提取法，前者是将赤泥先行还原除铁、炉渣提氧化铝后，再用酸浸－萃取（或离子交换法）或其他方法回收钪；后者是将赤泥进行酸浸处理，使钪转入溶液，然后酸浸液再萃取（或离子交换）回收钪。目前取得理想的试验结果是：赤泥中钪回收率达到80%，氧化钪纯度达到95%，确定了赤泥中提取钪的适宜技术工艺条件。

国内外专家在研究成果表明，从赤泥中提钪的方法主要有：

还原熔炼法：赤泥+炭粉+石灰－生铁+含铝硅炉渣－苏打浸出－钪进入浸出渣（白泥）。

硫酸化焙烧：赤泥+浓硫酸（200℃，1h）－1.25mol/L硫酸浸出（固液比为1∶10）－浸出液（含钪）。

酸洗液浸出：赤泥－灼烧－废酸浸出－铝铁复盐（净水剂）+浸出渣（高硅，保温材料）+浸出液（Sc 10mol/L）。

硼酸盐或碳酸盐熔融：赤泥熔融－盐酸浸出－离子交换除NONRE-Sc/RE分离。池汝安采用还原熔炼法得到纯度大于99.7%的钪，钪回收率为60%~80%。邵明望将赤泥先后用硫酸、水浸出，然后用P204+仲辛醇+磺化煤油进行萃取，加NaOH进行反萃取，之后加入草酸盐，得到草酸钪，灼烧后得到白色氧化钪粉末，钪回收率大于80%。但是已有的酸法浸出、萃取提钪技术在产业化应用上还不经济，需要开发新的经济提钪技术。

C　硅的回收

SiO_2是赤泥的主要化学成分之一，烧结法赤泥中SiO_2占70%~95%，因此具有较好的开发利用价值。用CO_2气体与赤泥中的硅酸钙反应，再用NaOH溶液浸出，形成Na_2SiO_3溶液。或者直接用Na_2CO_3处理赤泥也可获得Na_2SiO_3溶液。在Na_2SiO_3溶液中加入石灰乳可得到含水硅酸钙；在Na_2SiO_3中加入铝酸钠溶液，可以制取钠沸石分子筛；Na_2SiO_3与

CO_2反应可制取白炭黑硅胶。拜耳法赤泥中的 SiO_2 含量较低且分配较分散,开发价值不大。

D 钛的回收

TiO_2是涂料、造纸、皮革、纺织、制药工业中非常重要且不可替代的原料。钛铁矿、金红石是 TiO_2 工业重要的矿物资源。随着资源的不断减少,急需寻找 TiO_2 的替代资源,赤泥中的 TiO_2 就是其中之一。

目前,从赤泥中提取稀土元素的主要工艺是采用酸浸-提取工艺,酸浸包括盐酸浸出、硫酸浸出和硝酸浸出等。对赤泥中 TiO_2 的回收一般采用酸(盐酸、硫酸、磷酸)处理法。Kasliwal 等将赤泥于 $60 \sim 90$℃、在 $1 \sim 1.5$mol/L 浓度的盐酸溶液中浸出其中的 Fe、Ca、Na、Al 等成分,然后与碳酸钠一起于 $850 \sim 1150$℃焙烧,水洗得到 TiO_2,富集率达到 76%。

E 镓的回收

20 世纪 70 年代以来,砷化镓、磷化镓及钆镓石榴石($Ga_5Gd_3O_{12}$,简称 GGG)获得了广泛应用,特别是氧化镓在电子计算机中用作一种新型的信息储存器,有迅速增长的市场需要,大大促进了镓的生产。

镓在自然界除了一种很稀有的矿物——硫镓铜矿以外,均以类质同晶的状态存在于铝、锌、镉的矿物中。铝土矿、明矾石和霞石等铝矿中都含有镓。铝土矿中一般含 $0.004\% \sim 0.1\%$ Ga。目前世界上 90%以上的镓是在生产氧化铝的过程中提取的。

在氧化铝生产中,镓以 $NaGa(OH)_4$ 的形态进入铝酸钠溶液,并通常在溶液的循环过程中积累到一定浓度。铝酸钠溶液中的镓含量与原矿中的镓含量、生产方法及分解过程的作业条件有关。

镓与铝同属周期表第三族元素,其原子半径(分别为 0.067nm 和 0.057nm)和电离势等很相近,所以氧化镓与氧化铝的物理化学性质很相似,但是氧化镓的酸性稍强于氧化铝,利用这个差别可以将铝酸钠溶液中的镓和铝分离开来。

从氧化铝生产中回收镓的方法,因氧化铝生产方法及母液中镓含量不同而异。已在工业上获得应用或应用前景良好的有化学法(石灰法、碳酸法)、电化学法(汞齐电解法和置换法)、萃取法和离子交换法。

a 石灰法

石灰法是首先将循环母液进行彻底碳酸化分解,使镓、铝初步分离,获得含镓较高的沉淀物,然后用石灰乳处理此沉淀物,实现 Ca 与 Al 的进一步分离,再从镓酸钠-铝酸钠溶液中回收镓。根据工厂具体情况不同,所用的工艺流程有些差别。石灰法的原则工艺流程如图 6-8 所示。

在烧结法生产中,将含镓的脱硅精液进行碳酸化分解时,镓主要是在分解后期才部分地析出。因此碳酸化分解本身就是一次分离铝、富集镓的过程。碳分过程中镓的共沉淀损失取决于碳分作业条件。提高分解温度、添加晶种、降低通气速度可以减少碳分过程中的镓损失,使碳分母液中镓的浓度提高。当碳分条件适宜时,镓的损失约为原液中镓含量的 15%。

碳分母液(含 Ga 一般为 $0.03 \sim 0.05$g/L)送往第二次碳酸化分解(即第一次彻底碳分),目的是使母液中的镓尽可能完全地析出,以获得初步富集了镓的沉淀。因此这次碳分应在温度较低、分解速度快的条件下进行。分解进行到溶液中的 $NaHCO_3$ 含量达 60g/L

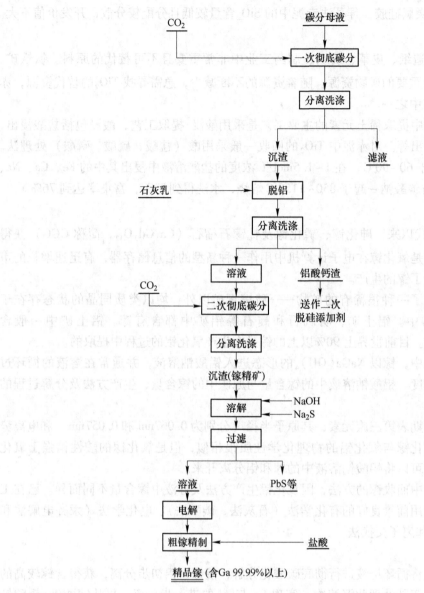

图 6-8　烧结法厂回收镓的工艺流程

左右为止，镓的沉淀率可达 90% 以上。彻底碳分不能使镓全部沉淀是因为氧化镓在 Na_2CO_3-$NaHCO_3$ 溶液中的溶解度大。将浆液在逐渐降温的条件下搅拌，使镓的溶解度降低，从而有助于提高镓的沉淀率。

一次彻底碳分的沉淀主要是 $Al(OH)_3$ 和丝钠铝石 $Na_2O \cdot Al_2O_3 \cdot 2CO_2 \cdot nH_2O$ 两种化合物（Ga 以类质同晶的形态存在）。二者的比例取决于原液中 Na_2O_T（总碱）与 Al_2O_3 的比例以及碳分作业条件。除主要成分 Na_2O、Al_2O_3、CO_2 和 H_2O 之外，沉淀中还含有 SiO_2、Fe_2O_3 等杂质，在以铝土矿为原料的烧结法厂中，一次彻底碳分的沉淀物中的镓含量一般为 0.1%~0.2%。

石灰分解上述沉淀是石灰与沉淀及其所挟带母液中的碱发生如下反应：

$$Na[Al(Ga)(OOH)HCO_3] + H_2O \Longrightarrow NaHCO_3 + Al(Ga)(OH)_3$$
$$2NaHCO_3 + Ca(OH)_2 \Longrightarrow Na_2CO_3 + CaCO_3 + 2H_2O$$

丝钠铝（镓）石分解生成 $Al(OH)_3$、$Ga(OH)_3$ 和 $CaCO_3$，而全部碱均以 Na_2CO_3 形态进入溶液，使氧化镓明显溶解，氧化铝则几乎全部保留在沉淀中。

继续提高石灰用量，导致溶液中的 Na_2CO_3 苛化：

$$Na_2CO_3 + Ca(OH)_2 + aq \Longrightarrow 2NaOH + CaCO_3 + aq$$

苛性碱溶解 $Al(OH)_3$ 和 $Ga(OH)_3$ 的能力远大于 Na_2CO_3：

$$Al(Ga)(OH)_3 + NaOH \Longrightarrow Na[Al(Ga)(OH)_4]$$

为了使镓与铝分离得更完全，并且把镓随同 $3CaO \cdot Al_2O_3 \cdot 6H_2O$ 共沉淀的损失减到最低程度，需要采取分次添加石灰乳的办法，使上述苛化、镓和铝的溶解以及生成水合铝酸钙的脱铝反应依次进行。第一次加入只够发生苛化反应的石灰（摩尔比 $CaO:CO_2$ 为 $1:1$），在液固比为 3，温度 90~95℃ 的条件下处理 1h，此时约 30%~40% 的铝和 85% 以上的镓进入溶液。第二次按摩尔比 $CaO:Al_2O_3$ 为 $3:1$ 补加石灰，继续搅拌 1~2h，则使绝大部分铝生成不溶性水合铝酸钙，而镓留在溶液中，因为溶液中镓的浓度低于镓酸钙的溶解度。这样就大大提高了溶液中的镓铝比。石灰添加量太多会增加镓的损失。

为了提高溶液中的镓含量，以利于下一步电解提镓，可将石灰乳处理后所得的溶液再进行第二次彻底碳分，镓的沉淀率达 95% 以上。所得的二次沉淀（镓精矿）含 Ga 约 1%，用苛性碱液溶解，同时加入适量的硫化钠，使溶液中铅、锌等重金属杂质成为沉淀而分离，以保证电解镓的质量。净化后溶液的 Ga 含量为 2~10g/L，其最佳电解条件为：阴极和阳极电流密度为 0.04~0.06A/cm²，温度 60~70℃，溶液中 Na_2O 浓度 140~160g/L。阴极和阳极材料分别为不锈钢和镍。阴极上析出镓，同时放出氢气。由于电解温度高于镓的熔点（29.8℃），镓以液态析出。电解所得粗镓加入盐酸提温处理，其含镓量可达 99.99% 以上。

石灰法能从 Ga 浓度低的循环碱液中提取镓，产品质量较高，因为用石灰乳脱铝时，硅、钒、铬、砷、磷等很多杂质也得到了清除。所用原料主要是价格低廉的石灰，也不产生公害。但此法工艺流程比较复杂，而且改变了循环碱液的性质（彻底碳分产出含约 60g/L $NaHCO_3$ 的苏打母液），对氧化铝生产有一定影响。

b 碳酸法

碳酸法是在有氢氧化铝晶种存在的条件下，将母液进行缓慢碳酸化，使母液中约 90% 的 Al_2O_3 成为氢氧化铝析出，而绝大部分的 Ga 仍保留于溶液中，达到 Ga、Al 初步分离的目的。分离氢氧化铝后的溶液再作彻底碳分。此时可将含有 $NaHCO_3$ 的母液送碳分工序，以替代部分 CO_2。然后加适量的铝酸钠溶液（$MR=2.5~3.0$）于彻底碳分沉淀物中，以溶解其中的丝钠铝石，使大部分 Ga 转入溶液。由于碱量不足以溶解沉淀物中的 $Al(OH)_3$，从而提高了溶出液中镓铝比。溶液经过净化除去有机物和重金属杂质后进行电解（或置换），即可得金属镓。

碳酸法无公害，与石灰法相比，减少了一个彻底碳分工序，不产生铝酸钙废渣，彻底碳分的酸性母液可代替部分 CO_2 返回碳分脱铝工序，从而基本上解决了回收镓与氧化铝生产的矛盾。但碳分除铝操作不易控制。

c 汞齐法

汞齐法在国外一些拜耳法厂获得工业应用，它是用液体汞阴极电解种分母液回收镓的方法。各厂采用的工艺流程存在某些差别，主要是溶液的净化过程有所不同。汞阴极电解法的原则流程如图6-9所示。

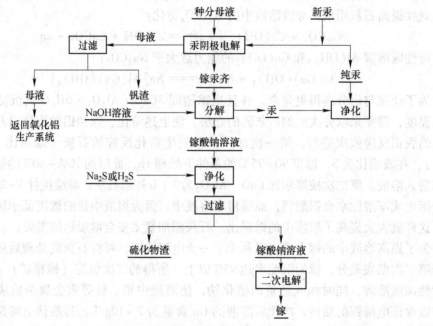

图 6-9 汞齐电解法原则工艺流程

从电化学次序看，镓的标准电极电位是−0.521V，为负电性金属，电解含镓水溶液，镓本不应在阴极析出。但由于氢在汞上析出的超电压很高，而镓析出形成汞齐，析出电位降低。因此，即使母液中的镓浓度很低，电解时镓离子也能在汞阴极上放电析出。析出的镓在搅拌时进入汞中。

氢和镓同时在阴极析出是电解含镓水溶液的基本特点之一。氢的析出消耗大量电流，电解液中镓浓度越低，电流效率也越低。

钠是负电性很强的金属，但由于它能很好地溶入汞中，所以钠在汞上的析出电位较钠的标准电极电位低很多，以致用汞阴极电解时，溶液中的 Na⁺ 离子也可以在阴极析出。汞齐中的钠含量取决于电解条件。

电解液中含有钒、铬、铁、硅等杂质时，对电解过程十分有害。钒的含量提高，使氢析出的超电压显著降低。因此，当溶液中含有较多的钒及其他杂质时，需将溶液净化。

用汞阴极电解时，需要将汞搅拌，保证汞面不断更新，但又不能过于强烈，以致使汞分散成颗粒状而溶于溶液中。采用回转汞阴极电解槽，可使单位阴极表面的用汞量大大降低。电解时的阴极电流密度为 $4.5 \times 10^{-3} A/cm^2$，阳极电流密度为 $0.09 \sim 0.1 A/cm^2$（阳极面积为阴极的 1/20）。电解温度 45~50℃。

电解所得镓汞齐（一般含 Ga 0.3%~1%）与苛性碱溶液在不锈钢槽中于100℃以上温度强烈搅拌，即可分解，得到含 Ga 约 20g/L 的镓酸钠溶液和汞。如果汞齐中含有足够的钠，则用纯水分解就可获得足够使全部镓溶出所需的碱度。

分解出来的汞返回电解过程，但要定期净化以除去铁和积累的其他杂质。镓酸钠溶液经净化后再进行电解，使镓在不锈钢阴极上析出。电解后的溶液可返回用于分解汞齐，当其中杂质积累到明显地影响电解过程时，则需加以净化，或送回氧化铝生产系统。

汞齐电解法的主要优点是可直接从镓含量低的母液中回收镓，不需要复杂的化学富集过程，流程比较简单。同时电解后溶液的性质没有变化，故对氧化铝生产系统没有影响。但这一方法的严重缺点是汞害。

d　置换法

置换法是基于金属之间的电极电位的差别而实现的电化学过程，它不需用外部电流而实现金属离子的还原。此法可从含 Ga 0.2~1.0g/L 的溶液中提镓，而不要求更高的镓浓度。当然，溶液中镓含量低会增加置换剂的消耗。一次彻底碳分沉淀物用石灰乳脱铝后的溶液，可不再进行第二次彻底碳分而用置换法从中提取镓。

从铝酸钠溶液中置换镓可以用钠汞齐，此时钠成为离子进入溶液，而溶液中的镓则还原为金属镓并与汞形成汞齐。用钠汞齐的主要缺点为汞有毒以及镓在汞中的溶解度小（40℃时约 1.3%），因此要频繁地更换汞齐，而且需要处理大量镓汞齐才能获得少量镓。

用铝粉置换镓避免了上述缺点，但也存在铝消耗量大和置换速度小等缺点。因为氢在铝上的析出电位与镓的析出电位相近，故氢大量析出，这不仅消耗了铝，而且铝的表面为析出的氢气所屏蔽，使镓离子难于被铝置换。由于氢激烈析出而产生很细的镓粒，也会重新溶解于溶液中。工业上采用镓铝合金，此时发生如下置换反应：

$$NaGa(OH)_4 + Al + aq \Longrightarrow NaAl(OH)_4 + Ga + aq$$

与用钠汞齐及纯铝比较，采用镓铝合金置换镓有如下优点：

（1）镓在镓铝合金中可无限溶解；

（2）过程无毒，因镓的蒸气压很小；

（3）与用纯铝比较，铝的消耗减少；

（4）只要在合金中始终有负电性的金属铝存在，已还原出来的镓就不会反溶；

（5）氢在镓铝合金上析出的超电压比在固体铝上高。

镓铝合金置换的最适宜作业条件为：合金中 Al 含量为 1% 左右（在置换镓含量高的溶液时，合金中的铝含量应提高），置换温度 50℃ 左右，强烈搅拌。该方法的主要优点是可从镓含量较低的溶液中直接提镓，工艺比较简单，得到的金属镓质量较好，镓的回收率高（50%~80%），不污染环境，也不改变镓酸钠溶液的性质。缺点是对溶液的纯度要求很高，特别是钒对铝的消耗量影响很大。钒酸根离子比镓酸根离子的还原速度更大，导致镓铝合金迅速分解，并大大降低镓的置换率。溶液中 V_2O_5 的含量不应超过 0.22g/L（水合铝酸三钙是 V_2O_5 最有效的吸附剂）。置换效果也与所用铝的纯度有很大关系，如其中铁含量高，将使 Ga 的回收率降低，渣的生成量增加，铝的有效利用率下降。这一方法的另一缺点是在生产中积压着大量价值贵重的金属镓。

e　有机溶剂萃取和离子交换树脂吸附法

20 世纪 70 年代中期以来，国内外对有机溶剂萃取与离子交换树脂吸附法提镓进行了大量的研究。对萃取法的研究取得了重大进展，技术上已趋成熟。树脂吸附法尚处于对树脂的筛选阶段。这两种方法的主要优点是，可以从镓含量低的分解母液中不经富集而直接提镓，流程比较简单，镓的纯度高，不改变铝酸钠溶液的成分，故不影响氧化铝生产，不污染环境，镓的回收率高。

目前从拜耳法种分母液中萃取镓所采用的萃取剂为八羟基喹啉的衍生物 Kelex-100，其分子式为：

$$(CH_2)—CH(CH_2)_2—$$

OHN

Kelex-100 不同于八羟基喹啉，即使在强碱性介质中也不溶解，但溶解于很多有机溶剂中，有机相的稀释剂为煤油，Kelex-100 的浓度为 8%~10%，有机相∶水相为 1∶1，萃取温度提高有利于加速萃取过程，一般为 50~60℃。在用 Kelex-100（HL）萃取时，在萃取镓的同时还从铝酸钠溶液中萃取出少量的铝和钠，但铝和钠与萃取剂生成的配合物在碱性介质中的稳定性低于与镓生成的配合物：

$$Ga(OH)^-_{4(水相)} + 3HL_{(有机相)} = GaL_{3(有机相)} + OH^- + 3H_2O$$

$$Al(OH)^-_{4(水相)} + 3HL_{(有机相)} = AlL_{3(有机)} + OH^- + 3H_2O$$

$$Na^+ + OH^- + HL_{(有机相)} = NaL_{(有机相)} + H_2O$$

从上述反应可见，拜耳法种分母液的高碱度对钠的萃取有利，而对镓和铝的萃取则不利。但 Kelex-100 可保证镓的萃取达到满意的选择性。例如，用 8% 的 Kelex-100 的煤油溶液从拜耳法溶液中萃取镓，相比为 1，溶液的成分为：Na_2O 166g/L，Al_2O_3 81.5g/L，Ga 0.24g/L。溶液中有 61.5% 的 Ga，0.6% 的 Na 和 3% 的 Al 进入有机相，有机相中的 Al∶Ga 为 9∶1，而原液中 Al∶Ga 为 180∶1。

用 Kelex-100 萃取镓时，萃取过程进行的速度很低。20 世纪 80 年代初发现，添加正癸醇作改性剂和羧酸等表面活性物质，可以大大缩短萃镓达到平衡的时间。表面活性物质的作用是增加有机相与水相的接触面积，以提高萃取率和缩短萃取时间。

铝酸钠溶液经多级逆流萃取后返回氧化铝生产流程，负载于有机相中的 Ga 和 Al、Na 的分离在洗涤与反萃过程中实现。例如，用 0.6mol/L HCl 溶液洗涤含 0.197g/L Ga，2g/L Al_2O_3，1.4g/L Na_2O，相比为 1∶1 的有机相时，有机相中留下 0.197g/L Ga 和 0.02g/L Al_2O_3，Al∶Ga 的比例降低到 0.05∶1。接着用 2mol/L HCl 溶液进行镓的反萃，镓的提取率为 99%。反萃温度宜为 20℃左右，提高温度使镓的反萃降低。

反萃后的有机相经水洗除酸后返回再用。一段反萃液用磷酸三丁酯进行二段萃取，再用水反萃得到富镓水溶液，经过沉淀、过滤、碱溶除杂等处理后，即可进行电解得到金属镓。二段萃取旨在节约酸、碱用量及进一步提纯。

萃取法工艺流程如图 6-10 所示。

萃取法的缺点是萃取剂价格高，萃取剂在碱液中不够稳定，易被空气氧化；萃取速率低，因而需要使用一些添加剂；在萃取温度下稀释剂煤油挥发；反萃是用盐酸，而最后电解镓则需用碱液，这就增加了过程的复杂性。此外，残留在铝酸钠溶液中的 Kelex-100 在返回氧化铝生产流程后，在高温下究竟分解成何产物，它对氧化铝生产特别是对种分有无影响，目前尚无这方面的报道。

离子交换树脂法可有效地从 Ga 含量低至 30mg/L 以下的溶液中回收镓，而萃取法用于这种镓含量过低的溶液则不经济。目前树脂吸附法尚处于对树脂的筛选阶段。日本一些专

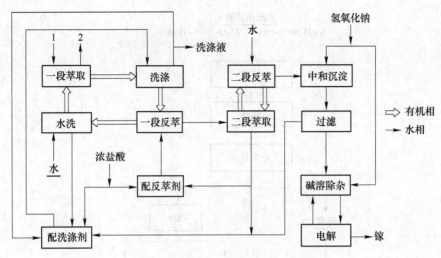

图 6-10　用 Kelex-100 萃取镓工艺流程
1—铝酸钠溶液；2—萃余液

利报道了多种含有胺肟基或其他金属盐的螯化树脂，它们能有效地从强碱性含镓溶液中回收镓，并具有很高的选择性。据称，采用乙烯胺肟螯合树脂处理铝酸钠溶液，镓的吸附率可达 96%，而铝只有 0.1%。树脂经反复使用，其性能仍很稳定。前苏联资料报道，阴离子交换树脂 AB-16 对镓有很高的吸附能力和满意的吸附速度，并能使镓相当完全地与溶液中的 Al、Mo、W、As、Cr 及 V 等杂质分离。国内也开展了树脂离子交换法回收镓的研究，并筛选出了对镓的吸附性能及镓铝分离效果好的树脂。

F　钒的回收

铝土矿和明矾石中均含有少量钒。从氧化铝生产中回收钒早已在工业上实现。在匈牙利，从氧化铝厂回收 V_2O_5 成为其钒的主要来源。

在烧结法生产中，由于炉料中配入了大量石灰，使绝大部分钒成为不溶性钒酸钙而进入赤泥。在拜耳法中，石灰也使 V_2O_5 的溶出率降低。钒在种分母液中可循环积累并达到一定浓度。实践证明，钒化合物对氧化铝生产有着不良影响，因此回收钒有一箭双雕的效果。

从氧化铝生产中回收钒的方法和工艺流程很多，按其原理可分为结晶法、萃取法和离子交换法三种，后两种方法的优点是钒的回收率高，成本较低，但投资较高，目前尚未见到在生产上应用的报道。结晶法是当前工业上广泛采用的方法，工艺成熟，设备也较简单。

结晶法是以钒、磷、氟等的钠盐的溶解度随温度降低和碱浓度升高而降低为依据的。将溶液（种分母液或蒸发母液）冷却到 20~30℃后，便结晶出化学成分复杂的氟磷钒渣，其中既有单体相，又有碱金属的二元复盐和三元复盐。结晶法提取 V_2O_5 的工艺，因工厂各自的特点而有不同，其原则工艺流程如图 6-11 所示。

将分离和洗涤过的钒渣溶解，除去某些杂质后，添加 NH_4Cl 便可得工业纯 NH_4VO_3。钒酸铵结晶温度 20~22℃，时间 4~6h，溶液 pH 值为 6~9，原液中 P_2O_5 不应超过 0.5g/L。

将工业钒酸铵溶于热水中，分离残渣后的溶液进行再结晶，其适宜条件为：原液

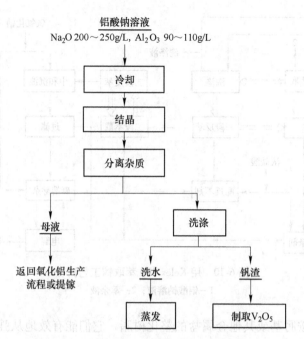

图 6-11　结晶法制取 V_2O_5 的工艺流程

V_2O_5 浓度约 50g/L，pH 值约为 6.5，结晶温度不宜超过 20℃以提高 V_2O_5 的结晶率。钒酸铵经过滤洗涤、500~550℃煅烧后即可获得纯 V_2O_5。

以明矾石为原料的氧化铝厂蒸发母液中含有大量 SO_3 和 K_2O，P/V 比也高。因此在回收 V_2O_5 时，首先要通过冷却结晶的方法进一步从母液中排除碱金属磷酸盐。然后将分离磷酸盐以后的溶液与氢氧化铝洗液混合并冷却到 20℃得到钒精矿，将后者溶于洗涤磷渣的洗液中并加入硫酸：

$$Na_3VO_4 + H_2SO_4 = NaVO_3 + Na_2SO_4 + H_2O$$

往 $NaVO_3$ 溶液中加 $CaSO_4$，以除去其中的 P、F 及 As 等杂质，再往净化后的溶液中加入 NH_4^+（硫酸铵）得到钒酸铵，而后经过煅烧，即可制得 V_2O_5。

6.4.1.6　赤泥的其他应用

（1）赤泥生产土壤调理剂（赤泥硅肥）。2000 年中铝公司某企业通过产学研合作成功研究开发了赤泥硅钙肥产品，赤泥配比达到 80%左右，产品具有改善土壤结构、提高作物品质、减少病虫害和增产效果。2001 年曾形成年产万吨的生产规模，但由于农业使用局限性，仅用于改良酸性土壤，以及高效经济作物如蔬菜、水果等方面，增加了它的市场推广难度，最终导致项目停产。

（2）赤泥充填高效胶结剂的研究与开发。中铝公司通过产学研合作，承担"九五"国家重点科技（攻关）计划专题项目"赤泥充填高效胶结剂的研究与开发"，研制成功赤泥充填高效胶结剂，提出整套技术工艺方法。试验结果表明，赤泥胶结剂用于矿山充填，其凝结时间、固化水量、充填料浆脱水性能及强度均明显地优于硅酸盐水泥，为矿山充填提供高效廉价的水泥替代品，大幅度降低了矿山充填成本。但项目由于赤泥浆远程运输的不可操作性等因素而最终未能产业化应用。

（3）利用赤泥生产陶瓷滤料。2003年中国铝业公司成功开发出利用赤泥、粉煤灰、煤矸石等固体废弃物为主要原料的新型环保陶瓷滤料，掺配比例为：赤泥27%～35%、粉煤灰约35%，煤矸石5%～6%，其他铝土矿剥离尾矿约30%，经建设部水处理滤料检测中心和湖北省疾病预防控制中心的监测，各项性能指标均符合城市过滤饮用水的质量和卫生要求，过滤周期和去污效率均优于国内现有滤料，替代石英砂，可大大节约反冲洗用水量。

（4）赤泥复配型阻燃剂。该项目是"十一五"国家科技支撑计划课题的子课题，主要是利用赤泥本身含有大量的硅、铝、铁、钙等有效阻燃元素，同时利用赤泥中结晶水热分解温度高的特性，最终通过合适的技术手段开发出赤泥复配型阻燃剂。它的创新点在于形成原位脱碱协同阻燃的复配赤泥阻燃剂技术。

（5）赤泥制备环境修复材料研究。该项目是"十一五"国家科技支撑计划课题的子课题，主要利用赤泥的多孔、内表面积大的特性，成型时再辅以成孔、扩孔剂，以形成具有一定孔结构及比表面积高的赤泥基吸附剂，用低温烧结技术烧成高气孔和高强度的赤泥环境修复材料，并采用多种无机负离子材料涂覆改性，采用辐射流多级串联精细吸附水处理工艺强化重金属离子去除效果，最终达到对污水中重金属离子的吸附去除。它的创新点在于添加成孔剂成型技术。目前项目正在积极进展中。

（6）赤泥作循环流化床锅炉脱硫剂。国内热电厂所用循环流化床锅炉炉内喷钙脱硫主要以石灰石粉为脱硫剂。经研究，烧结法赤泥与碳酸钙相比，其活性较高，比碳酸钙有更好的固硫效果，脱硫效率达60%以上，利用烧结法赤泥可以代替石灰石粉用于循环流化床锅炉燃煤脱硫剂。在热电厂75t/h循环流化床锅炉进行的工业试验表明，未加赤泥前烟气中二氧化硫含量2800mg/m³（标态），加赤泥后二氧化硫含量降低到800mg/m³（标态），完全达到了国家规定的烟气排放标准1200mg/m³（标态），说明烧结法赤泥取代石灰石粉作为锅炉脱硫剂是完全可行的。

（7）赤泥生产炼钢保护渣。1984年原中铝公司某企业与首钢合作开发出赤泥炼钢保护渣，试验成功后，试验技术转让给某一乡镇企业，并成功实现产业化生产。目前赤泥炼钢保护渣仍在批量生产。

6.4.1.7 高效利用赤泥的可能途径

（1）赤泥脱碱。赤泥中含有大量结合碱，是赤泥筑坝堆存的主要环境污染因素，而且多年来赤泥综合利用的经验教训表明：以含碱赤泥为原料，无论是作无机填料，抑或是生产水泥、砖材等建筑材料，碱都是有害组分，直接影响着产品的质量和使用范围，严重制约着赤泥综合利用率的提高。

在利用赤泥制造水泥的过程中，由于赤泥含碱量高，赤泥配比受水泥含碱指标制约，赤泥利用水平仅达到15%～20%，因此，为更加有效地利用赤泥生产水泥，必须对高碱赤泥进行脱碱预处理，使赤泥中的结合碱脱出，低碱赤泥可用于制造高标号水泥。2008年中国铝业公司承担了"十一五"国家科技支撑计划课题"赤泥无害化处理及资源化利用技术研究"的子课题"赤泥脱碱试验及利用脱碱赤泥生产普通硅酸盐水泥研究"，它采用了创新的二段法石灰脱碱，烧结法赤泥碱脱除率达到80%以上，脱碱赤泥碱含量小于1%，课题现正处于工业试验准备阶段。到达这一目标，赤泥的掺量可由目前的25%～30%提高到50%。这样一来不仅降低了水泥熟料煤耗及原料磨细电耗，而且节约水泥生产原料石灰石、砂岩、铁粉的消耗。脱碱后的废液可以回收碱，从而降低氧化铝生产消耗，解决含碱废水对环境的污染，创造了氧化铝生产赤泥废液零排放的良性模式。

（2）赤泥活化。对于以往的赤泥作为掺和料，赤泥没有经过预活化或者预活化的力度不够，造成了赤泥的掺量不大，且随着掺入量的增加，抗压强度大幅度降低。如果对赤泥进行预活化处理，赤泥的掺入量或强度可望有所提高。赤泥的活化方法大致有以下几种：热力活化、物理活化、化学活化、复掺活化。

（3）赤泥制备碱激发胶凝材料。赤泥制备碱激发胶凝材料，是赤泥利用的一个新途径：1）赤泥中的碱，对碱激发胶凝材料来说刚好起到了一个化学激发的效果；2）赤泥中的无定形物质在碱激发胶凝材料中的聚合中起到了一个骨架的作用，所以赤泥在碱激发胶凝材料中充当了一个重要而且关键的角色，所以在碱激发胶凝材料中，对赤泥的掺量没有限制。

通过以上方法，可以认为如果这几种方法能够综合运用，会取得更佳的效果。在与以往相同的要求之下，可以提高赤泥的掺入量，或在相同掺入量的条件下，提高其各方面的性能是可以达到的。

赤泥综合利用是一项跨越多技术领域、多学科的技术难题，长久以来，国内外专业工作者围绕赤泥综合利用研究做了大量工作，取得了一些应用成果，尤其在赤泥配料生产水泥及赤泥作筑路材料等技术领域取得了较为成功的应用，赤泥的消耗量也比较大，但大多数研究成果受限于经济成本因素而未能实现工业应用。

展望未来，赤泥综合利用工作应该主要围绕大吃渣量消耗赤泥为主，以开发赤泥的高附加值产品为辅，多途径综合开发，齐头并进，最终实现赤泥零排放，从根本上解决赤泥堆存带来的环境及成本费用问题。在此过程中，同时需要氧化铝生产企业及相关单位积极转变观念，多从社会环境角度看待赤泥综合利用工作的现实意义，加大力度扶持该项工作的技术进展和产业化推广应用，最终各方面齐心合力，将赤泥综合利用工作提升到一个新高度。

6.4.2　氧化铝生产过程中产生废水的利用

氧化铝生产基本采用碱法，其工艺流程有拜耳法、烧结法和联合法，但无论采用哪种工艺都需要用碱（NaOH 或 Na_2CO_3）处理铝土矿，使矿石中的氧化铝与碱反应生成铝酸钠溶液，再经分解从溶液中析出氢氧化铝，氢氧化铝经过焙烧脱水后，即获得氧化铝。在氧化铝生产过程中，一方面，水作为溶剂几乎贯穿于整个生产过程，伴随着各种浆液或溶液进行各种物理化学反应；另一方面，水作为冷却剂，用于各个生产工序的设备冷却。氧化铝生产工艺过程大部分在碱液条件下进行，废水中的主要污染物是碱。某氧化铝厂每生产 1t 氧化铝废水排放量高达 $21.3m^3$，一座 75 万吨/年的氧化铝厂，年排放废水量 160 万立方米，生产废水的 pH 值为 $10 \sim 11.9$，总碱度高达 780mg/L，废水超标排放，对水环境造成了污染。由于碱是氧化铝生产的主要材料之一，水中含有 Al_2O_3、Na_2O 等，废水的排放过程也是物料及碱损失的过程，既浪费水资源、增加碱耗及物耗，影响经济效益，又污染环境。为此，氧化铝工业战线的科技人员一直致力于降低碱耗、水耗及减少废水排放的技术研究开发工作，特别是近年来，通过对工艺技术改造，采取各种治理措施，贯彻"清浊分流，分质处理，以废治废，一水多用，循环利用"的原则，节约用水，强化管理，使一些氧化铝企业实现了生产废水零排放，做到了工业用水和排水的封闭循环，彻底解决了水环境污染问题，其治理技术和管理经验值得推广。

A 含碱量高的生产废水返回生产或循环水系统

氧化铝生产过程中跑、冒、滴、漏的料浆和溶液，各类设备、贮槽及地坪的清洗水，各类料浆泵的轴承封润水以及赤泥输送水等，都是含碱（Na_2CO_3、$NaOH$、$NaAl(OH)_4$）量高的生产废水，均由专门设置的污水泵站，经沉淀澄清净化处理后返回生产系统，例如烧结法氧化铝厂，处理后的废水返回生料磨回收利用。

对于氧化铝工艺过程产生的含碱水、母液、硅渣及其附液、赤泥洗液可作为生料磨或熟料溶出的配料综合利用。赤泥堆场返回的附液（回水）复用于赤泥洗涤和输送。

B 设置净循环水系统

氧化铝生产系统的母液蒸发器、真空冷凝设备、空压机、空冷机、油冷机等冷却水，均为设备间接冷却水，除温升变化外，基本不含有害物质。设置净循环水系统，使其经冷却塔冷却后，和其他洁净生产水串入系统循环使用。

各种水量较小而且分散的设备（如泵、风机等）冷却水，可排入二次利用水系统作为净循环水系统的补充水。

C 热电厂软化水处理工艺

郑州铝厂采用反渗透-离子交换法联合脱盐工艺，使电厂含盐循环水脱盐净化，返回利用。反渗透法是利用膜的选择透过性，在高压作用下截留水中的盐分，而使水分子克服渗透压，透过膜后达到膜的另一侧，实现含盐水的脱盐处理，起到预脱盐作用；离子交换法是利用树脂上的可交换离子与水溶液中其他同性离子进行交换，作进一步提纯得到软水。这是减少废水排放量，减少酸碱性废水污染的有效措施。

D 除灰渣水循环系统

热电厂采用水力除灰系统，除灰渣水设循环水系统，使冲灰水在灰场澄清后，由设在灰场的回水泵返回循环利用。冲灰补充水应全部用二次利用水，而不用新水。电厂循环水系统的排污水、水处理系统等所有生产排水，均可综合利用。

E 设置生产废水处理站及回收措施

我国各氧化铝厂均设有生产废水（或污水）处理站，将各生产系统排放的生产废水汇集后进入废水处理站，经加药、沉淀处理除去废水中的悬浮物、泥沙和油类后，返回生产系统循环利用。表6-6为我国氧化铝企业生产废水处理站的处理能力及水质排放一览表。

表6-6 我国氧化铝企业生产废水处理站的处理能力及水质排放一览表

企 业	处理能力/$m^3 \cdot d^{-1}$	处理站出水水质			
		pH 值	SS/$mg \cdot L^{-1}$	COD/$mg \cdot L^{-1}$	油类/$mg \cdot L^{-1}$
山东铝业公司	72000	9.5~11.4	10~50	10~20	3~5
长城铝业公司	330000	9~11	15~60	25~60	1
平果铝厂	10000	11~12	5~47	8~68	0.74
中州铝厂	12000	8~9	10~50	10~20	0.5

某联合法生产氧化铝厂，生产废水处理量为 23200m^3/d，pH 值为 9.8，总碱度

249mg/L（以 Na$_2$O 计），悬浮物 383mg/L，可溶物 1061mg/L，氨化物 1.24mg/L，COD（Mn）11.3mg/L，油 8.37mg/L。从废水水质角度来看，该厂废水含碱量高，悬浮物、油类杂质含量高，采用沉砂池和电动刷筛去除废水中的机械杂质；通过平流沉淀池、气浮除油池进一步沉淀和除油。将废水处理后返回生产系统使用，复水率提高到 89% 以上。生产废水站的工艺处理流程如图 6-12 所示。

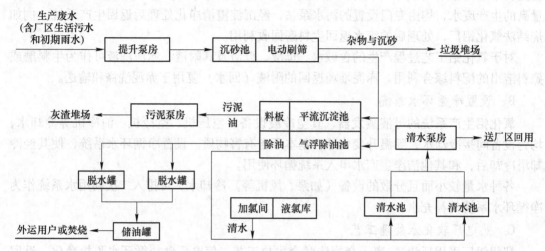

图 6-12　氧化铝厂生产废水处理站工艺流程

F　利用赤泥附液软化补充水

采取清浊分流、分质处理、一水多用、循环利用，尽量扩大循环水用量是氧化铝厂实现"零排放"的关键措施。我国氧化铝厂在这方面已有不少成功经验，给水循环率已达总用水量的 75%～85%，并实现了蒸发冷却水复用于赤泥洗涤等。但由于循环水质较差，结疤严重，经常堵塞设备和管道，限制其进一步扩大使用范围，与国外相比尚有一定差距（表 6-7）。

表 6-7　循环水量和水质

项　目	烧结法	联合法	前苏联烧结法
	处理一水硬铝石型铝土矿	处理一水硬铝石型铝土矿	处理霞石精矿
pH 值	7～8.5	8.0～11.0	>10
总碱度/mg·L^{-1}	15～25	12～150	6.6～212mol/m^3
总硬度/mg·L^{-1}	200～285	0～35	5～12.0
悬浮物/mg·L^{-1}	300～800	50～500	
总溶解固体/mg·L^{-1}	1000～2000	400～4000	
每吨 Al$_2$O$_3$ 循环水量/m^3	90～100	150～160	110～240
循环水占总用水量比例/%	75	85	80～90

导致循环水结疤的主要原因有两个：其一，进入循环水系统的工艺物料中含有铝酸钠、硅酸钠、铝酸钙等；其二，补充水中的钙、镁盐类没有预先软化处理。

氧化铝生产过程中各种含碱物料与矿浆难免进入循环水系统（称为"工艺侧漏

碱"），如蒸发器、真空过滤机跑碱，分解槽冒槽以及氧化铝和其他物料粉尘，都会随冷却水或经循环水的裸露部分进入循环水系统。以循环回收量最大的蒸发回收（约占总循环回水的 50% 左右）为例，按标准蒸发器操作规定：水冷器进出水含碱量不大于 0.05g/L 计，一座 50 万~60 万吨/年的氧化铝厂蒸发回水量约为 10 万立方米/天，仅此一项带入的碱量按计算最多可达 5t。再如郑州铝厂厂区平均落尘（灰尘和碱粉尘）量每月达 150g/m²，会不同程度地进入循环水系统的裸露部分；冷却塔中水和空气逆向交换过程后将后者的尘埃带入冷却水中。该厂循环水系统共有鼓风冷却塔 30 格，总换气量为每小时 900 万立方米，如按冷却塔附近大气含尘量为 3mg/m³ 计算，则每日仅从冷却塔进入循环水中的灰尘可达 300kg。这些粉尘与盐类一起形成沉渣或水垢。

进入循环水系统的工艺物料中的硅酸钠、铁酸钠、铝酸钙以及铝酸钠分解析出的氢氧化铝本身都会导致管道和设备结疤。工艺侧进入循环水系统的碱（$NaAl(OH)_4$、$NaOH$ 及 Na_2CO_3）与补充水（新水或二次利用水）中铝、镁的碳酸盐和硫酸盐反应生成的 $CaCO_3$ 及 $Mg(OH)_2$ 和 $Al(OH)_3$，成为水垢的主要成分。$Mg(OH)_2$ 和 $Al(OH)_3$ 的胶体凝聚作用，将水中悬浮物和泥沙等一起沉降下来，也成为水垢的组成部分。如郑州铝厂运行 8 年来循环给水管结垢 30mm，循环回水管结垢 80mm，循环水泵和热水泵半年结垢 2~3mm，冷却塔喷头一个月左右即有堵塞的现象。

无论新水还是二次利用水作为循环水的补充水，都含有钙、镁盐类。天然水，尤其是地下水含有钙、镁的碳酸盐和硫酸盐含量较高。如山东铝厂新水总硬度为 350~400mg/L，水源地沣水南池 SO_4^{2-} 含量高达 500mg/L 以上。在未经处理、无组织地补充到循环水系统后，循环水中的碱促进了补充水在设备和管道上的结疤。

循环水系统一方面有工艺侧漏碱进入，另一方面会失掉一部分碱量，后者包括循环回水供洗涤、输送赤泥进入工艺系统的碱以及处理构筑物风吹、排泥带走的碱分。不同的生产条件下，运转时会形成一个碱量动态平衡值。软化补充水仅靠上述碱量是不能满足要求的。况且进入循环水处理站的循环水量是通过技术经济比较确定的，不可能是全部。

赤泥附液属于高碱浓度废液，将其回收用于循环水处理站软化补充水，以提供仅用循环回水处理不足的碱量。

循环水在处理站仅进行冷却、软化和除去悬浮物等项处理。循环水处理站流程如图 6-13 所示。

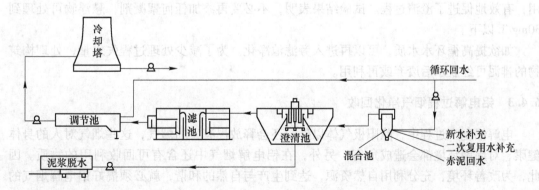

图 6-13　循环水处理站流程

过去冷却构筑物常采用机械通风冷却塔，为节约电耗，目前趋向采用自然通风冷却塔。

由于循环水水量大，不可能全部进行软化和净化，只是其中一部分进行旁流处理。一般企业旁流处理量为10%~15%，即循环水每循环7~10次便需处理一次。氧化铝厂循环水旁流处理量的选择还要考虑到循环水系统的碱量平衡关系。当循环回水和赤泥回水碱量充分时可减少处理，否则就得酌情加大处理量。该量应通过循环回水、赤泥回水供碱和补充水软化耗碱计算后确定。

部分循环回水、赤泥回水与补水一起进入混合池进行充分混合，进行软化、净化处理。

为了寻求软化、净化最适宜的构筑物，1974年沈阳铝镁设计院与郑州铝厂、冶金部建筑研究院共同作了三种处理构筑物的试验：水旋澄清池、平流沉淀池与加速澄清池。试验结果表明，由于加速澄清池具有接触凝聚和搅拌作用，所以软化、除浊过程进行得充分。另外，池中的罩板对水流的控制作用形成一个比较定型的水流，工作稳定性高，具有适应循环水水质变化频繁的特点。当碱比（理论计算需NaOH与实际加入NaOH之比）在1:1.2以上时，上升流速为1.2mm/s，净化效率达80%~99%。以碱比1:1.45为最佳。当碱比为1:1、投加混凝剂10mg/L、上升流速为1.2mm/s时，净化率达90%以上。

在澄清池中完成下列反应：

$$Ca(HCO_3)_2 + 2NaOH \Longrightarrow CaCO_3\downarrow + Na_2CO_3 + 2H_2O$$
$$Mg(HCO_3)_2 + 4NaOH \Longrightarrow Mg(OH)_2\downarrow + 2Na_2CO_3 + 2H_2O$$
$$MgSO_4 + 2NaOH \Longrightarrow Mg(OH)_2\downarrow + Na_2SO_4$$
$$MgCl_2 + 2NaOH \Longrightarrow Mg(OH)_2\downarrow + 2NaCl$$
$$CaSO_4 + Na_2CO_3 \Longrightarrow CaCO_3\downarrow + Na_2SO_4$$
$$CaCl_2 + Na_2CO_3 \Longrightarrow CaCO_3\downarrow + 2NaCl$$

（1）循环回水及赤泥回水作为软化剂，降低了补充水的硬度，一般残余硬度可在5mg/L以下。

（2）消耗了循环水中的碱，不致产生碱分积累。通过计算可以使循环水系统中的碱量维持在一个预定的范围内。

（3）循环水中的铝离子以及软化反应过程中生成的$Al(OH)_3$及$Mg(OH)_2$具有凝聚作用，有效地促进了澄清过程。试验结果表明，不必要再添加任何絮凝剂，悬浮物可处理到30mg/L以下。

如欲提高循环水水质，可以再进入旁滤池净化。为了减少处理过程失水量，处理构筑物的排泥可经脱水后废弃或再利用。

6.4.3　铝电解过程烟气净化回收

电解铝生产过程中，除阳极气体以外，还会释放出有害的烟气，这些烟气对人的身体健康、对周围环境都会造成危害。另外，在铝电解烟气中还含有可回收利用的物质。因此，为改善环境，充分利用自然资源，达到生产与自然的和谐，就必须搞好铝电解烟气的净化回收工作。

铝电解烟气净化回收根据净化回收工艺和所选用设备情况分为干法和湿法两大类：

干法：用氧化铝作吸附剂，使之产生含氟氧化铝，直接返回电解槽使用，此法具有很多优点，为预焙槽烟气净化所采用。

湿法：湿法净化回收有多种方法，如用清水洗涤、碱水洗涤和海水洗涤等，洗液再通过碱法、氨法和酸法流程加以回收，制取冰晶石、氟化钠、氟化铝等，一般多为制取冰晶石。

6.4.3.1 电解铝烟气成分

在电解铝生产过程中，从电解槽中散发出大量烟气，烟气由气态和固态物质所组成。气态物质主要成分为氟化氢、二氧化碳、一氧化碳、二氧化硫、四氟化硅、四氟化碳及自焙槽烟气中的沥青挥发分等。固态物质分两类：一类是大颗粒物质（直径大于 $5\mu m$），主要是氧化铝颗粒，炭粒和冰晶石粉尘。由于氧化铝吸附了一部分气态氟化物，大颗粒物质中的总氟量约为 15%。另一类是细微颗粒，由电解质蒸气凝聚而成，其中氟含量达 45%。

因槽型不同，氟化物在烟气和固态中的分配比例各不相同。自焙侧插槽的气态氟化物约占 60%~70%；预焙槽的气态氟化物约占 50%左右。表 6-8 列出了不向槽型烟气的组成。

表 6-8 同槽型烟气的组成 （kg/t）

槽　型	固体氟	氟化氢	二氧化硫	一氧化碳	烟尘	碳氢化合物
预焙槽	8	8	15	200	30~100	无
自焙侧插槽	2	18	15	200	20~40	6~10

6.4.3.2 电解铝烟气中有害成分的来源

电解铝烟气中有害成分的来源有以下几种：

（1）熔融电解质的蒸汽，以及被阳极气泡带出来的电解质液滴，主要质点为氟化铝。氟化铝与空气中的水分接触就发生反应：$2AlF_3 + 3H_2O == Al_2O_3 + 6HF$。从而转变为有毒的 HF 气体物质。

（2）电解过程中产生的氟化氢和发生阳极效应时产生的四氟化碳，发生效应时最高含量可达 20%~40%。

（3）原料中杂质二氧化硅与氟化盐发生反应生成四氟化硅。其反应式：

$$4Na_3AlF_6 + 3SiO_2 == 2Al_2O_3 + 12NaF + 3SiF_4 \uparrow$$

（4）自焙侧插槽阳极糊在烧结时，黏结剂沥青的挥发分挥发。

（5）电解铝生产过程中，由于有水分进入电解质而发生生成氟化氢的化学反应。原料（主要指氧化铝，即使在 400~600℃，氧化铝中仍含有 0.2%~0.5%水分）中的水分进入熔融电解质中在高温下发生分解反应：

$$2AlF_3 + 3H_2O == Al_2O_3 + 6HF \uparrow$$
$$2Na_3AlF_6 + 3H_2O == Al_2O_3 + 6NaF + 6HF \uparrow$$

当电解质裸露时，空气中的水分也能与高温的电解质发生化学反应。

6.4.3.3 电解铝烟气的捕集

铝电解烟气净化回收，首要要做到有效的捕集电解槽散发出的烟气。烟气的捕集有三种：一种是在每台电解槽上架设集气罩，利用集气罩子收集烟气（一次捕集）。该法属封闭式，捕集的烟气浓度高，处理量小，有利于净化处理，但要求集气罩轻便。一种是槽子敞开，让烟气自由散发到工作空间，然后用排烟机等设备，捕集包括烟气在内的整个厂房的通风空气量，再加以净化处理。该法属敞开式，所处理的烟气量比封闭式集气罩方法所处理的烟气量大十几倍。另外一种是前两种方法的结合，即单槽集气罩和厂房天窗捕集相结合，此法效果最佳，但投资和运行费用太大。

电解槽结构不同，所采用的集气方式也不相同：（1）中间下料预焙槽是采用很多小块罩把整个槽子密闭起来，所收集到的烟气通过电解槽一端的排烟支管汇总到电解厂房两侧的排烟总管，再送往净化系统。由于是中间自动加工下料，除出铝和换阳极工作外，其余不用敞开罩子，因此集气效率高（98%），效果好。（2）边部加工预焙增多，采用机械或液压传动集气罩，罩盖是整体的。加工、出铝和阳极工作等都必须打开罩盖，因此效果比中心下料预焙槽差，集气效率较低。（3）自焙上插槽一般在阳极框架周围安装裙罩，用氧化铝密封，收集的烟气浓度大。由于含有高浓度挥发性的碳氢化合物，所以通过燃烧器将烟气中可燃成分烧掉，再进入净化系统，但阳极上部的沥青烟气还需二次捕集。（4）自焙侧插槽是通过电动卷帘或配重吊门，单槽密闭来集气，收集的气体经架空排烟管道进入净化系统。

电解槽的烟气捕集效果通常用烟气的集气效率来表示。集气效率是指进入系统的烟气量与电解槽排烟量之比。集气效率高低是净化回收效果好坏的一个主要标志。由于槽子结构不同，所以每种槽型集气效率都有个极限值：中心下料预焙槽为94%~98%，边部加工预焙槽为81%~88%，自焙侧插槽80%~85%，自焙上插槽为80%。

6.4.3.4　电解铝烟气的湿法净化

湿法净化分为碱法、氨法和酸法等。通常采用的多为碱法或酸法。碱法以纯碱溶液为洗涤剂净化洗涤烟气，获得氟化钠溶液再合成冰晶石。酸法以水溶液为洗涤剂，吸收烟气中的含氟成分，获得氢氟酸溶液，再用其合成冰晶石等产品。

上述两种方法相比较，碱法具有烟气净化效率高，设备简单，维护方便等优点，但回收产品质量和品种不如酸法好。但酸法由于对设备等腐蚀严重，所以一般采用很少。

采用湿法净化回收烟气优点如下：（1）可同时除去烟气中各种有害成分。（2）设备简单，占地面积小。（3）运行安全可靠，维护方便。（4）净化幅度宽，烟气量的多与少，浓度的高或低都可以。

采用湿法净化回收烟气的缺点如下：（1）不适宜在寒冷天气条件下运行，因洗液容易结冰。（2）对烟气中微细颗粒和沥青烟气净化效率较低。（3）不溶解物质会在一些设备构件中结垢。（4）如果设备管理、维护不善，易产生跑、冒、滴、漏造成二次污染。

A　烟气碱法净化回收原理

用稀碱液在洗涤装置内洗涤电解烟气，烟气中的氟化氢、二氧化碳、二氧化硫等成分分别与碱液发生如下化学反应：

$$Na_2CO_3 + 2HF \Longrightarrow 2NaF + CO_2 \uparrow + H_2O$$

$$Na_2CO_3 + H_2O + CO_2 \Longrightarrow 2NaHCO_3$$

$$Na_2CO_3 + SO_2 \Longrightarrow Na_2SO_3 + CO_2 \uparrow$$

$$Na_2SO_3 + 1/2O_2 \Longrightarrow Na_2SO_4$$

从而生成氟化钠、碳酸氢钠和硫酸钠溶解于洗涤液中。其中氟化钠和碳酸钠是碱法合成冰晶石的主要原料。氟化钠和碳酸钠合成冰晶石的化学过程是将氟化钠浓度积累到20g/L左右的溶液与铝酸钠溶液混合，在加热搅拌条件下，发生一系列反应后，最终生成冰晶石。化学反应过程如下：

$$2NaHCO_3 == Na_2CO_3 + CO_2 \uparrow + H_2O$$

由于氢氧化钠的碳酸化使铝酸钠溶液不稳定而发生分解，析出氢氧化铝：

$$2NaOH + CO_2 == Na_2CO_3 + H_2O$$

$$NaAlO_2 + 2H_2O == Al(OH)_3 + NaOH$$

氢氧化铝又会与溶液中的氟化钠反应生成氟化铝，随后即生成冰晶石：

$$Al(OH)_3 + 3NaF == AlF_3 + 3NaOH$$

$$AlF_3 + 3NaF == Na_3AlF_6 \downarrow$$

B　烟气碱法净化回收工艺

湿法净化回收工艺流程的常规作业主要由三大过程组成：净化过程、回收过程和分离干燥过程，见图6-14。

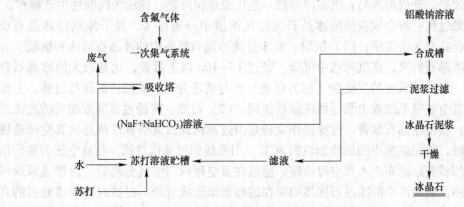

图6-14　烟气湿法净化回收工艺流程

净化过程：电解烟气用碱液洗涤净化烟气中的有害成分，从而获得碱法生产合成冰晶石的原料——氟化钠。净化过程由三个工序组成：(1) 引风。利用引风机将电解生产过程中产生的烟气，抽送到净化系统中（即洗涤设备下部入口）。(2) 制备纯碱溶液。在具有加热和搅拌条件的溶解槽（化碱槽）中，用水溶液溶解纯碱，并将制备的纯碱溶液用离心泵打入洗涤设备上部。(3) 吸收。吸收是烟气净化中的主要工序。烟气通过洗涤设备与碱液充分接触吸收后，废气经离心气水分离器排放，从而达到净化目的。

吸收过程中，引风机输入净化系统的烟气，自下而上通过洗涤塔内，在与从上至下均匀喷洒的纯碱溶液充分接触过程中，烟气中的氟化氢、二氧化碳、二氧化硫等有害成分不断被碱液吸收。净化后的尾气，经塔顶气水分离器，除去气体中的液滴后排入大气。纯碱溶液吸收氟化氢等成分后，氟化钠浓度不断上升，从塔底流入循环槽中，再用泵打入塔顶返回再次吸收，这样一直循环，直到氟化钠溶液浓度达到控制指标（$\rho_{NaF} = 20 \sim 25g/L$）后，终止循环。

为了保证吸收过程中有较高的净化效率，在操作中根据洗涤塔的类型，控制塔内气流速度（一般空心喷淋塔气流速度为2m/s，湍球塔气流速度为3~5m/s），同时也要控制碱液的喷淋密度。

回收过程：经过净化获得的氟化钠溶液需要合成为冰晶石，才能重新返回电解槽使用。这个过程主要由两大工序组成：（1）铝酸钠溶液的制备。在加压密闭反应罐中，将氢氧化铝加入到配制好的氢氧化钠溶液中，经加热搅拌制得。制成苛性比值为1.3~1.4的铝酸钠溶液。（2）合成冰晶石。合成冰晶石生产可采用碳酸氢钠法或酸化法等工艺。

碳酸氢钠法合成过程是在合成槽内进行的。合成槽多为混凝土制方形池，内设蒸气加热和搅拌装置。合成时将槽内氟化钠溶液加热到70℃，充分搅拌，然后缓缓加入一定量的铝酸钠溶液，利用溶液中碳酸氢钠成分起碳酸化作用，析出冰晶石沉淀。该法可连续性进行生产。

碳酸化法合成过程是在洗涤塔内进行的。将氟化钠溶液用泵打入洗涤塔上部继续循环净化烟气，同时，缓缓向氟化钠溶液中加入一定数量的铝酸钠溶液，由于塔内二氧化碳的作用，使铝酸钠溶液不稳定而分解析出氢氧化铝，氢氧化铝随之与塔内烟气中的酸性成分（NaF）作用合成冰晶石，此时，利用烟气温度、洗液的多次循环及均匀喷淋，能够获得良好的搅拌效果。合成的冰晶石沉淀同溶液一起用泵送沉降槽。该法为间断性生产操作。

分离干燥过程：将合成获得的冰晶石沉淀从溶液中分离出来，经干燥制得冰晶石成品，这个过程共有4个工序：（1）沉淀。初步分离冰晶石料浆中的冰晶石固体和碱液。合成槽送来的冰晶石料浆，在沉降槽中沉降，经过15~16h以上静置，比重较大的冰晶石颗粒沉于槽底，形成较致密的沉淀层（称为底流）而与清液分离。底流送泥浆槽过滤，上部清液可利用真空虹吸系统或由泵返回洗涤塔使用。（2）过滤。将经过沉降浓缩后的底流进行液固分离，获得冰晶石软膏。过滤操作设备是由过滤机及由真空管道相连的真空母液罐组成。过滤时，将泥浆槽中的底流加热到80℃，用泵送到过滤机过滤，在真空压力差作用下，底流中的碱液经滤布进入真空母液罐，滤液在真空罐内与空气分离后，由母液泵返回洗涤系统使用。而底流中的冰晶石固体则留在滤布表面形成软膏。过滤时要求过滤机的真空度不低于$5.33×10^4Pa$。（3）洗涤。洗去软膏中所夹带的碱液和冰晶石表面吸附的硫酸钠等杂质。过滤所得到的软膏，经下料斗加入到洗涤槽中，用热水洗涤后用砂泵再送到过滤机过滤分离。（4）干燥。除掉冰晶石软膏中的附着水分，同时，借助高温将混杂在冰晶石软膏中的部分炭粒烧掉。一般采用逆流式回转窑干燥，操作时，重油经热交换器预热后经齿轮泵，通过窑头喷嘴喷入窑内与空气混合雾化燃烧。冰晶石软膏由窑尾下料口连续下入窑内，在窑内与热空气接触脱水，干燥后的冰晶石由窑头排料口排出，冷却后返回电解槽使用。为保证干燥后成品含水率在1%以下，防止冰晶石在窑头熔化结壳，减少氟的挥发损失，操作中保持窑头温度不超过400℃，窑尾温度不超过200℃。

6.4.3.5 电解铝烟气的干法净化

干法净化是指直接用电解铝的生产原料氧化铝做吸附剂去吸附电解铝烟气中的氟化氢等有害成分的净化工艺。具有吸附作用的物质（氧化铝）称为吸附剂，被吸附的物质（氟化氢等）称为吸附质。

吸附净化氟化氢气体，可采用工业氧化铝、氧化钙、氢氧化钙或碳酸钙等作吸附剂。但吸附净化铝电解烟气，采用工业氧化铝吸附剂是最合理的选择，这不仅是工业氧化铝本身的物理、化学性质符合作为吸附剂的条件，而且吸附反应生成物又能满足电解铝生产的要求。

电解原料氧化铝主要由 α-Al$_2$O$_3$ 和 γ-Al$_2$O$_3$ 构成。α-Al$_2$O$_3$ 晶格致密，硬度大，比重较小（3.9~4.0），吸湿性和反应活性都均差。γ-Al$_2$O$_3$ 的晶格不完善，比重较小（3.77），吸湿性和反应活性都较强。γ-Al$_2$O$_3$ 反应活性比 α-Al$_2$O$_3$ 大十倍，因此，氧化铝中 γ-Al$_2$O$_3$ 的多少，决定了比表面积的大小和化学活性的强弱，同时还影响氧化铝的粒度、吸湿性和在熔融电解质中溶解速度等性质。可见含有 α-Al$_2$O$_3$ 多的氧化铝，其吸附能力要小于含 γ-Al$_2$O$_3$ 多的氧化铝。

氧化铝的比表面积大小决定了吸附能力的大小。砂状氧化铝的比表面积比粉状氧化铝的比表面积大得多，所以砂状氧化铝是理想的吸附剂。氧化铝吸附氟化氢的能力常以每 100g 氧化铝饱和吸附氟化氢的克数来表示。

为满足干法吸附氟化氢的吸附要求，作为吸附剂，氧化铝的比表面积不能低于 25m^2/g。由于活性大的氧化铝易吸收空气中的水分，所以如果作为吸附剂，氧化铝则不能储存时间长，最好是新鲜氧化铝。

自 20 世纪 60 年代开发出氧化铝干法净化回收技术后，由于其在整体上具有许多优越性，很快就替代湿法净化回收工艺被广泛应用在预焙槽烟气净化回收方面。我国的扩建或新建预焙槽的烟气处理均采用了干法净化回收工艺。

A　干法净化原理

吸附是指气体分子由于布朗运动接近固体表面时，受到固体表面层分子剩余价力的吸引，而留在固体表面的现象。但是这些被吸附的分子并非永久停留在固体表面，受热就会脱离固体表面，重新回到气体中，这种逆过程就被称为解吸。

吸附分为物理吸附和化学吸附两大类。在吸附剂和吸附质之间，由分子本身具有的无定向力作用而产生的吸附被称为物理吸附。由于产生物理吸附的力是一种无定向的自由力，所以吸附强度和吸附热都较小，在气体临界温度之上，物理吸附甚微。物理吸附时，气体的其他性质对吸附程度的影响较小，吸附基本上没有选择性，吸附剂和吸附质分子间不发生变化，吸附可以是单分子层，也可以是多分子层，吸附速度较快，解吸速度也较快。

但是如果吸附剂具有足够高的活化能，吸附剂与吸附质的分子就会发生电子转移，这个过程就是化学吸附过程。由于进行化学吸附，吸附剂需要足够的活化能，所以化学吸附具有选择性。化学吸附仅限于单分子层的吸附，随着吸附的进行，吸附表面空位减少，吸附速度会明显下降，吸附量的增加将变得缓慢。

要进行吸附过程，首先必须使吸附质与吸附剂之间发生接触。所以影响这种接触几率的因素就会影响吸附的进行。单位时间内碰撞在表面积上的分子数与温度和压力有关。气体压力越大，温度越低，碰撞在表面积上的分子数越多，吸附量增加的几率越大。因此，当固态氧化铝吸附氟化氢气体时，增加气相氟化氢浓度，降低烟气的温度或至少烟气温度不宜过高，对增加吸附量有重大意义。

因为在吸附反应中，吸附剂的物理化学性质对吸附反应的顺利进行和吸附量的多少有直接影响。其中吸附剂氧化铝的粒度粗细对电解生产和吸附净化都有影响。对于电解铝生产过程，氧化铝孔隙多和粒度大，可以加快溶解速度和减少飞扬损失；对于吸附净化过程，粒度大，孔隙多，比表面积大的氧化铝其内部有很多微细孔道，孔隙为吸附分子提供了通道，促进了这些分子能够迅速到达氧化铝内部的机会，有利于对氟化氢的吸附，加大了吸附量。所以，砂状氧化铝对电解烟气的净化能力，比中间状、面粉状氧化铝要好。

当吸附了氟化氢的氧化铝被加到电解质表面时，由于电解槽的保温料层的温度在400℃左右，Al_2O_3的载氟量没有变化，所吸附的氟化氢在此温度条件下转化成稳定的 AlF_3 化合物，并没有产生大量挥发现象。在下层高温状态下，即使有少量的水解和升华，也会被上层低温的 Al_2O_3 所吸附。因此，载氟 Al_2O_3 在槽面预热期间，因解吸而释放的氟是很少的。这就为干法净化中吸附了氟化氢的氧化铝仍能作为电解铝的原料提供了理论基础。

从氧化铝和氟化氢的性质可知，氧化铝颗粒细，微孔多，比表面积大，具有两性化合物的特性，是干法净化回收理想的吸附剂。氟化氢是酸性强、沸点高、负电性大的吸附质。因此，氟化氢很容易被吸附剂——氧化铝所吸附。

从物理化学观点，氧化铝对氟化氢的吸附过程包含如下几个步骤：（1）氟化氢在气相中不断扩散，通过氧化铝表面气膜到达氧化铝表面。（2）氟化氢受原子化学键力的作用，形成化学吸附。因为在氧化铝表面上，原子排列成行，这些原子都有剩余价力。当空间的氟化氢气体分子，通过氧化铝表面气膜，接近氧化铝表面时，就会被剩余价力所吸住。（3）被吸附的氟化氢和氧化铝发生化学反应，生成表面化合物——氟化铝。其反应式如下：

$$Al_2O_3 + 6HF = 2AlF_3 + 3H_2O$$

从上述过程可知，氧化铝吸附氟化氢是化学吸附为主、物理吸附为辅的过程。在吸附过程中，只要提供足够的湍动，使吸附剂与吸附质能充分接触，促进气流扩散并增大传质速率，吸附即可达到很好的效果。所以，在干法净化时，在氧化铝活性已有保障的情况下，关键是要创造有利条件使氧化铝与烟气进行充分接触。

B　干法净化工艺

各预焙电解铝厂的干法净化回收系统设备不尽一样，但基本过程相同，都要经过电解槽的集气、吸附、气固分离、氧化铝输送和排气等几个工序。图6-15所示为预焙槽干法净化设备流程。

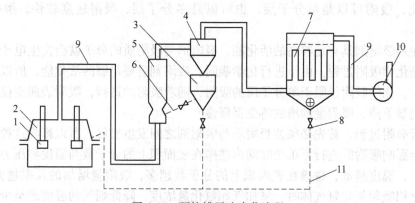

图6-15　预焙槽干法净化流程

1—电解槽；2—集气罩；3—吸附反应器；4—旋风分离器；5—料仓；6—加料管；7—布袋除尘器；
8—料阀；9—烟气管道；10—排风机；11—回料管

铝电解槽1的电解烟气由密闭的集气罩2捕集，经由烟气管道9引入吸附反应器3（文丘里反应器或VRI反应器，即"垂直径向喷射装置"），同时，向反应器中加入一定数量的吸附剂——氧化铝，使气固（氧化铝与烟气）混合接触进行吸附反应，氧化铝从料仓5经加料管6连续加入，加料管6上装有控制闸阀，控制调整氧化铝的加入量。烟气在喉管处的流速为14m/s。氧化铝在反应器3中呈悬浮状态，高度分散于气流中，流速为7m/s，气固接触时间约0.8s，然后进入旋风分离器4进行第一次分离，分离下来的含氟氧化铝进入料仓5，经加料管6实现反复循环吸附，也可排出送电解使用。旋风收尘器排出的含尘烟气进入布袋除尘器7中进行最终分离，分离净化后的清洁废气，经由排烟机10排入大气。布袋除尘器过滤下来的含氟氧化铝，通过风动流槽返回载氟氧化铝料仓以供电解生产使用。在净化系统中，烟气流的动力均由排风机提供，整个系统均在负压状态下运行。其净化效率：气态氟达95%以上，固态氟达85%以上，全氟达90%以上，除尘总效率达99%以上。

干法净化回收的载氟氧化铝全部返槽使用，造成杂质循环，可使原铝中杂质总量增加约0.04%。因此，在不影响净化效率的前提下，要尽量减少吸附用的氧化铝数量。工业上向铝电解烟气中投入的氧化铝数量称为气固比，在预焙槽烟气净化回收系统中的气固比为$35\sim55g/m^3$，在自焙槽烟气净化回收系统中的气固比为$45\sim80g/m^3$。

干法净化回收工艺之所以逐渐被广泛应用，主要有以下优点：（1）流程简单，运行可靠，设备少，净化效率高。（2）干法净化回收不需要各种洗液，不存在废水，废渣及二次污染，设备也不需要特殊防腐处理。（3）干法净化回收所用吸附剂是电解铝生产的原料氧化铝，不需要专门制备，回收的氟可返回电解生产使用。（4）干法净化回收可适用于各种自然条件下，特别是缺水和冰冻地区。（5）基建和运行费用较低。

但是，干法净化回收工艺也存在以下缺点：（1）净化二氧化硫的效果差。（2）原料氧化铝在净化过程中，因多次循环，容易带进杂质。（3）吸氟后的氧化铝飞扬较大。

6.4.4 电解铝过程废水循环利用

电解铝厂用水主要是冷却用水。其中整流所、空压站和阳极组装的循环冷却水在使用前后只有温差的变化，冷却塔冷却后可直接循环使用，不需排放。铸造车间冷却水含有少量铝渣及油质，需要先经除油沉淀池除去油质后，再由冷却塔冷却后再循环使用。除了上述设备的冷却用水是循环使用外，电解铝厂的其他用水是需要排放的，其中有分散的用水量较小的风机等设备的冷却用水、锅炉排污、化验室排水等，但是排放少，并且这些废水均符合直接排放的水质要求。

6.4.5 电解铝过程产生的固体废弃物利用

铝电解在给国民经济带来大量有价值铝锭的同时，也带来了污染。最大的污染源就是大修后的固体废料——废旧阴极内衬（Spent Pot-Lining，简称SPL）。整个废阴极内衬的组成中，氟化物占约35%，氧化物占约14%，同时还有微量的氰化物。氟化物主要包含Na_3AlF_6、NaF、CaF_2、氧化物主要为Al_2O_3，而氰化物主要是$NaCN$、$Na_4Fe(CN)_6$和$Na_3Fe(CN)_6$。氟化物和氰化物是对环境有害的物质，须将其减量化和无害化。

资料表明，年产40万吨电解铝厂每年废旧阴极达8000~12000t。如果合理的处理和利用，将是对环保和资源综合利用有重大意义。

6.4.5.1 废旧阴极利用

废旧阴极的处理主要有两个要求：第一是无害化，第二是回收利用。无害化主要包括处理其中的氟化物和氰化物；回收利用则是有各种不同的工艺，使其中的有用成分能有效地分离出来。目前世界有多种处理废旧阴极内衬技术，可分为以下几类：(1) 根据各物质的物理性质的差异，如溶解性、表面性质、密度等把碳与氟化物分离；(2) 采用热处理法来处理耐腐蚀的物质，如碳可以用高温燃烧掉；(3) 采用化学浸出等方法处理氟化物、氰化物，具体有以下手段。

A　作为水泥制造的补充燃料

水泥的组成为 $CaO\text{-}SiO_2\text{-}Al_2O_3\text{-}Fe_2O_3$ 系，它是一种大宗生产的廉价建筑材料。废旧内衬中的炭正好作为水泥制造中的补充燃料。其中的碱金属氟化物可在炉料烧结反应中作为催化剂，因此可降低熟料烧结温度，并减少燃料用量。废阴极炭块在干法水泥窑内作为燃料添加的燃烧法同样可以在水泥工业中应用。大部分水泥窑在回转窑的前端有一个燃烧器，该燃烧器产生有效烧结所需要的高温（1500℃）。燃烧用空气经与热熟料的热交换被预热到很高的温度，并且在水泥窑中几乎能使任何种类的燃料燃烧。通常水泥窑用粉煤作燃料，所以用磨碎了的优选的废槽内衬可代替一部分煤。废内衬中的 Al_2O_3 和硅可作为部分原料进入生产流程中。

并不是所有水泥厂都可利用废旧阴极炭块。对生产化学组成或矿物学组成有严格限制的水泥厂，由于炭块的高碱性导致生产低碱性水泥的工厂不能利用。A. C. Brount Filho 等人尝试把废旧炭块掺入黏土中作为生产红砖的原料，据报道氟盐被红砖吸收。

B　作为熔铁冲天炉的燃料与萤石代用品

目前钢铁工业中，熔铁的冲天炉中，需要冶金焦作燃料，萤石作熔剂。冶金焦和萤石都是比较昂贵的原材料。废槽内衬材料中所含的炭正好可作为燃料代替冶金焦，废旧内衬中同时含有相当多的氟，故可利用氟盐与石灰石混合作添加剂可代替萤石。美国进行的试验结果表明，冲天炉可以正常运转，其焙渣的流动性得到改善，硫和磷含量也降低了，产品铸铁的质量良好。在向电弧炉添加废槽内衬时，废槽内衬通常被粉碎到 $15\sim50mm$，并按一定比例与石灰混合。更细的颗粒（$0.6\sim2mm$）可与冶金焦混合用作处理泡沫熔渣。一些与废糖浆或淀粉富聚后用于抬包中。

从废槽内衬中选出的耐火材料部分富含氧化铝，与少量氧化铝混合后 Al_2O_3 的含量高达60%以上，在抬包中可用作流动剂。粉碎的废槽衬中的耐火材料与适当的混凝土混合还可用于维修炼钢电炉的炉衬。

C　燃烧

将废旧炭块粉碎后，添加粉煤灰、石灰石等添加剂，控制有害物质燃烧的分解条件。其中氰化物在300℃时约99.5%可以分解消失，加热到400℃时约99.8%分解消失，而到700℃以上时可以达到100%分解，首先达到了无害化，再利用其中炭素材料的热能。

废槽衬的火法处理过程较复杂，对其化学反应机理有待进一步深入研究。其中有害物质反应存在如下反应：

$$2NaCN + 9/2O_2 \Longrightarrow Na_2O + 2NO_2 + 2CO_2$$
$$2NaCN + 4O_2 \Longrightarrow Na_2O + N_2O_3 + 2CO_2$$
$$2NaF + CaO + SiO_2 \Longrightarrow CaF_2 + Na_2O \cdot SiO_2$$
$$2NaF + 3CaO + 3SiO_2 \Longrightarrow CaF_2 + Na_2O \cdot SiO_2 + 2CaO \cdot SiO_2$$

中国铝业郑州研究院开发出 Chalco-SPL 工艺，废槽衬的处理是在回转窑中进行的，生料以一定的喂料速度均匀连续加入回转窑中，保持高温带温度大于 900℃，物料在高温带充分反应，熟料进入冷却机冷却、出料。烟气经冷却、收尘送电解干法净化系统回收气态氟化物。还有中国山东铝厂在氧化铝生产中，把废旧碳阴极材料磨细后，在回转窑内作燃料，生产氧化铝烧结块。废旧炭块作为燃料还被用于铸造工业、石棉厂和火力发电厂家。还有外国公司把废旧阴极炭块用来做垃圾焚烧站的燃料，还有作为锅炉燃料，提供热水生活福利等。

D 高温水解法

美国凯撒铝公司用高温水解法（Pyrohy-drolysis）处理废旧内衬材料，在 1200℃ 高温下，燃烧废旧内衬材料，并通入水蒸气，使之与氟盐起反应，生成 HF 气体。此时内衬材料中所含的氰化物也分解了。HF 用水吸收后，得到 25% 的水溶液，可用来制造工业氟化铝（AlF_3）。因此，废旧阴极材料对于环境的污染弃置问题可得以解决。所用的主要设备是一台用耐火砖砌筑的循环流化床反应器，其内径为 0.5m、高 7m；还有两台用耐火砖砌筑的旋风收尘器，把颗粒物料送回反应器，以维持流化床的循环流动。空气、水蒸气及 -1mm 的细粒从反应器的底部供入。反应器中产生的高温气体用水或弱酸淋洗后，通过袋滤器，进入吸收塔，残余气体在碱式洗涤器内处理。

高温水解法中发生的化学反应主要有：

$$NaF + H_2O \rightleftharpoons NaOH + HF(g)$$
$$2NaF + Al_2O_3 + H_2O \rightleftharpoons 2NaAlO_2 + 2HF(g)$$

原始材料所含的有用物质，经处理后得到氢氟酸和铝酸钠溶液，后者可合并到拜耳法流程中制造氧化铝。

E 浮选法

利用特定浮选剂从浆料中选取物质的一种分离方法，其流程如图 6-16 所示。

废旧阴极炭块的偏光显微镜结构分析表明，浸入的电解质 NaF、$NaAlF_6$、Al_2O_3 等分布在炭块的裂缝与孔洞中，并和炭有明显的界面，通过物理破碎可以将二者分开。根据实验室和半工业试验测试，粉料的粒度以 100~165μm（100~150 目）为宜。

废炭块中的碳，石墨化度达 80%，有些甚至达到 95%，与电解质的表面疏水性差异很大，并且电解质分布在炭块的裂缝和孔洞之中，与碳有明显的界面，通过物理破碎完全可以将二者解离开，这是废炭块浮选工艺的基础。

选择合适的浮选剂是浮选法的关键。目前有人把水玻璃和 AH_6 的联合使用作为碳的浮选剂。AH_6 是一种高分子化合物，来源广，价格便宜，它与水玻璃联合能消除碳对电解质表面的污染，增大碳和电解质之间的可浮性差异，提高选择性，使碳和电解质

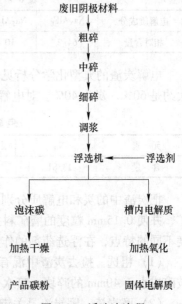

图 6-16 浮选法流程

得到良好的分离。

其具体流程为：把废旧阴极材料经过粗碎、中碎，然后细碎成粉料，粒度为 100~165μm（100~150 目），然后调浆进入浮选机（视浮选情况可以采取粗选和精选结合的办法，确定粗选和精选的次数和组合，最后再扫选一次，而可以保证浮选的完全）。浮选后，得到泡沫（产品碳）和底流（产品固体电解质）。此种碳质材料可以用于制造新的石墨电极或高强砖，也可以用作底糊原料。固体电解质的成分主要是冰晶石和氧化铝，可以返回电解槽启动时应用。

浮选的废水中含有氰化物和氟化物，需要无害化处理，可以调节 pH 值 9~11 左右，加入漂白粉可以使氰化物被氧化，使氟化物沉淀成 CaF_2，可以再次作为添加剂使用，经过净化处理的废水仍可以循环使用。

6.4.5.2　炭渣回收利用

在铝电解生产过程中，会在阳极底面和电解质上不接触面产生一层炭渣。这层炭渣如果不及时清除掉，会直接影响电解槽的导电状况，从而增加吨铝电耗，影响企业的经济效益。因此，捞炭渣工序是使用干阳极工艺技术的上插槽以及预焙槽（更换阳极时）必不可少的一项工作。炭渣中电解质含量约占 60%，炭约占 40%。由于它是电解铝生产中产生的废料，虽然含有电解质和炭等有用成分，但是缺乏处理手段，以往都是将其倒掉，这样简单的处理既严重污染环境，又浪费资源，回收利用电解炭渣就显得十分必要。青铜峡铝厂电解二分厂于 1998 年开始实施炭渣回收利用，取得了很大成功。每年处理 1200 多吨炭渣，回收 600 多吨电解质，经济效益和社会效益显著。

用 X 衍射分析法得出炭渣中主要含有炭和电解质。电解质主要包括冰晶石、亚冰晶石、氧化铝、氟化钙、氟化镁、锂冰晶石、氟化铝等，其含量见表 6-9。

表 6-9　炭渣中电解质的主要成分及相对含量　　（%）

电解质成分	Na_3AlF_6	$Na_5Al_3F_{14}$	CaF_2	MgF_2	AlF_3	LiF	Al_2O_3	Li_3AlF_6
相对含量	64.2	10.2	5.6	3.5	3.2	2.1	5.1	4.1

电解炭渣的典型化学分析见表 6-10。从表中可看出，炭渣中电解质的元素所占的含量大约是 60%，炭为 40%。对电解铝企业来说，炭渣确实是一种很有利用价值的"废料"。

表 6-10　炭渣的化学元素组成及含量　　（%）

元素	Na	Al	F	C	其他
含量	13.81	8.42	29.61	41.53	6.63

把炭渣中的炭和电解质分别提取出来，采用浮选的方法，炭渣在浮选前必须要经过磨矿，并使 0.15mm 粒度的磨矿料控制在 75%~85% 以内。利用这两种物质不溶于水以及密度不同的特点，在浮选药剂的作用下，使之分离。具体工艺流程见图 6-17。

（1）粗选。捡去炭渣中混有的木材、砖块、钢丝金属件、铝渣等杂物，把大块的炭渣破碎成小于 40mm 的碎块，喷水使其潮湿。以免喂料时扬灰。

（2）磨炭渣。磨炭渣是关键工序，磨矿质量直接影响电解质的品质和产量。磨渣时采用人工喂料，每分钟 14kg 左右，并在球磨机出料口处加一定量的水，使磨后矿浆浓度为 70%。调整球磨机配球比例和总装球量，使粒度分布为 0.15mm 的矿磨料为 80%。

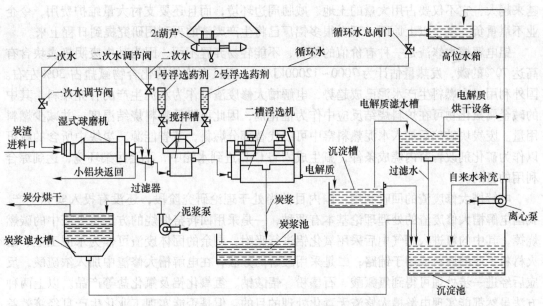

图 6-17 青铜峡铝厂电解炭渣回收利用工艺及设备流程图

（3）加入浮选药剂。将球磨机出口处的浓浆按 1：1 的比例加水稀释后流入搅拌槽。边搅拌边加入 1 号、2 号浮选药剂，加入量分别为每分钟 50mL（1 号浮选剂为按 1：5 体积比配制的松节油、煤油的混合液体，2 号浮选剂为水玻璃）。

（4）浮选。加入浮选药剂的稀矿浆经过充分混合后，流进浮选机浮选。浮选机将上面的炭浆分离出去，流入炭浆池中。底流物质（电解质）从侧部流入沉淀槽中沉淀后得到电解质。多余的水则流入沉淀池中，经澄清后抽入高位水箱中备用。生产用水循环作用，不向外排放，不够时用自来水补充。

（5）干燥备用。电解质滤除水分烘干后即可返回电解槽中使用。炭粉滤除水分干燥后，可作为阳极糊生产过程中一部分微粉使用。

6.4.5.3 电解铝大修废渣的利用

电解槽大修渣主要组成及产生量见表 6-11。

表 6-11 电解槽大修渣主要组成及产生量

名　称	废炭块	耐火砖	保温砖	扎糊	绝热板	耐火颗粒	混凝土	沉积层
含量/%	46.9	5.5	4.2	6.9	2.3	3.6	6.3	24.3
重量/t·a^{-1}	1978	232	178	291	97	152	266	1025

从电解槽大修渣的组成看，其中并不含对环境有特别危害的物质，但电解过程中大量的氟被吸收到槽内衬中，成为对环境造成危害的主要因素。据同类铝厂测定，除耐火材料外，电解槽大修渣浸出液中氟浓度均超过 50mg/L。

根据《有色金属工业固体废弃物污染控制标准》，电解槽大修渣属于有害固体废弃物，应设置防渗堆场集中堆放。电解槽大修废渣的无毒化研究与开发将对于保护环境，促进电解铝生产的健康发展具有重要意义。在铝厂长期的生产经营过程中，废渣带来的负面影响越来越大，它不仅要占用大量的土地、威胁周边环境，而且还要支付大量维护费用，令企业不堪重负。基于以上原因，现在很多铝厂已将生产废渣的再利用研究提到日程上来。

铝电解槽大修渣是一种有价值的物料，不能轻易弃置不用，因为其中废阴极炭块含有高达70%的碳，发热量估计为7000~12000kJ/kg。而且有价值的化合物氟盐占30%左右。国外利用二次燃料生产水泥已成趋势，电解槽大修废渣可作为水泥生产的补充燃料。其中的碱金属氟化物可在炉料烧结反应中作为催化剂，因此可降低熟料烧结温度，并减少燃料用量。废炭块破碎后加入水泥熟料窑中可以代替部分燃料，节省能源，炭块中所含的氟可以作为矿化剂改善窑内烧成条件，氟生成固态CaF_2进到水泥中，不会污染环境，达到综合利用的目的。

电解槽大修废渣的回收利用，国内目前尚处于理论研究阶段，还没有投入实际生产。我国电解槽大修废渣的处理理论基本有两种，一是采用回转窑煅烧的方法将废渣中的碳燃烧掉，其中的氟进入烟气中后采用氧化铝进行吸附，剩余的固体废渣可作为水泥工业、耐火材料工业的原料或用于铺路；二是采用酸解的办法，在电解槽大修渣中加入浓硫酸，反应后经进一步处理可得到氢氟酸、石墨粉、铝酸钠、氢氧化铝及氟化盐等产品。以上两种方法虽然都能实现电解槽大修渣无毒化处理的目的，但是否能实现工业化生产且经济效益如何，还有待进一步的验证。

参 考 文 献

[1] 王春秋. 河南省铝土矿资源潜力与发展战略研究 [D]. 北京：中国地质大学，2007.

[2] 张苺. 我国铝土矿资源开发的实况与问题 [J]. 中国金属通报，2010 (17)：36~38.

[3] 周进生. 我国铝土矿特点与勘探投资分析 [J]. 中国有色金属，2010 (10)：40~41.

[4] 鹿爱莉，贾雅慧. 我国铝土矿的综合利用研究 [J]. 矿产保护与利用，2010 (1)：49~51.

[5] 张阳春，符岩. 氧化铝厂设计 [M]. 北京：冶金工业出版社，2008.

[6] 邱竹贤. 预焙槽炼铝 [M]. 3 版. 北京：冶金工业出版社，2005.

[7] 王克勤. 铝冶炼工艺 [M]. 北京：化学工业出版社，2010.

[8] 付凌雁. 拜耳法赤泥活化制备碱激发胶凝材料的研究 [D]. 昆明：昆明理工大学，2007.

[9] 杨军臣，王风玲，李德胜，等. 铝土矿中伴生稀有元素赋存状态及走向查定 [J]. 矿冶，2004，13 (2)：89~92.

[10] 朱强，齐波. 国内赤泥综合利用技术发展及现状 [J]. 轻金属，2009 (8)：7~10.

[11] 刘平，马少健. 我国铝冶金工业环境保护与资源综合利用的现状与发展 [J]. 有色矿冶，2005，21 (3)：44~45.

[12] 刘嫦娥，李楠，姜怡娇，等. 铝工业废渣——赤泥的综合利用 [J]. 云南环境科学，2006，25 (3)：39~41.

[13] 朱军，兰建凯. 赤泥的综合回收与利用 [J]. 矿产保护与利用，2008 (2)：52~54.

[14] 王捷. 电解铝生产工艺与设备 [M]. 北京：冶金工业出版社，2006.

[15] 李伟. 碱酸法处理铝电解废旧阴极的研究 [D]. 沈阳：东北大学，2009.

[16] 薛伍琴，侯新. 铝电解炭渣回收利用技术 [J]. 世界有色金属，2002 (8)：35~37.

[17] 杨学春. 浅析电解铝厂大修废渣的处理方式 [J]. 有色冶金设计与研究，2007 (28)：109~112.

7 钒冶金环保及其资源综合利用

7.1 钒矿资源概述

7.1.1 钒矿资源分类及分布

元素钒是墨西哥矿物学家节烈里瓦于 1801 年在含有钒的铅试样中首先发现的。由于这种新元素的盐溶液在加热时呈现鲜艳的红色，所以被取名为"爱丽特罗尼"，即红色的意思。但是当时有人认为这是被污染的元素铬，所以没有被人们公认。后来到了 1830 年写塞夫斯特姆在由瑞典铁矿石提炼出的铁中发现了它，并肯定这是一种新元素称之为钒。自金属钒发现以来，很长一段时间，人们只能获得钒的化合物，甚至将钒氧化物理解为金属钒，直到 30 年后，英国的化学家罗斯科（Roscoe）才通过氢气还原钒的氯化物，首次获得金属钒，但是其纯度只有 96%，性脆。原因在于钒的性质活泼，很易受杂质污染，尤其是 C、N、H、O 等元素，虽在钒中微量溶解，但却使其性质明显改变，性质变脆，硬度增加，从而偏离金属的性质。

钒在地壳中是第 17 位常见的元素，按照地壳中金属的总含量排在第 22 位，虽然其含量较多，但是分布比较分散，因此至今没有发现单独的钒矿。从钒资源总体来看，除个别钒矿（如产于秘鲁的绿钒矿）外，钒的赋存状态多以复杂共生矿存在，钒的品位都比较低，大多在 1% 以下，其中多数含钒矿物由于品位太低而无开采价值。少数含钒矿石也只能与其他元素联产或作为副产物开采。已找到含钒矿物有 65 种，其中主要有绿硫钒矿、钒铅矿、硫钒铜矿、钒钛铁矿和钒钛磁铁矿等。钒主要与铁、钛、铀、钼、铜、铅、锌、铝等金属矿以及碳质矿、磷矿共生，在开采与加工这些矿石时，钒作为共生产品或副产品予以回收。储量较大的含钒矿物有钒钛磁铁矿、含钒磷酸盐页岩矿、铀钾钒矿、硫钒矿与铝土矿等；碳质的石煤、原油、沥青矿物中也含钒，其中石煤是我国独特的含钒矿产资源。钒的用途十分广泛，如在钢材中只要添加少量的钒，就可以使钢的弹性、强度大增，并且既耐高温又抗奇寒，因此在汽车、航空、国防工业等部门被广泛应用。

钒钛磁铁矿是主要的钒矿资源，在地球上的储量较为丰富，主要集中分布在少数几个国家和地区，包括中国、俄罗斯、南非、澳大利亚等，见表 7-1，其次钒矿资源还来源于石油和石油相关产品中回收的残渣，如在委内瑞拉钒的回收残渣再利用就十分常见。据 2014 年美国地质调查局对钒矿产量统计显示，我国钒矿储量居世界第一，现已成为钒资源大国。

7.1.2 我国钒矿资源特点

我国已探明的钒矿主要分布在 19 个省、市、自治区，其中四川钒储量居全国之首，占

表 7-1　2005~2014 年全球及主要国家钒矿储量情况　　　　　　（万吨）

国家	年　份									
	2005	2006	2007	2008	2009	2010	2011	2012	2013	2014
中国	500	500	500	500	500	500	510	510	510	510
俄罗斯	500	500	500	500	500	500	500	500	500	500
南非	300	300	300	300	300	350	350	350	350	350
美国	4.5	4.5	4.5	4.5	4.5	4.5	4.5	4.5	4.5	4.5

我国总储量的 85.53%，湖南、安徽、广西、湖北、甘肃等省（区）次之。钒钛磁铁矿主要分布于四川攀枝花-西昌地区，黑色页岩型钒矿主要分布于湘、鄂、皖、赣一带。

总体来讲，我国钒矿资源的主要特点为钒矿床较多，但类型单调，多为共生或伴生矿，矿石综合利用价值大等，现将其细分为如下几个方面：

（1）矿石品位低。钒的品位在攀西地区为 0.11%~0.44%，平均 0.24%；黑色岩系中最高 4.79%，最低 0.3% 左右，平均 1% 左右；火山岩型矿中多为 0.2% 左右。我国超过 92% 的钒资源以共生及伴生方式存在。因此，钒常作为其他矿产副产品综合回收的产物。

（2）矿床类型比较单一。目前我国已利用的钒矿矿床成因类型为岩浆型和沉积型，其他类型很少，沉积型钒矿除了产于黑色岩系中外，还有一些是与铀、磷共生于砂岩、泥岩及其变质岩系中。

（3）矿床规模大。大中型矿床所占比例多，包括 10 个大型矿床（V_2O_5 100 万吨以上），钒矿储量占到总储量比例的 46.7%；个中型矿床（V_2O_5 10 万~100 万吨），钒矿储量占到总储量的 47.66%，二者累加就已占钒矿总储量的 94% 以上。

（4）勘探程度不高，工业储量不足。勘探阶段的钒矿储量只占 45.5%，而普查、详查阶段的钒矿储量占 54.5%，工业储量仅占钒矿总储量的 36.6%。

7.1.3　钒矿资源开发利用情况

根据美国地质调查局资料显示，2014 年全球钒矿总产量 7.8 万吨，同比 2013 年下滑 1000t。钒矿资源产国主要包括中国、南非及俄罗斯，3 个国家总产量可占全球钒矿总产量的 98.7%，其中我国钒矿产量在近 10 年内始终高居首位，2014 年我国钒矿产量 4.1 万吨，占全球钒矿总产量的 53%；其次是南非，以年 2.1 万吨产量位居全球第二，占全球钒矿总产量的 27%；第三位是俄罗斯，年产量 1.5 万吨，约占全球钒总产量的 20%。近年来，随着我国钢铁生产规模以及产品结构的不断调整变化，钒在我国的应用总量也在不断增加，从历年来我国的钒矿产量趋势图（图 7-1）中可以看出，在 2005~2011 年钒的产量在逐年增长，其增长率保持在 5%~20%，在 2012 年钒产量短暂下降后，2013 年钒产量又重新提高，增长率达 50%，因此在未来的一段时间内我国钒矿产量仍会保持一定的增长势头。

从全球范围来看，85% 以上的钒消费于钢铁行业，在我国现阶段钒发展应用的核心领域也主要是钢铁行业，其消费比例更是高达 90%。其次，全球 8%~10% 的金属钒以钛-铝-钒合金的形式被用于飞机发动机、宇航船舱骨架、导弹、蒸汽轮机叶片、火箭发动机壳、超导材料及核反应堆材料等方面，还有 3% 左右的钒用于制造硫酸和硫化橡胶的催化剂、

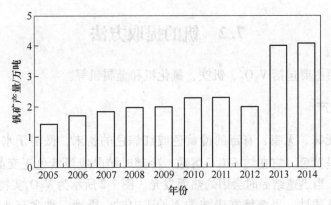

图 7-1 我国 2005~2014 年钒矿产量图

陶瓷着色剂、显影剂、干燥剂等。另外，钒还用于制造全钒液流电池，其作为一种新型清洁能源存储装置，与其他化学电池相比，具有功率大、容量大、效率高、寿命长、响应速度快、可瞬间充电、安全性高和成本低等明显的优越性，该电池应用前景十分广阔。

目前我国钒矿资源开发利用还存在一定的问题，主要包括：

（1）开发利用水平较低，节约和集约利用程度不高，资源浪费严重。目前我国大部分地区的钒矿表现为矿山数量多，开采规模小，分布零散，无统一规划及管理，大矿小开、一矿多开的现象普遍；大部分矿山生产工艺流程及管理水平落后，采富弃贫，采易弃难，采厚弃薄等现象较严重，由此造成了钒资源的极大浪费。

（2）技术创新能力不强，钒产业结构较不合理。我国钒钛资源的利用和产品生产关键工艺技术还存在一定瓶颈，如在功能材料、航空航天级钒铝合金方面的部分关键产品仍需进口，以及由于钒铬分离技术的不足使得绝大部分的铬资源进入尾渣而造成铬资源浪费和严重的高毒性六价铬渣污染。在钒资源应用方面技术创新的不足，使得我国大量钒资源出口仅限于初级原料性钒产品，无市场竞争力，价格偏低。

（3）钒矿的开采及冶炼提取对环境有严重的影响。主要体现为会严重影响到矿区周边村庄的农业灌溉以及村民的生活用水。同时，露天钒矿也会随着地表水流入河流以及农田，造成土地污染。此外，在钒和钒合金的冶炼提取过程中，会产生一定的废气，如破碎时产生的粉尘、焙烧时的烟气和灼烧脱氨时的氨气等，这些气体会随大气降水落到地面，形成酸雨，导致土壤酸化及建筑损坏等，而存在于烟尘中的钒金属化合物，具有一定的胚胎毒性，有致畸致突变作用及其潜在的慢性损害，含钒粉尘被人长期吸入后，可导致肺癌。

（4）钒矿产能过剩，供大于求。近年来，我国钢铁生产速率已经有所放缓，总体上仍维持微利状态，生产经营形势依然不利，2016 年国内基础设施等投资已经有所减少，汽车、船舶等下游用钢行业需求也难以明显增加，预计钢铁行业国内需求难有改观，而我国大部分的钒消费于钢铁行业，因此钢铁市场的疲软态势将会继续蔓延至上游钒合金市场。从钒行业本身来看，全球钒行业产能已严重过剩，而随着我国几个钒项目的投产和达产，未来几年内全球钒市场供过于求的矛盾将进一步加剧，预计在未来几年可能出现钒价格下滑的风险。

7.2 钒的提取方法

钒的冶金产品主要包括 V_2O_5、钒铁、氮化钒和金属钒等。

7.2.1 V_2O_5 的生产

V_2O_5 是一种无味、无嗅、有毒的橙黄色或红棕色的粉末，微溶于水（质量浓度约为 0.07g/L），溶液呈黄色。它在约 670℃ 熔融，冷却时结晶成黑紫色正交晶系的针状晶体，它的结晶热很大，当迅速结晶时会因灼热而发光。图 7-2 所示为 V_2O_5 实物图。V_2O_5 是两性氧化物，但主要呈酸性。当溶解在极浓的 NaOH 中时，得到一种含有八面体钒酸根离子 VO_4^{3-} 的无色溶液。它与 Na_2CO_3 一起共熔得到不同的可溶性钒酸钠。

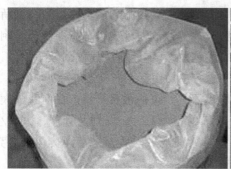

图 7-2　五氧化二钒

V_2O_5 的生产在工业上一般就指提钒。自然界中的钒，多以三价氧化物状态存在，不具备磁性，分离提取困难。作为复杂矿的提取冶炼，必然要经历多个过程：第一步是物理富集，以获得高品位的精矿；第二步是冶炼的前处理，对钒钛磁铁矿而言，可以采用烧结作为原料的准备，以便适应下一步高炉冶炼的需要。如果是非铁矿含钒原料，则采用焙烧过程，在此过程中，主要目的在于使钒的价态出低价转变为高价，从而使钒由非水溶性转变为水溶性，为下一步直接进入湿法冶金过程做好准备。

钒的提取，最后都采用低温湿法冶炼工艺，先浸取使钒转入水溶液中，再经固液分离，所得溶液净化除去杂质，得到相对纯净的含钒溶液，最后在微酸性条件下水解生成五氧化二钒沉淀物或在弱碱条件下加入铵盐生成钒酸铵沉淀，再经煅烧，五氧化二钒作为最终产品。其一般的工艺流程如图 7-3 所示。

7.2.2 钒铁的生产

五氧化二钒为钒的初级制品，它的 85% 以上是用于炼制钒铁，然后作为炼制合金钢的原料。

钒铁是由钒和铁组成的铁合金，常用的有含钒 40%、60% 和 80% 三种，其中含钒 80% 的钒铁又称高钒铁。钒铁常用于碳素钢、低合金高强度钢、高合金钢、工具钢和铸铁生产中。高钒铁还可用作有色合金的添加剂。

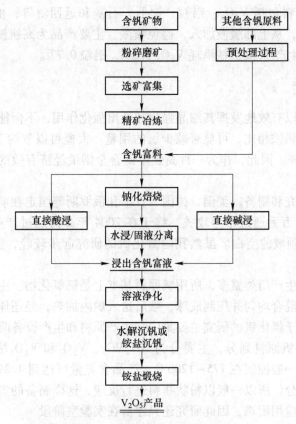

图 7-3　钒生产的一般工艺流程

钒铁的冶炼，主要是利用还原剂还原五氧化二钒，常用的还原剂有碳、硅、铝等，其基本反应为：

$$2/5V_2O_5 + 2C = 4/5V + 2CO$$
$$2/5V_2O_5 + Si + 2CaO = 4/5V + 2CaO \cdot SiO_2$$
$$2/5V_2O_5 + 4/3Al = 4/5V + 2/3Al_2O_3$$

从还原能力上看，铝的还原能力最强，其次是硅，碳最弱。钒铁的冶炼，根据还原剂的不同，分为电硅热法和铝热法。电硅热法在电弧炉内进行，冶炼作业分为还原期和精炼期：

（1）还原期。还原作业的第一步是先将钢屑、硅铁熔化，加入精炼期返回的精炼渣，再加入少量 V_2O_5，熔炼结果形成的渣称为贫渣（V_2O_5 含量小于 0.35%），倒出贫渣，转入还原期第二步冶炼，加入铝粒，控制合金中的钒、硅含量。

（2）精炼期。精炼目的在于脱硅，提高钒的含量，继续加入 V_2O_5 与石灰，使与过量的硅一起转入渣中，提高合金中的钒含量，达到 FeV40 的要求。精炼期产生的富钒渣返回还原期第一步再炼。钒的回收率 97%~98%。

电硅热法为放热反应，合适的温度是 1600~1650℃，过高会使钒挥发损失增大。炉渣合适的碱度为 2.0~2.2，碱度低则硅的还原能力下降，碱度高则 CaO 与 V_2O_5 结合，生成钒酸钙，增加了硅还原 V_2O_5 的困难，另外碱度高，使炉料黏度增大，操作困难。

　　铝热法所有的原料包括 V_2O_5、铝粒、钢屑、石灰和返回渣等，由于原料均为粉粒，炉温较高，反应激烈，从上部缓慢加入，避免喷溅。主要产品为高钒铁 FeV80，钒的回收率为 80%~90%，每生产 1t 高钒铁消耗 V_2O_5 1.88t，铝粒 0.77t。

7.2.3　氮化钒的生产

　　氮化钒在钢中可以有效地发挥其细晶强化和析出强化作用，不但能显著提高钢的强度和韧性，而且与添加钒铁相比，可显著减少钒的用量，大概可以节约 20%~40% 的钒，成本还可下降 30%~50%。因此，作为一种高强度低合金钢最经济有效的添加剂，氮化钒具有积极的应用价值。

　　有关氮化钒的研究和制备，美国、德国、日本和俄罗斯等国走在前列。我国攀枝花钢铁集团公司投资数千万元通过十年攻关，终于在 2004 年 2 月通过产业化技术成果鉴定，填补了我国 VN 生产领域的空白。虽然我国氮化钒的研究起步较晚，但近几年发展较快，产量已居世界第一位。

　　目前，氮化钒的生产门类繁多，所用钒原料基本上是钒氧化物。主要工序是将钒原料与碳制粉剂、黏结剂混合均匀并压制成球，然后送入炉内加热，经还原、渗氮过程得到氮化钒产品。目前，关于氮化钒的研究主要集中在生产原料和生产设备两大方面。

　　氮化钒的生产从钒原料划分，主要分为 NH_4VO_3、V_2O_3 和 V_2O_5 法。以 NH_4VO_3 为原料，反应温度不高，一般控制在 775~1200℃，产品含氮量可达到 4.2%~16.2%。但是由于此法制块反应不充分，所以一般以粉状物料进行反应，这样制备的氮化钒产品表观密度小，作为添加剂直接应用困难，因此研究还只停留在实验室阶段。

　　V_2O_5 熔点（675℃）较低，饱和蒸气压高，在高温下极易挥发损失。因此以 V_2O_5 为原料制备氮化钒，为了降低钒的损失，需要增加低温预还原段，预还原阶段是在 V_2O_5 的熔点以下进行加热，以使 V_2O_5 先还原为低价的钒氧化物。

　　以 V_2O_3 为原料，还原反应和氮化反应同步进行，可以连续、迅速的升温，反应步骤少，反应时间缩短。另外，与其他原料比，V_2O_3 单位质量含钒高，因此具有产率高的优势。但是 V_2O_3 的制备成本相对较高，偏钒酸铵直接焙烧就可得到 V_2O_5，但是 V_2O_3 需要在 CO 气氛下焙烧偏钒酸铵才可得到 V_2O_5。

　　目前，钒氮合金的生产方式门类繁多，所用钒原料基本上是 V_2O_3 或 V_2O_5。主要工序是将钒原料与碳制粉剂、黏结剂混合均匀并压制成球，然后送入炉内加热，经还原、渗氮过程得到钒氮合金产品。从设备的区别划分，其生产方法主要分为三种：推板窑法、微波法和中频炉法。

　　推板窑是一种卧式的隧道电加热的反应炉，如图 7-4 所示。生产过程中，生料球放在石墨料盘内，石墨料盘放置于石墨推板上，

图 7-4　推板窑

通过底部传动装置推动推板，料球在隧道窑内依次穿过预热段、高温段、冷却段。隧道窑内通氮气，料球在氮气气氛下发生还原、氮化反应，最终从隧道窑另一端出来，得到钒氮

合金产品。推板窑法是目前应用较广泛的一种钒氮合金生产方法，作为比较成熟的生产工艺，推板窑法有其自身的优点，该法是在非真空条件下生产，可实现钒氮合金的简单、快捷生产，另外，因为该法还能实现较高的自动化程度，故可减少操作人员，节约人员成本。但推板窑法同时也存在着较大缺点：（1）能耗高。由于隧道窑的长度很长，而炉内反应温度又很高，达到 1400~1500℃，存在加热量大、损失大的问题。（2）损耗高。炉内温度高，用于加热的硅钼棒、硅碳棒和其他耐材的消耗量很大，在高温下进行反应，所用石墨盘、推板使用寿命低，损耗量大，维修的费用高。（3）氮气气氛差。推板窑密封性差，炉内氮气压力难调节，产品的氮含量不高。另外，炉内空间主要为横向空间，氮气分布空间广，但利用率不高，造成氮气的浪费。（4）占地面积大。推板窑为卧式结构，反应炉占地面积大。（5）大修时间长。停炉和开炉时，为了保证炉体和耐火材料不变形，需要缓慢降温和升温，推板窑每次降温和升温时间均需 20 多天，加上 45 天左右的大修期，每次大修需要停炉 3 个多月，停炉、开炉期间，不能断电，电力空耗加上大修费用冲减了生产期的利润，给企业造成巨大的经济负担。

微波法是指在工业微波炉中进行微波加热合成，同时向炉内通入 N_2，炉内保持中性或还原性气体气氛，物料先低温预热、预还原一段时间，然后升温至 1000~1500℃，反应一段时间后冷却出炉。该工艺提供了一种新的加热方式，缩小了设备的占地面积。但是采用间歇生产，生产效率低下，能耗高，不适于大规模工业化生产。

中频炉加热又分为卧式加热和竖式加热。

卧式加热的工作原理和推板窑相近，只是将热源换成了电磁感应加热，此加热方法减少了加热体、耐材的损失，因此维修费用较低，另外因为密闭性较好，炉内氮气气氛较好控制，可以保证钒氮合金产品质量，但该方法采用卧式加热同样存在占地面积较大的问题。

竖式加热可以通过加高炉体的方式增大生产规模，因此具有节省占地面积的优点，如图 7-5 所示。另外，竖式加热可以实现氮气的底进顶出，氮气和物料逆向流动，增加了反应物的接触面积，降低了反应活化能。同时，烟气从顶部排出的过程，要经过物料，烟气的热量可起到加热物料的作用，提高了能源利用率。但竖式加热炉采用人工辅助重力下料，生产的连续性较差。另外，采用竖式中频炉生产钒氮合金，在加热反应工序完成后，炉料往往随炉体一同冷却，因为炉体保温性好、散热面积小，所以炉料冷却非常缓慢，有的生产冷却周期甚至长达几十小时，严重影响生产效率。因此，若采用竖式中频炉生产钒氮合金，则需要对生产的自动化程度进行改进，并对炉料的冷却工艺进行重新设计。

竖式中频炉加热生产钒氮合金，反应烟气和氮气自下而上排出，既符合工艺要求，又符合自然规律，

图 7-5　竖式中频加热炉

是钒氮合金生产工艺和生产装备的创新。相比较而言，该工艺在降低生产能耗和氮气用量等方面都存在一定的优势，但生产的连续性技术还需要进一步改进。

7.2.4　金属钒的生产

制取金属钒的首选原料应为钒的氧化物，其次是钒的卤素化合物。还原剂则可以是 C、H 以及碱金属，如 K、Na、Ca、Mg、Al 等，其中 K、Na 过于活泼，反应不易控制，且价值昂贵，故不适用。Ca、Al 则适于还原氧化钒，Mg 则适于还原卤化钒，C、H 等则可适用钒的多数化合物。钒金属如图 7-6 所示。

图 7-6　金属钒

用钙还原钒氧化物的反应为：

$$V_2O_5 + Ca == V_2O_4 + CaO$$
$$V_2O_4 + Ca == V_2O_3 + CaO$$
$$V_2O_3 + Ca == 2VO + CaO$$
$$VO + Ca == V + CaO$$
$$V_2O_5 + 5Ca == 2V + 5CaO$$

以上各反应的自由能变化均为负值，且为放热反应，如果还原剂 Ca 量充足，则可以得到金属钒。但是因为生成物氧化钙和金属钒熔点过高，所以熔炼时需加入熔剂，并另外添加放热剂，以降低渣的熔点并提高熔炼的温度。碘化钙、硫化钙可起到降低渣熔点的作用。

用铝作还原剂，钒氧化物的还原反应如下：

$$3V_2O_5 + 2Al == 3V_2O_4 + Al_2O_3$$
$$3V_2O_4 + 2Al == 3V_2O_3 + Al_2O_3$$
$$3V_2O_3 + 2Al == 6VO + Al_2O_3$$
$$3VO + 2Al == 3V + Al_2O_3$$
$$3V_2O_5 + 10Al == 6V + 5Al_2O_3$$

以上各反应自由能变化均为负值，且为高放热反应，有利于形成熔渣和金属钒锭。但当铝过量时，钒容易参加反应，形成钒铝合金，使脱除铝的难度增大。

1966 年，Carlson 采用两步法制取了金属钒，第一步先制取 Al-V 合金，第二步再精炼制取高纯钒。采用钢罐内衬氧化铝，抽真空，充氩气，用燃气炉外源加热至 750℃，点燃反应迅速，冷却后分离渣与合金，合金再用硝酸溶液浸洗，然后粉碎成 6mm 的块。

从原则上讲，镁也可作为钒氧化物的还原剂制取金属钒，但由于还原产物 MgO 的熔点（2825℃）较氧化钙、氧化铝都要高，反应中若欲使氧化镁熔化，在此温度下，镁（沸点 1090℃）将大量挥发，若欲防止挥发，则需密闭高压，难度较大，因此钒氧化物的镁热还原法难于实现。从这方面来看钒氯化物的镁热还原法则具优势。

VCl_4、VCl_3、VCl_2 均可以作为镁热还原的原料，反应式为：

$$VCl_4 + 2Mg == V + 2MgCl_2$$

$$2VCl_3 + 3Mg \Longrightarrow 2V + 3MgCl_2$$
$$VCl_2 + Mg \Longrightarrow V + MgCl_2$$

反应产物可通过蒸馏的方式除去金属镁，得到纯钒。

碳作为最常用、廉价、优质的还原剂，对氧化钒也应该有效。不过碳还原的历程比较复杂，用起来比较困难。用碳还原氧化钒直接制取金属钒，只有当温度在 1700℃ 以上时，在热力学才是可行的，而原料氧化钒、产品金属钒易挥发，另外，在碳热还原的几个反应历程中，每一个阶段要求的 O/C 摩尔比都不同，故难于一步完成。为此要求采取多级作业，逐级取出中间产品，破碎、磨细、脱氢、配料重新混合、调整 O/C 比例，制成球团重新转入下一级作业，直至制得金属钒为止。

钒氧化物的氢还原反应如下：

$$V_2O_5 + H_2 \Longrightarrow V_2O_4 + H_2O$$
$$V_2O_4 + H_2 \Longrightarrow V_2O_3 + H_2O$$
$$V_2O_3 + H_2 \Longrightarrow 2VO + H_2O$$
$$VO + H_2 \Longrightarrow V + H_2O$$

前两个反应在 400~2005K 的温度范围内，自由能变化为负，反应可自动进行。而后两个反应则不能进行，所以用氢还原钒氧化物在 400~2005K 范围内得不到金属钒。

用氢还原氯化钒的反应如下：

$$2VCl_4 + H_2 \Longrightarrow 2VCl_3 + 2HCl$$
$$2VCl_3 + H_2 \Longrightarrow 2VCl_2 + 2HCl$$
$$VCl_2 + H_2 \Longrightarrow V + 2HCl$$

热力学计算表明，高于 573K 时，只有前两个反应可以进行，第三个反应要高于 1773K 时才可进行。但是实际中，可以通过加大氢气流速，使反应系统内氯化氢分压降低的方法，降低反应发生的温度。

7.3 钒提取过程中的废弃物

7.3.1 气体污染物

7.3.1.1 焙烧炉气

由于钒矿中钒的价态一般为低价，因此在湿法提钒之前，需要先将低价钒氧化成五价钒，以便浸出溶出。钒的氧化一般通过焙烧工艺实现，包括钠化焙烧、钙化焙烧、空白焙烧等，焙烧过程中会产生焙烧炉气。焙烧炉的排气，包括固体颗粒物如磁性颗粒物，含钒、铁等金属氧化物的粉尘，气相中的 SO_2，可能还有 NH_3 和 HCl 气体。一般的工厂是采用文丘里收尘，用湿式洗涤，大部分固体颗粒物可以沉降后过滤排出，但 SO_2 气体则大量逸出。现代化的收尘系统应采用布袋收尘与静电收尘相结合，后接碱性洗涤，最好使用石灰水或石灰石水两次洗涤。

对于 HCl 含量较高的炉气，主要进行碱液喷淋处理。一般采用碱液三段喷淋净化工艺进行处理，并采用泵对碱液进行加压喷淋，增加废气与碱液的接触率，使反应更加充分。碱液三段喷淋净化工艺对烟尘的去除率约 70%，对 SO_2 的去除率约 60%，对 HCl 去除率约

95%。碱液一般采用5%的 NaOH 溶液，NaOH 与 HCl 为强碱和强酸，反应属酸碱中和反应，只要接触率足够大，一般反应较完全，碱液喷淋吸收 HCl 后，废水中只含有 NaCl，喷淋后的废水自流到低位池内，用泵抽至高位池加碱重新利用，当碱液中固液比较大时，将碱液池中含 NaCl 较高的废液送至原料成球系统回用。碱液喷淋对 HCl 的吸收效率高，且运行较稳定，不易产生二次污染物对环境造成不利影响。

7.3.1.2　球磨机蒸气

焙烧料进入湿球磨前后，水淬会产生大量水蒸气，如果焙烧过程中结成大块，有时会发生爆炸，产生的蒸气受粉尘污染，携带含金属氧化物的微粒，带有腐蚀性，对操作人员的呼吸道会造成伤害，排放前应使用浸出液进行洗涤。

7.3.1.3　偏钒酸铵煅烧炉气

煅烧炉必须有良好的通风，以保持氧化气氛，排出的气体含有氨气、氮气、氢气以及五氧化二钒粉尘，通常是用稀硫酸液湿式除尘，经沉淀后分离。

7.3.1.4　V_2O_5 粉尘

V_2O_5 颗粒物是有毒粉尘，故应封闭作业，勿使操作人员吸入，熔片工段应该是全厂防护最严的部分，包括所有的溜槽、传送带、料斗，都要封闭，将气体抽至一个布袋系统。熔片炉产生的烟气也要送至布袋系统。操作岗位应配备防护面罩。

7.3.2　废水

V_2O_5 生产废水主要来自沉钒工段。污染物主要为 Cr^{6+}、NH_3-N、总钒、COD_{Cr} 和盐（氯化物、硫酸盐）。根据国内同行业的统计，其中主要污染物浓度见表 7-2。废水的 pH 值和 Cr^{6+} 的浓度差异很大，因此废水的颜色也多种多样的，有淡黄色、橙黄色、橙红色等颜色，废水的 pH 值越低或者 Cr^{6+} 的浓度越高废水显现的颜色越深。总铬、Cr^{6+} 属水污染控制的第一类污染物，是要求在车间或车间处理设施排放口达标的一项重要指标。

表 7-2　生产废水的水质情况　　　　　　　　　　　（g/L）

指标	NH_4^+	SO_4^{2-}	Cl^-	Na^+	总钒	Cr^{6+}	pH 值
含量	1.0~2.0	3.0~5.0	20	20	≤0.1	0.2~0.5	1.4~2.0

V_2O_5 生产废水具有含剧毒重金属离子，含氨氮量大，盐浓度高的特点。钒的生物毒害效应一般随价态提高而增大，在土壤和水环境中，对生态系统产生强烈影响的钒主要是 V（Ⅳ）和 V（Ⅴ）的化合物。环境中的钒可通过呼吸、饮水、食物等途径进入人体，对人体健康产生影响。铬是"五毒元素"（Hg、Cd、Pb、Cr 及 As）之一，而且 Cr^{6+} 则被列为对人体危害最大的八种化学物质之一，是国际公认的三种致癌金属物之一，同时也是美国 EPA 公认的 129 种重点污染物之一。铬对人类的威胁在于它不能被微生物分解，通过食物链在生物体内富集。铬在水溶液中的毒性与其存在的价态有关。Cr^{6+} 毒性最强，通常认为是 Cr^{3+} 的 100 余倍。Cr^{6+} 对人的危害主要是慢性，铬中毒大多由 Cr^{6+} 引起。它可使血红蛋白转变为高铁血红蛋白，细胞携带氧的功能发生障碍，导致细胞内窒息，沉淀核酸和核蛋白，干扰酶系统；并且可干扰体内的氧化、还原和水解过程。人体内铬含量过高将严重影响身体健康。儿童过量摄入铬后，肾小管过滤率明显降低，而且这种降低是不可逆的。饮

用被铬污染的水，可致腹部不适及腹泻等中毒症状。常接触大量的 Cr^{6+} 会引起接触部位的溃疡或造成不良反应。摄入过量的 Cr^{6+} 会引起肾脏和肝脏受损、恶心、胃肠道刺激、胃溃疡、痉挛甚至死亡。铬对人体的皮肤、呼吸道、眼睛、胃肠道等组织和器官都有毒害作用；更为严重的是铬极易被人体吸收而在体内蓄积，且有明显的致癌、致畸、致突变作用，已被确认为致癌物。氨氮会导致一系列的环境问题，如地表水富营养化、由于氨的挥发和分解造成的土壤酸化、硝酸盐对地下水的污染以及由于氨的挥发导致恶臭问题。正因为这些毒害作用的存在，所以 V_2O_5 生产的沉钒废水治理重点是去除 Cr^{6+}、V 和 NH_3-N。

7.3.3 固体废弃物

最大的固体废弃物是烧渣和含铬淤泥，对于渣场和淤泥堆存应具有一定环保措施，防止环境污染。

7.3.3.1 渣场的污染防治措施

根据渣场地质勘察，对渣场应采取下列措施进行保护：（1）废渣堆填场区土层大部分地段为微透水土体或中透水土体，需进行防渗处理，使渗透系数达到 $K \le 10^{-7}$ cm/s 的技术要求，经防渗处理达到使用要求后，才用作废渣堆场建设。（2）场区内可能为采空区，按程序对渣场进行详细的工程勘察，查明场区采空区的分布情况及规模，岩土层厚度、岩土层的工程特性、地下水的埋藏情况和动向等，根据情况采取妥善的工程措施，防止采空区地面塌陷、渗漏、污染地质灾害的发生，避免渣场防渗设施因发生地质灾害而损坏，对环境产生不利影响。（3）为防止雨水径流进入厂内水淬渣贮存场，避免渗滤液量增加和滑坡，贮渣场周边设置导流渠或截水沟，渗滤液集排水设施，堤、坝、挡土墙等设施防止固体废物和渗滤液的流失。同时，禁止危险废物和生活垃圾混入贮存场。（4）严格执行国家有关工业固体废物申报登记制度，按规定向所在地县级以上地方人民政府环境保护行政主管部门提供废渣产生量、流向、贮存、处置等有关资料，在转移工业固废时，按规定办理转移手续。对废渣贮存场，建立档案制度，贮存场按 GB 15562.2 设置环境保护图形标志。

7.3.3.2 含铬淤泥的处置

在沉钒废水处理过程中，经树脂反复吸附出来的淤泥，由于含有一定量的 6 价铬离子和 5 价钒离子，属于危险固体废物。其处置设施必须按照《危险废物贮存污染控制标准》（GB 18597—2001）进行设计、建设。厂内临时处置采取了以下措施：（1）设置符合标准的一个 $100m^3$ 的封闭容器对危险废物进行单独处理，容器及材质强度应满足相应的强度要求。（2）容器基础、衬里选用与危险废物相容的材料，如 2mm 厚的高密度聚乙烯。（3）侧面高位设置进泥口，并在相对一侧设置通风口，以便污泥干燥。（4）该容器设置在离人员密集较为偏远的地方，保证其完好无损，设置危险废物种类标志并标有警示牌。危险废物的最终处置必须委托有资质的单位进行处置，严禁自行处理。

7.4 钒资源的综合利用及含钒废弃物提钒

7.4.1 钒渣

从钒钛磁铁矿回收钒的主体工艺是双联发含钒生铁提钒法，其特点是提钒与钢铁生产结合在一起，钒钛磁铁矿在高炉或电炉冶炼成含钒生铁，在第一个转炉内钢水脱钒后得到碳素半钢，然后在第二个转炉内生产出设定碳含量的半钢。钒渣来自脱钒过程，具体工艺是在第一个转炉内加入氧化剂、冷却剂，然后用氧吹炼，吹炼过程中不断分批地加入氧化剂、冷却剂，吹炼结束即可得到碳素半钢和钒渣。钒钛磁铁矿的加工利用流程如图 7-7 所示。

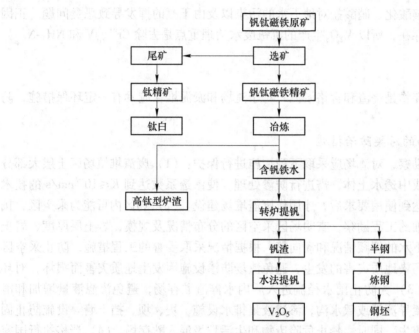

图 7-7 钒钛磁铁矿深加工利用流程

钒、铬均是赋存在钒钛磁铁矿中的有价伴生元素，钒钛磁铁矿由钛铁矿和钛磁铁矿构成。钒、铬主要赋存于钛磁铁矿中，铬基本以类质同象赋存于钛磁铁矿-铬钛磁铁矿-钛铬铁矿系列的矿物中以及镁铁尖晶石-镁铁铬尖晶石矿物系列。矿石中三氧化二铬含量一般小于 1%，但脉状样品中最高可达 14% 以上。在钒钛磁铁矿的深加工过程中，钒、铬在钒钛磁铁矿选矿的选铁流程中大部分进入到铁精矿中。钒、铬在铁精矿后续的高炉流程及常规的直接还原流程中绝大部分被还原到金属铁（含钒铁水）中。进入铁水中的钒、铬在含钒铁水提钒（钒渣生产）过程中又被重新氧化进入渣相，渣中钒、铬品位被富集提升了一个数量级以上，钒（铬）渣是现代工业提钒的主要原料。

尽管钒钛磁铁矿的冶炼（含钒铁水生产）是一个（碳）还原过程，而含钒铁水提钒（钒渣生产）是一个氧化过程。以铁水提钒为例，铁水提钒是氧气流与金属熔体表面相互作用的过程，是铁水中铁、钒、铬、碳、硅、锰、钛、磷、硫等元素的氧化反应过程，反应能力的大小取决于铁水组分与氧的化学亲和力，通常称之为标准生成自由能。值越负，氧化反应越容易进行。提钒的原理就是向转炉内铁水中加入氧化性物质（主要是吹入氧气）使钒氧化成钒的氧化物进入炉渣。为了达到脱钒保碳的效果，国内转炉吹炼得到的钒渣中 V_2O_5 含量为 12%~16%，而俄罗斯乌拉尔黑色金属科学研究院发明的专利《钒渣的生产方法》通过双联法生产的钒渣其 V_2O_5 含量可达到 16%~30%，吹钒后铁水中的 V 含量可降低到 0.05%以内，其主要的生产工艺是吹氧以前将添加剂（0.5%~6%的含钒重质碳氢化合物、5%~20%的钒渣磁性部分，其余为轧制鳞片）添加到铁水表面，而后用气体氧化剂进行吹炼，当铁水温度为 1180~1300℃时开始吹氧，在铁温度为 1400~1650℃时停止吹氧。

国外采用氧气顶吹转炉提钒的企业只有俄罗斯的下塔吉尔钢铁公司，该企业自 1963 年进行工业试验以来，一直采用含钒铁水-钒渣-钒产品的工艺路线，经过四十多年的努力，目前已形成年产 V_2O_5 2.4 万吨的规模，位居世界第一，钒的氧化率在 90%以上，钒回收率达到 82%~84%，生产工艺指标处世界领先地位。下塔吉尔钢厂曾经在 100kg 转炉上进行顶底复吹试验，钒的回收率得到进一步提高，但是由于部分技术问题仍未解决，目前依然处于试验阶段。

因铬、钒性质相近，在钒钛磁铁矿冶炼钒渣过程中，铬与钒同时被氧化进入钒渣，得到含铬型钒渣。由于钒的提取价值较高，目前国内外钒化工产品生产工艺大多针对钒渣中钒的回收，主要采用高温钠化焙烧工艺。现行工艺虽然技术路线成熟，但钒回收率低，经多次焙烧仍低于 80%，且金属铬基本不能被提取，未能利用的重金属组分废弃入渣，极易造成水体、土壤及空气污染。

我国约 60%的钒化合物以钒渣为原料生产。通过对钒渣进行 SEM 分析可知，钒渣中的钒、铬、钛、铁、锰以尖晶石相存在，而 Si 以铁橄榄石相及石英相存在。且钒渣颗粒结合比较致密，尖晶石相和橄榄石相共生在一起，难以通过物理方法实现矿物解离。

目前，钒渣提钒主要有两种方法，一种是酸浸-碱中和-净化-铵沉工艺，另一种是焙烧-浸出-净化-沉钒工艺。第一种工艺过程步骤为，先用硫酸或者硝酸等的酸化浸出剂浸出钒渣中的钒，以 VO_2^+ 和 VO^{2+} 离子形式进入酸溶液，后通过碱中和，形成钒酸钠，经过脱硅铵沉得到钒酸铵产品。后一种工艺过程按照添加剂不同分为钠化焙烧和钙化焙烧，其中我国主要以钠化焙烧工艺为主，即钒渣经回转窑或多膛炉钠化焙烧，其中的低价钒氧化钠化为水溶性的钒酸盐，经水浸除杂后，铵沉得到钒酸铵，在某些情况下，焙烧过程中也添加一定量的石灰。目前，国内外钒渣提钒的主体流程是钒渣钠化焙烧法提钒。

除了吹炼钒渣法还有吹炼含钒钢渣法，即将含钒铁水在转炉内直接吹炼成钢，得到钢水和含钒钢渣。钢水直接进行连铸连轧等，含钒钢渣中 V_2O_5 含量约为 5%，作为提钒原料。该方法是一步法，相对于钒渣法而言，不仅节省了投资（少用一个转炉），而且回收了钒渣吹炼过程中损失的生铁。

传统的钠化焙烧提钒工艺主要为气-固反应，只有在高温段（>670℃）出现一部分气-液-固三相反应。高温区以硅酸盐为主体成分的熔化玻璃体包裹在尖晶石周围，阻碍了反应主体气-固反应的传质过程，降低了氧的传质、扩散和钒酸盐的生成。其次，含钒尖晶石未能完全被氧化。再者，形成钒青铜均会降低了钒的转浸率。而且传统的钠化焙烧提钒工艺仅能回收钒，铬则残留在了尾渣中，其中的部分铬在焙烧后转化为 6 价离子，不仅带来潜在的环境危害，同时造成有价元素的损失。

由中科院过程所与河北钢铁集团承钢公司联合开发的钒渣新型反应介质-亚熔盐高效非常规介质将传统的焙烧工艺中的气固传质过程转化为液固传质过程，从微观介质上改变了钒渣焙烧过程中氧传质的问题，使尖晶石相的氧化分解过程在液相中发生，避免了烧结包裹问题。并且亚熔盐非常规介质可以有效地分解硅酸盐相，在分解尖晶石相的同时，硅酸盐相也被破坏，实氧扩散受阻、钒酸盐浸出率低的问题，使钒渣中钒铬的氧化-转化在液相中发生，过程效率大大提高，而且在钒溶出的过程中，铬也被氧化溶出，实现了钒铬的清洁高效共提。

采用液相流场搅拌反应釜，搅拌釜的死区较少，反应体系流场分布均匀，有利于实现钒渣与碱性液相反应介质充分接触，钒渣与亚熔盐实现了充分的液固传质。钒渣中钒铬的氧化-转化过程在液相中实现，过程效率大大提高，解决了焙烧过程中硅酸盐相的烧结包裹、钒转浸率低的问题。

此外，加压浸出也是钒渣综合高效利用的一种技术手段。湿法冶金所用的加压浸出属于高温加压条件下的水热反应过程，它可加快反应过程和改善金属的提取。经过多年的发展，加压浸出技术已在工业上得到多方面的应用。近年来加压浸出所处理的物料已从传统的矿石或精矿逐渐扩展到冶金或化工的各种中间产物，再生资源的综合利用成为发展趋势，充分显示出其在技术上和环保方面的优越性。

压力场的作用可以降低液相黏度、提高氧气溶解度，某些情况下还能有效打破固相包裹层，消除内扩散的影响；而通过压力场和流场的协同强化，有望改变富氧碱性介质分解钒渣过程中扩散控制对浸出速度的制约，消除产物层对反应矿相的包裹而提高浸出速率，从而大大优化反应条件，提高钒、铬的分解效率，实现温和条件下钒渣中钒铬共提。增加反应过程中的氧分压，可使钒铬氧化转化反应的温度降低，提高了反应的动力学条件，增加反应转化效率，大幅提高了钒铬的回收率。

目前，钒铬的分离主要有直接碱浸和氧化剂协同碱浸法。杨康等采用硫酸和 NaOH 直接浸出其中的钒，证实了碱浸要优于酸浸，碱浸最高浸出率为 68.5%；杨秋良等在常温下加入 NaOH 和氧化剂搅拌浸取 4~10h，在浸出液中加入 D201 树脂吸附后解吸铵盐沉钒后制取偏钒酸铵；张洋等将钒铬还原渣置于 150℃ 碱性溶液中氧化提钒，浸出液经冷却结晶得到正钒酸钠产品纯度大于 93%，浸出渣经酸浸后得到硫酸铬产品（Cr_2O_3 含量达 24%）。

7.4.2 石煤中伴生硅的利用

石煤的主要矿物组成有三类：一是石英，含量达到 60% 以上；二是有机质，含量一般为 18% 左右；三是铝硅酸盐矿物，如伊利石和高岭石等。石煤的主要化学组分为硅（含硅量约为 60%~80%）和碳（含碳量约为 10%~15%），除此之外，石煤中含有或富集了较多的伴生元素，其中以钒的含量和商业价值最高，石煤型钒矿中钒的综合提取所创造的价值往往大于石煤作为燃料的价值。

从钒在石煤中的分布情况看，石煤中钒主要以类质同象形式赋存，小量以吸附态形式，极少以钒矿物形式。以吸附形式存在的钒，一般易于浸出，对于大多数以晶格取代形式存在的钒则需要经过焙烧才能浸出。

焙烧过程破坏了石煤中硅矿物的结构，因此在湿法处理石煤时，浸出液中会含有大量硅。硅是在石煤酸、碱性浸出液中均会存在的杂质元素。在浸出操作中二氧化硅或者硅酸盐的溶解常导致硅呈凝胶状态，使得浸出液与浸出渣之间固液分离困难；在萃取过程中硅的存在可能是造成乳化的主要原因；在离子交换操作中硅会与钒产生竞争吸附，占据树脂的吸附位点从而降低了树脂吸附钒的容量，甚至使其丧失吸附能力，即"中毒"。石煤提钒碱浸液中硅的浓度甚至可以达到钒浓度的数倍，大量硅杂质的存在极大地影响了钒提取过程及产品质量。因此，从浸出液中除硅成为了一项重要的工序。

石煤提钒有酸浸和碱浸之分。酸浸过程中，除了钒被浸出进入浸出液外还会产生硅胶。石煤中的硅酸盐矿物与强酸浸出剂的反应方程式如下：

$$2MeO \cdot SiO_2 + 4H^+ \Longrightarrow 2Me^{2+} + H_4SiO_4$$

石煤酸浸液中硅酸的浓度和含量主要由体系 pH 值决定。一般情况下，石煤常压酸浸时，石煤酸浸液中硅浓度为 0.1~1g/L，石煤中硅的浸出率为 0.2%~1%。当采用逆流循环浸出或在微波场、压力场等作用下，石煤酸浸液中硅浓度最高可达 3~5g/L。

众所周知，二氧化硅的等电点为 pH = 2，此时硅酸处于最稳定的状态，但溶液中 [H$^+$] 或 [OH$^-$] 浓度的增加都会使硅酸的稳定性破坏而形成凝胶或凝聚物。pH 值很低时，硅酸颗粒带有很弱的电荷，因此可以碰撞和聚集成链状进而形成凝胶网络。当溶液中 SiO_2 浓度大于 1% 时，这样的聚集在第一个微小颗粒出现时即迅速发生，当 SiO_2 浓度很低且 pH 值为 2 左右时，单聚物大部分都在聚集前转变成了单独的颗粒。当 pH 值大于 2 时，溶液变得不稳定，并随着放置时间的延长或溶液 pH 值的进一步增大而极易生成凝胶物质，pH 值为 5~6 时，单聚物迅速转变成了自发聚集和凝胶化的颗粒，SiO_2 浓度大于 1% 的情况下凝集增长迅速，凝聚中通常不止包含颗粒还有一些低聚物。凝胶或凝聚物的形成提高了酸浸液黏度，使得矿浆固液分离困难，极大地影响了酸浸液后续提钒操作。因此，石煤酸浸液中的硅作为有害杂质常常需要在提钒前从酸浸液中去除。在石煤酸浸液中，许多镁盐、铝盐、铁盐、石灰和高分子化合物也常被当成混凝剂用于溶液的脱硅。

石煤酸浸提钒过程中由于硅的浸出率较低，利用价值不高，因此石煤酸浸液中的钒硅分离常以回收钒为目的，而将硅当成杂质脱除。另外，石煤酸浸提钒工艺实际上是采用强酸浸出剂使钒以钒酸根离子的形式进入浸出液，此时强酸浸出剂（以硫酸为例）转化成为硫酸钠或硫酸钾等硫酸盐溶液，若将这些硫酸盐溶液再转化成硫酸返回浸出使用时成本很高，因此提钒后的石煤酸浸液常当成工业废液排放，造成了极大的环境污染，目前石煤酸浸提钒工艺中的浸出剂还未见循环使用的报道。

石煤的碱浸过程，含硅矿物会被碱液分解，以硅酸钠的形态进入溶液中。反应方程式如下：

$$SiO_2 + 2NaOH \Longrightarrow H_2O + Na_2SiO_3$$

石煤碱浸液实际上是一种强碱性的含硅钒酸钠溶液。由于硅在强碱性溶液中溶解度较高，因此石煤碱浸液中的硅浓度常常高出钒浓度几倍甚至数十倍。碱浸液中的硅浓度受氧化硅在石煤中的存在形态、颗粒大小、温度、浸出剂浓度等因素影响，而碱浸液中硅酸的形态主要取决于硅酸的浓度、体系 pH 值以及浸出液中存在的电解质离子种类和浓度。一般来说，石煤碱浸液是 pH 值大于 13 的强碱性溶液，此时硅以离子态形式存在。

在碱性溶液中，钒、硅的主要状态为硅酸盐和各种形式的钒酸盐，目前从溶液中分离钒、硅的主要方法有静置沉淀法、水解中和法、絮凝沉淀法等，总体的思路是将溶液中的硅以沉淀的形式脱除，同时尽可能使钒在溶液中保存。

静置沉淀法除硅是利用硅在弱碱性条件下的自然凝聚现象，通过长时间静置使硅从溶液中析出，然后过滤将其除去。这种工艺除硅效率低、静置时间长、微细的氧化硅凝胶过滤困难、钒损失率高。水解中和法除硅的主要依据是以酸中和含硅钒酸钠溶液时，硅会形成溶解度小的氧化硅沉淀而从溶液中脱除，目前我国石煤提钒行业多采用该方法除硅。絮凝沉淀法是通过加入合适的絮凝剂促使细小的硅凝胶体桥连成大体积的絮凝物，再将絮凝物从溶液中固液分离从而脱除溶液中的硅杂质。

石煤碱浸的过程中，石煤中10%左右的硅被溶出进入浸出液中，浸出液中的硅浓度可达到50~100g/L，石煤碱浸液是制备超纯超细白炭黑产品的良好硅源。近几年，随着从非金属矿中提取白炭黑技术的研究进展迅速，一些研究者开展了以石煤为硅源制备白炭黑的研究。对于石煤碱浸提钒过程中硅的提取利用目前已有工程实践开展，东北大学翟玉春教授提出的石煤焙烧-碱浸-硫酸中和脱硅-萃取提钒工艺已在工业上应用，该工艺最大的特点是在石煤提钒的过程中综合回收了硅资源，在中和脱硅的过程中将脱除的硅制备成了白炭黑副品，极大地提高了全流程的经济效益，实现了石煤中钒硅资源的充分利用，减小了环境污染，使得碱法提钒工艺较酸法工艺更有竞争力。该工艺中的碱性浸出剂最后在中和脱硅的过程中转化成了高浓度硫酸钠溶液，经结晶提纯后可制备成硫酸钠副产品。

7.4.3　石煤中伴生石墨的回收

部分石煤矿中含有石墨成分，可通过浮选方法进行回收。石墨、煤炭、石煤都是高碳矿物，浮选中所用的捕收剂可用烃油类，可浮性相近，但是，其可浮性顺序为石墨、煤炭、石煤，其间存在差别。另外，从理论上分析，结晶好的石墨晶片中不含钒，因此，优先浮出石墨，而钒在石墨精矿中损失会很少，从而实现石墨与钒矿分选。浮选石墨后的尾矿再用化学方法提钒，这样不但可以提高提钒原矿的钒品位，而且增加经济效益，达到资源综合利用的目的。

屈启龙等人采用三次粗选、七次精选、中矿合并后再进行一次粗选、四次精选的浮选工艺流程，获得了比较理想的选别指标：最终精矿中碳含量为65.88%，对石墨碳回收率为50%；钒含量为0.23%，钒损失率为2.43%。

7.4.4　提钒尾矿的利用

石煤提钒废渣具有高硅、低碳、高熔点、粒径小等特点，其主要成分为SiO_2、Al_2O_3、Fe_2O_3、CaO、MgO等，与黏土有许多相似之处，是制备轻质建筑材料的优质原料。用石煤烧制石灰在我国南方石煤产区已有二百多年的历史。20世纪70年代开始，有大量关于利用石煤提钒废渣生产合格墙体砖、水泥、瓷砖、保温材料的报道，以石煤为原料生产建筑材料的技术已经比较成熟。随着可持续发展的深入，我国在研究钒尾矿的综合利用方面有了进一步的发展，并且取得了一定的成果，主要应用在以下几个方面。

7.4.4.1　建筑材料

A　水泥

石煤渣中SiO_2及Al_2O_3含量较高，可用作制备水泥的原料。其为烧结火山灰质材料，磨细后仍具有水硬胶凝性能，可同水泥熟料、水泥或同石灰和石膏等配制加工成少熟料或无熟料的水泥，其强度可达225~325号。煤渣作为水泥混合材料，一般掺量控制在30%左右。

戴文灿等人以广西石煤提钒尾矿为原料制备水泥掺合料，将钒尾矿、石膏和钢渣按一定的质量比进行混合，选择合适的工艺参数，所制备的水泥性能良好，并且优于普通硅酸盐水泥。使用该工艺所制备的水泥性能很好，但掺量不足，消耗废渣的量不大。施正伦等人以钒尾矿与熟料以及石膏配比，粉磨配制成水泥，试验结果表明，在钒尾矿掺量为25%~40%时，水泥各项性能指标达到标准《通用硅酸盐水泥》（GB 175—2007）的要求。

B 墙体砖

以钒尾矿为主要原料制备普通建筑用砖，在黏土掺量为10%、混合料水分为28%、焙烧温度达到1100℃、保温时间4h的工艺参数条件下制备的烧结砖，吸水率和饱和系数均可达到黏土砖和粉煤灰砖的要求，抗压强度能够达到MU10标准。

采用30%的提钒尾矿配70%的页岩，高温焙烧至1000℃，所得的烧结砖制品性能可满足标准《普通烧结砖》（GB 5101—2003）的要求。

以煤渣细粒为主（约占2/3），掺入适量粉煤灰（约占1/3），另外再加约10%的石灰，约3%的石膏，或加5%~10%水泥，拌合后制成砌筑砂浆。也可用轮碾机湿碾成砂浆，再利用成型机制成标准砖、空心砖和小型砌块。

C 微晶玻璃

微晶玻璃是采用适当组成的玻璃，在成型后再加热至玻璃的软化温度以上，进行精密热处理，使其内部形成大量的晶体和少量的残余玻璃相。这种玻璃虽然不再透明，但在机械强度及化学稳定性等方面都大大提高，在抗风化及抗磨蚀方面优于天然花岗石和陶瓷制品，因此非常适合建筑物的外墙和地面装饰。利用钒尾矿高硅、高铝、低钙的特点，可以用来制备硅铝酸盐系统的微晶玻璃。微晶玻璃作为一种新型装饰材料，有良好的应用前景。

以钒尾矿为主要原料，辅以少量的铝矾土及白云石等，并掺入少量的添加剂，可制备出黑色的尾矿微晶玻璃。该尾矿微晶玻璃具有高强及良好的化学稳定性的特点，可用于建筑物的外墙及地面装饰材料。

以镍钼钒尾矿为原料，可制备出性能优良的硅钙系微晶玻璃，矿渣利用率可超过70%。该方法对于钒尾矿消耗量大，节约资源，能够有效改善钒尾矿对环境的污染问题。

D 钒钛黑瓷

钒尾矿是优良的成瓷材料，以钒尾矿和普通陶瓷原料各50%左右，在1100℃左右烧制，可以生产整体黑色的钒钛黑瓷。钒钛黑瓷密度小，吸水率低，抗弯强度高，比黑花岗石更有光泽，可用于大厅、广场、机场等建筑装饰，效果良好。钒钛黑瓷还有优良的光热转换性能，阳光吸收率较高，可达到0.9以上。利用钒尾矿生产的钒钛黑瓷具有生产成本低、光热转换性能好、光热转换性能稳定等优点，可以直接作为太阳能吸收材料、太阳能集热板等材料使用。其制备的技术路线如图7-8所示。

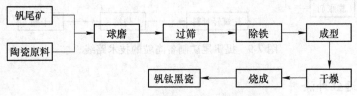

图7-8 钒尾矿制备钒钛黑瓷流程

E　保温材料

尾矿保温材料是指以选矿尾矿为主要原料所生产的保温制品或耐火制品，通常对于原料的纯净度要求较高，微量的杂质常常会导致耐火度的严重下降，而一般的尾矿很难避免杂质的存在，因此，用尾矿直接生产耐火材料，还存在一定的困难。

刘小波等人以钒尾矿为主要原料，掺入一定量的添加剂，加水陈化，制品成型后干燥，并置于1000℃左右焙烧得到保温材料。所制备的耐火保温材料具有良好的耐压性及保温性能，该工艺中尾矿掺量很低，不能大量消耗尾矿。

F　陶粒

陶粒是一种表面光滑，有硬瓷质外壳的颗粒，一般呈半径均匀的球体，因其成型工艺不同，陶粒的形状也各不相同。表面有一层质地较硬的呈陶质或釉质外壳，有隔水保气的作用，并使陶粒有较高的强度。一般其粒径为5~20mm，通常用来取代混凝土中的碎石。

陶粒的外观一般因其工艺不同而各异，焙烧陶粒大多数为暗红色，因原料不同也可能为灰黄色、灰黑色、灰白色等。免烧陶粒的颜色因其原料不同而不同，一般为灰黑色，表面不如焙烧陶粒有光泽。

陶粒是轻骨料当中最重要的一个组成部分，它以各类黏土、页岩、煤矸石、粉煤灰及其他的固体废弃物等为主要原料，经制粒、焙烧制得。用陶粒制备的陶粒土强度等级可达CL30~CL60或更高。同时，用陶粒所制备的混凝土具有密度小、构筑物自重轻的特点，改革"肥梁、胖柱、深基础"建筑体系，可有效地降低工程造价。由于陶粒具有优良的性能，可以将其广泛应用于建筑材料、花卉园艺、耐火保温材料等部门。其中陶粒在建筑材料方面应用最为广泛，可配制各种混凝土。同时由于陶粒具有良好的耐压耐热、耐酸碱腐蚀性以及热膨胀系数低等性能，也被用在铺设公路、建设飞机场跑道建设等方面。还可以作为保温隔热材料及水处理的过滤材料。随着墙体材料逐渐向节能环保的方面发展，陶粒在众多新型建材中脱颖而出。

陶粒主要是以硅、铝原料烧制而成，它要求原料必须以 SiO_2 及 Al_2O_3 为主要强度及结构组成物质，制备原料一般为粉煤灰或页岩。随着粉煤灰在建材中的广泛利用，粉煤灰已经从固废变为一种有价原料，并且价格逐渐提高。由于页岩的大量开采则会造成环境污染及资源浪费，而提钒尾矿的主成分也是 SiO_2 及 Al_2O_3，因此，一些企业逐渐转移到以提钒尾矿为主要原料制备陶粒。提钒尾矿与一定的黏土、膨胀剂等混合焙烧后，可制备出合格的陶粒材料，其制备技术路线如图7-9所示。

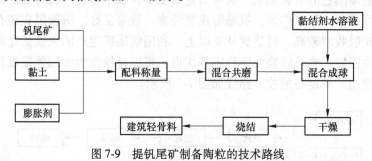

图7-9　提钒尾矿制备陶粒的技术路线

7.4.4.2　远红外涂料

钒尾矿制备远红外辐射材料，其性能优良，远红外发射率为0.8~0.9。以经过热处理和改性的钒尾矿作为基础材料替代黑色金属氧化物，能够制备出合格的远红外涂料，经检测，其红外发射率大于 0.84。利用钒尾矿制备远红外涂料制作成本低廉，综合性能较好，可以推广到工业应用上。其制备的技术路线如图 7-10 所示。

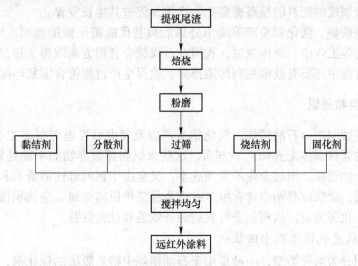

图 7-10　钒尾矿制备远红外涂料技术路线图

7.4.4.3　地聚物

地质聚合物（简称地聚物）是一种硅氧四面体和铝氧四面体聚合而成，具有非晶态和准晶态特征的三维网络状凝胶材料，是一类新型的胶凝材料，因其具有价格低廉、绿色环保、强度高、耐高温、大量利用工业废弃物等特性，而成为近年来人们研究的热点。一般来说，Si、Al 含量较高的物质均可制备成地聚物。提钒尾渣中 Si、Al 含量较高，但由于其活性低，直接制备地聚物存在抗压强度低的问题，需要首先对其进行活化预处理。

刘祥等人以石煤提钒水浸渣作为制备地聚物的主要原料，以偏高岭土作为铝质校正料，以硅灰和氢氧化钠的复合剂作为碱激发剂制备了地聚合物，研究表明：当原提钒尾渣与 $Ca(OH)_2$ 以 10:1 的比例混合并经 700℃ 高温煅烧 2h 后，反应活性较高，其生成的地聚物的抗压强度最高，在 80℃ 水泥快速养护箱中养护 3 天和 7 天的抗压强度分别达到 34.1MPa 和 35.7MPa。对原提钒尾渣和合成产物的分析结果证实，活化钒尾渣经碱激发制得了具有一定强度的地聚物，并初步证明了钒尾渣生成地聚物的过程中发生了聚合反应。

7.4.4.4　橡胶补强剂

石煤渣还可用于制备橡胶补强填料替代橡胶中昂贵的炭黑补强剂。石煤渣表面固有的亲水疏油性，使它在橡胶等有机高聚物中的浸润性差，不易分散，大量填充导致材料力学性能下降。要提高它在橡胶中的填充性能和补强效果，必须对填料进行增加表面活性的改性处理，使其表面的亲水性变为亲油性，增强与高聚物的相容性。采用钛酸酯偶联剂对石煤渣进行表面处理，可对石煤废渣进行改性，改性后的石煤废渣对橡胶具有良好的补强作用，可作为橡胶补强剂完全或部分替代炭黑、碳酸钙、碳酸镁或陶土应用于橡胶、电缆和塑料等行业。

7.4.4.5　其他应用

石煤废渣也可制备成化肥等农业肥料。石煤中含有磷、钾、铁、钙、镁、硅、硫、锰、锌、稀土等十几种农作物所必需的营养元素，它们在石煤高温焙烧以后仍保留在废渣中。由石煤废渣制成的肥料能显著提高作物产量，促进其生长发育。

石煤废渣经煅烧、活化和粉碎等简单处理后可替代硅藻土做助滤剂，用于净化啤酒、酱油以及水处理等工业中。总体来说，我国在石煤综合利用方面取得了很多成果，但在资源综合利用的过程中还要有效地控制污染排放，确保生产过程符合国家环保要求。

7.4.5　含钒废弃物提钒

在炼钢、硫酸制造、石油精炼、氧化铝生产以及发电站发电等很多工业生产过程中，都会产生大量的含钒固体废弃物。一方面，这些含钒固体废弃物如不加处置而随意堆置，既占用大量的土地资源，增加企业的管理成本，又会由于钒的毒性而给人和环境带来严重伤害；另一方面，含钒废弃物中含有很多有重要经济价值的金属，应该积极地加以回收利用，变废为宝，化害为益，从而创造可观的经济效益和社会效益。

7.4.5.1　从废钒催化剂中回收钒

废钒催化剂分为两种类型，一种是用于石油精炼中精炼脱硫的催化剂，另一种是用于硫酸工业的催化剂。据资料统计，全世界每年消费的催化剂数量约 80 万吨，其中炼油催化剂约 41.5 万吨，化工催化剂 33.5 万吨。我国每年在石油工业、化学工业的催化剂更换量在 10 万吨左右。废钒催化剂含有较高的钒（V_2O_5 含量约 5%），可从其中提取生产五氧化二钒。根据钒的这个特性，可将从废钒催化剂中回收钒的方法分解为碱浸法和酸浸法。

A　无添加剂焙烧-弱碱浸取法

将废钒催化剂在空气中直接进行高温活化焙烧，使废催化剂中的低价钒转化为五价钒，然后用碳酸氢铵溶液进行浸取，浸取液净化后用氯化铵沉钒，得到偏钒酸铵沉淀，再煅烧即可得到五氧化二钒。

该流程的优点：焙烧无需添加剂，整个工艺流程简单，涉及的试剂和设备很少，生产成本低；回收率高，可达 80%~90%，产品纯度高。

缺点：高温活化过程能耗较高，同时还有二氧化硫和三氧化硫废气排放，对环境污染较为严重。

B　直接碱浸-沉钒法

将废钒催化剂在氢氧化钠或碳酸钠溶液中于温度为 90℃ 时浸泡，溶液过滤后调整 pH 值为 1.6~1.8，煮沸水解沉钒得到粗五氧化二钒；然后将其溶解到碱溶液中，调整 pH 值除杂，再水解沉淀出五氧化二钒，洗涤、干燥、煅烧后得到纯度为 99% 的五氧化二钒。该方法浸出率较高，但精制钒过程较为复杂，耗碱、耗酸量较多。甘肃白银公司在此基础上开发出了两段逆流碱浸-氯化铵沉钒法。该法工艺技术经济指标合理，钒的回收率高，合理地利用了二段碱浸液中的碱，又提高了一段浸出液中钒的浓度，有利于钒资源提取，并减少氯化铵单耗。此外，工艺条件便于掌握，消耗材料品种少，设备腐蚀性小，生产成本低，经济效益和环境效益优异。

C　硫酸浸取法

硫酸浸取法的工艺流程为：将废钒催化剂破碎到一定的粒度后加入到酸浸槽中，加入一定量的还原剂（亚硫酸钠等），使五价钒转变成四价钒，以提高浸取率；然后搅拌、加热，进行浸出反应；浸出反应结束后过滤，滤液添加适量氧化剂进行氧化，待溶液呈现红色后进行水解反应；待水解反应结束后再进行过滤，所得滤饼即为钒的半成品；再将半成品进行碱溶除杂，然后加铵盐沉淀出纯净的偏钒酸铵，煅烧后得到五氧化二钒。此方法浸出率高，操作简单，但环境污染较为严重。

D 盐酸浸取法

盐酸浸取法的工艺流程与硫酸浸取法相似，不同之处是用盐酸代替硫酸来浸取。Cl^-的存在会加快沉钒提取速度，因为其对 VO_2^+ 的配合能力很差，而 SO_4^{2-} 会与 VO_2^+ 配合使溶液中的钒离子浓度下降，从而降低了沉钒速度和沉钒率。而且用盐酸浸取，不需要添加还原剂，氧化剂用量也相应减少，降低了生产成本。不足之处在于处理盐酸浸出液时，过量的盐酸被氧化而放出氯气，造成严重环境污染。

E 分段浸出法

分段浸出法即一段用弱酸浸取，二段用弱碱浸取。该方法从废催化剂中钒的存在价态出发，结合了酸浸、碱浸特点，钒回收率较高。存在的不足之处是过程过于冗长，操作繁琐。

7.4.5.2 从锅炉灰中回收钒

石油作为燃料燃烧后的灰分中富含钒，如委内瑞拉原油的锅炉灰尘中含有约 35% 的 V_2O_5；而石油焦作为蒸汽锅炉的燃料在燃烧后的灰尘中含有约 15% 的 V_2O_5。这些灰尘用静电收尘器收集后，可作为提钒的原料。

经过三次碱浸后，锅炉灰中约 67% 的钒进入溶液，尚有 33% 的钒在浸出渣中，需要用盐酸进行酸浸。碱浸得到的钒溶液非常纯净，不需要净化就可以直接沉钒；而酸浸没有选择性，Ni、Fe、Mg 等其他金属也进入溶液，所以需要萃取除杂。整个流程钒的回收率可达到 94%。

7.4.5.3 从含钒沥青中回收钒

沥青是提炼石油后的焦油，这种焦油作为燃料使用后，钒留在灰烬中，可以作为提钒原料。据估计，俄罗斯热电厂每年燃烧约 100 万吨左右的这种燃料，其残灰量约 $100t/a$，平均含钒 15%。

用 NaOH 溶液浸出时，当 NaOH 浓度达到 30%，且与燃料灰之比达到一定值时，在 $100 \sim 110℃$ 下混合 2h 后，钒的浸出率可达 94%。反应为：

$$2VO_2^+ + 4NaOH =\!=\!= H_2O + Na_4V_2O_7 + 2H^+$$

$$VO_2^+ + 3NaOH =\!=\!= H_2O + Na_3VO_4 + H^+$$

过滤后将钒酸钠溶液用硫酸中和至 pH = 8，加入铵盐得到偏钒酸铵沉淀，回收率接近 85%；偏钒酸铵沉淀物过滤干燥后，煅烧即可得到 V_2O_5；沉钒后液中含有 $0.2 \sim 1g/L$ 的钒，故在 pH = 5.0 时，用阴离子交换剂回收剩余的钒，使滤液中的钒浓度降至 1mg/L 以下。

国外有人研究直接从沥青焦中浸出钒和镍，其方法是用 $2.0mol/L$ 的硫酸溶液浸出，浸出速度较快，钒的浸出率为 45% ~ 50%。

7.4.5.4　从拜耳淤泥中回收钒

铝土矿中通常也含有少量的钒。用拜耳法处理铝土矿时，由于碱的作用，约有30%的钒也进入了浸出液。当氢氧化铝从铝酸钠溶液中沉淀时，钒留在了母液中，返回铝土矿的浸出作业，从而使钒在溶液中富集。钒在溶液中富集过多对铝的生产是有害的，所以必须用缓慢冷却或用通空气的办法使钒以含钒淤泥的形式沉淀除出。

这种含钒淤泥称为拜耳淤泥，其中含有6%~20%的五氧化二钒，可以作为提钒的原料。

7.4.5.5　从低钒钢渣中回收钒

低钒钢渣产生于含钒铁水的炼钢过程，五氧化二钒的含量一般为2%~4%，其余为铁、钙、镁、铝等的氧化物。钒全部弥散分布于多种矿物相中，难以直接选、冶分离。

回收方法可将低钒钢渣添加在烧结矿中作为熔剂进入高炉冶炼，钒在铁水中得以富集，后经转炉吹钒得到较高品位的钒渣，以此制取五氧化二钒或钒铁合金。该方法是攀枝花钢铁研究院与中国科学院于20世纪70年代末和80年代初提出，并曾在攀钢和马钢生产中应用。

也有研究者将含五氧化二钒1.54%的钢渣，以河沙和煤粉调整碱度，在矿热炉内直接还原得到含钒2.59%~3.99%的高钒铁水，钒回收率可达90%以上。

总而言之，含钒固体废弃物的回收利用有着广阔的发展前景。但由于含钒固体废弃物组成复杂，钒的赋存形态复杂，因而提钒受到种种原因的限制。现有的含钒固体废弃物提钒工艺虽多，但普遍存在成本高、会产生新的污染、回收率低以及不能大量处理的缺点，推广受到限制，寻求短流程、大规模、低成本、低污染的提钒新工艺是含钒固体废弃物回收利用的未来发展方向。

参 考 文 献

[1] 杨守志. 钒冶金 [M]. 北京：冶金工业出版社，2010.

[2] 杨绍利，马兰，吴恩辉. 钒钛磁铁矿非高炉冶炼技术 [M]. 北京：冶金工业出版社，2012.

[3] 杨绍利，刘国钦，陈厚生. 钒钛材料 [M]. 北京：冶金工业出版社，2007.

[4] 杨才福，张永权，王瑞珍. 钒钢冶金原理与应用 [M]. 北京：冶金工业出版社，2012.

[5] 陈家镛. 湿法冶金手册：钒、铬的湿法冶金 [M]. 北京：冶金工业出版社，2005.

[6] 廖世明，柏谈论. 国外钒冶金 [M]. 北京：冶金工业出版社，1985.

[7] 赵天从. 有色金属提取冶金手册：稀有高熔点金属（下）[M]. 北京：冶金工业出版社，1999.

[8] 黄道鑫. 提钒炼钢 [M]. 北京：冶金工业出版社，1999.

[9] 汪家鼎，陈家镛. 溶剂萃取手册 [M]. 北京：化学工业出版社，2001.

[10] 陈家根. 石煤提钒工艺技术的研究进展 [J]. 矿产综合利用，2009，4（2）：30~34.

[11] 刘卫. 铁合金生成 [M]. 北京：冶金工业出版社，2005.

[12] 陈厚生. 碳化钒与氮化钒 [J]. 钢铁钒钛，2001，22（4）：70~71.

[13] 刘祥，张一敏，陈铁军，等. 不同活化方法活化钒尾渣制备地聚物 [J]. 非金属矿，2014，37（4）：1~3.

[14] 杨紫成，赵彬. 从含钒废弃物中钒资源回收研究进展 [J]. 广州化工，2015，43（12）：39~40.

[15] 焦向科，徐晶，严群，等. 地聚合物的制备及其在性能增强方面的研究进展 [J]. 硅酸盐通报，2015，34（8）：2214~2220.

[16] 杨合，毛林强，薛向欣．煅烧-碱浸法从钒铬还原渣中分离回收钒铬 [J]．化工学报，2014，65 (3)：948～953.

[17] 黄明夫，甘璐，施麟芸．钒铁矿渣资源综合利用的应用研究 [J]．江西建材，2014 (24)：12～13.

[18] 李兰杰，陈东辉，白瑞国，等．钒渣中钒铬提取技术研究进展 [J]．矿产综合利用，2013 (2)：7～11.

[19] 刘思邑．钒渣资源综合利用行业清洁生产指标体系构建 [D]．成都：西南交通大学，2014.

[20] 赵海燕．钒资源利用概况及我国钒市场需求分析 [J]．矿产保护与利用，2014 (2)：54～58.

[21] 屈启龙．高碳钒矿综合回收石墨提钒新工艺研究 [D]．西安：西安建筑科技大学，2007.

[22] 李兰杰，陈东辉，白瑞国，等．钒渣中钒铬提取技术研究进展 [J]．矿产综合利用，2013 (2)：7～11.

[23] 郑川立，张红玲，张炳烛，等．工业含钒废水处理工艺的研究进展 [J]．化工环保，2015，35 (2)：247～252.

[24] 陈佳，陈铁军，张一敏，等．利用石煤提钒尾矿制备免烧陶粒 [J]．金属矿山，2013 (1)：164～167.

[25] 刘豪．燃煤固硫及灰渣利用过程中多相反应机理研究 [D]．武汉：华中科技大学，2006.

[26] 陈佳，陈铁军，张一敏．烧结制度对钒尾矿陶粒性能及结构的影响 [J]．金属矿山，2014 (7)：172～176.

[27] 周永兴，田宗平，曹健，等．石煤钒矿高效利用研究 [J]．矿冶工程，2015 (3)：111～118.

[28] 冯永．石煤渣在制造建筑轻骨料中的应用研究 [J]．煤炭技术，2013，32 (11)：154～155.

[29] 李晓湘，唐冬秀，宋和付．石煤渣制橡胶填料的研究 [J]．环境污染与防治，2001，23 (6)：271～273.

[30] 龙思思．石煤中钒硅资源综合利用的理论与新技术研究 [D]．长沙：中南大学，2013.

[31] 刘莎，吴烈善，黄世友，等．五氧化二钒生产中的污染问题及治理研究 [J]．环境科学与管理，2008，33 (9)：42～59.

[32] 吴起鑫，王建平，车东，等．中国钒资源现状及可持续发展建议 [J]．资源与产业，2016，18 (3)：29～33.

8 钛冶金环保及其资源综合利用

8.1 钛矿资源概述

8.1.1 钛矿资源分类及分布

钛属于稀有金属，实际上钛并不稀有，其在地壳中的丰度为 0.45%，在金属中排第 7 位，远远高于许多常见的金属。但由于钛的性质活泼，对冶炼工艺要求高，使得人们长期无法制得大量的钛，从而被归类为稀有的金属。钛的矿石主要有钛铁矿（$FeTiO_3$）及金红石（TiO_2），广布于地壳及岩石圈之中。

钛铁矿是最重要的含钛矿物。钛铁矿会以块状或者颗粒的状态存在。矿物表面颜色一般呈现钢灰或铁黑色，具有比较弱的磁性。钛铁矿的化学式为 $TiFeO_3$，按照其化学式组成，可以理解为由二氧化钛和亚铁氧化物所组成的矿物，因此化学式可以写成为 $TiO_2 \cdot FeO$，但其实际组分较为复杂，常存在钙或者镁的类质同象，因此钛铁矿中钛的品位也有比较大的变化，钛铁矿中钛的质量分数约为 50%~60%（以 TiO_2 计）。钛铁矿具有分布广、储量丰富的优点，是最具有经济开发价值的钛矿物之一。

天然金红石是一种二氧化钛含量非常高的矿物。与钛铁矿不同，金红石单晶一般会以针状的形态存在，天然的金红石矿物则会以粒状或者结构致密的块状存在。颜色根据杂质种类和含量不同可以分为暗红色或者其他相近颜色，但是对于矿物中伴生铁杂质比较高的金红石来说，有时也会呈现黑色。天然金红石的一般划痕为黄色至浅褐色通常存在金刚光泽，含铁量较高的铁金红石会变为半金属光泽。天然金红石质地比较脆，硬度在 6~6.5，密度 4.2~4.3g/cm^3 且具有中等导电性能，一般不具有磁性。自然界中的天然金红石形成矿物时的外界环境不同时，其伴生矿物存在比较大的差别，除此之外矿物的颜色、晶体形貌、理化性质和化学组成等也会受到影响。

人造金红石又可以称之为合成金红石，是天然金红石的良好代替品，广义上统指使用化学加工的手段，分离去除钛类矿物之中的大部分杂质而生产出的一种富含钛的原料，但该原料无论在成分上或者结构性能上，其性质与天然金红石基本不存在差异。根据对原料的加工工艺方式不同，所制造的人造金红石中二氧化钛的含量一般会在 90%~96% 上下浮动，是一种优质的天然金红石的代替品。

自然界中的钛分布比较广阔，但因为其化学性质较为活泼，所以在自然界中钛并不会以钛单质的形式存在。自然界中的钛大多数情况下以氧化物形式存在，并且常常和铁共生为不同类型矿物。目前已经发现含钛类矿物大约有 60 多种，在这之中以钛铁矿和天然金红石为最具有经济价值的含钛类矿物，天然金红石虽然含有高品位 TiO_2，但是由于其天然储量少，不足以提供足量的钛资源，钛铁矿由于具有较高的钛含量和开采价值，成为了最主要利用的含钛矿物。

以 TiO$_2$计，在全世界范围内已探明钛资源的储量总计超过 20 亿吨，在这其中具有经济开采利用价值的钛矿物储量超过 10 亿吨，其中以中国、南非、澳大利亚储量最多，其次美国、印度等国家也存在丰富的钛资源。在世界范围内现已探明含钛矿物储量以及产量分布情况见表 8-1。

表 8-1　国内外钛资源探明主要储量以及产量

国家和地区	产量/kt		储量/kt
	2013 年	2014 年	
美 国	200	100	2000
澳大利亚	960	1100	170000
巴 西	100	70	43000
加拿大	770	900	31000
中 国	1020	1000	200000
印 度	340	340	85000
莫桑比克	264	340	40000
挪 威	498	400	37000
南 非	1190	1100	63000
斯里兰卡	32	32	NA
乌克兰	150	210	5900
越 南	720	500	1600
其 他	60	90	26000

8.1.2　我国钛矿资源特点

我国钛资源储藏丰富，现已探明总储量位于全球第一位，占世界全部开采量的六成以上，且储量约为全球探明总量 48%。在我国现已经探明钛资源矿物产区中以四川攀枝花地区以及河北省部分地区钛资源储藏量最为丰富，其次在海南、两广地区、湖北、陕西以及山东等 20 余省均存在一定量的钛类矿物。我国钛资源矿物类型以及储量在我国分布概况见表 8-2。

表 8-2　我国钛资源探明主要储量以及产量

地　区	钛矿类型	储量/万吨	比率/%	原矿品位(TiO$_2$)/%	精矿品位(TiO$_2$)/%
四　川	钒钛磁铁矿	87349	86.36	5	>47
河　南	金红石岩矿	5000	4.94	2.02	≥90
海　南	钛铁矿砂矿	2556	2.53	约7	≥54
河　北	钒钛磁铁矿	2031	2	约8	≥47
云　南	钛铁矿砂矿	1146	1.13	约10	≥49

续表 8-2

地　区	钛矿类型	储量/万吨	比率/%	原矿品位 （TiO_2）/%	精矿品位 （TiO_2）/%
广　西	钛铁矿砂矿	708	0.7		≥54
	金红石岩矿	0.3		约 1.5	≥90
广　东	钒钛磁铁矿	1062	1.77		≥47
	钛铁矿砂矿	629			≥54
	金红石岩矿	91.1		约 1.5	≥90
	高钛金红石砂矿	11			≥90
湖　北	金红石岩矿	565	0.56	2.31	≥90

从表 8-2 可以看出，我国钛资源种类虽然比较多，以矿物的形成方式来分类，可以分为砂矿和岩矿两种类型，其中岩矿一般属于原生矿，与砂矿相比结构致密，其组成主要为钛磁铁矿和赤铁矿，其中 TiO_2 的品位一般在 42%~48%，品位与砂矿相比较低。砂矿则一般为次生矿，矿石的组成结构疏松、脉石含量比较少，矿物颗粒比较大，因此可使用简单的选矿方法处理这种类型的矿石就能得到高品位的金红石精矿。表 8-2 还表明，我国钛资源虽然丰富，但是缺乏优质矿石。天然金红石资源少，金红石岩矿和金红石砂矿储量均很低。钛矿多为钛钒铁共生岩矿，TiO_2 品位低，CaO 和 MgO 的含量高，选冶难度大，选冶起始成本较高。

以目前的技术发展水平来看，钛铁矿和天然金红石矿仍旧是最具有经济开采价值的钛矿物，天然金红石的总量约占所有钛资源的 1% 左右，远远不能满足钛资源的需求，钛铁矿储量较为丰富，因此，钛铁矿成为了我国最主要的用于开发的含钛矿物。

8.1.3　我国钛资源利用情况

我国钛资源非常丰富，长期以来，国家对钒钛资源综合利用和产业给予了大力支持，依托资源优势，初步建成了四川攀西、河北承德地区钒钛资源综合利用产业基地。但也正因为拥有丰富的资源，资源的综合利用未得到足够重视，相关企业为了追求眼前的经济利益，一矿多采、大矿小采、采富弃贫的现象尤为突出，这不仅严重违背了我国建立钒钛资源综合利用产业基地的初衷，也与钛国家战略资源的身份不符。

我国钛精矿、海绵钛等原材料产能巨大，企业在采购钛精矿、海绵钛等原材料议价方面占据一定的优势。但是经过这几年无序发展，中国钛精矿、高钛渣、四氯化钛和海绵钛等产能已严重过剩，2012 年，海绵钛生产的开工率为 72%，2013 年，由于需求不足，产能有较大过剩，海绵钛价格大幅下滑，中国海绵钛产业基本处于亏本运营状态，开工率下降至 60%。2014 年，产能的扩展、需求下降以及钛产品的结构性过剩导致钛企业利润微薄，海绵钛产业生产开工率不足 50%。

从钛产业链来看，我国钛产业仍然以钛精矿、海绵钛等初级产品为主，虽然这些初级产品在产业发展初期起到了重要的作用，但是行业长期以初级产品为主，必将导致资源的严重浪费，2014 年中国钛材净出口量 1099t，但是毛收入为 -17124.6 万美元。而在钛材加工方面，也存在同样的问题，缺失钛精深加工产业链，国内仍然以纯钛的粗加工为主，产品主要为纯钛的板、带、卷等型材，产品品种单一。市场仍然以低价竞争为主，企业缺失钛熔炼、加工成型核心技术和关键装备，只能从国外成套引进，阻碍了我国钛产业的健康可持续发展。而处于产业链终端的钛装备、钛制品制造，只是简单地把其余材料替换为钛材，欠缺功能性、实用性、美观性、新颖性、创造性的开发、设计等环节，阻碍了钛装备、钛制品的市场的拓展，这些环节在产业链和价值链中占有举足轻重的地位，限制了钛产业的发展。

8.2　钛产品的制备方法

工业上钛主要用来生产金属钛和钛白，工艺流程如图 8-1 所示。自然界产出的钛矿石，经选矿、富集后得到天然金红石精矿和钛铁精矿。前者 TiO_2 含量一般在 93%~95% 以上，品位高，杂质含量少，是生产氯化钛白和海绵钛的优质原料。但因金红石矿储量有限，其产量较低，价格较高。

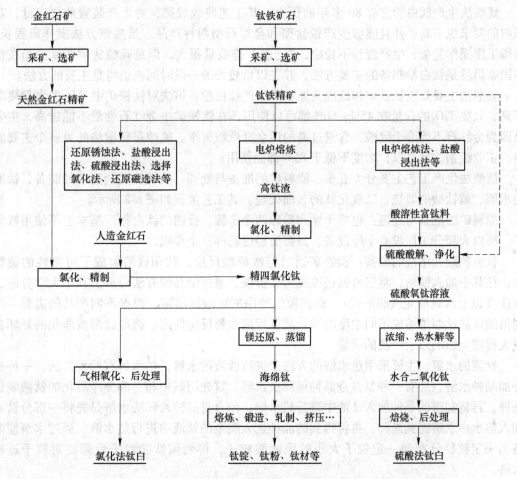

图 8-1　钛资源利用途径流程图

钛铁精矿中 TiO_2 含量为 42%~64%（岩矿选出的钛精矿品位一般在 42%~48%，砂矿

为 $50\% \sim 64\%$），可直接作为生产硫酸法钛白的原料，但因其品位低，副产大量的硫酸亚铁和稀硫酸，造成严重污染。提高原料品位可有效降低硫酸亚铁和稀硫酸的排放量。

钛铁精矿的主要利用途径有两条：一是将钛铁精矿采用电炉熔炼法、盐酸浸出法等转化成酸溶性富钛料后，用硫酸法生产钛白。采用盐酸浸出法处理钛铁矿得到的新型酸溶性富钛料含量达 80% 以上，以此为原料生产硫酸法钛白，可不同程度地降低矿耗、酸耗和能耗。二是将钛铁精矿经富集处理后得高钛渣或人造金红石，再经氯化、除杂、精制后得精四氯化钛，精四氯化钛可经气相氧化生产氯化钛白，也可经镁还原-真空蒸馏生产海绵钛。后者再经进一步加工得到钛锭、钛粉、钛加工材等金属钛制品。

8.2.1 钛白生产

钛白粉被认为是目前世界上性能最好的一种白色颜料，广泛应用于涂料、塑料、造纸、印刷油墨、化纤、橡胶、化妆品等工业。钛白粉的生产主要有硫酸法和氯化法。

8.2.1.1 硫酸法

硫酸法生产钛白粉已有 80 多年的历史，其工艺路线成熟，对生产装置的要求低，对原料的要求也不高，并且能够生产锐钛型和金红石型两种产品。虽然该方法操作流程长，每段工序操作复杂，生产流程不稳定，"三废"排放量很大，但是硫酸法制备钛白粉在很多国家仍然是钛白粉制备的主要方法，并在以后较长的一段时间内仍将是主要的方法。

硫酸法主要是以钛铁矿和硫酸为原料来生产钛白粉。该法对钛铁矿中 TiO_2 的含量要求不高，只要 TiO_2 的含量在 $45\% \sim 60\%$ 都可以使用，在钛铁矿中金红石含量不能过高，主要是因为金红石不能溶于硫酸，含量过高的话会降低酸解率。硫酸是硫酸法的另一个主要原料，工业级别的就可以，浓度不低于 85% 都能使用。

硫酸法生产工艺主要分为五步：原料矿的准备与处理、钛的硫酸盐溶液的制备、钛液的水解、偏钛酸的煅烧、二氧化钛的表面处理。其工艺流程如图 8-2 所示。

原料矿的准备与处理：包括干燥和粉碎两个步骤，我国的钛白粉厂基本上不使用散装矿，所以大部分工厂没有干燥设备，只需要经过粉碎一个步骤。

钛的硫酸盐溶液的制备：钛铁矿通过与浓硫酸反应，钛和铁溶解成了可溶性的硫酸盐，往其中加入铁粉，将三价铁还原成为二价铁，通过结晶的方法分离出其中大部分的二价铁（以七水硫酸亚铁的形式），得到较为纯净的硫酸钛溶液。根据不同产品的需要，将制得的硫酸钛溶浓缩成不同浓度的浓钛液供后面水解反应使用。硫酸钛溶液净化的好坏在很大程度上影响以后产品的质量。

钛液的水解：主要采用热水解的方法来进行钛液的水解，热水解有两种方法，一种是外加晶种水解，还有一种是自身晶种稀释法水解。首先用碱中和一部分净后化的钛液制得晶种，再将制得的晶种加入钛液中进行热水解；而自身晶种稀释法水解是先将一部分钛液加入热水中水解得到晶种，再将得到的晶种加入剩余的钛液中进行热水解。通过水解能制备出一定粒径分布和一定粒子大小的偏钛酸粒子，得到偏钛酸粒子后需要对粒子进行水洗。

因为上述两种方法都是在较高的酸度下水解，所以很多杂质都是以硫酸盐的形式混合在偏钛酸的母液中，通过水洗的方法，可以将偏钛酸中的水溶性杂质除去。随着水洗的进行，偏钛酸中的亚铁离子会被氧化成三价铁离子，而三价铁离子很难通过水洗除去，需要

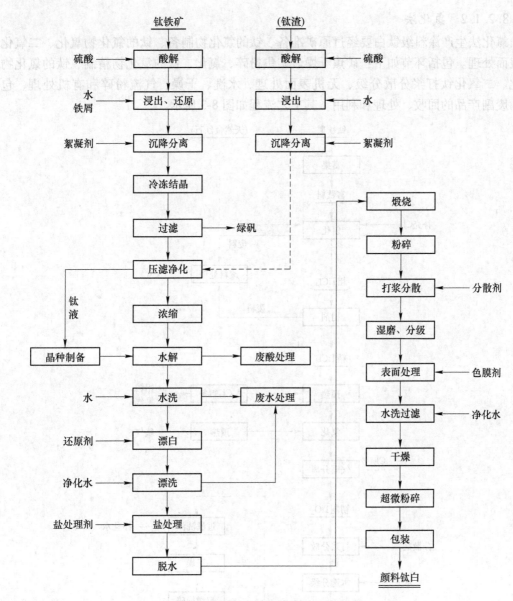

图 8-2　硫酸法生产颜料钛白工艺流程

将三价铁离子还原成亚铁离子。在钛白粉的生产工艺中将还原称作"漂白"，漂白后再进行二次水洗直至亚铁离子含量达到工艺标准为止。

偏钛酸的煅烧：偏钛酸的煅烧一般是在回转炉内通过高温直接煅烧，通过一系列反应制得二氧化钛。煅烧后的二氧化钛有些颗粒会比较粗，需要将粗颗粒进行粉碎，此时不需要表面处理的金红石型和锐钛型钛白粉就可以进行包装出售。

二氧化钛的表面处理：可以用有机表面处理和无机表面处理两种方法来对二氧化钛进行表面处理。添加不同的有机表面处理剂，可以制得不同牌号和不同用途的二氧化钛，有机表面处理一般都是采用干法处理。无机表面处理就是在二氧化钛的粒子表面覆盖一层无机氧化膜，以提高二氧化钛的性能，无机表面处理一般采用的是湿法表面处理方法。

8.2.1.2　氯化法

氯化法生产涂料级钛白要经过原矿准备、钛的氯化物制备、钛的氯化物氧化、二氧化钛表面处理。包括环节如下：矿焦干燥、矿焦粉碎、氯化、钛的氯化物精制、钛的氯化物氧化、二氧化钛打浆分散分级、无机表面处理、水洗、干燥、气流粉碎和有机处理、包装、废副产品的回收、处理和利用。其工艺流程如图 8-3 所示。

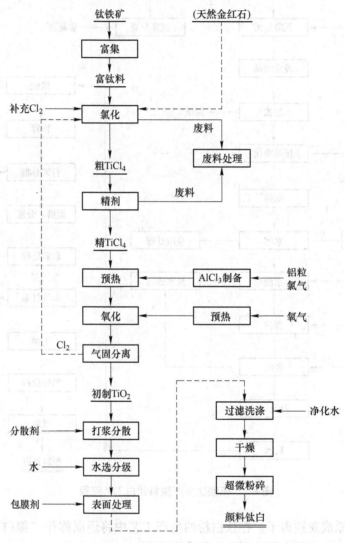

图 8-3　氯化法生产颜料钛白

氯化钛白生产工艺研究始于 20 世纪 50 年代初，工艺发展到现在已经比较完善。首先是原料的准备，主要是石油焦和钛矿，应工艺要求，对二者进行干燥，使水分和含氢有机物降到一定的要求值，然后送入氯化炉进行氯化，钛等金属被氯化形成氯化物，气态的氯化物被气流输送到后面的收集槽分阶段冷却，高沸点、高熔点的氯化物首先分离出来，其次是低沸点的氯化物如四氯化钛冷凝出来，液体四氯化钛送精制工序进行除杂，通过加入还原剂将影响产品质量的杂质含量将低到要求值，精制好的精四氯化钛送入氧化工序，通过高温氧化转化为二氧化钛粉末，同时加入盐粒、钾盐、三氯化铝等以保证氧化初品的颜料性能和生产的连续进行。氯气送回氯化工序。二氧化钛粉末进行打浆分散砂磨分级，合格的料将送表面处理工序，按要求程序加入试剂，对二氧化钛颗粒进行表面处理，处理后的料浆进行洗涤，除去可溶性的盐分，洗涤合格的料浆送干燥工序脱去游离态的水，水分合格后利用中压过热蒸汽进行气流粉碎，同时进行必要的有机表面处理，粉碎合格的产品送包装岗位进行包装。

在氯化工序，目前有两种工艺，熔盐氯化和沸腾氯化两种，各适用于不同的钛矿，溶盐氯化中需要加入大量的盐（氯化钠），这些盐最终会从氯化炉以废盐的形式排出，变成废渣。沸腾氯化不加入盐，其他用料和熔盐氯化基本相同，反应温度比溶盐氯化高。

氯化工艺流程短、废副产物少，生产能力易于扩大，连续化、自动化程度及劳动生产率高，能耗少、氯气可循环使用，产品质量高。但建厂投资大，工艺难度大，设备材料防腐、操作技术和管理水平要求高，设备维修较难。

8.2.2 海绵钛生产

目前，海绵钛工业生产方法是以四氯化钛为原料的金属热还原法。四氯化钛的还原剂是钠或镁，因为这两种金属可以满足以下要求：

（1）还原剂具有足够的还原能力，能将四氯化钛完全还原为金属钛，并且有较快的反应速度。

（2）还原剂不与钛生成稳定的化合物或合金，生成的金属钛容易从还原剂及其氯化物中分离出来。

（3）还原剂容易从它的氯化物再生，其生产成本低廉并且资源丰富。

（4）还原剂的密度应比氯化物密度小，在还原过程中生成的还原剂氯化物能够沉底而不干扰还原反应的继续进行。

海绵钛的工业生产方法分为钠还原法和镁还原法，目前钠还原法已暂时被淘汰。镁还原法原来分为镁还原-真空蒸馏法（MD）、镁还原-酸浸法和镁还原-氩气循环蒸馏法三种工艺，目前全世界都采用镁还原-真空蒸馏法生产海绵钛。

图8-4所示为国内外普遍采用的典型镁还原-真空蒸馏法工艺的流程图。它是将钛矿物经过富集-氯化-精制制取四氯化钛，接着在氩气或氦气惰性气氛下用镁蒸气还原四氯化钛，生成金属钛，然后进行真空蒸馏分离除去镁和氯化镁，最后经过产品处理得到海绵钛。

钛矿物富集是为了降低硫酸消耗和氯气消耗，富集的任务是除去钛铁矿中的铁，使TiO_2得到富集。目前，规模最大、最成熟的除铁方法是电炉还原熔炼法，该方法是将钛铁精矿用碳质还原剂在电炉中进行高温还原熔炼，铁的氧化物被选择性地还原成金属铁，钛氧化物富集在炉渣中成为钛渣。

氯化原料为高钛渣或钛渣、天然金红石、人造金红石、高品位钛铁矿等，或以上两种、几种原料的混合料。这些原料的含钛化合物主要是二氧化钛，而在钛渣、还原-锈蚀法生产的人造金红石中还含有低价钛氧化物以及少量碳化钛和氮化钛。氯化工艺一般采用沸腾氯化，以氯气为氯化剂，氯化温度为800~1000℃，反应方程式如下：

$$TiO_2 + 2Cl_2 = TiCl_4 + O_2$$

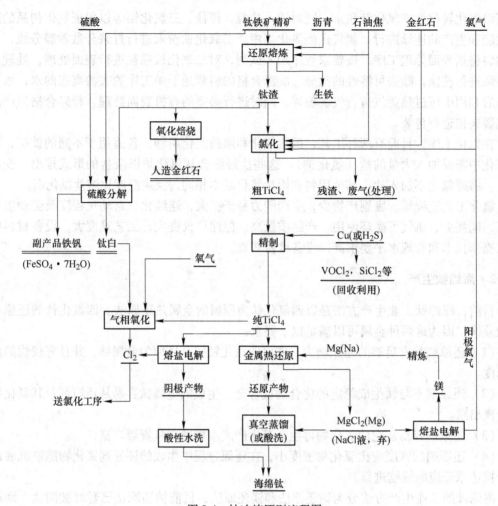

图 8-4 钛冶炼原则流程图

由于氯化所用原料中都不同程度地含有多种杂质氧化物，如氧化亚铁、氧化铁、氧化钙、氧化镁、氧化硅、氧化铝、氧化锰等，因此氯化后需要净化。

精制工序的任务是要把氯化工序制造的粗四氯化钛提纯为精四氯化钛，供还原工序使用或作为氯化法制取钛白的原料。粗四氯化钛的成分十分复杂，氯化使用的原料富钛料、还原剂和氯气中的杂质和氯化过程中的反应产物都可能进入粗四氯化钛中。杂质种类达数十种，其中一些杂质含量很少，而 $SiCl_4$、$FeCl_3$、$VOCl_3$、$TiOCl_2$ 和一些有机杂质的含量较高，而且这些杂质对四氯化钛及其后续产品的性能危害最大，因此它们是分离提纯的主要对象。

为提纯粗四氯化钛，工业上用如下方法：过滤除去固体悬浮物；用物理法（蒸馏或精馏）和化学法除去溶解在四氯化钛中的杂质。

镁还原在充满惰性气体的密闭钢制反应罐中进行。该工艺包括镁还原-真空蒸馏、产品后处理、镁电解三个主要工序。工艺特点是实现了氯、镁的循环利用，即用金属镁还原四氯化钛制取海绵钛，还原反应的副产品氯化镁用于电解制取金属镁，电解获得的金属镁返回还原工序使用，而电解产生的氯气返回氯化工序用于制造四氯化钛。

8.2.3 致密钛生产

只有将海绵钛或钛粉制成致密的可锻性金属，才能进行机械加工并广泛地应用于各个工业部门。采用真空熔炼法或粉末冶金的方法就可实现这一目的。

熔炼法可以制得金属钛锭。钛及钛合金的熔炼主要分为两类：真空自耗和真空非自耗熔炼。真空自耗熔炼主要包括真空自耗电弧熔炼（VAR）、电渣熔炼以及真空凝壳炉熔炼。真空非自耗熔炼主要包括真空非自耗电弧熔炼、冷坩埚感应熔炼和冷床炉熔炼，而冷床炉熔炼又分为电子束冷床炉熔炼（Electron beam cold hearth melting）和等离子束冷床炉熔炼（Plasma arc cold hearth melting）。目前钛及钛合金铸锭的工业化生产中应用最广泛的是真空自耗电弧熔炼和冷床炉熔炼。

8.2.3.1 真空自耗电弧熔炼法生产致密钛

真空电弧熔炼法广泛应用于生产致密稀有高熔点金属，这一方法是在真空条件下，利用电弧使金属钛熔化和铸锭的过程。由于熔融钛具有很高的化学活性，几乎能与所有的耐火材料发生作用而受到污染。因此，在真空电弧熔炼中通常采用水冷铜坩埚，使熔融钛迅速冷凝下来，大大减少了钛与坩埚的相互作用。

自耗电极电弧熔炼（VAR）是将待熔炼的金属钛制成棒状阴极，水冷铜坩埚作阳极，在阴、阳极之间高温电弧的作用下，钛阴极逐渐熔化并滴入水冷铜坩埚内凝固成锭。图 8-5 所示为真空自耗电弧炉示意图。这种熔炼方法的阴极本身就是待熔炼的金属，在熔炼过程中不断消耗，故称为自耗电极电弧熔炼，如在真空中进行，则称为真空自耗电极电弧熔炼。在真空自耗电极电弧熔炼过程中，钛阴极不断熔化滴入水冷铜坩埚，借助于吊杆传动使电极不断下降。为了熔炼大型钛锭，采用引底式铜坩埚，即随着熔融钛增多，坩埚底（也称锭底）逐渐向下抽拉，熔池不断定向凝固而成钛锭。

由于熔炼过程在真空下进行，而熔炼的温度又比钛的熔点高得多，熔池通过螺管线圈产生的磁场作用对熔化的钛有强烈搅拌作用，因此，海绵钛内所含的气体氢及易挥发杂质和残余盐类会大量排出，故真空自耗电极电弧熔炼有一定的精炼作用。

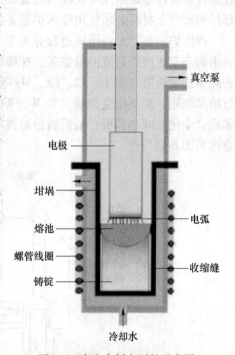

图 8-5 真空自耗电弧炉示意图

8.2.3.2 冷床炉熔炼技术

冷床炉熔炼技术是在航空用钛合金高质量、高可靠性的迫切需求下出现的，在解决低、高密度夹杂及成分均匀性方面比较好地解决了真空自耗电弧熔炼的不足，与真空感应熔炼相比也更适合工业化生产。近 20 年来，国外学者在冷床炉熔炼的数值模拟、工艺简化、参数优化、显微组织改进等方面进行了大量的研究开发工作，它将成为未来高性能、多组元、高纯度钛合金和金属间化合物研究及生产不可少的技术。

在航空飞行史上，有不少飞行事故是由于钛合金的冶金缺陷引起零件的提前断裂，从而导致发动机和飞机失效造成的。据美国 FAA（联邦航空局）的报道，1962～1990 年间，美国共有 25 起飞行事故是由和熔炼工艺相关的缺陷引起零件的失效或早期断裂造成，其中影响最为严重的冶金缺陷是硬夹杂物和高密度夹杂物，有数据统计表明，能被检测出的硬夹杂只占总数的 1/100000，大部分硬夹杂物没有被检测出来。因此，提高钛合金的冶金质量成为钛发展和研究的关键技术之一，直接影响航空发动机和飞机的使用可靠性。1989年美国 Iowa 州 Sioux 城发生的 DC-10 坠机事件造成 111 人遇难，经调查，事故原因是发动机的钛合金一级风扇盘上存在硬夹杂，造成了盘件的早期疲劳断裂。这次灾难性事故进一步说明了钛合金部件冶金质量的重要性。

冷床炉熔炼技术是 20 世纪 80 年代发展起来的一种生产洁净金属的先进熔炼技术，其独特的精炼水平可以有效地消除钛合金中的各类低、高密度夹杂物，解决了长期困扰钛合金工业界和航空企业的一大难题，已成为当前生产航空发动机钛合金转动部件不可替代的先进熔炼技术。国外先进企业采用冷床炉进行钛合金熔炼来解决铸锭高、低密度夹杂问题，被作为预防航空转动件和关键结构件冶金缺陷、避免引起灾难事故的关键技术，是实现钛合金材料零缺陷纯净化技术的重要途径。美国现行宇航材料标准中要求重要用途关键部件的钛合金材料必须使用冷床炉制备技术。

冷床炉在设计上将熔炼过程分为 3 个区域：熔化区、精炼区和结晶区。在熔化区，原料由固态变成液态后流向精炼区；在精炼区，由于钛液在冷床上可停留较长时间，可有效去除易挥发杂质（如 H、Cl、Ca、Mg 等），低密度夹杂（如 TiN）可以上浮至熔池表面通过溶解消除，而高密度杂质（如 W、WC 等）则可以下沉至冷床底部被凝壳捕获，并充分实现合金化、减小偏析；最后通过溢流嘴流入结晶器，凝固成圆形铸锭或扁锭，冷床炉示意图见图 8-6。

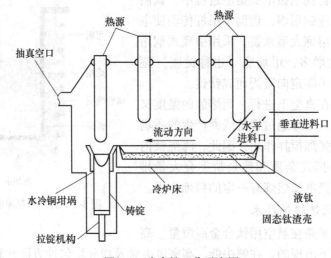

图 8-6　冷床炉工作示意图

冷床炉根据热源不同，可分为电子束冷床炉和等离子束冷床炉。电子束冷床炉以电子束为加热源，在高电压下，电子从阴极发出，经阳极加速后形成电子束，在电磁透镜聚焦和偏转磁场的作用下轰击原料，电子的动能转变成热能使原料熔化，可以熔化各种高熔点金属。电子束冷床炉要求在 $10^{-3}Pa$ 高真空下进行，高真空有利于去除钛合金中的低熔点挥发性金属和杂质，起到提纯作用。等离子束炉以等离子束为热源，等离子束与自由电弧不同，它是一种压缩弧，能量集中，弧柱细长，与自由电弧相比，等离子束具有较好的稳定性、较大的长度和较广的扫描能力，从而使它在熔炼、铸造领域中具有独特的优势。

与真空自耗电弧熔炼相比，电子束冷床炉熔炼具有很多优势：（1）可以采用多种形式的原材料如散状海绵钛、残料以及钛屑等，无需压制电极，缩短原材料准备时间，降低成本，提高效率；（2）能够大量使用经济的原材料，如含有碳化钨杂质的切削料，残料添加比例可达 100%；（3）能够有效去除易挥发杂质以及低、高密度夹杂；（4）通过控制功率密度，控制钛熔体在冷床中的停留时间，保证合金元素充分均匀化，避免偏析，熔炼速度和熔池温度可以灵活控制；（5）可生产不同截面的铸锭如圆锭、扁锭或空心锭，减少板材与管材生产时的后续加工，可明显减少金属加工损耗，采用矩形截面的锭坯用于板材生产可以显著提高金属收得率；（6）通过对进料口和溢流嘴的控制，可以实现一次成锭，一炉多锭，降低熔炼费用，提高生产效率。

与电子束冷床炉熔炼工艺相比，等离子束冷床炉熔炼工艺有如下特性：（1）等离子束作为热源熔炼钛合金时，等离子枪是在接近大气压的惰性气氛下工作，可以防止 Al、Cr、Sn、Mn 等高挥发元素的挥发，可实现高合金化和复杂合金化钛合金元素含量的精确控制；（2）等离子枪产生的 He 或 Ar 等离子束是高速和旋转的，对熔池内的钛液能起到搅拌作用，有助于合金成分的均匀化；（3）等离子冷床炉熔炼时熔池大、深度相对较深，可以实现溶液的充分扩散；（4）等离子是在接近大气压气氛下工作，因此不受原材料种类的限制，可以利用散装料，如海绵钛、钛屑、浇道切块等，也可以用棒料送入，而电子束炉需要在高真空度下工作，在熔炼由海绵钛组成的进料时，因海绵钛中释放的气体会使得真空度下降，无法保证电子束枪的正常工作；（5）熔炼时需要消耗大量惰性气体（氩气或氦气），增加了熔炼成本，为了降低成本，回收利用昂贵的氦气，大型炉常需配备惰性气体回收装置；（6）生产效率不如 EB 炉，在同样功率下，EB 炉的熔炼速率约为 PA 炉的 2 倍，所以在冷床炉熔炼中，纯钛的熔炼主要以电子束为主。

8.3　钛提取过程中的废弃物及伴生元素走向

8.3.1　钛白粉制备过程中的废弃物

钛白粉的生产工艺有多种，生产工艺不同，产生的废物也有所区别。但不管用何种生产工艺进行钛白粉生产，均会产生固态废弃物、液态废水、废气气体。

8.3.1.1　固态废弃物

相对来说，利用硫酸法进行钛白粉生产，所产生的固态废弃物较多，主要是含有硫酸亚铁的固态废弃物。

相关检测机构对硫酸法所进行钛白粉生产中固态废弃物进行检测，确定其中含有钙和铁等化学成分，如若不对固态废弃物进行切实有效的处理，随意抛弃，会造成严重的环境污染。

　　针对钛白粉生产中产生的固态废弃物，可以通过以下方法来进行处理：

　　（1）通过浮选的方式来处理固态废弃物。由于固态废弃物中的二氧化钛干基含量小于或等于40%，按照密度对固态废弃物进行区分，对密度大的组分进行酸解处理，对密度小的进行污水处理。

　　（2）固态废弃物的干基含量为40%~50%，对其进行反复酸解处理，如此也可以有效处理固态废弃物，不仅可以避免其污染环境，还可以利用酸解后的物质进行低档次产品生产。

　　（3）如若固态废弃物的干基含量在50%以上，此时需要将固态废弃物放置在酸解锅中并加入矿粉，对其进行反复的酸解处理。

　　另外，若硫酸法进行钛白粉生产中产生的固态废弃物是石膏渣，则利用污水处理工艺进行石膏渣处理获得白石膏，可以用于水泥生产。

8.3.1.2　废水

　　综合分析各种加工工艺下钛白粉生产中所产生的液态废水情况，确定硫酸法的应用，容易产生大量液态废水。因为在利用硫酸法进行钛白粉生产的过程中，水洗、水解等工艺会产生大量液态废水，且液态废水的酸性较强。

　　酸性较强的液态废水直接排放，会对周边环境及土壤产生严重的负面影响。所以，在当前我国高度重视环境保护的情况下，应当高度重视钛白粉生产中液态废水处理问题，避免液态废水污染环境。

　　对于钛白粉生产中所产生的液态废水，应当采用石灰中和法进行处理，这样可以将废水中的杂质排除，使得无害化处理后液体可以直接排放，避免污染环境。

　　对于石灰中和法的应用，主要是将石灰石投入到中和筒内，液态废水通过过液泵直接排入中和滚筒中，使液态废水与石灰石发生反应；在此之后将反应后的液体送入中和罐内，让其再与石灰乳发生反应，中和液体中的酸性物质。最后，将液体送至静态混合器内，并投入一定量的絮凝剂让液体进行沉淀。经过一段时间的处理之后，液体的 pH 值在 6.0~7.5，悬浮物不大于 145mg/L，符合国家二级废水排放标准，可以直接排放。

8.3.1.3　废气

　　硫酸法生产钛白粉过程，高温环境为化学品之间化学反应创造了条件，使得很多物质发生化学反应，产生反应气体，如二氧化硫、三氧化硫等，这些废气气体直接排放到空气中将会造成严重的大气污染。其他一些生产工艺应用也会产生酸性废气。

　　酸解废气一般用大量水喷淋使其中的水蒸气冷凝下来，然后用碱液喷淋吸收其中的二氧化硫、三氧化硫等后排放。

　　煅烧尾气主要含有 SO_2、SO_3、TiO_2 粉尘和水蒸气等，每生产 1t 钛白要产生 $15000m^3$ 左右的这种废气。这种废气可采用水喷淋吸收，然后经碱液洗涤处理后排放。

8.3.2　四氯化钛制备过程中产生的废弃物

　　氯化工序是海绵钛生产废料最多的工序。该工序的气体废料有氯化尾气，固液废料有炉渣，收尘渣，冷凝、沉降和过滤产生的泥浆等。这些固液废料中都含有相当量的 $TiCl_4$，在处理时应尽可能回收 $TiCl_4$。治理这些固液废料的方法很多，最有发展前景的方法是将这些固液废料返回氯化炉或炉气出口管道中，利用氯化炉和炉气的热量，使废料中所含 $TiCl_4$ 蒸发回收。

8.3.2.1 炉渣

对于沸腾氯化工艺，从氯化炉底排出的氯化残渣，主要成分是未被氯化的富钛料和过量的还原剂石油焦，其次还有高沸点氯化物（$CaCl_2$、$MgCl_2$、$MnCl_2$ 等）。石油焦与残留的富钛料的密度差别较大，可采用重力选矿法将它们分离并分别回收利用。也可将氯化残值加入炉中进行再次氯化，直接利用其中的 TiO_2 和石油焦。

熔盐氯化工艺处理物料的适应性强，尤其是粒级较细高钛渣。每生产 10000t 商品海绵钛，在熔盐氯化生产过程中会产生熔盐废渣 11700t。熔盐氯化废渣的成分复杂，堆放占用大量的场地。在国外，熔盐废渣有的填埋入废矿井，有的跟石灰间隔铺放于荒地，国内采取石灰搅拌中和处理再堆放渣场。但这些处理手段都存在潜在的污染，如污染地下水、盐化土地等，未从根本上解决问题。参考《国家危险废物名录》（环发〔1998〕089 号文）和《危险废物鉴别标准》（GN 5085.1~3），熔盐氯化废渣虽不属于危险废物，但氯化物绝大多数都是可溶物，依据《固体废物浸出毒性浸出方法》（GB 5086.1~2）与《一般工业固体废物贮存、处置场污染控制标准》（GB 18599—2001），熔盐氯化废渣属于第 II 类一般工业固体废物，需堆放 II 类防渗透加固渣场，投资成本较高。

8.3.2.2 收尘渣

收尘渣的主要成分是高沸点氯化物，还有被炉气带出的氯化残渣等固体物。如果富钛料含有铀、钍等放射性元素，在氯化中生成的放射性元素的氯化物则富集在收尘渣中。一般来讲，收尘渣是不能再返回氯化炉中处理的，必须单独处理。

处理收尘渣通常采用水法，让渣中的氯化物水解，然后用石灰中和，经因液分离后的水循环利用，残渣堆放在渣场。如果收尘渣有放射性，则必须按照放射性物质管理办法处理。

8.3.2.3 泥浆

在冷凝、沉降和过滤等过程中产生的含 $TiCl_4$ 的泥浆，其中的固体物是一些在收尘器未收集的高沸点氯化物和其他细粒固体物。

含大量 $TiCl_4$ 的泥浆，一遇水立即爆发性地产生大量 HCl 酸气，危害极大，既腐蚀厂房钢铁构件及设备，又腐蚀厂区排水沟道及建筑物，更危害人体健康。冲泥浆时，厂区沟道排出大量酸度较高的黑色带渣污水，严重污染环境，因此对浓密机泥浆的处理是海绵钛生产中必须加以解决的问题。美国奥勒冈冶金公司采用电热盘式带耙齿的加热器处理泥浆。日本东邦钛公司则采用电热立式耙动加热器处理泥浆。我国天津化工厂研制用电感加热的双螺旋泥浆蒸发器来处理泥浆，1980 年遵义钛厂推广试用了这种设备。含有 $TiCl_4$ 50%~65% 的泥浆经电感双螺旋加热蒸发处理后，干渣中 $TiCl_4$ 含量可降至 5%~10%，这种干渣加入少量消石灰搅拌后可运至堆渣场堆放。

泥浆蒸发器是带双搅龙的电热蒸发器，安装在氯化车间浓密机的一侧。由浓密机底部的排泥浆螺旋间断地供给泥浆，进入泥浆蒸发器的一端，在电加热下经螺旋叶片带动泥浆沿搅龙向另一端方向移动。在移动过程中，泥浆中 $TiCl_4$ 因受热而不断蒸发出来，泥浆则逐渐变稠，最后变成干粉从蒸发器的另一端排出。蒸发出来的 $TiCl_4$ 用保温的管道将其接至氯化系统 TiCl₄ 淋洗塔的喷头处，淋洗塔内喷淋产生的负压将其引入循环系统回收。泥浆蒸发器的设备结构如图 8-7 所示。

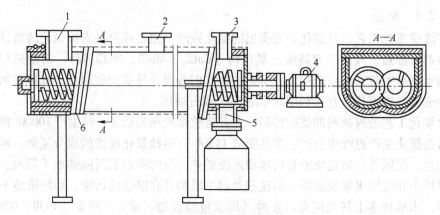

图 8-7　泥浆蒸发器结构图
1—进料管；2—四氯化钛蒸发引出管；3—通道口；4—电机；5—排渣口；6—加热自感线圈

8.3.2.4　氯化尾气

从氯化炉逸出的炉气经过收尘、淋洗、冷凝后的尾气中，主要成分是氮气、氧气、一氧化碳、二氧化碳，但还含有一定量的氯气、氯化氢、四氯化硅等低沸点氯化物以及少量未冷凝下来的四氯化钛。

日本东邦钛公司氯化炉烟囱排出口处的 HCl 浓度（体积分数）规定小于 0.005%（50ppm），氯气浓度应小于 0.001%（10ppm），该厂已达到 HCl 小于 0.0025%（25ppm）。前苏联钛氯化炉排出的废气组分（体积分数）为：Cl_2 余量，CO 2%～12%，CO_2 4.5%～12%，O_2 7%～9%，HCl 68～108mg/L，$COCl_2$ 痕量。

国内某钛厂沸腾氯化生产 TiCl₄ 的炉尾气（指淋洗塔出来去后气处理系统的尾气），比较有代表性的实测平均值见表 8-3。

表 8-3　钛渣沸腾氯化炉尾气成分

成分	CO	CO_2	Cl_2	O_2	N_2	$TiCl_4+SiCl_4+HCl$	备　注
含量	53.2	21.5	微量	12	8.8	16.7	炉料中用 3 号焦油
（体积分数）	14.36	11.70	3.68	0.17	53.76	16.33	炉料中用 3 号焦油
/%	16.00	17.43	3.70	1.68	56.30	4.89	3 号焦油和 1 号焦油各 50%

为除去氯化炉尾气中的 Cl_2、HCl 和 CO_2，通常是将尾气引入串联的洗涤塔。洗涤塔有水洗塔和石灰乳、碱液淋洗塔。首先用水除掉 HCl 和小部分 CO_2，然后用石灰乳和碱液中和氯及大部分 CO_2。水洗塔内淋洗水经石墨冷却器冷却循环便可得到浓度为 20% 左右的盐酸，在石灰乳淋洗塔内，当 CaO 的质量浓度低于 20～10g/L 时，就达不到彻底中和 Cl_2 的目的。因此，当 CaO 含量低于允许限度值时，就要从洗涤系统中排出一部分石灰乳，再加入同样数量的 CaO 质量浓度为 95～105g/L 的新鲜石灰乳。

用石灰乳中和 Cl_2 时的反应如下：

$$2Ca(OH)_2 + 2Cl_2 \Longrightarrow CaCl_2 + Ca(ClO)_2 + 2H_2O$$

用碱液中和氯气的反应为：

$$Na_2CO_3 + Cl_2 + H_2O \rightleftharpoons NaCl + NaClO + H_2CO_3$$

或

$$2NaOH + Cl_2 \rightleftharpoons NaCl + NaClO + H_2O$$

也有些工厂采用氯化亚铁溶液来吸收 Cl_2，脱 Cl_2 效果也很好，其反应是：

$$2FeCl_2 + Cl_2 \rightleftharpoons 2FeCl_3$$

氯化亚铁淋洗液是预先将铁屑加入盐酸溶液户反应制得的，淋洗后生成 $FeCl_3$，$FeCl_3$ 再加铁屑又还原成 $FeCl_2$，可循环使用。

经洗涤处理后的尾气是用风机抽送到烟囱的。尾气腐蚀会缩短风机寿命。使用钛风机价格较贵。现在钛厂中多半采用射流风机（图 8-8）。来自洗涤塔的尾气依靠硬聚氯乙烯塑料管喉部产生的负压被吸入管内，与高压风机送来的空气混合后进入烟囱排空。这种方法的优点

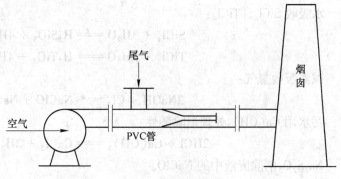

图 8-8　射流风机

是尾气不直接侵入风机，避免了对风机的腐蚀作用。同时尾气被空气稀释后才进入烟囱，也减轻了对烟囱的腐蚀。

8.3.3　四氯化钛精制过程中产生的废弃物及伴生元素走向

四氯化钛精制工序有许多排出物，如釜残液、低沸点馏出液、精馏塔废气和呼吸器排出的气体等。这些排出物必须进行适当处理，回收其中的有价成分，使最终排出物达到排放标准。

8.3.3.1　釜残液

釜残渣液中，主要杂质是不溶的固体物、可部分溶解的高沸点杂质（$FeCl_3$、$AlCl_3$、$TiOCl_2$ 等）等。处理这种釜残液最好的方法是将其返回氯化炉。在氯化炉中，残液中可挥发的四氯化钛和杂质挥发出来，随氯化产物从炉中逸出，其中四氯化钛得到了回收，大部分高沸点杂质在收尘器中收集。

如果这些釜残液不能返回氯化炉，则需要进行过滤或蒸发回收其中的四氯化钛，过滤渣或蒸发残渣可与氯化的收尘渣合并处理。

除钒蒸馏釜的残渣含 $VOCl_2$，这种釜残液不能返回氯化炉，但可返回氯化收尘系统的适当部位处理，在收尘器中适当温度下使其中的四氯化钛挥发回收，而除钒渣进入收尘渣中。

8.3.3.2　低沸点馏出液

低沸点馏出液的组成随原料中 $SiCl_4$ 含量与回流比的变化而变化，一般 $SiCl_4$ 含量在 10%~30% 范围内。如果采用熔盐氯化工艺，低沸点馏出液可以返回氯化炉，其中的 $SiCl_4$ 会在炉中被氧化为 SiO_2。如果采用沸腾氯化工艺，低沸点馏出液返回氯化炉。如果不返回

氯化炉，则需采用常压精馏或减压精馏方法将 $SiCl_4$、$TiCl_4$ 分离。分离出来的 $SiCl_4$ 可用于制造有机硅产品，例如可将出 $SiCl_4$ 与乙醇反应制造硅酸乙酯，这是比较简单的工艺，产品有较广泛的应用。

8.3.3.3　精馏塔废气

精馏塔排出的废气主要含有低沸点氯化物（HCl、$SiCl_4$、$COCl_2$ 等）、少量 Cl_2 和少量四氯化钛，可经碱液或石灰乳液洗涤后排放。废气处理工艺流程如图 8-9 所示。废气处理的基本反应如下：

水吸收 $SiCl_4$、$TiCl_4$：

$$SiCl_4 + 3H_2O \rightleftharpoons H_2SiO_3 + 4HCl$$

$$TiCl_4 + 3H_2O \rightleftharpoons H_2TiO_3 + 4HCl$$

碱液吸收氯气：

$$2NaOH + Cl_2 \rightleftharpoons NaClO + NaCl + H_2O$$

污水用 $Ca(OH)_2$ 处理消除酸性：

$$2HCl + Ca(OH)_2 \rightleftharpoons CaCl_2 + 2H_2O$$

$Na_2S_2O_3$ 消除废液中的 $NaClO$。

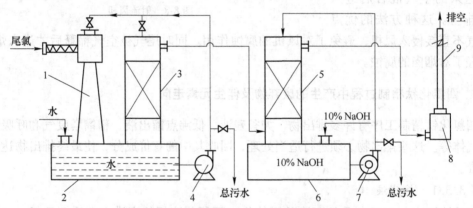

图 8-9　精制系统的尾氯处理工艺流程

1—文丘里洗涤塔；2—水槽；3—水洗填料塔；4—清水泵；5—碱洗塔；6—碱液罐；
7—碱液泵；8—风机；9—排气筒

8.4　含钛废弃物的综合利用

8.4.1　钛白废酸的利用

8.4.1.1　废酸的处理及回收

我国钛白粉行业主要采用石灰中和法处理钛白废酸，主要工艺为：将生石灰熟化，制成氢氧化钙乳浊液，将废酸与氢氧化钙中和至 pH 值为 2.5，过滤洗涤得到白石膏，用于生产各种建筑板材。滤液及洗水用氢氧化钙继续中和、压滤，得到红石膏，用作水泥矿化剂。石灰中和法具有操作简单的优点，但是中和成本较高。

废酸也可利用浓缩法将酸浓度提升，从而回收再利用硫酸。德国拜耳公司就采用废酸浓缩工艺，首先是利用蒸汽余热将废酸预浓缩到30%，再经真空多级浓缩，浓缩至硫酸浓度为65%，最后利用煅烧尾气余热将废酸浓缩至85%。浓缩过程中产生的硫酸亚铁可与硫黄或硫铁矿混合后掺烧制备硫酸。近年来，拜耳公司又与贝特拉姆斯公司联合对废酸浓缩技术进行优化，将废酸在多效降膜蒸发器和强制循环浓缩器中利用蒸汽加热浓缩至78%，再利用新型的浓缩装置将硫酸浓度浓缩至96%。

钛白废酸还可直接用于浸出矿物。攀钢集团研究院有限公司将钛白废酸的处理与低品位氧化铜矿的富集进行嫁接，以钛白废酸为原料浸取低品位氧化铜矿，实现资源的双重利用，大幅度降低浸出氧化铜的成本。该工艺主要包括原矿的破碎、废酸浸取、固液分离等三部分。在浸出固液比为1:2~1:5、浸取时间大于1.5h时，氧化铜的收率可达到92%。

湿法磷酸生产中需要消耗大量的硫酸，平均每生产1t浓度为20%的稀磷酸需消耗1.5t浓硫酸（浓度为98%），折算成浓度为20%的钛白废酸需消耗7.5t，恰好能够消耗钛白废酸。广州市虹达技术开发公司研究开发了一条以钛白废酸为原料制备高纯磷酸一铵的工艺路线。其主要工艺过程为：钛白废酸经加热浓缩至硫酸浓度在50%以上，过滤分离出大量硫酸亚铁，净化后的硫酸与水稀释至20%后再与矿粉进行萃取反应，反应过程中同时进行脱氟及脱硫，得到浓度为20%的稀磷酸；净化后的稀磷酸与氨气或液氨进行中和反应，再经过滤、蒸发浓缩、冷却结晶、离心脱水等工序，得到高纯度的磷酸一铵。

8.4.1.2 钪的回收

钛白废酸中重金属元素钪的含量为50~100mg/L，有一定回收价值，可通过萃取工艺，萃取其中的钪，生产Sc_2O_3。工艺流程主要为：以P507-N7301-煤油协同萃取体系从废酸中将钪萃取出来，使钪由无机相富集到有机相。采用低浓度H_2SO_4洗液洗涤有机相，使得杂质离子Fe^{2+}、Ti^{4+}与钪分离。以NaOH作为反萃剂，将钪由有机相反萃到无机相中，有机相可循环使用；无机相用HNO_3溶解过滤，向滤液中加入草酸生产草酸钪沉淀，沉淀物在马弗炉中800℃煅烧得到高纯度Sc_2O_3。该工艺具有经济、简单的特点。

此外，还可采用石灰对钛白废酸进行处理，二段中和沉淀回收其中的钪，采用该法可将溶液中钪的浓度提高至3倍以上，实现钪的富集。钪的回收率与二段中和终点pH值、温度和陈化时间等因素有关。在二段中和终点的pH值为5.0、温度为60℃、熟化时间为1.5h的条件下，钪的回收率可达到95%以上。

8.4.1.3 钛的回收

目前，对于钛白废酸中钛离子的回收主要采用溶剂萃取法。采用N1923可萃取钛白废酸中的钛。N1923对Ti^{4+}有很强的萃取能力，可达98%以上，而对Fe^{2+}萃取率极低，铁的萃取率低于0.5%，因此N1923具有很好的钛铁分离性能。

8.4.2 钛白酸解废渣的利用

我国的钛白粉生产主要采用硫酸法，据统计每生产1t钛白，要排出0.2~0.3t不溶性黑色废渣。分析结果表明，这些黑色废渣中TiO_2的含量一般在25%左右，具有进一步回收利用的价值。对酸解渣的处理主要有反渣、分离再选、直接水洗、水泥固化、碱法处理等方法。

8.4.2.1 反渣

反渣是指将原钛白酸解渣直接掺入钛精矿中继续进行酸解反应的一种工业处理方法。反渣的优点是：工艺相对简单，在生产上基本不需要加大工艺的投入，成本较低。缺点是：要求原钛白酸解渣中钛的品位高，含量一般要超过40%。

8.4.2.2 分离再选

分离再选是指利用一定的方法使得钛白酸解渣中杂质和钛精矿分离开，从而提高钛白酸解渣钛品位的方法。目前钛白酸解渣分离再选的处理技术主要有旋流分离、磁选、浮选、浮选及萃取分离等。

旋流分离是指在一定压力液体流的作用下，物料以一定的切向速度从滤砂器的进口进入，并在滤砂器高速旋转产生离心场，由于物料中各有效成分之间密度有差异，且在滤砂器中的相对位置也不一样，在滤砂器的离心作用下，经过挡板刮离等作用可将各有效成分进行分离。分离过程主要包括加水打浆、分离和回收，分离后从钛白酸解渣得到的钛矿中钛含量可达到40%（以 TiO_2 计）。其分离过程能使钛白酸解渣量减少一半。旋流分离的效率较高、效果较好，目前已应用于国内的某些钛白粉厂。

磁选是利用矿石或物料的磁性不同，在特殊的磁力和其他引力的作用下，对矿石或物料进行选别的过程。矿物可根据磁性的强弱分为无磁性矿物、弱磁性矿物、中磁性矿物和强磁性矿物四种，钛铁矿属于中磁性矿物，利用合适强度的磁场可将钛白酸解渣中钛和其他杂质进行有效分离，从而达到提高钛白酸解渣品位并回收钛的目的。铁白酸解渣一般先经压滤、过筛以及中和等预处理后，再被打成浆，利用钛铁矿具有中磁性的特点，通过强磁场（强度大于3000Gs）的磁滚筒来处理，处理一般能回收35%左右的钛铁矿，钛铁矿品位可达47%左右。

浮选是一种根据矿物可浮性差异对矿物进行分离、分选的方法，其主要根据矿物中各成分的颗粒表面理化性质不同来进行分离。由于硫酸法钛白酸解渣中的未酸解的钛铁矿（或含钛物质）颗粒表面与其他杂质不同，因此，找到合适的捕收剂、起泡剂和调整剂就可能实现钛白酸解渣中有价钛的回收利用。捕捉剂 ROB 的浮选效果较好，经浮选处理后，可将原酸解尾渣的品位提高将近1倍，钛铁矿的总浸出率可达到85%以上。采用油酸二钠为捕捉剂，钛的浮选回收率也可达到78%左右。

萃取分离主要是根据溶质在两种互不相溶或微溶的溶剂中溶解度（或分配系数）的不同，使溶液中溶质从溶解度相对较低的溶剂转移到溶解度相对较高的溶剂中的一种方法。河南佰利联化学股份有限公司利用其自主生产的BLC、BLD阴离子型萃取剂来萃取分离钛白酸解渣中的铁精矿，通过静置沉降分离、逆流洗涤和多次洗涤筛分等萃取手段进行了萃取操作。工艺条件为：萃取剂浓度为20%、制浆浓度在260g/L、pH = 3、沉降时间为30min，在此条件下能得到品位高于45%钛铁矿，同时酸解泥渣中钛的回收率达到80%左右。该流程具有投资少，成本低，生产稳定等特点。

8.4.2.3 直接水洗

直接水洗是指直接利用水洗将其中可溶性钛浸取出来后，降低溶液的酸性及腐蚀性，减少对环境污染。水洗法能回收酸解泥渣的部分水溶性钛，同时也可降低钛白酸解渣的酸性，水洗过程能在一定程度上能增大钛资源的利用率，减少酸性渣对环境的污染。

8.4.2.4 水泥固化

水泥固化法一般是将钛白酸解渣中和后，再置于 $100 \sim 110℃$ 烘焙后和高炉渣以及粉煤灰按照特定的配比混合后加入具有化学活性的激发剂，经球磨之后能制取不同等级高性能混凝土，钛渣作为一种水泥缓凝剂，在掺入水泥后能使水泥凝结时间变长，而改变水泥的性能。

水泥中的钛渣的水化反应相对较弱，但由于高钛渣比表面积的增加，会导致水泥的水化产物会对高钛渣颗粒进行包裹胶结，从而增强了钛渣的水化反应，反应过程中会产生相互交织的凝胶产物，这些凝胶产物使水泥的水化物结构更加紧密，继而增加了水泥强度。

8.4.2.5 碱法处理

碱法处理是一种利用强碱来浸取钛渣以及钛精矿的方法，其主要是利用高温碱熔钛渣，从而提高二氧化钛的含量，使废渣得到充分的利用。

该方法的一般工艺条件是：将钛渣和碱性金属盐按照有效成分 $NaOH：FeTiO_3 = 1：2$ 的摩尔比在 $850℃$ 共热 $1h$ 之后，再利用酸溶解，使钛渣中 80% 的钛被回收利用，碱法处理后可将二氧化钛品位提高至 80% 以上。

碱法处理钛白酸解渣主要是将渣中的其他杂质除去，将钛富集出来，从而获得含钛较高的化合物。碱法处理需要较高的温度且对设备的耐腐蚀性要求较高。

此外，德国萨其宾公司将酸解泥渣应用于高炉的炉体护层，将酸解渣附着在高炉炉体的内表面上，发现炉体整体的保温效果很好。

8.4.3 粉煤灰回收钛

粉煤灰年排灰量大，利用率较低，仅有部分用于筑路和建筑材料，没有充分发挥粉煤灰作为二次资源的作用。粉煤灰富含各种有用金属元素 Al、Fe、Ti、Ga 和 Ge 等，其中钛的含量高达 2.72%，超过了湖北、山西、河南、苏北等地钛原矿的平均品位，有较高的利用价值。

李昌伟等人采用微波活化焙烧-常压盐酸浸出的工艺，对粉煤灰中的钛进行了回收。研究结果表明，粉煤灰可以通过微波焙烧的方式进行加热，增强其活性；添加适量的 NaOH 作为活化剂，能显著增强粉煤灰的吸波效果，破坏粉煤灰中各组分的稳定结构，生成各种可溶于酸的钠盐；经过微波活化焙烧后，粉煤灰的活性好，粉煤灰中的钛能直接被盐酸常压浸出，钛的浸出率大。粉煤灰中钛的回收利用最优工艺为：粉煤灰与 NaOH 按 $1：1$ 的质量比混匀，在微波 $800W$ 的功率下焙烧 $5min$ 后，用 $11.64mol/L$ 的浓盐酸 $85℃$ 的温度下浸出 $8h$，盐酸和粉煤灰液固比为 9；在该工艺条件下，粉煤灰中钛的浸出率可达到 85.77%。

8.4.4 高炉钛渣的综合利用

目前钒钛磁铁矿冶炼以高炉为主，高炉钛渣中 TiO_2 含量在 $20\% \sim 26\%$，我国钛渣堆积已有 7000 万吨，且每年仍以 380 万吨的速度递增，目前除少量用做建筑材料外，大部分仍堆积在渣场。钛作为一种具有巨大经济价值和战略意义的宝贵资源，如果被大量用作建筑材料，或者当做废渣弃置，必然造成我国钛资源的严重浪费和环境污染问题。因此，需要对炉渣里面的钛进行提取，但是提钛的工艺主要受到了两个因素的制约，一是炉渣的钛分散在钙钛矿、攀钛透辉石、富钛透辉石、尖晶石和碳氮化钛等多种含钛矿物相中，且嵌布关系复杂；二是分散在高炉渣中的含钛矿物相晶粒非常细小，平均只有 $10\mu m$ 左右，采用常规选矿技术分离回收钛非常困难。

目前，关于高炉钛渣的综合利用，主要分非提钛利用和提钛利用两类。

8.4.4.1　非提钛利用

高炉钛渣非提钛利用主要用于水泥、混凝土等建筑材料，同时在陶瓷砖、墙体用砖、玻璃制品等领域也有着一定的应用。高炉钛渣资源在特征上与传统的建筑材料基本相近，不需对这些原料再作破碎和其他处理，制造出的产品往往节省能耗，成本较低。20 世纪80 年代以来，我国开展大量的利用尾矿作建筑材料的研究，并取得了一系列成果。

A　在混凝土材料中的应用

炉渣未经提钛之前，其 TiO_2 含量一般较高，有的达到 20%。由于 TiO_2 易与 CaO 生成钙钛矿的缘故，高钛高炉渣原始的水化活性较低，同时 TiO_2 对水泥水化过程影响较大，因此需要通过某些手段进行预处理。

王怀斌等人在混凝土中掺入 20%~30% 的高钛高炉渣微粉，观察到其早期强度低于纯水泥基准混凝土，后期强度则要高于或相当于基准混凝土，研究表明高钛炉渣微粉作混凝土掺合材料是完全可行的，并研究了高钛炉渣在混凝土中的作用机理，包括 4 个方面：促进混凝土形成自紧密堆积体系，加速水泥熟料矿物水化，发挥高钛高炉渣的潜在水硬性与改善混凝土中骨料-水泥浆体之间的界面结构。

黄双华等人研究了攀钢高钛型重矿渣的基本物理力学性能，发现攀钢特有的高钛型重矿渣的力学性能较好，并制备了高钛重矿渣混凝土，通过对其性能的检测，表明高钛重矿渣混凝土符合技术指标，是经济指标优良的新型建筑材料，在土木工程中作为普通混凝土和钢筋混凝土均有广泛的推广空间。

周旭等人通过对高钛高炉渣的性质研究说明，高钛高炉渣结构稳定，其碎石用做砼骨料与普通碎石相比，抗压强度及劈拉强度稍高于后者。

B　制砖

20 世纪 80 年代，攀钢研究院与攀枝花仁和瓷厂合作，将攀钢高炉钛渣水淬后与陶土混合配料，成功调制出符合国家标准的釉面砖。四川轻工业研究也进行过类似实验，在实验室中以高炉钛渣为原料，配制成陶瓷砖、地砖等多种产品，性能指标达到同类产品水平。

同时，攀钢研究院曾与西南科技大学合作，用攀钢高炉钛渣为主要原料，研制开发出了空心率52% 的空心砌砖、MU15 实心免烧砖等新型墙体材料，综合指标达到同类产品先进标准。另外，攀枝花环业冶金渣开发有限责任公司利用高炉钛渣生产的彩色路面砖、砌块砖，技术指标均符合或优于行业路面砖标准要求。

C　制取新型矿棉

攀枝花环业冶金渣开发有限责任公司课题组利用高炉矿渣中 TiO_2 可提高熔体的表面张力和黏度，增强纤维的化学稳定性，有利于形成长纤维的特性，以此开展了利用高炉渣制取新型矿棉技术的研究，并以 TiO_2 含量大于 15% 的高炉渣为主要原料生产新型矿渣棉，改善了传统矿渣棉纤维短、脆性大及不能应用于潮湿、高温环境的缺陷，拓宽了矿渣棉产品的应用领域。

D　制备玻璃用品

20 世纪 70 年代，四川省建材工业科院所开展了以高炉钛渣为原料制备玻璃纤丝等产品的研究。同时，重庆硅酸盐研究所以攀钢高炉钛渣为原料，利用加热（1500℃）浇注或离心成型的方法，成功制备出不同尺寸、外观的高炉钛渣微晶玻璃制品。

E　其他

高炉钛渣还可用于制备微晶铸石管、隔热隔音材料、高炉护炉料等，国内已有相应的应用实例。

8.4.4.2　高炉钛渣提钛利用

虽然我国利用高钛炉渣制备建筑材料已达到处理量与新增高炉渣量基本持平，但是这种利用方式属于粗放型，势必造成钛资源的大量流失，不符合可持续发展的要求，因此有必要对高钛炉渣进行提钛处理。相较于高炉钛渣非提钛利用，高炉钛渣提钛利用的关键是回收渣中的钛资源，主要的方法包括制钛硅合金、硫酸法提钛、盐酸法提钛、碱法提钛、高温碳化+低温氯化法提钛等。

A　高炉钛渣制钛硅合金

20 世纪 70 年代，重庆大学就开始了高炉钛渣制钛硅合金的实验工作，采用 TiO_2 含量 24.18%高炉钛渣，以 75%的硅铁作还原剂制备钛硅合金，钛回收率达到 76.7%。基于上述实验结果，重钢研究院、重庆铝厂、攀钢研究院开展了高炉钛渣制钛硅合金的试验研究，并取得了相应成果。在此基础上，国内学者开展了大量的研究，李祖树等研究了以高炉钛渣为原料，以硅铝铁为还原剂，采用直流电硅铝热法冶炼钛硅合金的工艺，钛回收率达到 80%以上；柯昌明等研究了以高炉钛渣为原料，用熔融还原法制备钛硅合金，钛回收率最高可达 90%；邹星礼等利用固体透氧膜（SOM）方法，直接电解高炉钛渣制备钛硅合金，成功提取获得 Ti_5Si_3。

利用高炉钛渣制钛硅合金，工艺技术成熟，但由于钛硅合金应用场合相对有限，需求量少，导致该工艺难以实现产业化生产，同时工艺残渣利用有限，成本较高。

B　高炉钛渣硫酸法提钛

含钛高炉渣属于碱性渣，其碱度为 1.1 左右，其中含有大量的碱性氧化物 CaO 和 MgO，中性氧化物 Al_2O_3 和 TiO_2，以及酸性氧化物 SiO_2 等。通过酸浸处理，可使渣中大部分碱性氧化物和中性氧化物进入液相，SiO_2 等进入渣相。由于 TiO_2 只能与浓硫酸反应而不能与盐酸反应，因此可以采用硫酸法处理含铁高炉渣。

硫酸法是用浓硫酸与含钛矿物或含钛渣进行反应，使含钛矿中的钛化合物以钛离子形式转变成钛液，钛液经净化后水解生成偏钛酸，再经过洗涤和煅烧等处理后得到钛白粉。酸法处理是处理含钛渣与矿物的传统方法。其工艺简图如图 8-10 所示。

"八五"期间，攀钢研究院与中南工业大学合作进行了硫酸法处理高炉钛渣提钛制钛白以及提钪的研究。工艺的钛回收率为 73.4%，钪回收率 60%。在此基础上，国内学者进行了深入研究，陈启福、刘晓东等分别采用浓硫酸对高炉钛渣进行酸解提钛，并按不同的工艺路线回收 Sc、Al、Mg 等金属化合物。

利用硫酸法进行高炉钛渣提钛存在一些较明显的问题：（1）硫酸使用成本较高，大约 6t 浓硫酸才能生产出 1t TiO_2。（2）钛渣的品位受硫酸法的限制，85% 已达到极限，这是因为硫酸法使用的钛渣，要求其中要含有一定量的助溶杂质（FeO 等），并限制钛渣中低价钛的含量。若渣中低价钛含量过高，会给生产过程带来不便。（3）硫酸法中制备钛液，尽管经过净化除去了部分杂质，但仍然是不纯的钛液，偏钛酸从含有大量杂质的钛液中沉淀出来，由于表面吸附和共沉淀等原因使偏钛酸沉淀中含有大量的杂质，其后需要使用大量的水洗涤才能除去这些杂质，因此就产生了大量的酸性废水。硫酸法每生产 1t 钛白，一般要产生 7～8t 含 20% 硫酸的废酸和 150～250t 酸性废水。这种废酸的提纯和浓缩都比较困难。（4）在硫酸法生产钛白中排放的废料，会对周围环境产生危害。硫酸法排出的含硫氧化物在周围大气中达到一定浓度后便会形成酸雨。可溶性硫酸亚铁在江河中通过化学反应生成不溶性氢氧化铁，使水中的氧含量大大降低，从而对水中生物造成危害。

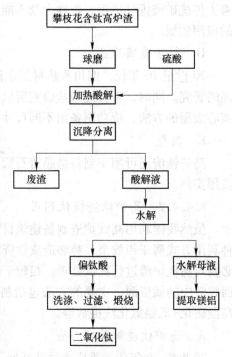

图 8-10　硫酸浸出法处理含钛
高炉渣流程简图

综上所述，利用硫酸浸出的方法可分离提取含钛高炉渣的钛，但是由于其中 TiO_2 含量低，杂质元素总含量超过了 70%，导致酸浸提钛时的酸耗量大，工序复杂，成本高，生产过程中产生的废酸和尾渣多，对环境污染严重。而且，使用硫酸法浸取含钛高炉渣时，酸解反应和水解反应比较复杂，得到的 TiO_2 产品质量不稳定。因此，该工艺还需完善和进一步优化。

C　高炉钛渣盐酸法提钛

高钛型高炉渣分为水淬渣和非水淬渣两种，水淬渣是指从高炉出来后加水冷却后形成的高炉渣，非水淬渣是指在空气中直接冷却得到的高炉渣。与水淬渣相比，非水淬高炉渣中晶体有序度大大提高，其物理化学性质非常稳定，其中 TiO_2 在常温下几乎不溶于酸。非水淬高炉渣的主要成分为 TiO_2、SiO_2、Al_2O_3、MgO、CaO、TFe 等，其中 Al_2O_3、MgO、CaO 都属于碱性氧化物，易与酸进行反应，而 Fe 及其氧化物也可直接与酸反应，生成可溶物。因此，可针对非淬高炉渣的特点，利用渣中 TiO_2 对酸的稳定性，采用盐酸酸解法将渣中可酸溶性杂质去除，制备富铁料，同时回收原料中 Fe、Al 等元素。

参考钛晶矿盐酸浸出法制金红石的成熟工艺，国内学者进行了大量高炉钛渣盐酸法提钛工艺的研究。王道奎等提出使用 10%～14% 的盐酸常温浸取高炉钛渣，浸取液可提取 TiO_2、硅胶、$MgCl_2$ 等产品，该工艺可实现盐酸的回收循环使用及多组分综合回收，但存在盐酸挥发消耗大、设备腐蚀、工艺流程长、产品杂质多、纯度不高等缺点。为实现高炉钛渣各组分的充分回收，李俊翰等通过对高炉钛渣盐酸浸取提钛后滤液的 pH 值进行调节来得到 Al_2O_3、Fe_2O_3、MgO 等产物，该类工艺处理能力大、效率、收得率高，但流程复杂，过程控制要求高，反应机理尚需进一步研究。总体来看，利用盐酸法处理高炉钛渣提钛，工艺流程复杂，控制要求严格。

D　高炉钛渣碱法提钛

含钛高炉渣中含有大量的 SiO_2 和 TiO_2，很容易与 NaOH 发生反应，而 CaO 和 MgO 等碱性氧化物则很难与之反应。碱法处理就是在含钛炉渣中加入渣钛分离剂 NaOH 或 Na_2CO_3 等，利用提取出来的钛生产钛白粉。其主要步骤为：将炉渣粉碎后加 NaOH 或 Na_2CO_3 在高温炉中反应；炉渣分离，熔体冷却水解；然后固液分离，分离出来的液相用于制水玻璃等；固相高温脱水，粉碎，最后加工制成铁白粉，固态残渣用于生产矿渣水泥等。

重庆大学研究了用 NaOH 处理高炉钛渣提钛的工艺，在 1200~1300℃ 内，加入占高炉钛渣比例 20%~25% 的 NaOH，反应后用水浸取共熔渣，残渣 TiO_2 含量小于 10%。在上述基础上，马光强等采用 HCl 浸取+NaOH 碱熔的工艺路线进行高炉钛渣提钛，降低了碱熔温度（600~800℃），工艺流程简单，盐酸消耗小，但存在滤液二次污染及无法实现多组分回收的缺点。总体来看，利用碱法处理高炉钛渣提钛，具有反应温度高，反应产物处理复杂，钛回收率低等缺点。

E　高温结晶分离法

含钛高炉渣中的 TiO_2 含量低（<30%），其中的钛广泛分布于各含钛矿物相中，且含钛相晶粒细小（<10μm），给含钛高炉渣的综合利用带来较大的困难。然而，渣中的含钛相一般都具有较高的结晶温度，且通常作为初晶相在炉渣降温时析出。

鉴于此，东北大学隋智通教授提出了"选择性析出"的思想，开创了一条崭新的复合矿冶金渣合理利用的技术路线。该项技术的基本思想是：（1）创造适宜的物理化学条件，促使散布于各矿物相内的有价元素在化学为梯度的驱动下选择性地转移并富集于设计的矿物相内，完成"选择性富集"；（2）合理控制相关因素，促进富集相的选择性析出与长大；（3）将处理后的改性渣经过磨矿与分选，完成富集相的选择性分离，得到的富集相即为富含待提取元素的人造富矿。隋智通等人选择钙钛矿作为富集相，进行了大量的研究工作，最终形成了"选择性析出技术回收攀枝花含铁离炉渣中钛组分"的系统路线。该路线包括三个环节：（1）选择性富集。基于对熔渣物理化学性质的基础研究，调整熔渣氧势、组成等，使渣中钛组分的走向和分布改变，发生钛组分的转移和集中，使钛组分富集到钙钛矿相中，实现钛组分的选择性富集。（2）选择性长大。通过控制熔渣冷却速度，优化析出长大条件，选择适当数量和种类的添加剂来改变钙钛矿相的析出形貌，在若干小时处理后，平均晶粒尺寸长大到 40~50μm 的范围，为后续的选择性分离环节创造必要条件。（3）选择性分离。经过对改性炉渣的工艺矿物学研究，考察成分、结晶及嵌布特征；分析测定矿物相的可选性、可磨性及单体解离度，确定分离流程，实现有价金属矿物相的分离。但由于钙钛矿中 TiO_2 的理论含量只有 58%，且钙钛矿的密度与玻璃相相近导致后续分离存在困难。

与钙钛矿相比较，黑钛石中 TiO_2 的理论含量为 70%~90%。且黑钛石的比重为 4.19，大于炉渣比重为 2.8，在后续分离中可使用重选分离。因此，选择黑钛石作为高温富集相可以最大限度地实现 Ti 富集。北京大学的王习东教授采用结晶分离法，将高炉渣中的钛富集到黑钛石中，取得了一定的成果。在可控的气氛下进一步验证黑钛石的结晶机理，确定改性原渣的黑钛石存在的热力学区域，得出结论：SiO_2 的加入有利于黑钛石的形成。当 SiO_2 含量大于 35% 时渣中的富集相从钙钛矿转变为黑钛石，但是，随着渣中 SiO_2 含量的增加，富集相中 TiO_2 含量又逐渐降低，因此，在可控气氛下渣中 SiO_2 的最佳含量为 35%。

目前，无论是将钛富集到钙钛矿或黑钛石中，结晶分离法仍然存在着诸多问题。

由于钙钛矿多骨架或树枝状析晶，尽管整体尺寸较大，但仍有相当一部分细小分枝或颗粒存在，与其他矿相界面不圆整，多为不规则锯齿状，不利于选矿分离。而且，钙钛矿富钛料直接利用价值低，还必须通过盐酸酸浸等方法除去其中的 CaO 等杂质。

对黑钛石的结晶分离仍处于实验阶段，黑钛石析出的理想条件，还需进一步完善。

F　高炉钛渣高温碳化-低温氯化提钛

攀钢研究院通过大量的试验研究，提出了高温碳化+低温氯化的提钛工艺，将高炉钛渣在高温下进行选择性碳化得到 TiC，在流化床内对 TiC 进行低温选择性氯化得到粗 $TiCl_4$，精制提纯后得到精制 $TiCl_4$。除此之外，有学者进行过类似研究，如对高温碳化得到的 TiC 进行磁选-酸浸-磁选提纯，得到 TiC 精矿等。其工艺流程简图如图 8-11 所示。

高温碳化+低温氯化法的主要优点是：(1) 工艺流程短；(2) 通过高温选择性碳化和低温选择性氯化，使钛得到富集，解决了赋存分散、低品位钛元素提取的技术问题，同时也避免了高钙、高镁对氯化操作的影响。

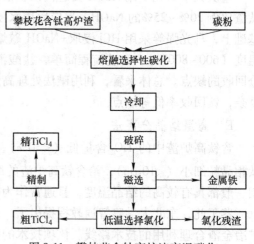

图 8-11　攀枝花含钛高炉渣高温碳化+
低温氯化流程简图

但高温碳化、低温氯化法也存在着诸多的缺点，主要有以下四点：(1) 碳化、氯化的工艺尚不够完善（经济的碳化率、碳化终点判别）。(2) 经过氯化处理后的氯化残渣成分与普通高炉渣相似，这种粉状物质不能用作集料，同时由于渣中含有 $CaCl_2$、$MgCl_2$ 等物质，用作工程回填会影响地下水资源，必须处理，但工程回填是没有经济效益的，实际上比较难以实施。(3) 氯化残渣虽然可以用于烧制水泥，但由于其中的氯离子必须先洗涤除去，经济上不合算。(4) 氯化法生产中的物料和产物大都是些具有一定毒性和腐蚀性的物质，如氯气、四氯化钛、氯化铝、氯化铁、四氯化硅及其他杂质氯化物。生产过程中排出的含有上述物质的废气、废液、废渣和泄漏物会毒化周围环境和危害附近居民的身体健康。当发生大量氯气或四氯化钛泄漏的意外事故时，其危害性尤为严重。

8.4.4.3　高炉钛渣的其他应用

上述非提钛工艺未利用高炉钛渣中的钛资源，提钛工艺则主要强调钛资源的提取。除上述工艺外，利用高炉钛渣中 TiO_2 的活性，将高炉钛渣处理后用于废液、废气中的有害物质降解、吸附，逐渐成为当前的研究热点。

以高炉钛渣、钛精矿等为原料制备光催化材料，可降解亚甲基蓝、邻硝基酚等有机污染物。

高能球磨机制备硫掺杂高炉钛渣，在可见光下可降解甲基橙。

采用高能球磨机制备掺杂硫酸和硫酸盐的高炉钛渣，在酸性条件易于吸收 Cr^{6+}，提高温度有利于 Cr^{6+} 的吸附。

高炉钛渣负载到活性炭纤维表面，可用以吸附甲醛，吸附能力高于活性炭。

综上，高炉钛渣综合利用的关键在于规模化的实现钛资源的高附加值利用。从目前的利用方式来看，相对于复杂、低效的提钛工艺，利用高炉钛渣中 TiO_2 等组分的活性，经处理后用于废弃物有害物降解、吸附等环保领域，工艺简单、产品附加值高，有广阔的应用前景，应作为高炉钛渣综合利用发展的重点方向。

8.4.5 高钛渣收尘灰的回收利用

在高钛渣的生产过程中灰产生大量的尘灰，每生产 1 万吨高钛渣将产生 100 余吨收尘灰，高钛渣收尘灰中的钛铁含量是可观，回收利用价值较高。

目前高钛渣收尘灰主要用于水泥或混凝土掺合料，以改进其性能，或者添加进耐火材料和陶瓷制品的烧结工序，增加产品的强度使更耐用。

在工业发达国家，收尘灰还用到化工、航天、农业、化妆品、油漆、涂料等方面。

此外，也可通过盐酸酸浸和氢氧化钠碱浸处理收尘灰，以回收其中的钛。处理工艺与盐酸酸浸和氢氧化钠碱浸处理含钛高炉渣的工艺相近。

8.4.6 四氯化钛精制除钒废渣应用

8.4.6.1 回收铜、钒

粗四氯化钛是一种红棕色的浑浊液，含有许多杂质，成分十分复杂，需采用精馏方法进行精制。其中的三氯氧钒杂质在精馏处理中，因与四氯化钛沸点相近而难以除掉，必须采用专门的工艺进行处理。工业除钒方法主要有铜丝除钒、铝粉除钒、硫化氢除钒和有机物除钒等工艺。其中铜丝除钒工艺是国内海绵钛生产中采用的主要技术。铜丝除钒是利用铜的还原作用将四氯化钛中的三氯氧钒等钒化合物还原成二氯氧钒后沉淀析出而达到精制除钒目的。除钒处理后的铜丝需要采用水洗、酸洗进行再生处理，这个过程中会产生含铜废弃物。钒、铜是重要的有色金属，在冶金和化工方面有广泛的用途，需要对其进行综合利用。

对除钒废弃物进行回收利用的主要任务是实现各有价元素的分离。技术路线如下：（1）首先对铜丝除钒产生的废弃物用氢氧化钠（NaOH）进行碱处理，得到富含铜、钛的铜钛沉淀物及富含钒的含钒碱溶液。（2）铜、钛沉淀物用硫酸（H_2SO_4）浸出，使铜以硫酸铜（$CuSO_4$）的形式进入溶液，而钛保留在沉淀物中，实现铜、钛分离。（3）硫酸铜溶液通过电解得到电解铜。（4）含钒碱溶液添加盐酸使钒沉淀后，经纯化处理转化为钒酸铵，再经焙烧得到五氧化二钒。利用该技术，可以获得电解铜和五氧化二钒。铜的初步回收率可达 97%，钒的一次回收率约为 78%。

8.4.6.2 回收铌、钽

铜丝除钒精制四氯化钛所排废弃物中除含有丰富铜、钒、钛等资源外，还含有大量的铌、钽。其中铌含量可达到 2.66%，钽含量可达到 0.29%，远高于铌、钽的工业品位（我国规定的铌钽矿床储量计算的最低工业品位指标是（Nb,Ta）$_2$O$_5$ 0.016%～0.028%），是一种新型的铌钽资源。

废弃物中的铌钽来源为原料钛铁矿等原料中伴生稀有元素，在四氯化钛制备过程中，经过钛铁矿选冶、富钛料高温氯化、粗四氯化钛精制等工艺过程中富集而形成。回收利用该种废弃物中的铌钽资源，可实现资源的综合利用，提高经济效益。但该类型铌钽资源的特点与已有资源类型不同，需要研究开发适合其特点的综合利用技术，目前相关研究还较少。

参 考 文 献

[1] 莫畏，邓国珠，罗方承. 钛冶金 [M]. 北京：冶金工业出版社，1998.

[2] 李大成，周大利，刘恒. 镁热法海绵钛生产 [M]. 北京：冶金工业出版社，2004.

[3] 邓国珠. 钛冶金 [M]. 北京：冶金工业出版社，2010.

[4] 李景胜，陈晓青，薛晓娟，等. 浮选法从钛白酸解废渣中回收 TiO$_2$ 的研究 [J]. 稀有金属与硬质合金，2006，34（1）：14～17.

[5] 郭焦星. 萃取分离法从钛白粉酸解废渣中回收钛铁矿 [J]. 有色金属（冶炼部分），2012，（8）：21～24.

[6] 王志，袁章福. 中国钛资源综合利用技术现状与新进展 [J]. 化工进展，2004，23（4）：349～352.

[7] 唐文骞，宋冬宝. 硫酸法钛白"三废"治理与效益 [J]. 化工设计，2006，26（2）：3～6.

[8] 孙莹，王宁，袁继维，等. 海绵钛生产中铜丝除钒废弃物的回收实验与分析 [J]. 矿物学报，2009，29（1）：124～128.

[9] 吴胜利. 高钛高炉渣综合利用的研究进展 [J]. 中国资源综合利用，2013，31（2）：39～43.

[10] 张贤明，曾亚，陈凌，等. 高炉钛渣综合利用研究现状及展望 [J]. 环境工程，2015（12）：100～104.

[11] 王宁，顾汉念，蒋颜，等. 铜丝除钒精制四氯化钛废弃物中铌钽资源研究 [J]. 科学技术与工程，2010，10（30）：7728～7749.

[12] 汤贝贝，朱学军，邓俊，等. 高钛渣收尘灰综合利用可行性的研究 [J]. 广州化工，2015，43（5）：117～119.

[13] 蒲灵，兰石，田犀，等. 海绵钛生产工艺中氯化物废渣的处置研究 [J]. 中国有色冶金，2007（4）：59～62.

[14] 刘邦煜，王宁，袁继维，等. 四氯化钛精制除钒废弃物的综合利用 [J]. 化工环保，2009，29（1）：58～61.

[15] 杨谦. 钛白粉工业酸解废渣回收利用的研究 [D]. 湘潭：湘潭大学，2007.

[16] 李昌伟. 热电厂粉煤灰中钛的回收利用实验研究 [D]. 贵阳：贵州大学，2015.

[17] 甄玉兰. 攀枝花含钛高炉渣资源利用新途径 [D]. 北京：北京科技大学，2016.

[18] 谭建华. 用机械活化法回收硫酸法钛白酸解渣中钛的工艺研究 [D]. 南宁：广西大学，2016.

[19] 吴恩辉. 钒钛铁精矿金属化球团还原熔分工艺基础研究 [D]. 北京：北京科技大学，2016.

[20] 张冬清，李运刚，张颖昇. 国内外钒钛资源及其利用研究现状 [J]. 四川有色金属，2011（2）：1～6.

[21] 刘卫昆. 浅析钛白粉生产的废物处理和再利用 [J]. 中国石油和化工标准与质量，2016（21）：10～11.

[22] 孟祥军，全识俊. 我国海绵钛产业升级刻不容缓 [J]. 钛工业进展，2013，30（6）：1～4.

[23] 吴贤，张健. 中国的钛资源分布及特点 [J]. 钛工业进展，2006，23（6）：8～12.

[24] 冯中学，易健宏，史庆南，等．中国钛产业可持续发展研究 [J]．昆明理工大学学报（自然科学版），2016，41（5）：16~21.

[25] 吴景荣，王建平，徐昱，等．中国钛资源开发利用现状和存在的问题及对策 [J]．矿业研究与开发，2014，34（1）：108~112.

[26] 刘玉芹，丁浩，谢迪．中国钛资源与海绵钛加工环境效应 [J]．地学前缘，2014，21（5）：281~293.

[27] 苏鸿英．原钛的提取冶金 [J]．世界有色金属，2004（7）：42~45.

[28] 周芝骏，宁崇德．钛的性质及其应用 [M]．北京：高等教育出版社，1993.

[29] 王向东，郝斌，逯福生，等．钛的基本性质、应用及我国钛工业概况 [J]．钛工业进展，2004，21（1）：6~9.

[30] 泽列克曼．稀有金属冶金学 [M]．北京：冶金工业出版社，1982.

[31] 孙康．钛提取冶金物理化学 [M]．北京：冶金工业出版社，2001.

[32] 邱竹贤．冶金学（下卷有色金属冶金）[M]．沈阳：东北大学出版社，2001.

[33] 邓国珠．连续化制钛方法 [J]．钛工业进展，2007，24（1）：10~11.

[34] 黄海广，曹占元，李志敏，等．钛回收料的电子束冷床炉熔炼工艺研究 [J]．热加工工艺，2015，44（7）：137~144.

9 镁冶金资源综合利用

9.1 镁资源概述

在自然界中镁是地壳中分布较广的元素之一，镁在地壳中的金属元素丰度仅次于铝、铁、钙、钠和钾，占地壳质量的 2.1%，资源储量极为丰富。在自然界中主要以液体矿和固体矿形式存在。液体矿资源主要为海水、天然盐湖卤水和地下卤水，固体矿资源主要包括白云石、菱镁石、水镁石、滑石和蛇纹石等。根据当前世界镁工业对液体矿的开发情况来看，所用原料主要以盐湖卤水为主，我国盐湖卤水资源丰富，仅青海察尔汗盐湖氯化镁含量就高达 16.5 亿吨。镁的固体矿资源分布广泛，据不完全统计，目前全球白云石已探明的储量为百亿吨以上，菱镁石储量为 126 亿吨以上，其中储量较多的国家有澳大利亚、中国、俄罗斯、朝鲜、美国、印度、希腊和土耳其等。中国镁矿资源分布广、类型全，占世界总储量的 22.5%，其中菱镁石储量为 34 亿吨以上，占世界总储量的 28.3%，其中又以辽宁省大石桥菱镁石储量最大，品位最好。白云石在我国分布广泛、储量高达 40 亿吨以上、品质较好，多分布在裸露的高地，有利于工业开采，矿藏主要集中在辽宁、山西、宁夏和贵州等地区。

目前具有工业应用价值的镁矿资源为白云石、菱镁石、水镁石、水氯镁石和光卤石等四种，矿物特性和在工业生产中的用途见表 9-1。

表 9-1　主要镁矿资源基本特性

矿物名称	主要成分	镁含量/%	工 业 用 途
白云石	$CaCO_3 \cdot MgCO_3$	13.2	主要作为硅热法制镁的原料；生产耐火材料；也可先煅烧得到 MgO，后氯化得到 $MgCl_2$ 用于电解镁生产
菱镁石	$MgCO_3$	28.8	主要用作耐火材料、电熔镁的生产；硅热法制镁、电解镁生产的原料
光卤石	$KCl \cdot MgCl_2 \cdot 6H_2O$	8.8	用于生产铝镁合金的保护剂；经脱水得到 $KCl \cdot MgCl_2$，用于电解镁生产
水氯镁石	$MgCl_2 \cdot 6H_2O$	12.0	脱水获得无水 $MgCl_2$，用于电解镁生产

菱镁石（$MgCO_3$）是一种通常呈晶粒状或隐晶质致密块状的碳酸盐矿物，晶体属于三方晶系。纯矿为白色，由于其多掺杂有 $CaCO_3$、$MnCO_3$ 和 SiO_2 等杂质，导致其颜色多样。菱镁石中 MgO 的理论含量为 47.82%，我国开采的特级菱镁石中 MgO 含量可达 47.34%。菱镁石也是镁冶炼工艺中非常重要的原料，在真空热还原法制取金属镁的过程中，通过煅烧工艺以获得 MgO（品位要求：MgO 45%~46%、CaO 0.8%~1.0% 和 SiO_2 0.5%~1.0%）；在电解法制镁生产工艺中作为生产 $MgCl_2$ 的原料。

世界上所开采的菱镁矿约 90% 用于耐火材料工业，炼镁工业还居于次要地位。炼镁工业中菱镁矿主要用电解法。世界上最大的菱镁矿矿床在中国的营口大石桥地区，其储量与质量居世界第一。

白云石属三方晶系的碳酸盐矿物。自然界中存在结晶形和无定形两种白云石，纯矿为白色，但晶格中 Mg 原子常被 Fe、Pb、Zn 等替代，使晶体呈现不同的颜色。白云石中 MgO 和 CaO 理论含量分别为 21.8% 和 30.4%，实际矿物中 MgO 和 CaO 的含量不同，具有多种品位。白云石目前最主要的应用是皮江法制镁，通常认为工艺可选用白云石品位应满足：MgO 19%~21%、CaO 30%~33%、$Fe_2O_3 + Al_2O_3 < 1.0\%$、$SiO_2 < 0.5\%$、$Na_2O + K_2O < 0.01\%$、Mn<0.0005%，烧损率为 46.5%~47.5%。

光卤石是氯化钾与氯化镁的含水复盐，理论上含 KCl 26.7%、$MgCl_2$ 34.5%、H_2O 38.8%，其 $MgCl_2$ 与 KCl 物质的量之比为 1.0。光卤石属斜方晶系。天然光卤石中含有 NaCl、NaBr、$MgSO_4$、$FeSO_4$ 等杂质。纯的光卤石呈白色，由于含有杂质，颜色不一，通常有黄色、灰色、粉红色和褐色。光卤石的密度为 $1.62g/cm^3$，其硬度为 1~2。目前世界上最大的两个光卤石矿床分别位于俄罗斯的乌拉尔和德国埃利贝区，我国青海盐湖也拥有极为丰富的光卤石，且质量优异。

水氯镁石含镁 11.96%、氯 34.87%。单斜晶系，晶体呈短柱状，集合体呈板状、鳞片状、粒状、纤维状等。透明无色或白色，是镁盐矿的主要矿物组分之一。密度 1.59~$1.60g/cm^3$，硬度 1~2。具有可塑性，极易变形。吸湿性很强，极易潮解。产于现代和古代盐湖中，与光卤石、硬石膏等共生，是制取镁化合物、提炼金属镁的原料。我国已探明的水镁石资源非常丰富，居世界首位，储量估计超过 30Mt，超过俄罗斯（12.4Mt）与美国（11.0Mt）之和。其主要分布在我国辽宁丹东的宽甸和凤城两地。

9.2 镁 的 生 产

随着社会的不断进步，科学技术的不断提高，金属镁的生产工艺越来越成熟。就目前情况看来，金属镁的生产工艺大致可分为两个主要的方法：一是热还原法，二是电解法，这两种方法又可以细分为几种不同的方法。

9.2.1 硅热还原法

硅热法炼镁工艺，其原理如下：硅（一般为 75 硅铁）在高温（1100~1250℃）和真空条件下，还原白云石中的氧化镁制得金属镁，化学反应可以表示为：

$$2(MgO \cdot CaO) + Si = 2Mg + 2CaO \cdot SiO_2$$

传统的硅热还原法，按照所用设备装置不同，可分四种：皮江法（Pidgeon Process）、波尔扎诺法（Balzano Process）、玛格尼特法（Magnetherm Process）法和 MTMP 法。

9.2.1.1 皮江法

皮江法是 1940 年左右发展起来的一种炼镁方法，是我国金属镁冶炼其最具代表性、应用最广泛的硅热还原法工艺。到目前为止，皮江法仍是我国主要生产金属镁的方法。该工艺过程可分为白云石煅烧、原料制备、还原和精炼四个阶段。将煅烧后的白云石和硅铁按一定配比磨成细粉，压成团块，装在由耐热合金成的还原罐内，在 1150~1200℃ 及真空条件下还原得到镁蒸气，冷凝结晶成固态镁。其工艺流程如图 9-1 所示。

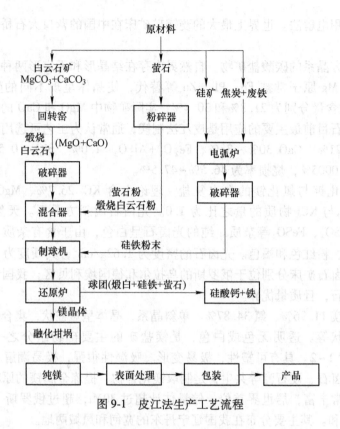

图 9-1　皮江法生产工艺流程

皮江法生产方式为间歇式的，每个生产周期大约为 10h，可分为三个步骤：(1) 预热期。装料后，预热炉料，排除炉料中的二氧化碳与水分。(2) 低真空加热期。盖上蒸馏罐的盖子，在低真空条件下加热。(3) 高真空加热期。罐内真空度保持 13.3～133.3Pa，温度达 1200℃左右，时间保持 9h 左右。

由于外面水箱的冷却作用，钢套的温度大约 250℃，镁蒸气冷凝在钢罐中的钢套上。最终，切断真空将盖子打开，取出冷凝着镁的钢套。蒸馏后的残余物为二钙硅酸盐渣和铁。

9.2.1.2　玛格尼特法

玛格尼特法是在 1960 年前后由 Pechiney 铝业公司发展起来，不久就成为美国西北部制取镁合金的主要方法。它的主要特点是在反应炉中采取电加热，反应器内温度范围在 1300～1700℃，炉内所有的物质都为液态。之所以采用这么高的温度，主要有两方面原因：首先是进行还原反应的需要；其次，为了保持反应器内部在较大的进料情况下，仍能具有较高真空度。反应过程中还要不时地加菱镁矿来提高反应温度。玛格尼法生产周期为 16～24h，镁蒸气以气态或者液态富集在冷凝装置中。根据装置大小，生产能力有所不同，一般为日产 3～8t，而每生产 1t 镁需要消耗 7t 原料。工艺流程如图 9-2 所示。

9.2.1.3　波尔扎诺法

波尔扎诺法也是一种以硅铁为还原剂还原煅烧过的白云石的真空热还原炼镁方法。与皮江法不同在于：原料制成砖状，还原炉尺寸约为 φ2m×5m，钢外壳，内砌耐火材料。内部有若干串联的电阻环，砖形料放在电阻环上直接加热，镁结晶器在还原炉上部。精炼工艺与皮江法相同。

与皮江法相比，其优点是热效率高、电耗低、还原过程镁还原率高，还原渣中未反应的 MgO 残留量少。但是该工艺只能采用电流加热，因此限制了它的推广。在我国很多镁厂是利用价格较低的煤炭或者重油燃烧为还原反应提供热量，也有很多镁厂利用的是余热或者是高炉煤气，或者例如在陕北地区，可以利用油田里可燃的伴生气。这些都可以用来当做皮江法的热源，但是波尔扎诺法中无法利用。

9.2.1.4 MTMP 法

20 世纪 80 年代，Mintek 针对更加连续的热还原制取镁技术展开研究，发明了一种 MTMP 法。它是在电弧炉中提取白云石或者氧化镁中的镁，利用硅铁作还原剂，反应温度为 1700~1750℃，镁蒸气以液态形式在冷凝室内富集。反应采取标准大气压，允许瞬间排放废渣，以达到连续性生产的目的。

2000 年以来，MTMP 法得到了进一步优化，早期的 MTMP 法生产镁品质虽然达到 80%，但存在不能及时取镁的弊端，致使生产的部分环节间歇性工作。2004 年 10 月，一种新的冷凝装置应用到 MTMP 法中，使生产周期延长到 8 天。这种冷凝装置包括工业肘、熔炉、第二冷凝室、搅拌器、清理颗粒的活塞。MTMP 法工艺简图如图 9-3 所示。

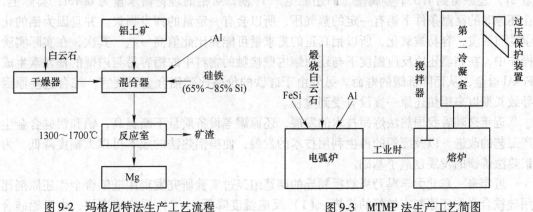

图 9-2 玛格尼特法生产工艺流程　　　　图 9-3 MTMP 法生产工艺简图

通过阀门控制进料配比大约为 10.7% Fe、5.5% Al、83.8% 白云石，进料速度平均为 525kg/h。电弧炉温度在 1000~1100℃。原料经过反应炉还原产生镁蒸气，镁蒸气通过工业肘冷却成液态镁，富集在熔炉中，熔炉下有开口定期提出金属镁。熔炉上设置二次富集装置以使制取的金属镁纯度更高。

9.2.2 碳化钙还原法

用碳化钙还原氧化镁的反应为：

$$MgO(s) + CaC_2(s) \xrightarrow{} Mg(g) + CaO(s) + 2C(s)$$

还原过程在耐热合金钢制的还原罐内于 900~1100℃ 及小于 100Pa 的压强下进行。还原出来的镁蒸气经冷凝后得到结晶镁，再熔化铸成镁锭。由于此法生产成本较高，且碳化钙的活性较低，又易吸湿，物料流量大等原因，因此此法在第二次世界大战后即停止使用。但是因为用碳化钙还原菱镁矿或者水镁石时不用添加氧化钙，因此可以在有限的还原罐容积内增加含镁原料的添加量，有利于提高镁的生产效率。因为具有这一优点，引起许多专家学者的兴趣，不断有学者对其进行研究。

9.2.3　碳还原法

用碳还原氧化镁的反应为：

$$MgO(s) + C(s) === Mg(g) + CO(g)$$

采用活性炭作还原剂，但是还原出来的气态镁和还原产生的 CO 混合，镁很容易又被氧化，甚至发生剧烈爆炸。只有将反应产物迅速冷却，使镁的饱和压急剧降低到反应所得的镁蒸气压力之下，或者是在高温下将反应产出的 CO 与镁蒸气分离开来，才有可能使镁成为金属产出。然而前一种做法难度很大并且很不安全，后一种做法则是根本不可能的。所以 30 年代先后建立了四家工厂，二战结束前也都先后关停。

9.2.4　铝热还原法

铝热还原法很早就有研究，但是从理论上计算其经济成本太高，而且在实际操作中也会遇到其他的困难。首先在理论上，一个 Si（原子量 28）可以还原出 2 个 Mg（原子量 24），即还原生产 1t 金属镁，理论需要硅还原剂 0.58t，而以铝为还原剂，一个铝（原子量 27）还原得到 1.5 个金属镁，即还原生产 1t 镁，对铝的理论需求量为 0.75t，实际上，在还原时的高温条件下铝有一定的蒸气压，所以会有一定量的挥发损失。并且因为铝的化学性质活泼，容易被氧化，所以铝真正的需求量可能要比此值高一些。其次，在实际实验操作中，在高温还原反应温度下与还原罐内壁接触的物料中的铝容易与内壁的铁元素生成 Fe-Al 合金，从而降低罐的寿命。另外由于硅铁的价格比硅铝合金要便宜。综合这些原因导致长期以来铝热还原一直没有受到重视。

近年来随着我国热法炼镁技术的发展，还原罐等设备质量不断提高，铝和铝硅合金生产工艺的改进，以及废铝的再生利用技术的发展，使得铝热法的成本可以大幅度降低，为铝热法炼镁的发展创造了基础。

近年来，东北大学冯乃祥教授领导的课题组经过实验研究发现用硅铝合金作还原剂比用硅铁合金作还原剂有较好的优势：（1）反应温度降低；（2）反应速度快，由于铝硅合金比硅铁合金活泼，并且铝硅合金与氧化镁之间发生的是固-液反应，可以缩短反应时间，提高生产效率；（3）降低料镁比（炉料中的镁元素质量/炉料的总质量），因为用铝还原最终生成了 $12CaO \cdot 7Al_2O_3$ 等物质，这个反应所需的 CaO 的量少于硅作还原剂，可以允许物料中 CaO 和 MgO 的摩尔比，CaO/MgO 摩尔比小于 1，这样相对于皮江法可以大大提高生产效率。

用铝热还原氧化镁的主要的反应式为：

$$12CaO(s) + 21MgO(s) + 14Al(l) === 12CaO \cdot 7Al_2O_3(s) + 21Mg(g)$$

另外如果控制好还原条件，也可以使 CaO 和 Al_2O_3 生成 $CaO \cdot Al_2O_3$ 或者 $CaO \cdot 2Al_2O_3$ 等物质，这就将更大的降低料镁比，提高生产效率。由于铝还原氧化镁之后被氧化成了 Al_2O_3，而且热法炼镁一般选用低硅原料，所以还原渣还可以作为碱浸氧化铝的原料。其主要的工艺流程如图 9-4 所示。

9.2.5　电解法

电解法的原理是电解熔融的无水氯化镁，使之分解成金属镁和氯气。电解法具有工艺

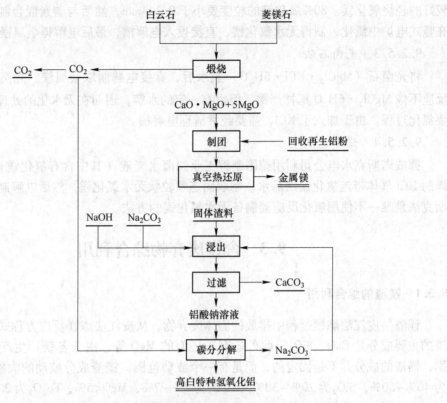

图 9-4　铝热法炼镁工艺流程

先进，能耗较低的优点，是一种极具发展前景的炼镁方法。目前，发达国家 80% 以上的金属镁是通过电解法生产。电解法炼镁是在高温下电解熔融氯化镁制备金属镁。高温情况下水对熔盐性质的影响是致命的，因此，高纯度的无水氯化镁是电解法制镁关键所在。如何简单、有效、经济地脱除 $MgCl_2 \cdot 6H_2O$ 晶体中所含的结晶水成为镁生产工业需克服的难题。依据所用原料及处理原料的方法不同，可细分为道乌法、氧化镁氯化法、光卤石法、诺斯克法。

9.2.5.1　道乌法

由道乌公司开发这种电解镁生产方法以海水和石灰乳为原料，提取 $Mg(OH)_2$，然后与盐酸反应，生成氯化镁溶液，氯化镁溶液经提纯与浓缩后得到 $MgCl_2 \cdot (1\sim2)H_2O$，用作电解的原料，在 750℃ 左右电解制备金属镁。道乌法的独特之处在于省去了 $MgCl_2 \cdot 6H_2O$ 脱水过程中脱出最后两个结晶水的困难过程，对工业生产节省能源、节省成本具有重大意义，其生产流程如图 9-5 所示。

9.2.5.2　氧化镁氯化法

利用天然菱镁矿，在 700~800℃ 下煅烧，得到活性

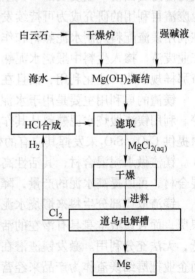

图 9-5　道乌法炼镁工艺流程

较好的轻烧氧化镁。80%氧化镁的粒度要小于 0.144mm，然后与碳素混合制团，团块炉料在竖式电炉中氯化，制得无水氯化镁，直接投入电解槽，最后电解得金属镁。

9.2.5.3　光卤石法

将光卤石（$MgCl_2 \cdot KCl \cdot 6H_2O$）脱水后，直接电解制取金属镁。光卤石脱水时水解反应不像 $MgCl_2 \cdot 6H_2O$ 那样严重，但也有一定的水解，因而在无水化的处理过程中，也需要氯化过程。由于加入了 KCl，需要经常清理电解槽。

9.2.5.4　诺斯克法

挪威诺斯克水电公司利用德国制钾工业的卤水废液（其中含有氯化镁），利用高压干燥的 HCl 气体带走氯化镁结晶水，制取固态颗粒状无水氯化镁，然后电解制备金属镁。诺斯克法是唯一不使用氯化反应器制备无水氯化镁的方法。

9.3　含镁废弃物综合利用

9.3.1　镁渣的综合利用

镁渣是皮江法炼镁过程中排放的固体废弃物，从皮江法炼镁反应方程式可以知道，镁渣的主要成分是 CaO、SiO_2，此外还有未还原的 MgO 等，由于各镁厂生产条件及工艺差别，镁渣的成分并不是固定的，而是有一个波动范围，镁渣成分波动的大概范围是：CaO 为 40%~50%，SiO_2 为 20%~30%，Al_2O_3 为 4%~7%，MgO<5%，Fe_2O_3 为 2.5%~6.5%。

在我国生产金属镁时排出的工业废渣，很多镁厂都是作为废物丢掉，尤其是一些规模较小的生产企业，随着镁渣的大量排放堆积，不但占用了大量的土地资源，而且镁渣随着雨水的冲淋汇入江河湖泊对农作物和周围环境造成了极大的影响，严重危及到人类的身体健康及农作物的生长。每生产 1t 金属镁大约排出 8~10t 左右的镁渣。如何充分利用镁渣成为制约我国镁产业发展的一大主题，由于能源、资源、环境保护三方面的迫切需要，工业废渣再利用的研究成为可持续发展的战略目标之一。目前对镁渣再利用的研究主要集中在利用镁渣配料烧制水泥熟料和作为水泥活性混合材使用，但镁渣是一种具有潜在活性的工业废渣，掺入生料中煅烧水泥熟料并不能高效地利用。镁渣当作混合材使用并不能像矿渣那样规模化产业化利用，而且在量和质上都无法和矿渣相比较。

镁渣的再利用主要是用于水泥行业，具体为煅烧水泥熟料、活性混合材和胶凝材料等。利用镁渣煅烧水泥熟料从其作用来看，一方面是可以取代部分石灰石和黏土为水泥熟料提供 CaO、SiO_2 来发挥其应有的效果；另一方面是镁渣作为矿化剂在煅烧水泥熟料时加入。镁渣做水泥混合材，其活性高于矿渣，镁渣的易磨性比矿渣和熟料好，以镁渣作水泥混合材，可以提高水泥的产量，降低水泥的生产电耗。

镁渣取代部分生料来煅烧水泥熟料，虽然节约了部分自然资源，但二次煅烧造成能源浪费，而且镁渣本身具有潜在的活性没有得到充分发挥，实属资源浪费，作为矿化剂用量低，无法充分利用。激发镁渣潜在活性最直接的方法就是粉磨，但是到目前为止还没有任何企业把磨细镁渣作为产品来经营，这也就导致了镁渣利用率低无法有效利用；利用镁渣作胶凝材料其实也只是停留在小规模的探索阶段，还是没有实现如何合理利用镁渣的实施方案。

9.3.2　镁合金废料的综合利用

镁合金具有质量轻、比强度和比刚度高、导热性好、电磁屏蔽性好、抗震、阻尼性能好和优良的环保性能，被广泛用于汽车工业、电子 3C 产品和航空航天领域。近年来，随着镁合金产品应用范围逐渐扩大，生产过程中产生的废料以及使用后报废的镁合金零件逐渐增多，特别是在镁合金压铸生产过程中，只有 50% 的金属投料最终成为铸件，其余均为工艺废料，因此，高效低成本的镁合金回收技术备受重视。

20 世纪 90 年代 Chrysler 汽车公司用 100% 再生镁合金生产出性能完全合格的汽车件，成为镁工业发展的里程碑，镁合金再生技术对于合理回收废料，节约资源，降低镁合金压铸件成本和防止环境污染，延长镁合金使用周期具有重要意义。

镁合金的熔化潜热比铝合金低得多，因而镁及其合金是易于回收的金属，目前使用的镁合金均可再回收利用，回收镁合金的方法可分为液态回收和固态回收两大类，其中液态回收一般是指蒸馏法和熔炼法，固态回收一般是将镁合金废料在保护气氛下球磨粉碎或通过切割加工成碎屑，再将这些碎屑通过压制成型和变形加工制成各种零件。

9.3.2.1　镁合金的液态回收技术

镁是活泼金属，化学性质活泼，在熔融的情况下甚至容易发生燃烧。液态法回收镁合金第一个要注意的问题就是防止氧化，一般采用覆盖剂或者惰性气体保护或者是在真空条件下进行。再生镁合金容易夹杂 Fe、Ni、Cu 等杂质，这些元素严重损害了再生镁合金的力学性能和抗腐蚀性能。

镁合金的液态回收方法包括蒸馏法和熔炼法。

蒸馏法是将镁屑料加热超过沸点后产生蒸汽压后在通过结晶器冷凝得到单质镁，其原理是根据不同的沸点和不同的蒸气压，类似于皮江法炼镁。该方法除杂质效果好，但对设备要求较高，耗能大，故没有得到企业的采用。

熔炼法是最常用的方法，基本的工艺流程为：熔化-去除氧化物-除铁-调整化学成分-除气-铸锭，熔炼法主要可分为坩埚炉法、盐浴槽法、双炉法、无溶剂吹氩过滤精炼法和隔室气体吹泡法等。

A　坩埚炉法

坩埚炉法由于使用了熔剂，所以适用于表面附着有油、脱模剂、润滑剂的切屑、粉末、薄板以及被腐蚀、污染和表面处理过的镁合金废料。

坩埚炉法只适用于中小规模镁合金压铸厂进行镁合金废料回收再生利用。主要组成部分包括可倾转的坩埚炉、铸造机、连接坩埚炉和铸机的浇注导管等。其工艺过程为：首先在坩埚底部加入少量覆盖剂，并加热到熔融态，然后把镁合金废料加入到旋转的坩埚炉里加热熔化，当熔体温度达到 953K 左右时，向熔体中加入精炼剂精炼 30~40min，并同时对熔体进行搅拌和吹氩除气，静置 30min 左右，除掉熔池表面的熔渣，最后把熔融镁液导入铸机上（图 9-6）。

该方法操作简单，但由于坩埚底覆盖有氯化盐和氟化盐组成的保护剂，熔化过程中会释放出 Cl_2、HF、HCl 等有毒气体，盐熔剂易污染再生镁，产生熔剂夹杂，且除渣比较困难。

B　双室炉法

双室炉法适用于炉前回收,主要回收清洁镁合金废料,该法是由 Norsk Hydro 研制开发,包含两个炉子,即熔化炉和处理炉。首先把废料输送到熔化炉中熔化,再通过吸管将再生镁合金液体输送到处理炉进一步净化。两炉之间用保温热钢管连接,进行熔体的传输,熔炼时采用 SF_6/空气等无熔剂气体作保护,不使用熔剂保护(图9-7)。

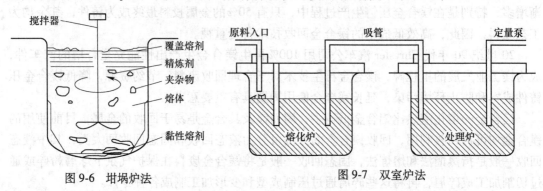

图 9-6　坩埚炉法　　　　　　　　　　图 9-7　双室炉法

与坩埚炉法相比,此法主要有以下几方面的优点:温度的变动和绝大多数杂质都只存在于熔化炉中,由保温热钢管传输到铸造炉里的熔体纯度高;由于保温热钢管处于加热状态且温度可控,所以熔体在传输过程中的温度损失可以得到补偿;铸造炉不断把熔融金属供给压铸机;由于用气体作保护剂可以避免熔剂夹杂。

C　盐浴槽法

盐浴槽法是由 Norsk Hydro 公司于 1996 年开发的,不需要坩埚,而是用五个室的槽式电炉,分别带有过滤网和小孔,再生镁合金在分室中逐级得到净化。炉料通过旋转切割机切碎后直接加入到罐式熔化炉进行重熔。熔化炉罐中装有加热电极的底部填充有一层盐熔剂,用另一种盐覆盖的熔体,并紧贴其上。其中熔盐主要作用是吸附熔体中的氧化物和夹杂。熔体经过各个熔化炉室净化,最后在保温炉进行化学成分的调整(图9-8)。该法可以用于回收各种废料,尤其是边角料。该工艺的优点:回收质量高,炉温稳定,适合于大规模连续回收,经济效益高。

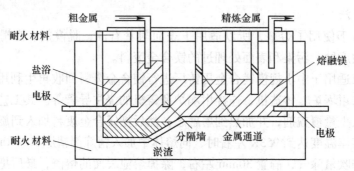

图 9-8　盐浴槽法

D　无溶剂吹氩过滤精炼法

无溶剂吹氩过滤精炼法是由 Dow Chemical 公司开发的,原理是对熔融的镁合金液体搅拌的同时,从熔池底部吹入氩气,通过其他对熔体的搅拌作用,加快杂质与基体的分离

（图 9-9）。该方法一般采用 SF_6 或 SO_2 进行气体保护。再生出来的镁合金质量高，但缺点是硫化物作为保护气体时，对工作环境不利，同时金属的烧损率高，导致回收率低。所以该方法一直没有得到企业应用。

E　隔室气体吹泡法

隔室气体吹泡法由 Rauch 公司发明，利用 SO_2 和 N_2 气体作为保护气体，在密闭体系中对镁合金废料进行再生，分为熔化、静置、纯化和出料室，其中用隔板隔开，隔板上有贯通孔让镁合金熔体从中流动，溶剂浮上，杂质沉下，通过氩气吹入气泡进入静置室，促进溶剂向上。熔体经过纯化室时，底部吹气形成气泡平台，气泡上浮过程中对熔体起到搅拌作用，促进杂质分离（图 9-10）。该方法优点是再生镁合金氯元素含量低，杂质含量少。

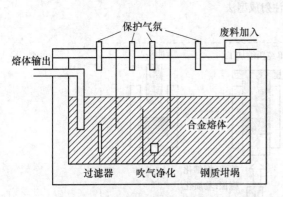

图 9-9　无溶剂吹氩过滤精炼法

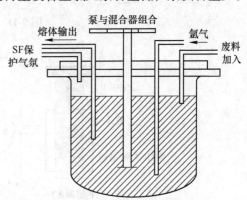

图 9-10　隔室气体吹泡法

液态方法回收镁合金废料的研究相对较多，工艺相对成熟。目前的镁合金废料还主要是以液态方法回收。

9.3.2.2　固态回收技术

固态回收镁合金的方法包括触变成型（注塑成型）加工成各种零件，即利用脉冲通电烧结装置将镁合金废屑加热到半熔融状态下，利用废屑接触处的部分熔融，有效除去表面氧化物，使废屑间产生接合力，可瞬间制作出多孔质材料，也可以通过大变形或反复塑性加工制备镁合金材料，还可以通过大挤压比对碎屑压块进行挤压，即固相合成。

A　注射成型工艺

在室温条件下，颗粒状的镁合金原料由料斗输送到料筒中，料筒中旋转的螺旋体使合金颗粒向模具运动，当其通过料筒的加热部位时被加热到半固态，在螺旋体的剪切作用下，半固态的枝晶组织转变成颗粒状初生相组织，当积累到预定体积时，以 5.5m/s 左右的高速将其压射到抽真空的预热模具中成型（图 9-11）。成型时加热系统采用了电阻、感应复合加热方式，合金的固相体积分数高达 60%，同时通入氩气进行保护。

B　反复塑性加工

由东京大学研究开发的多次加工方法是将镁合金加工成屑或粗粒粉末填充到模具内，经单纯压缩成型后再进行挤压，两种方式交替进行，使材料充分搅拌和粉末充分均匀化，在反复加工过程中，材料固化到一起，晶粒得到细化，最终得到的材料为具有微细组织的成型固体（图 9-12）。

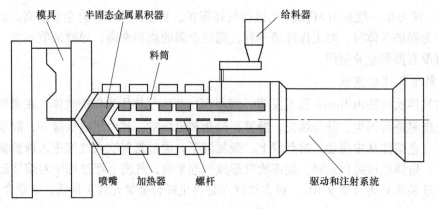

图 9-11　注射成型法

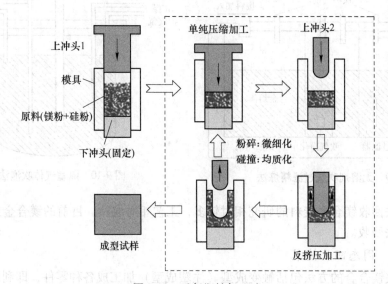

图 9-12　反复塑性加工法

C　固相合成

由日本产业技术综合研究所发明的固相合成法不需要对镁合金边角料进行重熔和预备成型，在制备过程中也不需要加入覆盖剂或通入保护气体，直接通过热挤压既可将边角料制成高性能的型材，这种方式可将边角料表面的氧化膜破坏，通过新生面强制固化结合，同时在强制加工过程中，伴随着动态再结晶，可获得微细晶粒组织（图 9-13）。

镁合金固相合成法目前主要有直接挤压和间接挤压。间接挤压方式的工艺流程是：首先在一定的温度和压力下将镁合金废料在挤压筒内压成坯料，之后再在一定的挤压工艺条件下将其挤压成型。直接挤压方式的工艺流程是：将镁合金废料直接置于挤压筒内，先将其加热到设定的温度并保温一段时间后，再在一定挤压工艺条件下挤压成型。

镁合金废料固相再生采用挤压工艺成型具有如下的特点：（1）挤压使合金在强烈的三向压应力状态下发生变形，金属的塑性可以最大限度地发挥出来，这对于在室温下塑性变形能力较差的镁合金来说尤为重要，通过挤压可消除铸锭中的气孔疏松和缩孔等缺陷，细化镁合金的晶粒组织，使镁合金的强度和塑性得到提高；（2）挤压工艺灵活性极大，生产

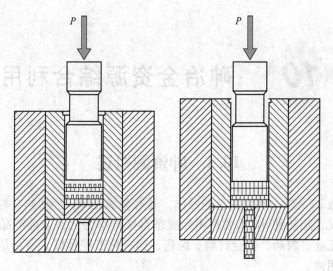

图 9-13　固相合成法

各种板、棒、管、型材仅需通过更换模具就可以实现，操作方便，采用挤压工艺可生产出表面质量好，尺寸精度高的产品。

固相回收镁基复合材料为提高回收材料的性能提供了新的途径，目前存在的主要问题有：（1）致密度低。回收镁屑挤压所得的棒料存在一定的孔洞。（2）力学性能低，与铸态镁合金相比，在屈服强度和抗拉强度方面有一定的差距，且延伸率低。

另外，镁合金特别是再生镁合金中的夹杂对合金的力学性能有显著危害，疲劳裂纹往往在夹杂处起源，采用碎屑热挤压的方法回收镁合金还局限在纯净的废料上，对镁合金废料中的 Ni 和 Cu 等杂质还没有有效的回收方法。总体而言，镁合金废料固相回收方法简单、安全，制备过程中不需要用任何对大气造成污染的保护熔剂和保护气体，所制备的材料性能优于一般的铸造材料，是一种低成本、高收益回收废料的工艺方法。

参 考 文 献

[1] 邱竹贤. 冶金学下卷——有色金属冶金 [M]. 沈阳：东北大学出版社，2001.

[2] 孟树昆. 中国镁工业进展 [M]. 北京：冶金工业出版社，2012.

[3] 任辉. 固态再生 AZ31 镁合金组织性能的研究 [D]. 太原：太原科技大学，2012.

[4] 孙明体，戚文军，王娟，等. 固相回收镁合金废料的研究进展 [J]. 材料研究与应用，2015，9（2）：78~84.

[5] 文明，张廷安，豆志河. 硅热法炼镁预制球团成球过程的研究 [J]. 东北大学学报（自然科学版），2016，37（7）：960~963.

[6] 张锐. 基于新型硅热法炼镁预制球团的制备研究 [D]. 沈阳：东北大学，2014.

[7] 韩继龙，孙庆国. 金属镁生产工艺进展 [J]. 盐湖研究，2008，16（4）：59~65.

[8] 张翼，李有新，朵兴茂. 镁合金废料的回收与再生分析 [J]. 科技与创新，2015（15）：126~128.

[9] 陈刚，范培耕，彭晓东，等. 镁合金废料回收与再生技术研究现状 [J]. 兵器材料科学与工程，2007，30（5）：73~76.

[10] 李宪军，张树元，王芳芳. 镁渣废弃物再利用的研究综述 [J]. 混凝土，2011（8）：97~100.

[11] 陈肇友，李红霞. 镁资源的综合利用及镁质耐火材料的发展 [J]. 耐火材料，2005，39（1）：6~15.

10 砷冶金资源综合利用

10.1 砷资源概述

砷的原子序数 33，是一种银灰色的晶体，具有金属光泽，能传热、导电。砷脆，易碎成粉末，容易挥发，加热到 610℃ 便可不经液态直接升华为气态。砷产品主要用于木材防腐剂、玻璃搪瓷工业、农药、合金材料、医药、饲料化工等领域，特别是在医药、合金材料方面具有特殊用途。

砷在自然界中主要以硫化物和氧化物状态存在，砷的地壳蕴藏量居第二十位，丰度为 0.00015%~0.00020%（1.5~2.0ppm）。但硫化矿床中砷含量较高，为 0.0060%（60ppm）以上，如黄铁矿含砷达 0.02%~0.5%。

砷在自然界分布很广，但很分散，极少单独形成矿床。从地球化学观点来看，砷类似于锑和铋，都能和硫、碲、硒化合，并常和重金属元素形成复合砷硫化合物及砷化物。砷矿物有 150 多种，主要有砷黄铁矿、斜方砷铁矿、雄黄矿、砷石等。表 10-1 为一些常见的含砷矿物。

表 10-1　常见的含砷矿物　　　　　　　　　　　　（%）

含砷矿物	分子式	含砷量	含砷矿物	分子式	含砷量
斜方砷铁矿	$FeAs_2$	72.9	砷铂矿	$PtAs_2$	43.4
斜方砷钴矿	$CoAs$	56.0	砷黄铁矿	$FeAsS$	46.0
红砷镍矿	$NiAs$	56.1	辉钴矿	$CoAsS$	45.2
硫砷铜矿	Cu_3AsS_4	19.0	铁硫砷钴矿	$CoFeAsS$	45.2~46.0
硫砷银矿	$AgAsS_3$	26.8	斜方砷镍矿	$NiAs$	56.1
雄黄	As_2S_2	70.0	辉砷镍矿	$NiAsS$	45.2
雌黄	As_2S_3	60.9	白砷石	As_2O_3	75.5

砷资源在世界范围内分布很不均衡。我国是世界上砷资源最丰富的国家之一，原生矿和二次砷资源都很丰富，但由于开采时间过长，可开采的高品位原矿越来越少，低品位含砷尾矿和含砷废渣这些二次砷资源却大量累积。在我国的砷资源中，砷硫矿（废渣）占很大比重，这是我国砷资源的特点之一。

10.2　砷的毒性及污染

10.2.1　砷的毒性

砷的三、五价化合物都有毒，对人体的毒作用分急性和慢性两种。三价砷（亚砷酸离子）对人体的毒性作用，主要是与人体细胞酶系统中的硫氢基结合并形成稳定的螯合物，影响细胞呼吸和抑制体内很多生理生化过程。特别是与丙酮酸氧化酶的硫氢基相结合，使其失去活性，引起细胞代谢的严重混乱，从而引起神经系统、新陈代谢、毛细血管以及其他系统发生功能和器质性病变。摄入 As^{3+} 100~300mg 会使人致死。

五价砷（砷酸根离子）对硫氢基基本不具亲和性，只是和三价砷一样能把细胞取代基中的活性位置束缚住，并抑制酶的活性，因而毒性要比三价砷小，其毒性约为三价砷的六十分之一。五价砷毒性作用较慢，它可破坏线粒体氧化磷酸的作用，造成多发神经炎、脊髓炎、再生不良性贫血等后遗症。

砷慢性中毒常伴有肝肿大，重病还有贫血、黄胆、肝硬化，远期还会引起砷性皮癌。空气中的砷可引起皮肤和呼吸道黏膜刺激症状和皮疹、皮炎、溃疡、鼻中隔穿孔等症。

急性中毒多因食用被砷污染的食物、饮水和误服砷农药造成。其症状就是服用后 1h 出现口渴、咽干、流涎、持续性呕吐，并混有血液，剧烈头痛、高度脱水、痉挛、昏睡、发疮，最后心力衰竭而闭尿死亡。

10.2.2　砷污染

砷广泛存在于自然界，被世界卫生组织列为环境污染的首位。砷的污染主要分为工业污染与农业污染，其中工业污染主要包括废气、废水和废渣。

10.2.2.1　含砷废水及废气

自然界中的砷，绝大多数与各种有色和贵金属矿共生。这些含砷矿石开采后，在选矿作业中，矿石中的砷约有 60%~90% 进入尾矿、0.05% 进入废水、15%~40% 进入精矿。而在精矿的进一步冶炼中，砷常以废水、废气的形成进入环境。例如云南某冶炼厂，由于冶炼烟气的污染，使以厂区烟囱为中心、三公里为半径范围内的土壤含砷为 25.70~83.20mg/kg（平均为 46mg/kg），而对照区土壤含砷仅为 9.0~13.4mg/kg（平均为 10.6mg/kg）。郴州一火法炼砒厂曾经由于排放高浓度含砷废水，造成饮用水源砷污染，处于污染区内的某自然村 200 多人中毒。在火法冶炼过程中，砷主要以三氧化二砷形态挥发进入烟尘中污染空气，长期接触砷污染的空气将诱发皮肤癌。早在 1820 年，在英国威尔士的康瓦尔炼铜工人中就出现了由于职业性的砷暴露而引起的阴囊癌。

10.2.2.2　含砷尾矿、废渣污染

在矿石的前期处理阶段，大量砷元素残留在尾矿中，形成大量的含砷尾矿。另外，含砷废气、含砷废水必须经处理后才能达标排放。在处理过程中，砷都最终以含砷废渣的形式从废气、废水中分离。因此，每年形成的含砷废渣量相当巨大。由于雨水冲刷、浸溶、微生物作用等原因，大量含砷废渣、含砷尾矿堆置会造成严重的环境污染。在堆置区，工人及附近居民往往会发生慢性砷中毒，癌症发病率明显高于其他人群，平均寿命较其他人群短。

含砷废渣、含砷尾矿主要通过大气、水和固体本身这三个途径污染环境。

含砷废渣、含砷尾矿对水环境的污染主要是通过雨水冲刷，使其中的可溶性砷盐淋溶，从而使砷化合物、重金属离子、悬浮物随地表水运移造成污染，此外，这些含砷化合物也会由于重力作用而下渗，一部分直接进入地下水层随水长距离迁移扩散，造成含砷废

渣及尾矿堆置区域内地下水、井水砷含量升高。如 1961 年，湖南新化，由于含砷废矿石露天堆存，砷盐渗入饮用水，造成 308 人中毒，6 人死亡。在我国大部分地区，特别是华东、华南广大区域，每年 4 月至 9 月普遍高温多雨，这种充分的水热条件很容易增大废渣淋溶、污染扩散的危险性。因重力作用下渗的含砷化合物除一部分进入地下水层外，另一部分则进入土体迁移、转化，造成污染。当这部分砷转移入农田生态环境时，就会使农作物减产，农畜产品中含砷量升高，并通过食物链对人体造成危害。

含砷废渣、含砷尾矿对大气的污染主要是通过两个途径：一是通过砷废石在风化过程中逸出的三氧化二砷气体或受潮时产生的砷化氢气体污染大气。以雄黄为例：在室温和光照的条件下有如下反应：

$$4As_2S_2 + 5O_2 === 2As_2O_3 + 2As_2S_3 + 2SO_2$$

受潮时会发生下面的反应：

$$2As_2S_2 + H_2O + O_2 === As_2O_3 + As_2S_3 + H_2S$$

二是通过砷废石风化所形成的砷矿尘细微粒污染大气，这种形式的污染在气候干热的区域情况更为严重。

10.3　砷污染的控制

在选矿、冶炼和化工生产过程中，往往会产生大量的含砷废水、废气、废渣，处理不好则会造成严重的砷污染。目前，砷污染的防治途径如图 10-1 所示。

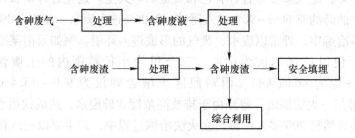

图 10-1　砷污染的控制途径

含砷废气一般经吸收，将砷化合物转移到液相，对含砷废液进行处理，使砷从含砷废液中分离，形成含砷废渣，最后通过对含砷废渣进行综合利用减轻砷污染，少量不能利用的废渣经固化处理后，安全填埋。

10.3.1　废液处理

废液除砷的研究近年来受到了广泛重视，其主要方法有沉淀法、浮选法、多孔隙物质吸附法，离子交换树脂法及功能高分子膜法等。

10.3.1.1　沉淀法

砷能够与许多金属离子形成难溶化合物，例如砷酸根或亚砷酸根与钙、三价铁等离子均可形成难溶盐，经过滤后即可除去液相中的砷。由于亚砷酸盐的溶解度一般都比砷酸盐的高得多，不利于沉淀反应的进行，因此在许多实际设计中都需预先将三价砷氧化为五价，最常用的氧化剂是氯，也可用活性炭作催化剂用空气氧化。沉淀剂的种类很多，最常用的是钙盐、铁盐、镁盐、硫化物等。根据沉淀的种类或方式的差异，可将沉淀法分为石灰中和法、铁氧体法、硫化物沉淀法、混凝法（也称吸附胶体沉淀法或载体共沉淀法）及电凝结法等。

石灰中和法是通过石灰中和形成 $Ca_3(As_2O_3)_2$ 沉淀。当 Ca：As≥3、pH=12～13 时，可使溶液中的 As 降到 50mg/L 以下。当砷酸钙和空气中 CO_2 接触时，便形成 $CaCO_3$ 和可溶的砷酸，从而在渣场造成二次污染，此外，渣中的有价金属难以回收。

铁氧体法（也称磁性氧化物共沉淀法）的工艺过程为：在含砷废水中加入一定数量的硫酸亚铁（铁离子是砷离子摩尔数的 2～2.5 倍），然后加碱调节 pH 值至 8.5～9.0，反应温度 60～70℃，鼓风氧化 20～30min，生成咖啡色磁性铁氧体含砷渣。此种方法可使含砷 0.05% 的废水经一级处理后砷含量达到 0.00005% 以下，沉渣粒度在 $0.01～1.0\mu m$ 左右，易沉淀和过滤，对环境无二次污染。该方法的缺点是处理大量污水时需要长时间的恒温，故能耗大、不够经济。

硫化物沉淀法是使砷离子与 S^{2-} 离子反应生成硫化物沉淀的一种工艺方法。在 pH=2～9 范围内，FeS 对三价和五价 As 离子的去除率大于 99%，出水砷含量低于污水综合排放标准。另外还可以用 Na_2S 处理高砷废水，先用高浓度的挥发性酸（HCl、HNO_3）氧化三价砷变成五价砷，加入 Na_2S 反应，得到的 As_2S_3，沉淀过滤除去，其去除率可达 99.9% 以上，挥发性酸可以通过蒸发而回收。硫化沉淀法该法除砷的效果要比中和法好，但硫化钠的成本高。

混凝沉淀法利用五价 As 比三价 As 易于从水中除去和三价铁盐在低 pH 值下也能形成沉淀的特性，在酸性条件下，选择除砷效果较佳的混合凝聚剂（如 $FeCl_3$、$FeSO_4$）处理含砷废水，将砷从废水中沉淀出来。此种方法产生的含砷渣仅为传统方法的 1/10，毒性低，化学稳定性强，含砷品位达 10%～18%，二级中和渣无害，可安全地用于建筑材料的生产，成本低廉。

电凝结法在废水流经的电解槽内以铁或铝作为阳极和阴极，在直流电作用下进行电解：阳极铁或铝失去电子后溶于水，与富集在阳极区域的氢氧根生成相应的氢氧化物，若以铁作阳极则生成的氢氧化亚物，可与水中的氧（或氧化剂）继续氧化成氢氧化铁，如下式：

$$4Fe(OH)_2 + 2H_2O + O_2 \rightleftharpoons 4Fe(OH)_3$$

这些氢氧化物可作为凝聚剂，与砷酸根发生絮凝和吸附作用，同时溶于水中的二价铁离子还可直接与砷酸根反应生成砷酸亚铁沉淀，如下式：

$$6Fe^{2+} + 2AsO_4^{3-} \rightleftharpoons 2Fe_3(AsO_4)_2$$

砷酸亚铁的溶解度很低，在 25℃ 水中的溶度积为 5.7×10^{-21}。这样通过絮凝、沉淀等多种作用，可使水中砷的残留量降到 0.5mg/L 以下，与此同时水中其他重金属离子与氢氧根作用，生成氢氧化物沉淀，也可得到净化。如果向电解液中投加高分子絮凝剂，那么利用电解中产生的气体气泡上浮，可将吸附了砷的氢氧化物胶体浮至水面，浮渣用刮渣机排出，达到固、液分离的目的。

电凝聚装置可分为电解槽、凝聚槽、浮上槽三个部分。废水首先经电解槽凝聚后进入凝聚槽，电解槽所用电极为铁或铝的可溶性电极，浮上槽所用电极为不溶性电极，一般为石墨或不锈钢电极。该法集沉淀、中和、吸附、絮凝、浮上等各种过程于一体，具有操作方便、占地面积小等特点。

10.3.1.2　浮选法

吸附胶体浮选法始于 1969 年，由 R. B. Grieves 等人提出，而真正的发展是近十几年的事。在吸附胶体浮选的领域内，至今已经有很多学者对各种分离技术的理论进行了研究。SDS（十二烷基硫酸钠）是该方法砷的有效捕收剂，三价铁作共沉剂，砷的浓度可降至0.1mg/L，且浮选速度快。此法成本低、速度快，但泥渣含水量多。

10.3.1.3　吸附法

吸附法工艺简单、技术成熟，适宜于低浓度的含砷废水。该方法利用吸附剂为不溶性的固体材料而且具有较大的比表面积，通过液固两相物理吸附作用、化学吸附作用或离子交换作用等机制将水中的砷污染物在一定程度内不断累积在自身表面，从而达到除砷的目的。可用于废水除砷吸附剂的物质很多如活性炭、沸石、磺化煤、生产氧化铝的废料赤泥等。

沸石在国内资源丰富，用作砷吸附剂的沸石事先应先用碱处理，这样可使其对砷的吸附能力大大提高。

用氢氧化钙与膨润土反应生成的硅酸钙和钙膨润土产物价格低廉、处理工艺简单，除砷率可达 99.9%。

美国中南部某些地区饮水中的砷过高，曾用活性氧化铝作为砷和氟的吸附剂，在 pH=7.1 的条件下，水中含砷量可由 0.06mg/L 降到 0.007mg/L，其吸附容量为每克活性氧化铝可吸附 1mg 砷。

赤泥是生产氧化铝的废料，其组分是铁、铝、钛、硅等元素，经硫酸或盐酸处理后可制成它们的氢氧化物，经冷冻制成粒度为 1.5mm 的吸附剂即为日本的 CM-1 吸附剂，可用来吸附砷。

活性炭对无机砷的吸附能力很差，常用作有机砷吸附剂。

吸附法的优点是：将废水中有害物去除的同时不增加水体的盐度，常用于高砷废水的二次处理。此外，吸附法由于本身还存在一些尚待解决的问题，因此并没有广泛推广使用。这些问题主要是：要想提高砷的吸附率就要使用相当多的吸附剂，这就增加了处理成本，使处理装置大型化。另外吸附塔的形式、通水速度、吸附速度等方面还没有足够的设计数据，吸附剂的再生、再生后处理、吸附剂的耐久性等问题尚未解决。

10.3.1.4　离子交换法

硫化物再生树脂和螯合树脂可用于处理含砷废水。特别是螯合树脂在水处理行业中取得了卓越的成就。废水中的砷离子若以络合物存在，用这种螯合树脂来处理，可以将砷除至排放标准以下。

离子交换树脂法具有可回收利用、化害为利、可重复用水等优势。但在一定程度上受到容量的限制，一次投资较大，附属设备较多。所以，该方法的普及受到限制。

10.3.1.5　功能高分子膜法

功能高分子膜分离技术诞生于 20 世纪 60 年代初，但真正发展是在 70 年代末 80 年代初。近几年，膜技术正在由基础研究、应用研究向应用开发研究过渡，并显示了较好的经济效益。目前，已开发的功能高分子膜有离子交换膜、微滤膜、反渗透膜、渗透蒸发膜、液膜等，这些功能高分子膜在废水处理方面已经得到了较广泛的应用。无锡化工研究所早些年就采用醋酸纤维膜作为反渗透膜处理农药含砷废水（浓度为 500~700mg/L），出水含砷量为 12.8mg/L，除砷率为 97.9%。

功能高分子膜法在分离物质的过程中不涉及相变，无二次污染，操作方便、维持费用低，因此，该法用来处理废污水，不仅可达到净化的目的，而且处理后废水可以作水源利用。

10.3.1.6　萃取法

萃取法是利用砷在互不相溶的两液相间分配系数的不同使其达到分离的目的。砷从废水中转入有机相中是靠在废水中的实际浓度与溶剂中的平衡浓度之差进行的，这个差值越大萃取则越易进行。萃取法适用于水量小、浓度高的废水，所用萃取剂为磷酸三丁酯（TBP），采用四级萃取可使含砷 2~6g/L 的铜电解液完全萃取除去砷，用水反萃可使有机相中的砷进入水相。最后用石灰沉淀为砷酸钙或用硫化钠沉淀为硫化砷排除，往含砷的反萃液中通入二氧化硫则可回收三硫化二砷。

10.3.1.7　生物法

生物法由于其高效、无二次污染、处理费用低等优点，在污水处理中具有明显优势。生物法除砷主要包括两大类：植物类除砷和微生物类除砷。研究已发现藤黄、剑叶凤尾蕨、蟋蟀草、欧洲蕨、大叶井口边草、海藻等植物，可以通过根系对砷进行吸收，富集水体和土壤中的砷。微生物除砷是指从环境中筛选得到耐砷的微生物，例如，某些微生物可以富集和浓缩水体中的砷，某些生物体可将砷氧化和转化，如甲基化（而甲基化后的砷毒性明显比无机砷的毒性降低）。常见的微生物有硫酸盐还原菌、亚砷酸氧化菌、砷酸盐还原菌、铁猛氧化菌、真菌。该方法目前主要是通过在特定培养基上培养菌种，产生一种类似于活性污泥的絮凝结构的物质，与含砷废水充分接触，结合其中的砷而絮凝沉降，然后分离，达到除砷效果。

生物转化对于砷的再分布是非常重要的，研究发现生物法就地处理砷污染土壤，发现砷由表土层转移到更深的亚表土层，并以硫化物形式沉淀下来。微生物除砷作为生物除砷的组成部分，是一种非常具有发展潜力的除砷技术手段。由于有机砷的毒性远低于无机砷，所以微生物对砷的生物转化因其潜在的修复作用而备受关注。

10.3.2　废固脱砷

砷在矿石中常与铜铅锌等伴生。我国是一个有色冶炼大国，过去十几年间，铅锌冶炼产能急剧扩张，2000 年精铅产能在 110 万吨，近几年国内精铅产能快速增长值为 498 万吨，精铅产能年均递增 28%。2010 年，中国锌冶炼产能为 633.5 万吨，产量约为 513 万吨。随着新增产能的陆续建成投产，近年来，产能和产量都有所提升。尽管我国铜资源丰富程度并不突出，但旺盛的需求仍然极大地促进了国内铜矿的开采，2011 年达到 119 万吨，占全球总产量的 7.39%，2011 年中国阴极铜的表观消耗量为 768 万吨，位居世界首位。

铅锌铜的冶炼主要包括传统的火法冶炼及获得广泛应用的电解冶炼。冶炼过程砷主要进入烟尘、废水、水淬渣、烟气、黑铜、阳极泥，绝大部分都集中于烟尘和阳极泥中，而烟尘中砷含量较阳极泥更高。我国冶金过程每年产生 300 万吨含砷冶金废料，主要包括含砷冶炼烟灰和电解阳极泥，以及含砷废水处理产生的含砷废渣。由于烟灰和阳极泥含有

Au、Ag 等一些贵重金属及相当比例的 Cu、Zn 等金属，具有较高的回收利用价值。

含砷烟灰是在火法冶炼过程中产生的，由于冶炼初期不同金属矿石的差别及冶炼过程的差别，致使产生的含砷烟灰中砷的含量变化浮动较大。根据阳极泥中砷含量的高低，通常分为高砷和低砷两种阳极泥，粗矿若先经过精炼再用于电解，那么形成的阳极泥含砷量偏低些，一般在 10% 以内，否则含砷量一般在 20% 以上。

对于低砷阳极泥或烟灰的处理，国内外都有大量报道。火法及湿法处理在工艺方面都较为成熟，但至今仍无较为成熟的工艺流程，使得高砷阳极泥及烟灰的处理有令人满意的结果。砷作为一种有害元素，在工艺流程的各个环节中都有分散，为保证整个工艺流程里产品的质量和产量，更重要的尽量减小生产带来的环境污染问题，往往需设计辅助流程和设备，给生产带来不便。

针对高砷阳极泥的脱砷预处理，国内外科研人员进行了大量的研究。现有的处理工艺主要有以高温处理为主的火法流程、以浸出为主的湿法流程以及以高温碱处理为特点的火法-湿法联合流程。火法流程（挥发焙烧法、还原焙烧法以及真空脱砷法）早期因其操作较为简便，无需复杂的工艺流程而被很多冶炼厂采用，主要缺点是脱砷不彻底，脱砷率不高，过程中产生的烟尘含有二次污染。

湿法流程（酸浸法、碱浸法以及氯化浸出法等）虽然较火法流程不再产生烟尘类二次污染，但主要为单一浸出工艺，流程较长，产生的浸出液酸碱含量较高，不利于后续的萃取工艺流程，砷回收困难，试剂消耗量大，经济负荷沉重。火法-湿法联合流程，是指在前期高温处理过程中加入火碱或苏打将含砷氧化物转化为砷酸盐，再通过水浸将砷酸盐转入水溶液中。该种方法较传统火法而言减小了烟尘二次污染的程度，但仍不能避免少部分烟尘的产生。

10.3.2.1　火法脱砷

火法流程主要有焙烧法以及真空脱砷法。

A　焙烧法

As_2O_3 这种氧化物自身沸点较低。当温度达到 465℃ 以上（蒸气压即达到 0.1MPa）时，AS_2O_3 剧烈挥发。把含砷物料放在冶炼炉内加热，加热到 500~700℃，As_2O_3 很快由固态变为气态进入烟气，其他高沸点或不宜挥发的物质保留在物料中。烟气冷却和净化除尘工艺是这种方法的关键所在。国外一般采用两段收尘器，第一段收尘，收金属化合物烟尘，如铜、铅、锌等被高温收尘器收集，第二段收尘，砷烟尘被收集。低温收尘器收尘之前，烟气需进入蒸发冷却器，快速降温到 200℃ 以下。直接焙烧法优点是：收尘效率高，低温收尘器的烟尘杂质少，白砷的纯度达到 80%。缺点是生产成本高，操作难于控制，对含砷量高的物料处理时，具有安全隐患。

除了直接焙烧，物料还可以加入 NaOH 或 Na_2CO_3，进行钠化焙烧。在高温热处理过程中加入碱性精炼剂，同时高温条件下低价砷被鼓入的压缩空气中的氧气氧化。氧化后的高价砷氧化物与碱在高温下分解出来的 Na_2O 反应，生成易溶于水的 Na_3AsO_4 或 Na_3AsO_3。

主要涉及的反应过程如下：

$$Na_2CO_3 == Na_2O + CO_2$$

$$2NaOH == Na_2O + H_2O$$

$$As_2O_5 + 3Na_2O \Longrightarrow 2Na_3AsO_4$$
$$As_2O_3 + 3Na_2O \Longrightarrow 2Na_3AsO_3$$

B 真空脱砷

真空脱砷技术利用砷是低沸点物质，根据砷及其化合的蒸气压与其他金属有明显的差异，在一定的真空度下，使砷优先其他金属元素升华而达到除去砷的目的，但由于锑也具有较强的挥发性，控制适当的温度与气压是获得较好除砷效果的关键。该方法的优点是：操作简单，砷回收率高，且得到的砷产品纯度相对高。缺点是：对设备要求高，处理量小，不适合大规模的废料处理，在实际应用方面有局限性。

10.3.2.2 湿法脱砷

火法除砷主要针对砷含量相对较低的物料，具有一定优势，且对于砷含量大于 20% 的物料采用火法工艺，具有一定危险性，易在除砷过程中将氧化砷挥发出来，造成安全事故及二次污染，因此，湿法除砷逐渐成为研究的重要方向，湿法处理工艺总体上可以分为两个阶段：选择性浸出和砷的最终处置。一般是将含砷固废进行选择性浸出脱砷，然后再经过砷的资源化利用或无害化处理工序，实现含砷固废有效利用或无害化处理。目前湿法工艺主要有直接水浸、碱浸、酸浸和无机盐浸出等。

A 直接水浸

As_2O_3 在水中的溶解度随温度的改变变化较大，在水中不同温度时的溶解度随温度上升不断增加。由于 As_2O_3 在水中的溶解度随温度而加大，同时水浸后的滤液需进行蒸发结晶，因此选择高温浸出为宜，然而在沸腾条件下，As_2O_3 小颗粒可能被剧烈挥发的水蒸气冲出，同时 As_2O_3 在沸腾条件下可能发生反应生成 AsH_3 气体。

$$3As_2O_3 + 9H_2O \longrightarrow H_3AsO_4 + H_3AsO_3 + AsH_3$$

为了安全起见，水浸工艺的最高温度应控制在 100℃ 内。由于烟灰主要是在还原冶炼过程中产生，以 As_2O_3 形式存在的砷占有相当的比例，采用水浸既方便也有一定的经济价值，但对氧化砷所占比例较小的物料的使用效果较差，具有一定的局限性。

B 碱浸

早期碱浸主要是单一采用 NaOH，目前经过改进，主要采用混合碱工艺（NaOH + Na_2S），在浸出过程中，含砷物料中的砷主要以 Na_3AsO_4 和 Na_3AsO_3 形式进入浸出液，Zn、Pb、Cu 等也有部分被浸出，但由于有 Na_2S 的加入，浸出液中 S^{2-}、HS^- 与 Zn^{2+}、Pb^{2+}、Cu^{2+} 形成难溶的硫化物，阻止了在流程中有价金属的分散。

采用混合碱的碱浸工艺避免了金属的浸出，因而一般不用继续与萃取工艺联用，一定程度上简化了工艺，减少了资金投入。但是碱浸的弊端也很明显，混合碱中的 Na_2S 极易水解，空气中的水就可以使其水解而释放大量 H_2S 有毒气体，严重污染生产环境。

对于次氧化锌烟灰，混合碱浸可以获得不错的除砷效果，砷的脱除率可达到 90%，但对于其他类型烟灰并没有研究获得很好的效果。对于阳极泥或其他含砷物料，由于副反应的发生，使得碱浸不能获得很好的脱砷效果，其工艺的局限性也比较明显。

C 酸浸

酸浸法是较常用的处理含砷物料的方法，主要是利用许多常见且相对廉价的金属较易溶于酸而贵重金属不易溶于酸的特性，使大部分 Cu、Zn 等进入酸浸液，贵重金属则富集于渣中，同时根据所用酸不同，可选择性的将某些金属留在溶液中。处理含砷物料常用的酸有硫酸和硝酸浸出法等。高砷阳极泥的酸浸处理，可以获得较高的砷脱除率，但传统的单一浸出流程，使得浸出液量大，增加了浸出液净化治理和回收利用的难度。对浸出液，采用溶剂萃取法、沉淀法等回收砷，获得的效果并不是很好。另外，单一的高酸浸出，所得浸出液酸度高，废液的治理难度较大，回收利用相对困难，不仅会对环境造成了污染，而且消耗大量酸剂，增加了生产成本，降低了整个生产工艺的经济效益。

酸浸工艺原理主要是利用强酸制弱酸及酸碱中和反应在化学热力学及动力学方面具有强大优势的特点，为提高砷的浸出率，一般加入 H_2O_2 作为氧化剂，将三价砷转化为溶解度更大的砷酸，同时起到一定的保护作用，避免有还原性金属存在时，AsH_3 有毒气体产生，而造成生产事故。

D　无机盐浸出

无机盐浸出法主要包括硫酸铜置换法和硫酸高铁法，该法主要用于处理硫化砷渣。日本住友公司采用硫酸铜置换法处理硫化砷渣，并制备得到了 As_2O_3 产品。该公司采用硫酸铜溶液中的 Cu^{2+} 置换硫化砷渣中的砷，然后再用 6%以上的 SO_2 还原得到 As_2O_3 与其他重金属离子分离。该工艺环境好、自动化程度高，得到纯度为 99%以上的氧化砷。该生产过程可以同时回收砷、铜和硫，工艺过程安全可靠，但工艺流程比较复杂。我国江西铜业公司贵溪冶炼厂，引进了日本该项技术及主要设备用于处理硫化砷渣生产 As_2O_3，该工艺处理效果较好，但流程复杂、铜消耗量大（生产 1t As_2O_3 需消耗 3t CuO）。

10.4　含砷废料中砷的综合利用

含砷废料在处理得到含砷浸出液后，需要进行提砷操作。由于浸出的方法不同，得到的浸出液的溶液酸碱性不同，根据浸出后液酸碱性的不同，可分为酸性浸出液、碱性浸出液和中性浸出液，根据浸出液性质的不同，从浸出液中回收砷的方法主要有浓缩结晶法、还原法以及砷酸铜沉淀法等，主要的产品有 As_2O_3、砷酸钠以及砷酸铜等。

10.4.1　结晶法

结晶法主要用于制备砷酸钠产品，砷酸钠在热水中溶解度较大，而在冷水中的溶解度迅速变小，含砷固废碱性浸出液中含有大量的 AsO_4^{3-}、Na^+，可利用砷酸钠溶解度的性质，将碱性浸出液中砷酸钠浓缩至较高浓度，然后再冷却结晶制备砷酸钠产品。

铅阳极泥利用碱浸浸出后，可通过结晶法处理。铅阳极泥经碱性浸出后趁热过滤得到碱性浸出液，由于浸出后液中 AsO_4^{3-} 浓度较高，得到的浸出液直接冷却至室温，就有大量的砷酸钠结晶产生，产品为 $Na_3AsO_4 \cdot 10H_2O$，纯度可达 96%以上。

铜熔炼白烟灰也可用于回收砷酸钠产品。白烟灰先采用 H_2SO_4-NaCl 进行预处理，然后利用 NaOH 溶液进行碱性浸出，脱砷后液在 0~10℃中冷冻结晶，可得到砷酸钠产品。

10.4.2　SO₂还原法

SO_2 还原法主要用于制备 As_2O_3 产品。该法常用来处理含砷固废酸性浸出液。SO_2 是一种较强的还原剂，可以将溶液中的五价砷还原成三价砷，三价砷再以 As_2O_3 的形式结晶析出，反应式如下：

$$AsO_4^{3-} + SO_2 + H_2O \Longrightarrow AsO_3^{3-} + SO_4^{2-} + 2H^+$$

$$AsO_3^{3-} + 3H^+ \Longrightarrow H_3AsO_3$$

$$2H_3AsO_3 \Longrightarrow As_2O_3 + 3H_2O$$

黑铜渣酸性浸出液可通过该方法处理。黑铜渣浸出后，得到酸性浸出液，黑铜渣中的 Cu 和 As 大量进入酸性浸出液中，浸出液经蒸发结晶，使其中的 Cu 以 $CuSO_4 \cdot 5H_2O$ 的形式结晶分离，回收 Cu 后的溶液再通入 SO_2 气体，还原结晶回收 As_2O_3，实现含砷污泥中砷的资源化利用。

10.4.3　铜盐沉淀法

铜盐沉淀法常用来制备砷酸铜产品，反应式如下：

$$3Cu^{2+} + 2AsO_4^{3-} + xH_2O \Longrightarrow Cu_3(AsO_4)_2 \cdot xH_2O$$

铜转炉烟尘通过还原酸浸产生 $AsCl_3$ 气体，再与氧化剂反应生成砷酸，再加入硫酸铜、氨水中和剂制备砷酸铜。硫酸铜用量为理论量的 1.05 倍，常温，pH 值为 6，搅拌半小时，可使砷脱除率达 99% 以上。

参 考 文 献

[1] 石靖，易宇，郭学益. 湿法冶金处理含砷固废的研究进展 [J]. 有色金属科学与工程，2015，6 (2)：14~20.

[2] 马承荣. 含砷废渣资源化利用技术现状 [J]. 广东化工，2013，40 (6)：119~120.

[3] 高小娟，王璠，汪启年. 含砷废水处理研究进展 [J]. 工业水处理，2012，32 (2)：10~15.

[4] 贾海. 高砷冶金废料的回收与综合利用 [D]. 长沙：中南大学，2013.

[5] 肖若珀. 砷的提取、环保和应用方向 [M]. 1992.

[6] 刘琼. 锑火法精炼深度除砷的生产实践 [J]. 中国有色冶金，2008 (2)：14~16.

[7] 金贵忠. 快速除砷除硒炼锑新工艺 [J]. 中国有色冶金，2005 (2)：20~22.

[8] 张国靖，李敦钫，吴坤华，等. 高砷铅阳极泥处理新工艺的研究 [J]. 有色金属（冶炼部分），1996 (2)：10~13.

[9] 蒋学先，何贵香，李旭光，等. 高砷烟尘脱砷试验研究 [J]. 湿法冶金，2010，29 (3)：199~202.

[10] 戴学瑜. 从含砷物料中湿法提取优质 As_2O_3 的设计与生产 [J]. 稀有金属与硬质合金，2000 (2)：34~36.

[11] 张子岩，刘建华，万林生，等. 用氢氧化钠浸出含钴高砷铁渣中砷的试验研究 [J]. 湿法冶金，2005，24 (2)：105~107.

[12] 刘湛，成应向，曾晓东. 采用氢氧化钠溶液循环浸出法脱除高砷阳极泥中的砷 [J]. 化工环保，2008，28 (2)：141~144.

[13] 赵晓军，张旭. 高砷氯氧锑碱浸脱砷试验研究 [J]. 云南冶金，2005，34 (6)：37~39.

[14] 郑雅杰，刘万宇，白猛，等. 采用硫化砷渣制备三氧化二砷工艺 [J]. 中南大学学报（自然科学版），2008，19 (6)：1157~1163.

[15] 寇建军，朱昌洛. 硫化砷矿合理利用的湿法氧化新工艺 [J]. 矿产综合利用，2001 (3)：26~29.

[16] 周红华. 高砷锑烟灰综合回收工艺研究 [J]. 湖南有色金属，2005，21 (1)：21~22.

[17] 刘志宏，张鹏，李玉虎，等. 高砷次氧化锌混合碱浸出脱砷试验研究 [J]. 湿法冶金，2009，28

[18] 张荣良，邱克强，谢永金，等．铜冶炼闪速炉烟尘氧化浸出与中和脱砷［J］．中南大学学报（自然科学版），2006，37（1）：73~78.

[19] 彭建蓉，杨大锦，杨兰，等．从高砷烟尘中回收铟的试验研究［J］．云南冶金，2007，36（4）：28~30.

[20] 孔繁珍．从高砷含铋物料中回收铋［J］．湿法冶金，2000，19（3）：54~58.

[21] 孟文杰，施孟华，李倩，等．硫化砷渣湿法制取三氧化二砷的处理技术现状［J］．贵州化工，2008，33（5）：26~28.